新能源科学系列丛书

新能源材料概论

主　编　梁广川
副主编　王亚平　李积刚

内容提要

近年来，新能源产业在全世界范围内迅速发展。但是目前还缺乏系统介绍和概述新能源材料基础知识的书籍，特别是对新能源材料的定义、应用范围、最新技术，还缺乏系统性的总结成果。为此，本书对新能源材料的概念、发展和内容进行了概述，总结了近年来新能源材料方面的研究成果，对我国新能源材料行业的发展具有一定的借鉴和指导意义。

本书首先介绍了与新能源相关的产业政策以及新能源材料的分类方式；然后着重介绍了锂离子电池技术，包括锂离子电池的正极材料和负极材料；并对超级电容器用的核心材料进行了概述；在太阳能电池方面，论述了太阳能电池的主要工作原理和光伏材料；最后对燃料电池材料、核能材料、生物质能材料、复合材料、纳米材料和石墨烯材料在新能源材料领域中的应用进行了概述和总结。在此基础上，本书展望了新能源材料未来的发展。

本书可供高等院校相关专业的高年级本科生及研究生阅读，也可供从事新能源材料技术研发和生产行业的科研、技术、生产和销售人员参考使用。

图书在版编目(CIP)数据

新能源材料概论 / 梁广川主编；王亚平，李积刚副主编. -- 天津：天津大学出版社，2023.6
（新能源科学系列丛书）
ISBN 978-7-5618-7481-3

Ⅰ.①新… Ⅱ.①梁… ②王… ③李… Ⅲ.①新能源－材料技术－概论 Ⅳ.①TK01

中国国家版本馆CIP数据核字(2023)第088014号

出版发行　天津大学出版社
地　　址　天津市卫津路92号天津大学内（邮编：300072）
电　　话　发行部：022-27403647
网　　址　www.tjupress.com.cn
印　　刷　北京虎彩文化传播有限公司
经　　销　全国各地新华书店
开　　本　787mm×1092mm　1/16
印　　张　18.75
字　　数　480千
版　　次　2023年6月第1版
印　　次　2023年6月第1次
定　　价　92.00元

前　言

为了应对碳排放造成的气候变化，进一步使用新能源替代传统的化石能源已经成为国际上的共识。2021年，中国已经实现了全面脱贫，正朝着更高质量的社会生活、工业发展、人文建设的方向努力。为了人类命运共同体的发展，中国已经明确提出了“碳达峰、碳中和”的目标和时间表，这对新能源技术的重视提高到前所未有的高度。

新能源是相对于传统化石能源来说的新技术能源。新能源从广义上来说，包含新型的能源载体和能源来源两种类型。电池技术、超级电容器技术、风电技术、太阳能电池技术、核电技术、生物质能技术都可以归纳为新能源技术。众所周知，新能源技术的核心在于材料。材料学的巨大进步，推动了新时代新能源技术的跨越式发展。以锂电池为例，近年来已研发出多种多样的正极材料、负极材料、导电剂材料、电解质材料和超薄金属箔材，新的材料产品和应用技术纷纷涌现，性能稳步提高，大大推动了新能源汽车、储能电站、电动船舶等产业的迅速发展，一举使我国成为锂电池产能最高、市场最大、应用经验最丰富的国家，为我国实现“碳达峰、碳中和”的既定目标，奠定了充分的技术基础。

新能源材料可以定义为应用于新能源技术的主要核心材料，是具备能量储存、转化、利用、传递等功能，或者为以上功能提供载体和支持的材料。新能源材料不仅指单一材料，还包括复合材料。近年来，石墨烯、纳米材料等的发展，为复合材料体系性能的进一步提升、功能的进一步扩展提供了可能。

虽然新能源材料的研发、应用和产业化已经有了长足的进步，但尚缺乏对新能源材料的理论和实践的总结。本书试图综合概括近年来新能源材料方面的研究成果和进展，形成一个领域比较宽广的知识范围，为相关领域人员提供一个概括性、综合性的知识体系。本书既可以作为本科生、研究生相关专业的教材，也可以作为相关行业人员对新能源材料进行研究、开发和产业化应用的参考资料。

本书是由作者及其团队在多年本科生、研究生课程教学和科学研究工作基础上总结编写而成的。本书由梁广川担任主编，王亚平、李积刚担任副主编，刘彩池、王丽、郭建玲、李思佳、任鑫、温立志参与编写。其中，第1章由梁广川编写，第2章、第7章由刘彩池编写，第3章、第13章由王丽编写，第4章、第6章由王亚平编写，第5章由郭建玲编写，第8章、第11章由李思佳编写，第9章、第10章由温立志、李积刚编写，第12章、第14章由任鑫编写，第15章由梁广川、李积刚编写。全书由梁广川、王亚平统一审稿、定稿。

感谢河北工业大学本科教材建设项目对本书出版的大力支持。

本书从2020年即开始酝酿初稿，2022年底成稿。由于时间仓促和作者水平有限，书中难免存在不足之处，敬请国内外同行批评指正。

编者

2023年6月

前言

目　录

第 1 章　绪论

1.1　新能源的定义

1980 年召开的联合国新能源和可再生能源会议提出，以新技术和新材料为基础，使传统的可再生能源得到现代化的开发和利用，用取之不尽、周而复始的可再生能源取代资源有限、对环境有污染的化石能源。会议还提出，重点开发太阳能、风能、生物质能、潮汐能、地热能、氢能和核能（原子能）。

新能源一般是指在新技术基础上加以开发利用的可再生能源，包括太阳能、生物质能、风能、地热能、波浪能和潮汐能，以及海水温差能等。此外，氢能、沼气、酒精、甲醇等，以及携带和利用电能的载体，例如锂离子电池等，也属于新能源范畴[1]。而已经广泛利用的煤炭、石油、天然气、水力等能源，称为常规能源。随着常规能源有限性问题以及环境问题的日益突出，以环保和可再生为特质的新能源越来越受到各国的重视。

在中国可以形成产业的新能源主要包括风能、生物质能、太阳能、地热能、电化学储能等，它们都是可循环利用的清洁能源。新能源产业的发展既是整个能源供应系统的有效补充手段，也是环境治理和生态保护的重要措施，是满足人类社会可持续发展需要的最终能源选择。

一般来说，常规能源是指技术上比较成熟且已被大规模利用的能源，而新能源通常是指尚未大规模利用、正在积极研究开发的能源。因此，煤炭、石油、天然气以及大中型水电都被看作常规能源，而太阳能、风能、现代生物质能、地热能、海洋能以及氢能等被看作新能源。随着技术的进步和可持续发展观念的树立，过去一直被视作垃圾的工业与生活有机废弃物被重新认识，作为一种能源资源化利用的物质而得到深入研究和开发利用。因此，废弃物的资源化利用也可看作新能源技术的一种形式。

新近才被人类开发利用、有待于进一步研究发展的能量资源，都属于新能源范畴。相对于常规能源而言，在不同的历史时期和科技水平的情况下，新能源有不同的内容。当今社会，新能源通常指太阳能、风能、地热能、氢能等。新能源按类别可分为太阳能、风能、生物质能、氢能、地热能、海洋能、小水电、化工能（如醚基燃料、可燃冰）、核能、电化学储能等。

据分析，2001 年以来，我国能源消费结构并没有发生显著改变。化石能源，特别是煤炭的消费在一次能源消费中一直居于主导地位，化石能源和煤炭消费所占的比重分别达到九成和六成以上。随着经济的发展，新能源产业的比重将会越来越大。

据估算，每年辐射到地球上的太阳能约为 17.8 亿 kW，其中可开发利用的为 500~1 000 亿 kW·h。但因其分布很分散，能利用者甚微。地热能指陆地以下 5 000 m 深度内的岩石和水体的总含热量。其中全球陆地部分 3 000 m 深度内、150 ℃以上的高温地热能为 140 万 t 标准煤，一些国家已着手商业开发利用。全球风能的潜力约为 3 500 亿 kW，因风力断续分散，难以经济有效地利用，今后输能、储能技术如有重大改进，对风能的利用将会增加。海洋能包括潮汐能、波浪能、海水温差能等，理论储量十分可观，但限于技术水平，现尚处于小规模研究阶段。当前新能源的利用技术尚不成熟，故其只占世界所需总能量的很小部分，但今后有很大的发展前途。

综合看来，新能源具有以下特点：①资源丰富，普遍具备可再生特性，可供人类永续利用；②能量密度（比能量）低，开发利用需要较大空间；③不含碳或含碳量很少，对环境影响小；④分布广，有利于小规模分散利用；⑤间断式供应，波动性大，对持续供能不利；⑥除水电外，可再生能源的开发利用成本较化石能源高。

1.2 新能源的类型

新能源一般可分为以下几类。

（1）太阳能

太阳能一般指太阳光的辐射能量。太阳能的主要利用形式有太阳能的光热转换、光电转换以及光化学转换三种。广义上的太阳能是地球主要能量的来源，如风能、化学能、水的势能等都是由太阳能带来或转化成的能量形式。利用太阳能的方法主要有以下两种：太阳能电池，通过光电转换把太阳光中包含的能量转化为电能；太阳能热水器或集热器，利用太阳光的热量加热水等介质，并利用热水发电等。太阳能清洁环保，无任何污染，利用价值高，更没有能源短缺的问题，这些优点决定了其在能源领域不可取代的地位。太阳能的利用方式主要有以下三种。

1）太阳能电池。太阳能电池是一种暴露在阳光下便会产生直流电的发电装置，由半导体物料（例如硅）制成的薄身固体光伏电池组成。由于其没有活动的部分，故可以长时间使用而不会导致任何损耗。简单的光伏电池可为手表及计算机提供能源，较复杂的光伏系统可为房屋照明，并为电网供电。光伏电池组件可以制成不同形状，而组件之间又可连接，以产生更多电力。天台及建筑物表面均可使用光伏板组件，这些光伏板组件甚至被用作窗户、天窗或遮蔽装置的一部分。这些光伏设施通常被称为附设于建筑物的光伏系统。2009 年，我国太阳能电池产能约为 240 万 kW，但我国太阳能发电装机容量仅为 12 万 kW，95%的产能出口，其中欧洲是最重要的市场。到 2022 年，我国太阳能电池累计产量比上年增加了 10 958.8 万 kW，产量同比增长 47.8%。

2）太阳能光热。现代的太阳热能科技将阳光聚合，并运用其能量产生热水、蒸汽和电力。除了运用适当的科技来收集太阳能外，建筑物亦可利用太阳的光和热能，方法是在设计时加入合适的装备，例如巨型的朝南向窗户或使用能吸收及慢慢释放太阳热力的建筑材料。

3）太阳光合能。植物利用太阳光进行光合作用，合成有机物的过程就是利用了太阳光合能。因此，可以人为模拟植物光合作用，大量合成人类需要的有机物，提高太阳光合能的利用效率。

（2）核能

核能是由于原子核内部结构发生变化而释放出的能量，符合爱因斯坦质能方程：

$$E = mc^2 \tag{1.1}$$

其中，E 为能量，m 为质量，c 为光速。

核能的释放主要有三种形式。①核裂变能：所谓核裂变能是通过一些重原子核（如铀-235、钚-239 等）的裂变释放出的能量。②核聚变能：由两个或两个以上氢原子核（如氢的同位素——氘和氚）结合成一个较重的原子核，同时发生质量亏损释放出能量的反应称为核聚变反应，其释放出的能量称为核聚变能。③核衰变能：核衰变是一种自然的慢裂变形式，裂变过程中能量释放，从而得以利用，例如宇宙飞船中用的放射性电池就利用了放射性核衰变产生的热量。

核能的缺陷主要有：①资源利用率低，反应后产生的核废料成为危害生物圈的潜在因素，其最终处理技术等相关问题尚未完全解决；②反应堆的安全问题尚需不断监控及改进；③受核不扩散要求的约束，核电站反应堆中生成的钚-239 受控制；④核电建设投资费用仍然比常规能源发电高，投资风险较大。

（3）海洋能

海洋能指蕴藏于海水中的各种可再生能源，包括潮汐能、波浪能、海流能、海水温差能、海水盐差能等。这些能源都具有可再生和不污染环境等优点，海洋能是一种亟待开发利用的具有战略意义的新能源。海洋能具有以下特点。①海洋能在海洋总水体中的蕴藏量巨大，但能量密度较低，即单位体积、单位面积、单位长度所拥有的能量较少，所以要想得到较多能量，就得从大量的海水中获得。②海洋能具有可再生性，海洋能来源于太阳辐射能与天体间的万有引力，只要太阳、月球等天体与地球共存，这种能源就会再生，从而取之不尽、用之不竭。③海洋能有稳定与不稳定能源之分，较稳定的能源为海水温差能、海水盐差能和海流能，不稳定能源分为变化有规律与变化无规律两种。不稳定但变化有规律的能源有潮汐能与潮流能。根据潮汐和潮流的变化规律，编制出各地逐日逐时的潮汐与潮流预报，可以预测未来各个时间点的潮汐大小与潮流强弱。潮汐电站与潮流电站可根据预报表安排发电运行。既不稳定又无规律的能源是波浪能。④海洋能属于清洁能源，开发海洋能本身对环境造成的污染很小。

目前可利用的海洋能有以下几种。

1）波浪能[2]。据推算，地球上波浪蕴藏的电能高达 90 万亿 kW·h。海上导航浮标和灯塔已经使用波浪发电机发出的电来照明，大型波浪发电机组也已问世。中国也在对波浪发电进行研究和试验，并制成了供航标灯使用的发电装置。未来，波浪能将会为世界电力行业做出很大贡献。

2）潮汐能[3]。世界上最大的潮汐发电站是法国北部英吉利海峡上的朗斯河口电站，发电能力为 24 万 kW，已经工作了 50 多年。中国在浙江省建造了江厦潮汐电站，总装机容量达到 3 000 kW。

3）海水盐差能：如果有两种盐溶液，一种溶液中盐的浓度高，另一种溶液中盐的浓度低，那么把两种溶液放在一起并用一种渗透膜隔离后，会产生渗透压，水会从盐浓度低的溶液流向盐浓度高的溶液。江河里流动的是淡水，而海洋中存在的是咸水，两者也存在一定的浓度差。在入海口放置一个涡轮发电机，利用淡水和海水之间的渗透压就可以推动涡轮发电机来发电。海水盐差能是一种十分环保的绿色能源，它既不产生垃圾，也没有二氧化碳的排放，更不依赖天气的状况，可以说是取之不尽、用之不竭。而在盐分浓度更大的水域里，渗透发电厂的发电效能会更高，例如地中海、死海、我国含盐城市的大盐湖、美国的大盐湖。当然，发电厂附近必须有淡水的供给。

（4）风能

风能是太阳辐射下空气流动所产生的能量。风能与其他能源相比，具有明显的优势。风能蕴藏量大，是水能的10倍，分布广泛，永不枯竭，对交通不便、远离主干电网的岛屿及边远地区尤为重要。风能最常见的利用形式为风力发电。风力发电可使用水平轴风机和垂直轴风机，其中水平轴风机应用广泛，是风力发电的主流机型。

风力发电是当代人利用风能最常见的形式。19世纪末，丹麦研制出风力发电机，人们认识到石油等能源会枯竭，开始重视风能的发展，广泛利用风能。

截至2009年底，全球累计风力发电装机容量已达1.59亿kW，2009年全年新增装机容量超过3 000万kW，涨幅31.9%。从累计装机容量来看，美国为3 516万kW，稳居榜首；中国为2 610万kW，位列全球第二。截至2022年底，我国风力发电装机容量为36 544万kW，新增装机容量为3 763万kW。

（5）生物质能

生物质能来源于生物质，是太阳能以化学能形式储存于生物中的一种能量形式，它直接或间接地来源于植物的光合作用[4]。生物质能储存的是太阳能，其是唯一一种可再生的碳源，可转化成常规的固态、液态或气态的燃料。地球上生物质能资源较为丰富，而且是一种无害的能源。地球每年经光合作用产生的物质有1 730亿t，其中蕴含的能量相当于全世界能源消耗总量的10~20倍，但利用率不到3%。生物质能（又名生物能源）是指利用有机物质作为燃料，通过适当的处理技术产生的能源，最常用的处理技术有沼气技术、生物酒精技术、生物质发电技术等。同时，全球范围正在以玉米、小麦、食糖、甜高粱、木薯等为原料制造乙醇汽油等能源，来满足日益增长的燃料需求。

截至2021年底，全国已经建设农村户用沼气池1 870万处，生活污水净化沼气池14万处，畜禽养殖场和工业废水沼气工程2 000多处，年产沼气约90亿m^3，为近8 000万农村人口提供了优质生活燃料。

中国已经开发出多种固定床和流化床气化炉，以秸秆、木屑、稻壳、树枝为原料生产燃气和固体燃料颗粒。2006年，村镇级秸秆气化集中供气系统近600处，年生产生物质燃气2 000万m^3。

（6）地热能

地球内部热源可来自重力分异、潮汐摩擦、化学反应和放射性元素衰变等。放射性热能是地球主要热源。中国地热资源丰富、分布广泛，已有5 500处地热点，地热田45个，地热资源总量约320万MW。2015—2020年，全球用于电力项目的地热能钻井总数为1 159口，用于电力项目的地热总投资为103.67亿美元[5]。研究表明，地热能的蕴藏量相当于地球煤炭储量热能的1.7亿倍，可供人类消耗几百亿年，真可谓取之不尽、用之不竭，今后将优先利用开发。

（7）氢能

氢气的相对分子质量为2，仅为空气的1/14，因此氢气泄漏于空气中会自动逃离地面，不会形成聚集。而其他燃油燃气均会在地面附近聚集而造成易燃易爆危险。氢气无味无毒，不会造成人体中毒，燃烧产物仅为水，不污染环境。氢气的热值是汽油的3倍。氢氧焰温度高达2 800 ℃，高于常规液气，氢氧焰是目前常用的温度最高的常规热源。氢能利用目前存在的主要缺点：制取成本高，需要大量的电力；生产、存储难；氢气密度小，很难液化，高压存储不安全。

氢气的特点决定了其在很多领域是最具有竞争力的能源载体。例如在航天领域，氢的能量与质量之比是最高的，可以大幅度减轻燃料所占的质量比。而进入21世纪后，燃料电池是氢能利用的主要方式之一。氢能是应用于燃料电池的主要能源载体，燃料电池可以将氢气中90%的化学能直接利用，发电效率高。其反应物为纯水，极其清洁。因此，燃料电池是今后清洁能源利用的重要方向和领域，在以电动汽车为代表的电动交通工具领域具有无与伦比的应用优势。

1.3　新能源材料

1.3.1　新能源材料的分类

新材料技术是按照人的意志，通过物理研究、材料设计、材料加工、试验评价等一系列研究过程，创造出能满足各种需要的新型材料的技术。

新能源材料是指新近发展的，具有优异的使用性能，主要应用于新能源领域的主要和核心材料。新能源材料可以分为含能材料、储能转化材料和辅助材料三大类。含能材料以核能材料、生物质能材料、可燃冰、氢气等为代表，主要特点是自身含有大量能量，并且可以在适当的条件下被释放出来。储能转化材料自身不会产生能量，主要是通过能量变换的方式，将能量从一种形式变为另一种形式。例如锂离子电池和超级电容器，它们主要的工作模式是将电能储存起来，再通过放电的形式对外做功，形成储能工作模式，其中的正负极材料都属于储能转化材料。制造太阳能电池的多晶硅、单晶硅等材料也属于储能转化材料。而电池中的导电剂、黏结剂等辅助材料，也是新能源技术中非常重要的核心材料。辅助材料虽然不能发挥储能功能，但提供了必要的功能支持，也属于新能源材料的范畴。还有用于制造风力发电叶片的高强度复合材料、耐高温的炉体材料、传输电流的超导材料、新型发光器件的半导体材料等，广义上都属于新能源材料的范畴。新能源材料的分类与范围如图1.1所示。

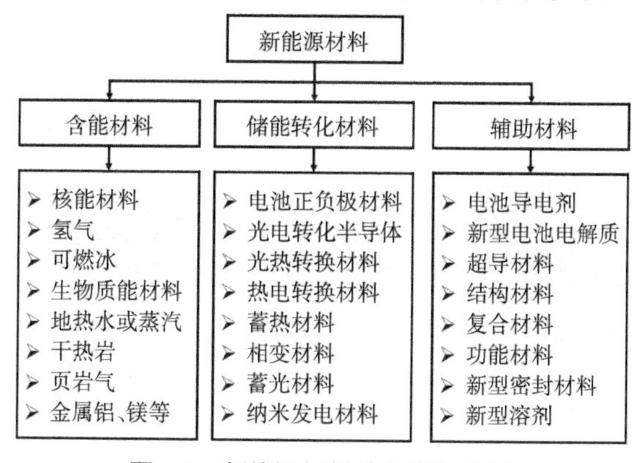

图1.1　新能源材料的分类与范围

1.3.2 新能源材料学的发展

新能源材料的发展,首先源于社会需求。2022 年,我国 GDP 已经超过 121 万亿元人民币。经济和社会的发展,对新能源技术和产业提出了更高的要求,同时对新能源材料提出了更高的要求。我国在该领域的科研深度和产业规模都在迅速扩大。随着我国 2030 年碳达峰、2060 年碳中和目标的提出,新能源材料学作为整个新能源技术的核心支撑,必将得到更大的发展。

目前,在各个大学里新设立了一大批包括新能源材料、新能源器件等的新型专业,且专业范围一直在发展、扩展中。社会上对新能源技术的需求也非常迫切。这是新能源材料在未来得到巨大发展的前提。

同时,随着现代科学技术的发展,材料科学的研究不断深入。量子材料学、量子化学、量子物理学的深入发展,让人们可以用基础物理学公式来设计材料、判断材料的性能。今后使用计算机,就可以对材料的基本性能进行判定。目前,大部分材料的研发工作还是在实验室里的瓶瓶罐罐中进行的,今后计算科学的发展将为新能源材料学的突破从理论上和技术上奠定基础。

在材料学本身方面,复合材料学、纳米材料学、交叉学科等的发展,也为开发新能源材料助力。特别是随着纳米材料学的发展,很多在纳米单位上才能被发现的功能逐渐显现出来。例如石墨烯的高导电、高导热性能,碳纳米管的高强度、高韧性、高导电性能,纳米材料特异的声、光、电、磁效应等,都对新能源材料的进步产生了巨大的影响。今后新能源材料的发展,一方面依赖于基础材料学的巨大进步,另一方面依赖于材料工程学的进展。同时,在理论和工程层面取得突破,会把材料技术推向一个更高的高度。

另外,材料工程学的研究和应用也在逐渐深入。对材料生产制备过程的自动化、精确化、智能化控制成为现代材料产业化的一个主要方面。目前,国内外的一些大型材料厂,基本上都已经实现了材料的自动化、智能化生产,从配料到产成品包装都可以实现"关灯生产",实现了利用自动化、智能化进行工业 4.0 生产。自动化、智能化生产技术可以把我国大量的人力资源从烦琐、重复的劳动中解脱出来,有利于发展社会生产力,促进社会的共同进步。

1.4 我国发展新能源技术和产业的政策

我国高度重视可再生能源的研究与开发。2001 年,国家经济贸易委员会印发《新能源和可再生能源产业发展"十五"规划》。2006 年 1 月 1 日,《中华人民共和国可再生能源法》施行,提出重点发展太阳能光热利用、风力发电、生物质能高效利用和地热能利用。在国家的大力扶持下,我国在风力发电、海洋能潮汐发电以及太阳能利用等领域已经取得了很大的进展[6]。

2008 年,为加快我国风电装备制造业技术进步,促进风电产业发展,中央财政安排专项资金支持风电设备产业化。2009 年,"太阳能屋顶计划"实施,中央财政安排专门资金对光电建筑应用示范工程予以补助,弥补光电应用的初始投入。同年,《金太阳示范工程财政补助资金管理暂行办法》印发，该工程综合采取财政补助、科技支持和市场拉动方式，加快国内光伏发电的产业化和规模化发展，以促进光伏发电技术进步。

在税收方面，2008 年，国家财政部、税务总局出台《关于执行资源综合利用企业所得税优惠目录有关问题的通知》，指出企业自 2008 年 1 月 1 日起以《资源综合利用企业所得税优惠目录》（以下简称《目录》）中所列资源为主要原材料，生产《目录》内符合国家或行业相关标准的产品取得的收入，在计算应纳税所得额时，减按 90%计入当年收入总额。同年 12 月，《关于资源综合利用及其他产品增值税政策的通知》出台，规定对利用风力生产的电力实现的增值税实行即征即退 50%的政策，对销售自产的综合利用生物柴油实行增值税先征后退政策。

根据规划，中国未来新能源发展的战略可分为三个发展阶段：第一阶段到 2010 年，实现部分新能源技术的商业化；第二阶段到 2020 年，大批新能源技术达到商业化水平，新能源占一次能源总量的 18%以上；第三阶段是全面实现新能源的商业化，大规模替代化石能源，到 2050 年新能源在能源消费总量中达到 30%以上。

2020 年 9 月 22 日，国家主席习近平在第七十五届联合国大会一般性辩论上宣布，中国将提高国家自主贡献力度，采取更加有力的政策和措施，二氧化碳排放力争于 2030 年前达到峰值，努力争取 2060 年前实现碳中和。在此后的气候峰会上，我国宣布了更具体的目标：到 2030 年，单位国内生产总值二氧化碳排放将比 2005 年下降 65%以上，非化石能源占一次能源消费比重将达到 25%左右，森林蓄积量将比 2005 年增加 60 亿 m^3，风电、太阳能发电总装机容量将达到 12 亿 kW 以上。要实现“碳达峰、碳中和”，只能靠大力发展新能源技术。

另外，为了实现大规模的节能减排，以及保证我国的石油战略安全，我国正在大力发展新能源汽车产业。作为交通工具的汽车，每天要排放大量的碳、氮、硫的氧化物、碳氢化合物、铅化物等多种大气污染物，是重要的大气污染发生源，给人体健康和生态环境带来严重的危害。节能减排是汽车产业发展的永恒主题，不断加强节能减排工作已成为我国经济实现又好又快发展的迫切需要。

在发达国家，汽车保有量决定着石油需求，也是影响温室气体和其他有害气体排放的关键因素，实现环境保护目标，需要大幅度减少汽车的石油消耗和气体排放。但另一方面，汽车是支柱产业，也是基本的交通工具，各国政府又要保持汽车的发展来促进经济的发展和民众生活质量的提高。发展节能环保汽车可以在保持汽车保有量增长的情况下降低石油消耗、保护大气环境，因此各国政府普遍把发展节能环保汽车看成实现其能源环境政策和汽车工业可持续发展的重要举措。

2020 年 11 月 2 日，国务院办公厅发布的《新能源汽车产业发展规划（2021—2035 年）》[7]提出发展愿景：到 2025 年，我国新能源汽车市场竞争力明显增强，动力电池、驱动电机、车用操作系统等关键技术取得重大突破，安全水平全面提升。纯电动乘用车新车平均电耗降至百公里 12.0 kW·h，新能源汽车新车销售量达到汽车新车销售总量的 20%左右，高度自动驾驶汽车实现限定区域和特定场景商业化应用，充换电服务便利性显著提高。力争经过 15 年的持续努力，我国新能源汽车核心技术达到国际先进水平，质量品牌具备较强国际竞争力。纯电动汽车成为新销售车辆的主流，公共领域用车全面电动化，燃料电池汽车实现商业化应用，高度自动驾驶汽车实现规模化应用，充换电服务网络便捷高效，氢燃料供给体系建设稳步推进，有效促进节能减排水平和社会运行效率的提升。届时，我国的新能源汽车产业将会对我国的经济发展、节能减排产生重大的积极作用。图 1.2 为我国 2023—2026 年新能源汽车销售量的预测。

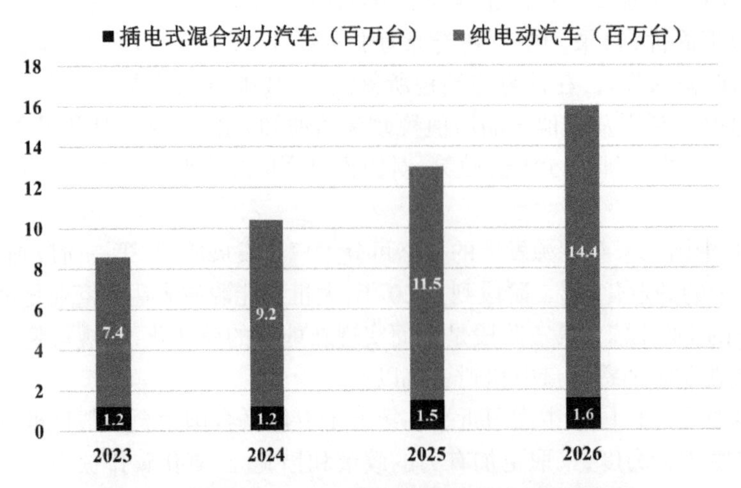

图 1.2 我国 2023—2026 年新能源汽车销售量的预测

1.5 本书的主要内容

为促进我国新能源材料技术和产业的发展，本书对新能源材料的分类、研究、生产和应用进行了介绍，对新能源材料的发展历程进行了回顾。

第 1 章是绪论部分，对新能源技术和新能源材料进行了定义和说明，简要介绍了新能源的类型。第 2 章详细介绍了新能源材料的分类，论述了各种新能源的特点和对新能源材料的要求。第 3 章主要对锂离子电池技术进行了概括性总结，论述了锂离子电池技术中涉及的新能源材料。第 4 章主要对锂离子电池负极材料进行了详细归纳总结，论述了负极材料在锂离子电池中的工作原理、研发和产业进展情况。第 5 章介绍了锂离子电池正极材料的分类和研发进展。第 6 章介绍了超级电容器技术及其核心材料。第 7 章介绍了太阳能电池材料的原理、研发进展和产业化应用状况。第 8 章介绍了储氢材料的原理和研发进展。第 9 章介绍了燃料电池技术和其所用的部分新型材料。第 10 章介绍了目前应用比较成熟的核能材料。第 11 章论述了生物质能材料的原理和研发进展情况。第 12 章论述了复合材料及其在新能源领域的应用。第 13 章介绍了纳米材料应用于锂离子电池的情况。第 14 章对石墨烯材料在新能源领域应用的状况进行了归纳和总结。第 15 章对新能源材料学的未来发展提出了作者的展望。

参考文献

[1] 袁吉仁. 新能源技术概论[M]. 北京：科学出版社. 2019.

[2] 张亚群,盛松伟,游亚戈,等. 波浪能发电技术应用发展现状及方向[J]. 新能源进展,2019,7(4):374-378.

[3] 刘邦凡,栗俊杰,王玲玉. 我国潮汐能发电的研究与发展[J]. 水电与新能源，2018，32(11):1-6.

[4] 马隆龙,唐志华,汪丛伟,等. 生物质能研究现状及未来发展策略[J]. 中国科学院院刊,2019,34(4):434-442.

[5] 马冰,贾凌霄,于洋,等. 世界地热能开发利用现状与展望[J]. 中国地质，2021，48(6):1734-1747.

[6] 国家经贸委资源节约与综合利用司. 新能源和可再生能源产业发展“十五”规划[J]. 中国经贸导刊,2002(4):31-32.

[7] 中华人民共和国国务院办公厅. 国务院办公厅关于印发新能源汽车产业发展规划(2021—2035 年)的通知[J]. 中华人民共和国国务院公报,2020(31):16-23.

第2章 新能源材料的分类

本章主要对多种新能源材料的研发和产业化进展进行简述,后面的章节将对各种材料进行详细论述。一些还停留在实验阶段、未实现大规模产业化应用的技术(例如超导材料),本书暂不涉及。本书主要讨论锂离子电池材料、核能材料、风能材料、太阳能电池材料、热电材料、燃料电池材料、储氢材料、生物质能材料、超导材料等。

2.1 锂离子电池材料

锂离子电池是一种以可发生锂离子嵌入/脱嵌反应的材料作为正负极,使用含锂盐的有机电解液或聚合物电解质的电池,其是通过锂离子在正极和负极之间穿梭实现充放电的二次电池。

2.1.1 锂离子电池的特点

锂离子电池与其他二次电池相比,具有如下特点。

(1)能量密度高

锂离子电池的质量比能量可达 100 W·h/kg 以上。已有报道称,三元正极材料锂离子电池质量比能量达到 300 W·h/kg,采用金属锂为负极的全固态锂离子电池的质量比能量达到 500 W·h/kg,远远超过传统电池。所以,锂离子电池储存等量电能时体积小、质量轻,可以实现小型化、轻量化。

(2)开路电压高

因为采用了非水系有机溶剂,锂离子单体电池电压达 3.6~3.8 V,其是镍氢或镍镉电池的 2~3 倍。若采用高电压正极材料,锂离子单体电池的电压有望提高到 4.5~5 V,这也是锂离子电池能量密度高的重要原因之一。

(3)能够大电流充放电

采用聚合物电解质的全固态锂离子电池,可以实现 10 C(C 表示电池容量额定值)以上的高倍率放电,且安全性较好;利用磷酸铁锂作为正极的锂离子电池,可以实现 100 C 放电。

(4)自放电率小

室温下锂离子电池月自放电率很低,普遍小于 3%,低于镍氢电池(15%),是镍镉电池的 50%。

(5)环境友好

锂离子电池不含铅、镉、汞等有害物质,不污染环境。

(6)无记忆效应

记忆效应是指电池用电未完时再充电电池容量下降的现象,铅酸电池、镍镉电池的记忆效应较重,但锂离子电池不存在记忆效应。

（7）安全性好

锂离子电池一般采用碳材料作为负极，具有与金属锂接近的电极电位。锂离子在碳中可逆地嵌入和脱嵌，使金属锂沉积的概率大大减小，电池的安全性有很大程度的提高。近年来，阻燃添加剂、可封闭隔膜、正温度系数（Positive Temperature Coefficient，PTC）热敏电阻（超过一定温度（居里温度）时，它的电阻值随着温度的升高呈阶跃性增大，可防止锂离子电池过热）、防爆设计、电池管理系统控制等的发展，保证了锂离子电池极高的安全性。

（8）循环次数多、寿命长

锂离子电池的循环次数一般在 500 次以上。磷酸铁锂电池的循环次数一般为 3 000~5 000 次，如果采用具有高循环能力的负极材料体系相配（如钛酸锂），可以达到 1 万次以上的循环次数。

2.1.2　锂离子电池核心材料

锂离子电池的核心材料主要有正极材料、负极材料和电解质材料。以下简要说明。

（1）锂离子电池正极材料

锂离子电池正极材料主要有钴酸锂（$LiCoO_2$）、锰酸锂（$LiMn_2O_4$）、三元材料（如 $LiNi_{1-x-y}Co_xMn_yO_2$）和磷酸铁锂（$LiFePO_4$）四种[1]。

1）钴酸锂（$LiCoO_2$）正极材料。其是具有二维层状结构的 $LiCoO_2$，属 α-$NaFeO_2$ 型晶系，适合锂离子通过层间嵌入和脱嵌，其理论比容量为 274 mA·h/g，实际充放电比容量为 137 mA·h/g，平均工作电压高达 3.7 V。其因容易制备，电化学性能稳定，循环性能好，充放电性能优良，是最先被普遍应用的锂离子电池正极材料。目前，几乎所有要求高体积比能量的数码电子产品所用锂离子电池都以 $LiCoO_2$ 作为正极材料。由于 $LiCoO_2$ 的实际比容量只有理论比容量的 50%~60%，且在充放电过程中，锂离子反复嵌入和脱嵌，造成 $LiCoO_2$ 结构在多次收缩和膨胀后发生从三方晶系到斜方晶系的转变，导致 $LiCoO_2$ 粒子间松动而脱落，使内阻增大，容量减小。$Li_{1-x}CoO_2$ 在 $0 \leqslant x \leqslant 0.5$ 范围内循环时，表现出良好的循环性，其可逆比容量为 130~140 mA·h/g。但当更多的锂从晶格中脱出时，容量迅速衰减，极化电压增大。分析发现，过充达到 $x \geqslant 0.8$ 时，相变发生，且在约 4.3 V 时大多数电解质会发生氧化分解。另外，$LiCoO_2$ 安全性差，限制了钴系锂离子电池的使用，尤其是在电动汽车和大型储备电源方面的使用。由于钴资源匮乏，导致该材料价格较高，影响锂离子电池成本的降低。

2）锰酸锂（$LiMn_2O_4$）材料。尖晶石型 $LiMn_2O_4$ 材料的嵌锂容量相对偏低，且有两个放电平台，循环性能较差，但成本低廉、资源丰富、环境友好，目前是人们较为关注的正极材料之一。掺杂过渡金属离子可明显改变尖晶石型锂锰氧化合物在室温下的循环性能。$LiMn_2O_4$ 在室温和低温下有良好的电化学性能，但在高温下循环时容量衰减仍很明显；在较高温度（如 55 ℃）时，材料性能急剧恶化，循环性能显著下降。因此，如何改变高温下 $LiMn_2O_4$ 的循环性能是一个重要的课题。

3）三元材料。三元材料的研究最早可以追溯到 20 世纪 90 年代的掺杂效应研究，如对 $LiCoO_2$、$LiNiO_2$ 等掺杂体系的研究。初始意图是减少正极材料中昂贵的金属钴的用量。例如，在 $LiNiO_2$ 中通过掺杂钴，形成 $LiNi_{1-x}Co_xO_2$ 系列正极材料。在 20 世纪 90 年代后期，有关学者进行了在 $LiNi_{1-x}Co_xO_2$ 中掺杂 Mg、Al 以及 Mn 的研究，出现了 NCA（$LiNi_{1-x-y}Co_xAl_yO_2$）

与 NCM($LiNi_{1-x-y}Co_xMn_yO_2$)等。早期的 Li(NiCoMn)O_2 一直没有阐明反应机理,也没有找到合适的制备方法。直到 21 世纪初,日本学者[2]利用氢氧化物共沉淀法制备出一系列 Li(NiCoMn)O_2 化合物。其中,镍是主要的电化学活性元素,锰对材料的结构稳定和热稳定提供保证,钴具有降低材料电化学极化、提高倍率特性的作用。该材料具有较高的比容量、良好的循环和倍率性能、稳定的晶体结构、可靠的安全性以及适中的成本。虽然其安全性逊于磷酸铁锂,但能量密度比磷酸铁锂高出近 30%。近年来,三元材料已经成为锂离子电池的主要正极材料之一,广泛应用于电动汽车、电动自行车、高功率电池、中低档手机和笔记本电脑中。

4)磷酸铁锂($LiFePO_4$)材料。1997 年, Padhi 等人[3]发现橄榄石型 $LiFePO_4$ 在 0.05 mA/cm^2 充放电电流密度下,在 3.5 V(vs. Li^+/Li)电位范围附近可以得到约 100 mA·h/g 的比容量,为其理论比容量 170 mA · h/g 的 59%,已经接近当时商品化正极材料 $LiCoO_2$ 的实际放电比容量水平,而且充放电曲线非常平坦。$LiFePO_4$ 电化学性能稳定,结构不发生变化,理论能量密度高达 550 W · h/kg。同时,随着温度升高, $LiFePO_4$ 材料比容量增大,具有良好的高温稳定性,能在较宽温度范围内工作。从资源上看,由于铁在地壳中含量高、资源丰富,制成的磷酸铁锂也具有价格低廉、资源丰富、安全性能好、无毒无害、对环境友好等优点,成为现今动力、储能锂离子电池领域研究和产业开发的重点之一。

(2)锂离子电池负极材料

锂离子电池负极材料一般具备如下特点:有较高的充放电可逆容量,充放电循环特性良好,能快速使放电电压达到平衡状态,基本不与电解液反应,相容性好,资源丰富,成本低廉。目前,锂离子电池的主要商业用负极材料是碳材料,非碳基负极材料虽然广有研究,但少有应用。锂离子电池负极材料分类如图 2.1 所示。

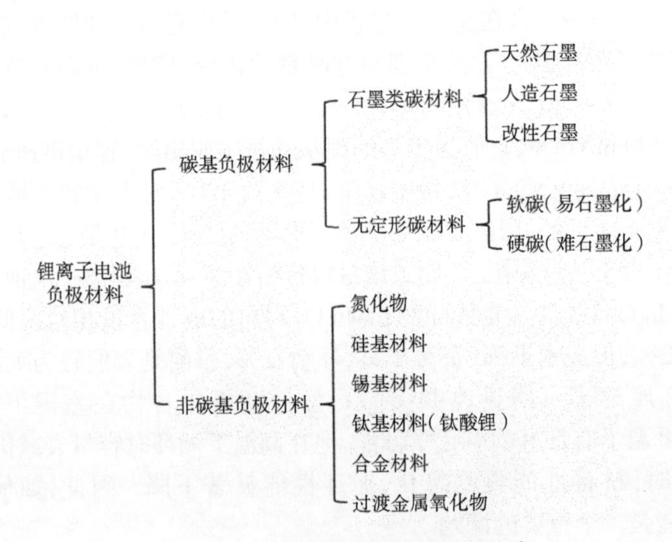

图 2.1 锂离子电池负极材料分类

碳基负极材料有一些缺点,分列如下:①碳基负极材料在电池充放电过程中形成固体电解质界面(SEI)膜,需要消耗电池中的锂离子;②在反复充放电过程中,锂离子不断地嵌入和脱嵌碳层，使石墨层状结构膨胀和收缩，长期使用造成碳层剥离；③当负极因过充电等原因出现 0 V（vs. Li^+/Li）或 0 V 以下的电位时，在石墨表面容易出现金属锂的沉积，造成负极永久失效。

目前，可供研究的其他负极材料有很多种，诸如锂合金、硅基材料、钛酸锂、含锂过渡金属氮化物以及纳米过渡金属氧化物等。但近十几年来实际应用并占市场份额最大的锂离子电池负极材料还是碳材料。常见的碳基负极材料主要有以下七种。

1）天然石墨。天然石墨是单晶石墨，而微晶石墨和人造石墨均为多晶体，并且含有石墨微晶体。天然石墨是一种石墨化程度较高的材料，具有明显的光滑感和光泽。在合适的电解液中，锂离子的嵌入容量最高可达到 372 mA・h/g 的理论比容量，并且放电电位非常接近锂的电位。石墨的结晶形态决定了它在实际生产中的工艺特点。结晶形态不同的石墨矿物，根据自身的特点应用于不同的领域。在工业上，根据石墨的不同结晶形态，将天然石墨分为三类，分别为致密结晶状石墨、鳞片石墨和隐晶质石墨。其中，致密结晶状石墨颗粒较大，可以肉眼看到晶体，晶体排列比较杂乱，因此多呈致密块状。它的比表面积集中在 0.1~1 m^2/g，材料具有较高的品位，一般含碳量为 60%~65%，有时高达 80%~98%，但在可塑性和滑腻性方面较鳞片石墨差。鳞片石墨的晶体是以鳞片状态呈现的，主要有大鳞片和细鳞片两种类型。这类石墨矿石含碳量一般为 2%~3%或 10%~25%，品位不高，但其可浮性在自然界矿石中是最好的。由于其可浮性、润滑性和可塑性均优于其他类型的石墨，因此其在工业上的价值较高。隐晶质石墨又名土状石墨，晶体直径多在 1 μm 以下，比表面积为 1~5 m^2/g，这类石墨的物理特点是缺乏光泽、润滑性差、表面呈土状，含碳量一般为 60%~80%，少数高达 90%以上，矿石可选性较差。天然石墨材料的主要缺点是石墨片较易发生剥离，从而造成循环性能降低。同时，在低温（例如−25 ℃）条件下，电池的电化学特性不理想，这主要与锂离子在石墨材料中的扩散动力学有关系。但同时也有研究人员认为，锂离子在石墨材料中的放电容量减少，主要是因为石墨中能够使锂离子通过的孔隙形态发生了改变，从而造成了石墨中通过的锂离子数目减少。

2）改性石墨。市场上有一部分特殊的石墨材料即改性石墨。这种材料在天然石墨的基础上，通过各种方法和手段对天然石墨进行改性处理，使材料表现出优于原来天然石墨的循环稳定性以及与电解液更好的相容性。对天然石墨改性的方法有很多，如表面氧化以及用聚合物热解碳包覆，形成核-壳结构的复合材料，使材料表现出更优的充放电特性，减弱石墨层状的剥落和粉化，比容量和循环稳定性都有一定程度的提高。天然石墨价格便宜、资源易得，通过简单的改性处理可以使材料拥有更好的性能，也是目前各大公司、高校及研究机构的优先选择。

3）人造石墨。人造石墨是由易石墨化碳经高温石墨化处理制得的。常见的人造石墨有中间相炭微球、石油焦和碳纤维等。制造人造石墨的主要原料是粉状的优质石油焦，在其中添加沥青作为黏结剂，再加入少量其他辅料。配好各种原材料后进行高温处理，使之石墨化。高温处理后材料中的灰分、硫、气体含量明显下降。在众多的碳基负极材料产品中，人造石墨的品质是最好的，所以在锂离子电池负极材料中首选人造石墨。人造石墨的比容量相对天然石墨有所降低，而且有部分乱层结构，但却有其他材料所不具备的优点，例如人造石墨晶体层间距比较大，和电解液相容性比较好，锂离子脱嵌过程中体积效应较小，所以人造石墨有比较好的循环性能、倍率性能和稳定性能，这些优点是天然石墨所不具备的。在实际生产中，虽然人造石墨比容量稍低，压实密度也低，加工性能不易把握，但总体而言性能均衡。

4）硬碳。硬碳指高温下难以石墨化的碳，主要是由高分子聚合物热分解而制得的碳。硬碳来源广泛，有机高分子树脂、糖、煤、木材等都是硬碳的来源，可以制备出的硬碳种类繁多。常见的硬碳主要有树脂碳和炭黑等低温无定形碳。硬碳第一次充放电效率比较低，容量一般不如经过高温石墨化后的石墨化碳，并且压实密度比较低。总体而言，硬碳材料的可逆容量比天然石墨高，但在循环方面性能不够稳定，储锂量随着循环次数的增加衰减比较明显，同时电压滞后，嵌入锂离子的过程电压一般处于 0.3 V 以下，脱嵌时大部分过程发生在 0.8 V 以上。硬碳材料较高的容量可能和以下几点有关系：锂嵌入碳微晶中形成的纳米微孔（即微孔储锂机理）、碳材料中的氢含量、碳材料中石墨微晶面两边吸纳的锂离子[4]。

5）软碳。软碳指经高温处理可以石墨化的碳，一般指在 2 500 ℃以上可以被石墨化的无定形碳材料。常见的软碳主要有中间相炭微球、石油焦、碳纤维、针状焦。软碳的晶面间距一般为 0.35 nm 左右。软碳和石墨的结晶性类似，一般比硬碳更容易嵌入锂离子，安全性也比较好。例如沥青基碳纤维、中间相炭微球都经过 2 800~3 000 ℃热处理，以实现材料的石墨化。这类材料都有比较高的比容量，充放电电压平台较好，与溶剂的相容性优于石墨，在沥青基碳纤维和中间相炭微球中锂离子的扩散系数比在石墨中大一个数量级。所以，它们比较适合于用作高功率电池的负极材料。

6）焦炭。焦炭是在锂离子电池商品化进程中最早得到应用的一种碳基负极材料。焦炭来源广泛、价格较低，是一种晶粒尺寸很小、排列无序的晶体，具有错位和旋转的涡轮层状结构。同时，由于其内表面积较大，造成了 SEI 膜形成时对锂离子和溶剂分子的消耗和分解，从而使不可逆容量增加。焦炭是一类经液相碳化形成的碳素材料，在碳化过程中氢、氧、硫、氮等成分会不断减少，碳含量不断增高，并且伴随着脱氢、环化、缩聚、交联等一系列化学变化。根据原料的不同，可以将焦炭分为沥青焦和石油焦两大类。焦炭在相对较低的温度下就可以经热处理制成，成本也较低，并且与电解液有良好的相容性。焦炭实际上是一种具有不发达结构的石墨，炭层大致平行，类似石墨，但是网层不规整，没有很明显的放电平台，一般放电平台都比较陡峭，不够平，并且其放电容量也不是很高。在其充放电过程中没有明显的 SEI 膜形成所出现的电压平台。有研究认为，焦炭以乱层结构排列，锂离子的嵌入比较困难，只有石墨的 80%左右，并在首次充放电时有比较大的容量损失，因此逐渐被其他负极材料所取代。由于在不是很高的温度时石墨化就开始发生，石墨化过程中材料片层周边表面上的醚键、羰基等一些含氧基团大部分都被热解、裂解掉，使石墨边缘的碳多以碳单键或者双键形式存在，进一步造成石墨微晶不断长大。焦炭材料的石墨化造成石墨层间距逐渐减小，有时候接近理想的石墨间距（0.335 nm）。焦炭材料中碳键的存在方式、结构以及中间相的成分都会对材料的微观结构造成一定的影响。

7）中间相炭微球。中间相炭微球（Mesocarbon Microbeads，MCMB）是 1961 年在研究沥青材料时发现的一种中间相状态，继而研究并发展出一种新型碳基负极材料。1978 年，Lewis 在显微镜上发现了中间相的可溶热变特征，并最终认定中间相包括不溶于溶剂的高分子量成分和可溶于溶剂的低分子量成分。中间相炭微球的制备研究始于 20 世纪 70 年代，日本的 Yamada 等人[5]首次将沥青聚合过程中的中间相转化初期所形成的中间相小球体在 430 ℃分离出来，并命名为中间相炭微球。后来，持田勋、山田和本田发表了文章，进一步发展了碳质中间相理论，为中间相炭微球的研究提供了更丰富的理论基础[6]。在 20 世纪 90 年代，锂离子电池刚刚兴起时，负极材料还是以硬碳材料为主。然而，有关中间相炭微球应用研究的报道，解决了当时困扰大家已久的只能以硬碳为负极，容量只有 200 mA · h/g 左右的问题。1992 年，Yamaura 等人在第六届国际锂电池会议上报道了采用中间相炭微球为负极材料制备的锂电池，此后中间相炭微球在锂离子电池研究领域备受关注。一般的理论认为，中间相炭微球的结构受热处理温度的影响比较大。当热处理温度高于 1 000 ℃时，中间相炭微球的层间距 d_{002} 会伴随热处理温度的升高而急剧减小，c 轴结晶长度 L_c、a 轴结晶长度 L_a 也明显增大[7]。目前的石墨化中间相炭微球存在产品性能不稳定、产率低、生产成本高等缺点。所以，进一步提高性能、降低成本将是中间相炭微球的主要发展方向。图 2.2 为中间相炭微球的微观形貌 SEM 图。

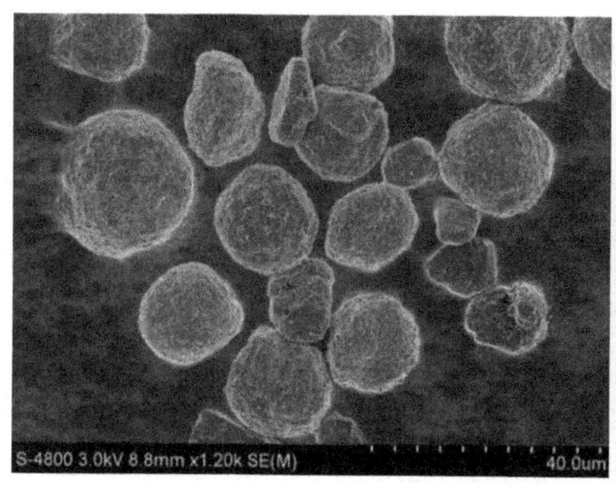

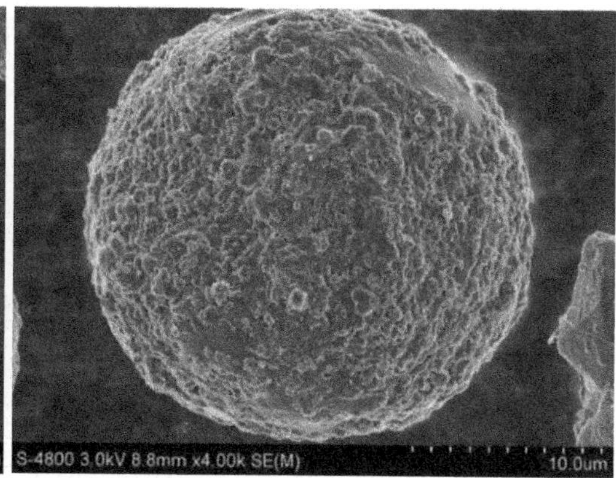

图 2.2　中间相炭微球的微观形貌 SEM 图

（3）锂离子电池电解质材料

锂离子电池电解质的功能是传导锂离子。根据电解质的存在状态可将锂离子电池电解质分为液体电解质、固体电解质和固液复合电解质。液体电解质包括有机液体电解质和室温离子液体电解质。固体电解质包括固体聚合物电解质和无机固体电解质。固液复合电解质是固体聚合物和液体电解质复合而成的凝胶电解质。

1）对电解质的要求有：①在较宽的温度范围内离子电导率高，锂离子迁移数大，以减轻电池在充放电过程中的浓差极化现象；②热稳定性好，保证电池在合适的温度范围内操作；③电化学窗口宽；④保证电解质在两极不发生显著的副反应；⑤价格低廉，易于工业化生产；⑥安全性好，闪点高；⑦无毒无害，不会对环境造成危害。

2）主要的电解质有以下五种。

①有机液体电解质：把锂盐电解质溶解于极性非质子有机溶剂得到的电解质。这类电解质的电化学稳定性好、凝固点低、沸点高，可以在较大的温度范围内使用。但有机溶剂介电常数小、黏度大，溶解无机盐电解质的能力差，导电率不高，对痕量水特别敏感。有机液体锂离子电池易渗漏，产品必须使用坚固的金属外壳，型号和尺寸固定，缺乏灵活性。有机溶

剂的易燃性造成其安全性差,对电池的保护措施必须十分完善。

②室温离子液体电解质:由特定阳离子和阴离子构成的在室温或近室温条件下呈液态的功能材料或介质。其具有导电率高、蒸气压低、液程宽、化学与电化学稳定性好、无污染、易回收等突出的优点。室温熔盐用作锂离子电池电解质可提高电池在高功率密度下的安全性,彻底消除电池的安全隐患,从而使锂离子电池在电动汽车等大型动力系统或其他特殊条件下的应用成为可能。

③固体聚合物电解质:具有不可燃、与电极材料间的反应活性低、柔韧性好等优点,可以克服液体锂离子电池的缺点,允许电极材料放电过程中的体积变化,比液体电解质更耐冲击、振动和变形,易于加工成型,可以根据不同的需要把电池做成不同形状。

④凝胶电解质:在聚合物基体中引入液体增塑剂,如PC(碳酸丙烯酯)、EC(碳酸乙烯酯)等,得到固液复合的凝胶电解质。这种由高分子化合物、锂盐和极性有机溶剂组成的三元电解质兼有固体电解质和液体电解质的性质。

⑤无机固体电解质:具有高离子传导性的固体材料,用于全固态锂离子电池,可分为玻璃电解质和陶瓷电解质。固体电解质既有电解质的作用,又可以取代电池中的隔膜,因此使用无机固体电解质制备的全固态锂离子电池不必担心漏液问题,电池可以向小型化和微型化发展。虽然在这类材料中锂离子迁移数大,但电解质本身的导电性比液体电解质小得多。这类材料用于锂离子电池时与电极材料间的界面阻抗高。此外,无机固体电解质的脆性大,以其作为电解质的锂离子电池的抗震性能差。

2.2 核能材料

核能主要分为核裂变能量、核聚变能量和核衰变能量。目前,人类可驾驭的可控核裂变技术已用于核电站,为人类提供清洁能源,本书所提到的核能技术主要指的是核裂变技术。

核能用材料的原料有铀、钍、氘、锂、硼等。世界上铀的储量约为417万t。自然界存在的可裂变元素只有铀-235,而它只占天然铀的0.7%,其余均为铀-238。但是,在核电站中可将一部分铀-238转变为钚-239。同样,也可以将自然界中大量存在的钍-232转变为可裂变的铀-235。地球上可供开发的核燃料资源,可提供的能量是化石燃料的十多万倍。

核能用材料作为燃料有许多优点,如体积小、能量大。1 000 g铀释放的能量相当于2 400 t标准煤释放的能量。核电站的基本建设投资一般是同等火电站的1.5~2倍,不过它的核燃料费用却要比煤低得多,运行维修费用也比火电站少。如果掌握了核聚变反应技术,使用海水作为燃料,则更是取之不尽、用之方便。火电站会不断地向大气排放二氧化硫和氮氧化物等有害物质,同时煤中的少量铀、钛和镭等放射性物质也会随着烟尘飘落到火电站的周围,污染环境。而核电站设置了层层屏障,基本上不排放污染环境的物质,污染少。但是,由于不可控人为或者自然原因导致破坏,会造成一定的泄漏风险。

材料技术是支撑和保障核工程安全稳定运行的前提和基础。截至2022年底我国在运行的54台核电机组中,51台属于压水堆、2台属于重水堆、1台属于高温气冷堆。在建的核电机组中,包括2台钠冷快堆,其他的机组全部采用压水堆技术。进入21世纪后,我国在引进、消化、吸收世界领先的AP1000和EPR第三代压水堆核电技术基础上,自主创新研发了同样具有世界领先水平的“华龙一号”和 CAP1400 大型先进压水堆核电技术，其中“华龙一号”国内示范工程已开工建设，且“华龙一号”还成功出口巴基斯坦，国内外首堆建设进展顺利。CAP1400 示范工程已经具备开工建设条件，高温气冷堆和钠冷快堆正在积极推进示范工程的建设。中国科学院先导计划支持下的熔盐堆和加速器驱动（ADS）次临界装置已完成示范工程选址，超临界水堆、行波堆等核能系统正在加强基础研究和工程设计。

20 世纪 80 年代，我国核电确定了以压水堆技术为主的发展路线，在未来一定发展时期内，第三代大型先进压水堆核电技术将是建设的主力堆型。2016 年 3 月，国家发展改革委、国家能源局联合发布了《能源技术革命创新行动计划（2016—2030 年）》[7]（以下简称《行动计划》）。《行动计划》将先进核能技术创新放在显著位置，明确了当前我国优先发展压水堆核电站，提高建成运行的第二代压水堆核电站的安全性和经济性，引进消化国外第三代压水堆核电技术，开发以“华龙一号”和 CAP1400 为代表的具有自主知识产权的第三代压水堆核电技术，使我国第三代核电技术全面处于国际领先水平，实现系列化发展。我国核能产业稳步高效发展，已成为世界核能领域的产业和工程中心。在此基础上，我国将继续大力推进世界核能科技中心和创新高地建设，使我国早日成为世界核能科技强国。

新一代核能技术聚焦核能发电技术，涵盖了大型先进压水堆、模块式小型堆、高温气冷堆、快堆、熔盐堆、加速器驱动次临界系统、超临界水堆、行波堆等。

近十余年，在有关企业的努力下，尤其在大型先进压水堆、高温气冷堆国家重大科技专项和快堆专项的支持下，我国压水堆、高温气冷堆和快堆的核岛主设备材料技术取得了巨大进步。以压水堆为主体的工程堆核岛主设备材料技术问题已解决，实现了自主化和大规模产业化。这些工程堆核岛主设备材料技术产业链布局已完成，显著提升了我国高端装备制造业的核心竞争力。熔盐堆等处于研究阶段堆型的主设备材料技术尚处于工业初试或实验室研究阶段。虽然压水堆核燃料已实现了本地化批量生产，但包括压水堆在内的我国所有核反应堆核燃料及材料尚未最终形成自主化，乏燃料后处理过程所需材料技术尚需开展系统的研究。

目前，我国第三代压水堆核岛主设备结构材料实现了自主化和产业化，但产品质量的稳定性尚需进一步提高。大型先进压水堆核电站主体材料主要为核岛和常规岛的关键设备结构材料，主要包括反应堆压力容器、蒸汽发生器、稳压器、堆内构件、控制棒驱动机构、主管道、主泵、阀门、汽轮发电机等设备材料。这些材料种类较多，属于品种多、批量小、性能要求极高的材料，涵盖碳钢、低合金钢、不锈钢、锆合金、钛铝合金、镍基合金、高分子绝缘材料等，按品种则有铸锻件、板、管、圆钢、焊材等。可以将大型先进压水堆核电站主体材料分为三大类。一是复杂异形一体化特大型合金钢锻件材料，主要包括反应堆压力容器 SA508-3cl.1 特大锻件、蒸汽发生器 SA508-3cl.2 特大锻件、常规岛汽轮机转子 3.5NiCrMoV 特大锻件。此类材料要求具有合适的强度、优异的低温韧性以及良好的截面均匀性，制备工艺主要为组织细化与稳定化和低温韧性提升的热处理技术，高纯净、高均匀钢锭冶炼控制技术和复杂异形一体化特大锻件的锻造技术。二是异形整体不锈钢大锻件材料，主要包括整体锻造主管道 316LN 奥氏体不锈钢大锻件和压紧弹簧 F6NM 马氏体不锈钢大型环锻件。此类材料要求具有足够的强度、良好的塑性和断裂韧性，特别是要求具有良好的抗应力腐蚀断裂能力，以及良好的抗均匀腐蚀能力和焊接性能。核级不锈钢大锻件材料制备工艺主要为成分精控及高纯净冶炼控制技术、锻造防开裂控制技术、内孔加工及弯曲控制技术、组织晶粒均匀及均匀变形控制技术等。三是镍基耐蚀合金精密管件材料，主要包括蒸发器 690 合金 U 形传热管。此类材料要求具有良好的抗应力腐蚀断裂能力、良好的抗均匀腐蚀能力、良好的加工性能（弯管、胀管等）、良好的制管性能和焊接性能。690 合金 U 形管为“制管皇冠上的明珠”，其制备工艺主要为高均匀超纯净冶炼工艺，热挤压成型质量控制技术、超长薄壁小口径管材冷加工技术、超长薄壁小口径管的在线脱脂控制技术、TT（Thermal Technology）热处理控制技术等。大型先进压水堆核电站主体材料在服役期内大多承受着高温、高压、流体冲刷腐蚀，甚至强烈的中子辐照等恶劣条件，有些设备材料要求在 60 年全寿命周期内不可更换。因此，对设备材料的性能提出了极其严苛的要求，除了如传统材料要求良好的强韧性匹配、优良的焊接性能和冷热加工性能外，有些材料还要求具有优良的抗辐照脆性、优良的抗腐蚀性和耐时效性能以及优异的截面均质性能。高温气冷堆核岛结构材料基本实现自主化，超高温气冷堆耐热材料尚未开展研究，蒸发器传热管用石墨材料的应用性能尚需进一步研究。高温金属结构材料是超高温气冷堆技术发展的主要瓶颈。目前，高温气冷堆堆芯氦气出口温度为 750 ℃，未来超高温气冷堆堆芯氦气出口温度将提高到 900~1 000 ℃，相应的蒸汽发生器、堆内金属构件、氦-氦中间换热器等耐热材料均需满足高温力学性能和物理性能的要求。镍基耐热耐蚀合金作为高温气冷堆倾向采用的高温金属结构材料，其国产化和自主化研究工作尚未系统开展。我国在早期生产堆和 HTR-10（10 MW 高温气冷堆）阶段研发过核石墨，但其尺寸规格、辐照性能、辐照寿命均无法达到目前高温气冷堆技术发展的要求，目前高温气冷堆示范工程 HTR-PM（球床模块式高温气冷堆）采用的是日本东洋炭素的石墨产品。近年来，我国核石墨研发已有了新进展，中钢集团新型材料（浙江）有限公司、方大集团股份有限公司等国内企业正在推进核石墨国产化的工作。

长期以来，我国压水堆和快堆等核燃料及材料受制于国外，近年来我国压水堆核燃料研究和生产取得了较大进展，基本上可实现自给，但尚未最终实现完全自主化。虽然高温气冷堆核燃料基本实现自主化，但产能扩大和性能扩展等问题尚需进一步研究。这些材料研发周期长，需进行辐照考验，并需反复进行工程验证。

2.3 风能材料

风能材料主要包括以下三类[8]。

（1）风电齿轮箱材料

风力发电机组的主机用材料主要是以钢铁为主的金属类材料，目前主要分为双馈和直驱两种，虽然都以电磁转换为原理，但直驱型风机采用目前磁力最大的钕铁硼永磁材料作为磁极，双馈型风机则采用传统的励磁绕组技术，这也是目前大部分企业所采用的成熟的风电技术。特殊的是，双馈型风机必须配备一个齿轮箱，其作用是通过低速齿轮带动高速齿轮转动，使风轮转速达到发电所需的额定转速。

双馈型风机与其他工业齿轮箱相比，由于风电齿轮箱安装在距地面几十米甚至 100 多米高的狭小机舱内，其本身的体积和质量对机舱、塔架、基础、机组风载等都有重要影响。由于是机械部件，齿轮箱也是损坏率最高的部件。如果材料选用不当，将导致双馈型系统运行的可靠性和寿命大打折扣，运营维护成本升高，如果装机后轴承因质量问题需要拆卸，则损失单价将达到上万元。而直驱型风机运营维护成本低，其原材料主要是稀土钕铁硼，未来直驱型风机将可能在风电领域占有很重要的地位，对稀土将会产生很大需求。

（2）塔筒和机舱罩材料

风电塔筒就是风力发电的塔杆，在风力发电机组中主要起支撑作用，同时吸收机组震动。因此，风电塔筒的材料一般都选用强度较大且能够防腐蚀的，具有良好抗震性能的钢板，一般选用 Q345D，Q345E，Q345D-Z15、Z25、Z35 和 Q345E-Z15、Z25、Z35 等种类级别的钢板。

机舱罩是整个风电系统的保护装置，其质量关系到整套配置的运行及使用寿命。机舱罩要做到实用、美观、大方。目前用于风电机舱罩制造的材料主要为玻璃纤维聚酯复合材料，成型工艺主要为手糊工艺和真空树脂导入工艺。

（3）风电叶片材料

叶片是风力发电机组中的关键部件，其良好的设计、可靠的质量和优越的性能是保证机组正常稳定运行的决定因素。为了保证叶片在恶劣的环境中能够长期不停地运转，对叶片的具体要求有：比重轻，且具有最佳的疲劳强度和机械性能，能经受暴风等极端恶劣条件和随机负荷的考验；叶片的弹性、旋转时的惯性及其振动频率特性曲线都正常，传递给整个发电系统的负荷稳定性好；耐腐蚀、紫外线照射和雷击的性能好；发电成本较低，维护费用最低。

风力发电叶片主体是由复合材料制成的薄壳结构，一般由根部、外壳和加强筋或梁三部分组成，目前使用最为广泛的是纤维增强型复合材料，包括玻璃纤维复合材料和碳纤维复合材料。风电叶片的成本占风力发电整个装置的 15%~18%，叶片选材非常重要。风电叶片根据叶片长度不同，可以选用不同的复合材料。目前，风电叶片长度在 40 m 以下的普遍采用玻璃纤维聚酯树脂和玻璃纤维环氧树脂复合材料，而长度在 45 m 以上的风电叶片则需要用碳纤维复合材料。叶片尺寸的增加可以改善风力发电的经济性，降低成本。

玻璃纤维复合材料主要分为聚酯树脂基体和环氧树脂基体两大类，具有强度高、质量轻、耐老化、表面可再缠玻璃纤维及涂环氧树脂等特点，其他部分填充泡沫塑料。玻璃纤维的质量还可以通过表面改性、上浆和涂覆加以改进。

碳纤维复合材料充分利用碳纤维轻质、高强、高模量的优点，能大幅降低叶片自重。而随着叶片减重，旋翼叶壳、传动轴、平台及塔罩等也可以轻量化，从而可整体降低风力发电机组的成本，抵消或部分抵消碳纤维引入带来的成本增加。

2.4　太阳能电池材料

太阳能能量巨大、来源广泛，是典型的清洁可再生能源。太阳能电池利用光生伏特效应将太阳光能直接转化为电能，是利用太阳能最为有效的手段之一。2020 年，太阳能电池的研究依旧热门，串联太阳能电池效率接二连三实现突破，新型太阳能电池的研究也更加实用化。

半导体单晶硅经过多年发展，实现了 26.7%的电池转换效率，已经接近理论上的 Shockley-Queisser(SQ)极限。串联太阳能电池由硅电池覆以钙钛矿太阳能电池组成,能在不增加成本的同时提高电池效率,使之超越单节电池极限。2020 年 3 月,科罗拉多大学的 McGe-hee 团队[9]用三卤化物混合钙钛矿有效地形成了宽带隙(1.67 eV)的钙钛矿顶部电池。该团队用 Br 部分替代了 I,缩小了晶格参数,增强了 Cl 的溶解性,使光生载流子和电荷载流子迁移率增加了 2 倍。他们将这些顶部电池与硅底部电池集成在一起,在面积为 1 cm^2 的两端单片式串联电池中实现了 27% 的转换效率。2020 年 12 月,《科学》(*Science*)杂志报道了串联太阳能电池领域又一重要突破,德国柏林科技大学的 Albrecht 等[10]采用自组装的甲基取代咔唑单层作为钙钛矿电池的空穴选择层,带隙为 1.68 eV 的钙钛矿为吸收剂,通过快速空穴提取和空穴选择界面的最小化非辐射复合,保证了光照下材料的相稳定。组装的单片钙钛矿/硅串联太阳能电池,认证的功率转换效率高达 29.15%。此外,该设备在空气中没有封装时,串联保持了 95%的初始效率后,可稳定运行 300 h。

在转换效率上,染料敏化太阳能电池(DSSC)通过化学染料吸收太阳光,在光的激发下将电子传导到工作电极中,工作电极与对电极形成电势差,将电子进一步传输到对电极,在电池中产生电流,完成光电转换。染料敏化剂是其实现光电转换的关键组分,在太阳能吸收与电子激发和转移等过程中发挥重要作用。卟啉具有光谱响应范围宽、可修饰位点多及激发态寿命长等优势,被作为一类典型的敏化剂。但卟啉染料在 400 nm 和 550 nm 左右的吸收缺陷制约了其光伏性能的进一步提升。Demadrille[11]根据敏化剂的供体-共轭桥-受体(D-π-A)设计思路,采用光致变色基团二苯基萘并吡喃作为染料敏化分子的 π 桥,得到的染料分子在 DSSC 器件中表现出可逆且稳定的显色-褪色过程,最高实现 4.17%的效率。此外,由分子设计的半透明小面积模组器件实现 32.5 mW 最大输出功率,为发展新型可变色且自我调节光透射的半透明光伏器件提供了新的思路。

有机太阳能电池(OSC)以小分子有机物或导电聚合物作为光敏活化层,具有材料结构多样性、可大面积低成本印刷制备和半透明甚至全透明等优点,在建筑一体化、可穿戴设备等方面拥有巨大的应用潜力。随着高性能非富勒烯小分子受体(SMA)的出现,聚合物太阳能电池迅速复苏。在众多的 SMA 中,基于受体-供体-受体(A-D-A)型结构的受体因具有强的分子内电荷转移效应、合适的能级以及独特的平面性而最受青睐。邹应萍团队[12]开发的小分子受体 BTP-4F(Y6)与 PM6 共混展现了非常高的光电转换效率(15.7%),为有机太阳能领域的发展开辟了新的篇章[12]。为了进一步提高 PM6:BTP-4F 体系的性能,可以通过上调 BTP-4F 的最高占据分子轨道(HOMO)能级,最大限度地减少小分子受体 HOMO 能级的偏移来实现。基于此,香港科技大学颜河[13]使用非对称端基的策略,将 BTP-4F 的一侧端基从 IC-2F 修改为 CPTCN-Cl,以实现接近最佳的能级匹配,获得了目前非对称非富勒烯受体聚合物太阳能电池的效率最高值(17.06%)。

钙钛矿太阳能电池(PSC)是采用钙钛矿材料作为吸光层,利用光子激发产生的自由电子进入 TiO_2 导带中,完成光电转换的装置。钙钛矿太阳能电池的光电转换效率发展极为迅猛,目前最高效率已达 25.2%。然而,钙钛矿材料中存在大量的缺陷以及相对容易迁移的离子,使材料本身对光、热、电场等外界干扰没有良好的耐受性,限制了电池系统的运行寿命。2020 年,科学家们采用引入添加剂、使用表面钝化层、晶体取向和应力调控、缺陷化学调制等策略,进一步提升了钙钛矿的稳定性,从而获得了更优的电池性能。有机空穴传输材料

（HTM）在钙钛矿电池中起促进空穴提取和阻挡电子的作用，对提升电池的光电性能具有重要的意义。韩国学者 Yang[14] 考虑到氟化能使共轭材料具有能级、疏水性和非共价相互作用的优点，研制了螺旋体-二芴的两种氟化异构类似物（螺旋体-mF 和螺旋体-OF）作为制备 PSC 的 HTM。经研究发现，用螺旋体-mF 制造的器件认证效率为 24.64%，同时也证明了未封装的氟化 HTM 基器件在高相对湿度下的长期稳定性（500 h 后有 87% 的保持率）。

在实际应用场景中，以螺旋体-mF 为基础的 PSC 面积为 1 cm^2 时，效率达到 22.31%。在破解钙钛矿稳定性的难题上，复旦大学的詹义强与瑞士洛桑联邦理工大学的 Graetzel 团队[15] 通过一种气相辅助沉积的方法在低温制备了稳定的 α-FAPbI3（黑相甲脒铅碘）钙钛矿材料。检测显示，由这类低缺陷密度 α-FAPbI3 薄膜制作而成的太阳能电池具有超过 23% 的能量转换效率和长期的运行/热稳定性（在最大功率点追踪 500 h 后，依然保持原有 90% 以上的性能）。封装是一个太阳能电池成为商业化产品的必然选择。澳大利亚先进光电中心的石磊和悉尼大学 Ho-Baillie[16] 提出了一种聚合物-玻璃"毯盖式"封装技术，该技术能在电池中形成绝对密闭的体系。研究者用聚异丁烯和聚烯烃封装了钙钛矿太阳能电池，并在 40~85 ℃ 的温度范围内、85%的高相对湿度条件下，进行湿热冷冻试验。结果表明，采用这种封装技术的电池工作 1 800 h 后未发生降解，远远超过了测试标准中提出的 1 000 h 的要求，为钙钛矿太阳能电池的商业化应用提供了新的思路。

2.5　热电材料

热电材料内部的载流子在温度差的作用下会产生热电效应。热电效应主要有 3 种原理，分别是塞贝克效应（Seebeck Effect）、佩尔捷效应（Peltier Effect）和汤普森效应（Thompson Effect）。在实际应用中，采用无量纲的热电优值（*ZT*）来衡量热电材料的热电性能。

自 1950 年以来，热电材料由于在工业和航空领域的应用，已经成为一个很有吸引力的研究领域。本节主要介绍传统热电材料和氧化物热电材料的性能、特点和研究现状以及热电材料的应用。

（1）传统热电材料

传统热电材料主要包括金属合金和半导体，这些材料通常由重元素（具有低的晶格热导率）或含有共价键的金属间化合物（具有更高的载流子迁移率）组成，具有良好的热电性能。但是，传统热电材料也存在许多缺点，如制备困难、成本高、易氧化、强度低、某些化合物存在高毒性等。最典型的传统热电材料为 Bi_2Te_3、PbTe 和 SiGe。Bi_2Te_3 及其合金主要用于热电制冷，最佳运作温度低于 450 ℃；PbTe 和 SiGe 主要用于热电发电，最佳运作温度分别为 1 000 ℃和 1 300 ℃。其中，PbTe 是一种常见的立方四元化合物，是最早被深入研究的半导体热电材料体系之一，*ZT* 值较高（>2）。半霍伊斯勒（Half Heusler）化合物的一般通式为 MNiSn（n 型）或 MCoSb（p 型）（M=Zr、Hf、Ti）。此类材料的特点是在室温下有较高的电导率和 Seebeck 系数，缺点是热导率偏高，一般采用置换或多元合金化的方法来降低其热导率。

笼形化合物是另一种热电材料，其通式为 A_8E_{46}（A=Na、K、Ba；E=Al、Ga、In、Si、Ge、Sn），属于立方晶系。笼形化合物具有较低的热导率。笼形结构可以容纳大的原子，有效增加对晶格声子的散射,从而降低热导率。此外,其自身开放的框架结构也是它具有低热导率的原因之一。笼形化合物最显著的一个特征是可以通过控制笼中原子的尺寸、价态和浓度来改变其热电性能。

方钴矿基材料是种类最多的一类热电材料,方钴矿的化学通式为 MX_3,其中 M 是金属原子(如 Co、Ir、Rh),X 代表氮族原子(如 As、P、Sb)。方钴矿结构材料具有较高的电导率和 Seebeck 系数,但其热导率要高于传统热电材料。已经有研究表明,一些质量大的金属原子可以填充到方钴矿单个晶胞的空隙中,形成填充方钴矿结构。填充原子在空隙中振动,对声子产生很大的散射,大幅度降低晶格热导率。

(2)氧化物热电材料

与传统的热电材料相比,氧化物热电材料克服了传统热电材料的一些缺点。氧化物热电材料最显著的优点是在高温下具有良好的热稳定性。此外,大多数氧化物储量丰富、相对便宜、对环境安全。$NaCo_2O_4$ 基氧化物是一种很有前途的热电材料,其典型代表为 $NaCo_2O_4$。$NaCo_2O_4$ 由 CoO_2 单元形成层状结构,钠离子位于 CoO_2 层之间,这种结构有利于电荷载流子传导,并可以通过晶格声子散射破坏热传导,降低热导率。由于高载流子密度和强的电子相关效应,这些材料通常表现出较高的功率因子。有报道表明,当 Na/Co 为 0.85 时,*ZT* 值达 0.8,可显著提高热电性能。在 Na 位点上进行 Ca 掺杂可以增大 Seebeck 系数和载流子密度。此外,通过掺杂 Ag、Bi 等,可降低热导率,增加载流子密度,从而提高 *ZT* 值。$CaMnO_3$ 属于钙钛矿型氧化物热电材料,具有 ABO_3 式的钙钛矿结构,其中 A 是稀土金属元素, B 是过渡金属元素。$CaMnO_3$ 是一种 n 型热电材料,具有较高的 Seebeck 系数(250 μV/K),但是 $CaMnO_3$ 热导率较高,为 3.5~2.5 W/(m · K),电导率也较低。通过 A 位和 B 位的部分取代,可以形成许多稳定的钙钛矿结构,具有特殊的热电性能。在 Ca 和 Mn 位点掺杂一价的重元素可以生成 Mn^{3+},提高其导电性和功率因子。Bocher 等[17] 通过化学合成工艺,用 Nb 来掺杂 $CaMnO_3$,可以使其在 1 070 K 时的 *ZT* 值从 0.2 提高到 0.3。

ZnO 是一种多功能材料,作为热电材料,具有电导率高、热稳定性好的优点,缺点是热导率较高。目前主要通过掺杂来改善 ZnO 的热电性能,常见的掺杂元素包括 Al、Ti、Ni、Ga 等,掺杂后 ZnO 的热电性能得到明显提高。改变晶粒尺寸能够降低 ZnO 的热导率[18]。通过提高 ZnO 的载流子迁移率,可实现较大的功率因子。此外,利用 Al 和 Ga 的掺杂可使 ZnO 的 *ZT* 值在 1 273 K 时达到 0.65[19]。

$SrTiO_3$ 基材料作为目前最有发展前景的一种 n 型半导体热电材料,具有化学稳定性高、无毒、无污染、成本低廉、制备简单等优点。纯 $SrTiO_3$ 为绝缘体,具有简单的钙钛矿结构,通式为 ABX_3。$SrTiO_3$ 在 300~1 000 K 温度范围内的热导率很高,为 3.5~11 W/(m·K),高热导率导致 $SrTiO_3$ 的热电性能不高。但是,通过 Sr 位或 Ti 位掺杂可以降低材料的热导率,同时掺杂还能调节载流子密度,提高 $SrTiO_3$ 基氧化物的电导率,使其转变为半导体。此外,$SrTiO_3$ 具有很好的化学稳定性和热稳定性,由于具有较高的载流子有效质量,其在室温下可获得高的载流子浓度,实现很高的热电动势(650 μV/K),其是一种很有前途的热电材料[20]。

(3)热电材料的应用

热电材料的应用主要有温差发电和热电制冷。利用温差发电技术和热电制冷技术制成的器件都具有结构简单、无振动、无噪声、体积小、质量轻、安全可靠、寿命长、对环境不产生污染的优点。因此,热电器件在航天、军事、能源、电子、生物和日常生活等领域都有着广泛的应用。

温差发电是利用热电材料的 Seebeck 效应,将热能直接转化为电能,不需要机械运动部件,也不需要发生化学反应。温差发电器件在航空、航天、军事等领域有广泛应用,如在深空探测中,热电器件主要用在放射性同位素热电机上。在民用领域,温差发电技术可以合理利用太阳能、地热能、工业废热、汽车尾气废热、人体热等,将这些能源转换为电能。

热电制冷是利用 Peltier 效应来冷却物体,不需要压缩机,也无须氟利昂等制冷剂。因此,与常规的压缩制冷机相比,热电制冷器件不需要使用自动部件和危害环境的制冷剂,且简单快捷、运转可靠、没有噪声。目前,热电制冷器件的主要应用有:车载冰箱、除湿器、小型饮料机、车用冷杯、汽车座椅、化妆品存储箱、饮水机等民用领域,计算机芯片局部冷却、CPU(中央处理器)测试平台、冷风装置、冷却板、大功率 LED(发光二极管)散热器、投影仪制冷等电子领域,红外探测、医学、生物试样冷藏等方面。

2.6　燃料电池材料

燃料电池是一种将燃料(例如 H_2、CH_4 等)的化学能转化为电能的清洁能源转换系统。其理论能量转换效率不受卡诺循环的限制,接近 100%。近年来,燃料电池技术在廉价高效催化剂的开发、碱性燃料电池性能和稳定性的提升、新型燃料电池技术开发等领域持续发力。同时,金属空气电池理论体系更加完善,进一步向实用化发展。

(1)非铂或低铂催化剂

阴极氧还原反应(ORR)迟缓的动力学过程和高的过电位导致燃料电池的实际转化效率仅为 45%~55%。目前,高性能催化剂仍局限于铂基贵金属,其高昂的价格与资源有限性不利于燃料电池的规模化商用。因此,探索价格低廉且高效耐用的 ORR 催化剂对燃料电池的商业化应用至关重要。

金属-氮-碳(M-N-C)催化剂(M=Fe、Co、Sn 等)具有较高的 ORR 催化活性(可与商业 Pt/C 媲美)、结构易设计和成本低廉等优势,被认为是贵金属催化剂的有效替代品。但 M-N-C 催化剂在酸性条件下耐久性较差,阻碍了其在质子交换膜燃料电池(PEMFC)中的实际应用。

Fe-N-C 催化剂包含两种类型的 FeN_x 活性位点,即高自旋 Fe(Ⅲ)N_x 位点(铁位点 S1)和中自旋 Fe(Ⅱ)N_x 位点(铁位点 S2),但它们各自的活性和耐久性尚不清楚。蒙彼利埃大学 Jaouen 课题组分别采用原位、Operando 和 End-of-Test(EoT)光谱对 S1 和 S2 位点进行了详细表征[21]。研究发现,2 个位点最初都有助于酸性介质中 Fe-N-C 的 ORR 活性。然而,S1 位点在质子交换膜燃料电池中不耐用,会迅速转化为氧化铁。相比之下,S2 位点更持久,在 0.5 V 下操作 50 h 后,活性位点的数量没有明显减少。该研究提出的降解机理,为开发具有高度耐久性的 Fe-N-C 催化剂提供了指导。

Co-N-C 催化剂在 ORR 过程中不会发生芬顿(Fenton)反应,能够适应更低的 pH 值环境,是 Fe-N-C 的有利竞争者。研究表明,同时提高 Co-N-C 催化剂中的 CoN_x 活性中心密度和控制 Co-N 配位构型,可以大幅度提高其 ORR 催化活性。Vijay Ramani 通过溶液合成途

径将螯合配体 CoN_x 组分固定在 ZIF-8 的微孔中，制备出高密度原子级分散的 Co-N-C 催化剂。该催化剂在 0.6 mg/cm^2 的负载下进行旋转环盘电极测试，显示出优异的 ORR 活性。在 1.0 bar（100 kPa）H_2/O_2 燃料电池中的峰值功率密度为 0.64 W/cm^2。

此外，德国柏林工业大学的 Strasse 在《自然材料》（*Nature materials*）报道了一种 p-嵌段的单金属中心 Sn-N-C 催化剂，其在酸性环境中表现出的优异的 ORR 催化活性，超过了目前所报道的最先进的非铂催化剂，同时也提升了催化剂的稳定性[22]。

合金化是降低贵金属在催化剂中的含量的有效途径之一。在低铂催化剂开发上，华中科技大学的李箐制备了亚 4 nm 金属间化合物 L10-PtZn 纳米粒子（NPs）作为高性能质子交换燃烧电池阴极催化剂[23]。研究表明，L10-PtZn 在阴极具有优异的活性和稳定性。

（2）高性能阴离子交换膜燃料电池

阴离子交换膜燃料电池（AEMFC）可以使用非贵金属作为 ORR 催化剂，具有良好的功率密度和显著的成本优势。但在碱性环境中，AEMFC 面临阳极侧氢氧化（HOR）反应动力学迟缓、阴离子交换膜离子传导慢和耐久性差等众多难题，与实际应用要求还有一定差距。2020 年，研究者在 AEMFC 的研究上表现不俗。在提升 HOR 活性方面，中国科学技术大学的俞书宏团队和高敏锐课题组[24]提出一种“合金”策略，成功研制了一种高活性的 Ni 基碱性 HOR 合金催化剂 $MoNi_4$。测试表明，$MoNi_4$ 合金具有优异的碱性 HOR 活性，交换电流密度达到 3.41 mA/cm^2。在 50 mV 过电位下，其动力学电流密度高达 33.8 mA/cm^2。

（3）空气电池

金属-空气电池是以金属电极为负极、空气电极为正极的一种二次燃料电池，是下一代高能量密度电池的研究热点。锂-空气电池采用金属锂作为负极，使用空气中的氧作为氧化剂，其理论能量密度高达 3 458 W · h/kg，远超当前商业化锂离子电池的能量密度。然而，目前没有电解质能够在与锂金属负极兼容的情况下，承受还原氧（O^{2-}、O_2^{2-}、HOO^-和 HO^-）的亲核攻击，因此锂-空气电池在长循环和实际应用中充满挑战。张新波团队[25] 报道了一种新的电解质设计策略，采用极性非质子的 N，N-二甲基乙酰胺（DMA）电解质来实现锂-空气电池的长循环稳定性。研究表明，在 DMA 中使用 2 mol/L LiTF-SI 和 1 mol/L $LiNO_3$ 的优化电解质可以促进形成富含 LiF 和 LiN_xO_y 的 SEI 膜，从而保护锂负极不受枝晶和腐蚀的影响，提高传质和电极反应速率。该团队使用优化的电解质装配的 Li||Li 对称电池循环寿命达到了 1 800 h，锂-空气电池实现 180 次循环。此外，美国阿贡国家实验室的 Amine 与陆俊合作，通过使用钠阳离子电解质添加剂实现了可逆 LiOH 基锂-空气电池[26]。LiOH 是锂-空气电池的另一种放电产品，比 Li_2O_2 在化学性能上更稳定，并且经历 4e^- 放电过程。作为放电产物的 LiOH 在钠离子存在的情况下，在低电压（3.4 V）下能可逆地放电/充电，该工作证明了在封闭的锂-空气电池系统中使用 LiOH 作为活性材料的可行性。

2.7 储氢材料

2.7.1 储氢方式

氢气作为易燃易爆的气体，其密度为 0.089 9 kg/m^3，远小于空气，这使得高密度储存氢气变得十分困难,安全高效的储氢技术是实现氢能利用的关键。储氢技术要兼顾成本、储氢密度、安全等因素,通常采用质量储氢密度和体积储氢密度来评价系统的储氢能力。目前,高压气态储氢、固态储氢和液态储氢是主要的储氢方式。

(1)高压气态储氢

高压气态储氢是指在高压下将氢气压缩,存储到耐高压的容器中。目前,高压气态储氢应用广泛,是最常见也是相对成熟的储氢方式,其具有简便易行、充放速度快的优点。然而,高压气态储氢选用的容器要对高压有耐受性,这对储罐的材质提出了要求。钢制氢瓶是成本较低的技术,然而存在体积比容量低的问题。碳纤维钢瓶有较高的压力耐受性,但费用昂贵,不是理想的选择。此外,高压气态储氢也存在氢气泄漏和容器爆炸等安全隐患。

(2)固态储氢

固态储氢将氢气通过物理吸附或者化学反应存储于固体材料中,是有潜力的储氢方式之一,具有安全性高、成本低、运输方便、储氢体积密度大等优势,具有广阔的发展前景。经过多年的探索,固体储氢材料得到迅速发展,主要包括物理吸附储氢(如多孔有机材料、碳材料、金属有机框架等)和化学氢化物储氢两种方式。

物理吸附储氢是利用微孔材料物理吸附氢气分子,依靠氢气分子与储氢材料间较弱的范德华力进行储氢的一种方式。其在特定条件下对氢气具有良好的、可逆的热力学吸附和脱附性能。这类储氢方式所使用的储氢材料具有比表面积大、低温储氢性能好等优势,但常温或高温储氢性能差的缺点也制约了物理吸附储氢的发展。

化学氢化物储氢技术是将氢气以原子的状态在合金中储存的手段,其在输运过程中由于热效应和分子运动速度的约束,安全性更高、储氢量更大。然而,化学氢化物储氢反应过程要在高温条件下进行,温度要求较高,限制了其实际应用。

(3)液态储氢

与气态氢相比,液态氢的密度更高,是气态氢的 845 倍。液态储氢技术与高压气态储氢技术相比具有储氢密度高的优势,且储运过程简单、体积占比小、安全系数高。液态储氢技术主要包括低温液态储氢和液态有机储氢。

低温液态储氢是在低温和高压的条件下将氢气液化,其质量储氢、体积储氢的密度均有大幅提高,同时具有运输简单、安全性高等优点。然而,低温液态储氢技术也存在很多技术难点,例如将气态氢转化为液态氢的过程中能耗较大,储氢装置要求较高,装置投入较大等。这种储氢技术经济效益低,在实际应用中局限性较大,主要用于航天工程领域。

液态有机储氢(LOHC)技术是在 20 世纪 80 年代发展起来的。液态有机储氢系统主要由少氢有机化合物($LOHC^-$)和多氢有机化合物($LOHC^+$)组成,通过催化加氢反应将 $LOHC^-$转化成 $LOHC^+$将氢气储存起来,通过其逆过程将氢气释放。该技术允许快速储氢和脱氢而不消耗组成 LOHC 系统的化合物,具有储氢量大、能量密度高、储存设备简单等特点,已成为一项有发展前景的储氢技术。液态有机储氢技术由于其独特的优点,作为大规模、季节性储氢手段有很大的发展潜力。然而,液态有机储氢也存在一些不足,例如脱氢效率不高且容易发生副反应,导致释放的氢气不纯;反应操作条件较为苛刻,对装置要求高;反应温度高,容易导致催化剂结焦失活。

2.7.2 电池用储氢材料

关于电池中应用的储氢材料的研究也有很多进展。

（1）金属氢化物材料

金属氢化物储氢是一种通过吸收过程将氢以固态化学方式储存在材料上的化学储存系统。金属、金属间化合物或合金等材料具有在低温、中等压力条件下吸收氢的能力，能够形成吸收/释放氢气的固体金属氢化合物。在吸收过程中，氢气能够以高密度和低压存储在金属氢化物中，这比其他方法更安全。但金属氢化物储氢也存在反应动力学慢、可逆性低、脱氢温度高等问题。目前，人们正致力于合成具有低热力学、快速反应动力学、高质量储氢能力的金属氢化物。近年来，储氢合金由于有吸收大量的氢气的能力而受到广泛关注。金属间化合物种类丰富，一般情况下，氢与金属间化合物发生反应，在各自的化合物或形成的氢化物中产生氢的晶体或非晶固体溶液，合成的氢化物称为金属间氢化物。金属间化合物主要包括 AB_5、AB_2、AB、A_2B 和钒基固溶体合金等类型，其中 AB_5、AB_2 和 A_2B 型合金具有良好的储氢性能。具有 $CaCu_5$ 结构的 AB_5 型合金被认为是最理想的储氢合金之一，因为其工业生产技术已经成熟，并在镍氢电池和储氢罐中的负极广泛应用。$LaNi_5$ 作为一种典型的 AB_5 型合金，具有良好的循环性能和活化性能，典型的 $LaNi_5$ 基储氢材料可在 373 K 下释放约 0.9%的氢[27]。然而，这种 $LaNi_5$ 基储氢材料成本高昂，并且其理论储氢值较低。因此，为了降低成本和改变氢的吸收-解吸平衡压力，提出了 La 或 Ni 的部分替代。研究表明，用相对便宜的金属 Ce 代替 La 对 AB_5 型储氢合金的低温性能有积极的影响，还能够增加氢气平衡压力。基于 Ce 的 AB_5 型金属间化合物是高压环境下常用的储氢材料，具有较高的吸氢能力和循环耐久性。其他金属（Al、Mg、Fe、Co、Cu、Sn、Mn、Cr）对 Ni 的部分取代作用也得到了广泛研究。AB_2 型储氢合金具有潜在的高吸氢能力、高氢脱附反应速率以及方便的实用平衡平台压力范围，受到了广泛关注。与 AB_5 型合金相比，AB_2 型合金在高压下更容易形成新相，将增加合金的表面积和提高催化性能。A_2B 型合金中，Ti_2Ni 合金由于所具有的结构、磁性和储氢性能而受到了科学家和研究人员的广泛关注。Ti_2Ni 合金中 Ti 被 2r 部分取代提高了氢的吸附能力和被取代合金的循环能力，这增加了金属间氢化物的放电容量，但是储氢能力的严重损失是不可避免的。

（2）AMH_4 型金属络合氢化物材料

金属络合氢化物储氢材料主要是由第ⅠA 族元素（Li、Na、K）和第ⅢA 族元素（B、Al、Ga）与氢原子组成的化合物，其典型组成为 AMH_4。AMH_4 型金属络合物系列材料由于其组成的金属元素的相对原子质量低，氢的质量分数相对较高，因此材料的氢含量高。$NaAlH_4$ 是研究最为广泛的一种 AMH_4 型金属络合物储氢材料，其放氢分解反应分两步进行，两步的可逆储存容量为 5.6%。循环研究表明，其在 100 次循环中具有稳定性。尽管 $NaAlH_4$ 有作为可逆储氢材料的良好前景，但其在有机溶剂中合成有较大困难与危险，这限制了 $NaAlH_4$ 的应用。四氢硼酸盐是氢含量最高的储氢材料中的含氢化合物，其中在典型的复合金属硼化物（MBH_4）中，碱金属硼氢化物因其较高的储氢密度和可调特性受到世界各国研究人员的广泛关注[28]。

（3）碳纳米管储氢材料

碳纳米管（CNT）由于其良好的化学和热稳定性及独特的空心管结构，能够吸附大量气体，被认为是一种具有潜在价值的储氢材料。根据其管壁的数量，CNT 可分为单壁碳纳米管（SWCNT）和多壁碳纳米管（MWCNT）。CNT 主要有三种制备方法，即直流电弧放电法、激光蒸发法和化学气相沉积法。其中，SWCNT 主要通过直流电弧放电法制备，MWCNT 主要通过化学气相沉积法制备。1991 年，日本 Lijima 博士在电弧放电的实验产物中偶然发现了 CNT[29]。1997 年，美国学者 Dillon 等[30]用程序控温脱附仪（TPDS）测量 SWCNT 的储氢量，并认为 SWCNT 可储存 5%~10%的氢，且是唯一可用于氢燃料电池汽车的储氢材料。1999 年，Lin 等[31]在 *Science* 上提出，在常压和中等温度下，碱金属锂和钾掺杂的 CNT 分别可储存 20%和 14%质量的氢。同年，Dresselhaus 等[32]也在 *Science* 上发表文章，证明室温下 SWCNT 可储氢。这些研究成果的发表引发了研究 CNT 储氢的热潮。自 CNT 储氢被发现以来，文献中报道的 CNT 的氢存储容量随着时间的延长而降低。由于 CNT 的储氢机制尚不明确，它的吸氢率也一直备受争议，但人们一直没有停止对碳纳米管以及碳纳米管混合结构储氢的研究。

（4）液态有机储氢材料

目前，液态有机储氢技术用到的有机液体化合物储氢剂主要是苯环已烷（cyclohexane，Cy）、甲苯与甲基环已烷（methylcyclohexane，MCH），其中苯与甲苯是较为理想的储氢剂，Cy 和 MCH 作为氢载体。这种典型储氢系统是一个封闭的循环系统，由储氢剂的加氢反应、氢载体的储存和运输及氢载体的脱氢反应三个过程组成。通过电解水或其他方法生产氢后，利用催化加氢或电催化加氢技术将氢“负载”于储氢剂上，并以 Cy 与 MCH 等氢载体的形式储存。氢载体在室温常压下呈液态，储存和运输简单易行，将其输送至目的地后，通过催化脱氢装置释放被储存的氢，供燃料电池发电等应用。

2.8　生物质能材料

生物质能是一种重要的可再生能源，利用现代生物质能技术，可获得清洁、廉价、高品位的能源，对于缓解能源紧张具有重要的意义。木质纤维素由多糖和木质素组成，占地球上植物类生物质的 90%，是最主要的可再生碳资源。将木质纤维素转化为高附加值的化学品或者合成液态燃料，是实现生物质转化的理想途径之一。然而，传统木质素催化加氢合成生物油需要在高温高压的条件下进行，需要消耗大量的能量，导致该工艺能量综合利用效率较低。此外，转化过程反应复杂、反应产物选择性差，也制约了其进一步发展。2020 年，研究热点为转化过程中高效催化剂的开发。邓卫平等[33] 提出一种协同双功能三相氢转移催化体系（$H_4SiW_{12}O_{40}$@Pt/C），实现了生物油温和条件加氢脱氧制备烷烃。在温度低于 100 ℃、压力小于 1 atm（101.325 kPa）的条件下，该体系可以有效加氢脱氧转化木质素生物油为烷烃燃料，烷烃收率高达 90%。利用太阳光，由光激发载流子或光生活性物种诱导，可以在温和的反应条件下实现木质纤维素目标化学键的精确裂解或特定官能化，从而获得选择性高的产物，引起了极大的关注。王野等[34] 综述了木质纤维素光催化转化的最新研究进展，重点讨论了木质纤维素相关分子选择性断键和官能团定向活化的光催化反应机理、反应路径、活性物质及中间体等关键科学问题,为高效高选择性的光催化体系设计提供了借鉴。

2.9 超导材料

1911 年,由荷兰莱登实验室组织的一项试验发现,在低温环境下的金属电导率测试中,一旦将温度控制在 4.2 K(−268.95 ℃)以下,汞的电阻就会完全消除,对于这种现象,科学家将其中的导体命名为超导体。在发展过程中,科学不断进步,超导体的各种属性也被逐渐发现,其不仅在一定的温度下能够具有零电阻的效果,同时还具备高密度载流能力、完全抗磁性等特征,这是常规导体所不具备的特殊性质。因此,超导材料在电气与电子工程领域有十分重要的研究价值。

在经历了 100 多年的研究后,人们现阶段已经发现了数百种超导体,同时依据超导体的临界温度,又可以将超导体分为高温超导体和低温超导体两种不同的类型。一般来说,临界温度低于 25 K(−248.15 ℃)的超导体,称为低温超导体;临界温度高于 25 K(−248.15 ℃)的超导体,称为高温超导体。在当下的研究中,低温超导材料的应用一般都在液氮温度的环境下,而高温超导材料的应用为液氢环境。虽然人们在不断的研究中已经发现了各种各样的超导体,但是能够真正被人们所利用的超导体数量十分有限。当前已经得到应用的低温超导体主要为 NbTi、Nb_3Sn、Nb_3Al 等材料,而获得应用的高温超导体主要为铋锶、钙铜氧(BSCCO)材料,它也是第一代高温超导材料,同时还有钇系。在 21 世纪的研究过程中,还发现了 MgB_2 以及铁基超导体,这两种材料都有着较为广阔的应用前景。

2.9.1 低温超导材料

现阶段,低温超导材料主要为 NbTi、Nb_3Sn、Nb_3Al 等。现今美国、欧盟国家以及日本等一些发达国家对低温超导材料的需求不断增加,低温超导材料有着越来越重要的应用价值。我国在 2006 年已加入国际热核聚变实验堆的计划,这给我国的低温超导材料研究和应用提供了十分重要的发展机遇。

虽然现阶段低温超导材料的发展受到一些高温超导材料的挑战,但是低温超导材料在批量生产加工过程中的成本投入、使用稳定性等方面具有高温超导材料无法取代的优势。科技发展使制冷技术也得到了长足发展,这样在进行低温超导装置的一些设计和研发时,也不再过于依赖液氦,这使低温超导材料在未来的使用过程中成为超导产业的重要组成部分。

2.9.2 高温超导材料

目前,高温超导材料的研究是一大热点。高温超导材料主要有以下类型。

(1)Bi 系高温超导材料

Bi 系超导体是一种由陶瓷构成的结构材料。为了能够在制备的过程中形成较为实用的超导材料,一般会使用粉末套管法。在实际的制备过程中,需要将材料变成粉末包裹在金属套管中,采用上述方法制备成的导线,再经过烧结处理,即形成了超导导线。从 20 世纪的研究至今,这种超导材料制备技术已经较为成熟,在国内外都有可以批量生产的企业。日本已经研发出了 30 MPa 的冷壁式热处理方案，并已经成功研发出了 150 A 临界电流的线材。并且，在目前的实验研究中，已经成功让临界电流达到了 200 A，这也是该材料临界电流的最高水平。在当下的超导体应用中，Bi-2223 超导材料已经成为目前最主要的实用性高温超导材料之一，其也是有效推动高温超导材料应用的重要基础。而对于 Bi-2212 超导材料，其主要应用到高场超导磁体技术当中。

（2）Y 系高温超导材料

与 Bi-2223 相比，YBCO 超导材料在磁场下有更好的性能。同时，其在 77 K（−196.15 ℃）温度下形成的不可逆场可以实现 7 T（T 为磁场强度单位，特斯拉）的效果，因此比 Bi-2223 材料有更高的性能优势。在目前的研究中，对于这种材料的使用，需要处理其中的弱连接问题，形成强立方织构的 YBCO 层，进一步提升性能。这样就使制备的 YBCO 超导材料成为一种特殊的涂层导体。

自从第一根 YBCO 超导材料研究出来后，对这种材料的研究开发工作就逐渐转移到了各个生产企业当中。其中研究得最多的是日本、美国以及韩国的一些企业。我国从“十二五”时期就不断地提升企业参与研究的程度，这使我国的 YBCO 材料制备技术得到了有效提升，并已经进入世界先进行列。

Y 系高温超导材料具有多层复合结构，例如包含金属基带、多层隔离层、YBCO 超导层以及银保护层等诸多层级。为此，在进行制备的过程中，实现双轴织构特性的超导层是整个研究的重点所在。在材料制备过程中，首先需要形成相邻晶粒晶界角度在 5° 以内的柔性基带。在实际的制备工艺中，需要使用轧制变形热处理的方式，形成相应的金属基带，技术上需要能够在纳米量级上有效控制晶粒的生长态势。另外，还需要保障在千米级的尺度上，能够保障晶粒始终保持一致性的取向。在目前的研究中，理论方面的成果还有很多没有进入实践环节。

（3）铁基超导材料

现阶段研究出来的铁基超导材料，具有较高的临界温度，同时各向异性较小。铁基超导材料在临界电流密度上较高的特征性，可以使其在未来的核聚变装置的研究中得到有效应用。铁基超导材料与 Bi-2223 材料有着相似的特征，所以在制备工艺的选择上，也使用粉末套管法。目前，我国对于这种材料的研究已经取得了一定的突破。在 2014 年的研究中，我国率先将铁基超导线的临界电流密度成功提升到了实用化的水平。由于制备工艺的不断完善和优化，现阶段我国制备的铁基超导线材处于国际领先水平。

（4）超导电力技术

超导线材的载流能力可达 100~1 000 A/mm^2，相比普通线材，载流能力提升了近 500 倍。同时，在直流状态下，电流损耗基本不存在。超导线材应用于电流设备中能够极大地提升电力的利用率，同时也具备较高的效率值。但是，超导线材在电流超过临界电流时会失去原本的超导性能。在实际应用中，可使用超导线材制备限流设备，这样就可以在电网发生短路故障时，自动限制短路电流，从而避免出现短路电流不断上升的情况，有效保障电网正常运行。同时，也可以在电网中安装超导储能系统，保障在电网运行的过程中不出现功率急剧变化的现象，进而有效保障电网的稳定运行。

参考文献

[1] 梁广川. 锂离子电池用磷酸铁锂正极材料[M]. 北京:科学出版社, 2013.

[2] OHZUKU T, MAKIMURA Y. Layered lithium insertion material of $LiCo_{1/3}Ni_{1/3}Mn_{1/3}O_2$ for lithium-ion batteries [J]. Chemistry letters, 2001, 30(7):642-643.

[3] PADHI A K, NANJUNDASWAMY K S, GOODENOUGH J B. Phospho - olivines as positive electrode materials for rechargeable lithium batteries[J]. Journal of the electrochemical society, 1997, 144(4): 1188-1194.

[4] 苏志江, 孔俊丽. 锂离子电池碳负极材料研究概述[J]. 广东化工, 2022, 49(13): 84-86.

[5] YAMADA Y, IMAMURA T, H. KAKIYAMA H, et al. Characteristics of meso-carbon microbeads separated from pitch[J]. Carbon, 1974, 12(3): 307-319.

[6] 贾楠楠, 芦参, 张馨予, 等. 影响中间相炭微球质量的机理研究[C]//中国金属学会. 第十三届中国钢铁年会论文集-2:炼铁与原燃料. 北京:冶金工业出版社, 2022: 17-23.

[7] 中华人民共和国国家发展和改革委员会,国家发展改革委国家能源局. 能源技术革命创新行动计划(2016-2030年)[EB/OL]. [2016-03]. http: //big5.www.gov.cn/gate/big5/www.gov.cn/xinwen/2016-06/01/5078628/files/d30fbe1ca23e45f3a8de7e6c563c9ec6.pdf.

[8] 唐见茂. 新能源材料:风能材料[J]. 新型工业化, 2014, 4(12): 54-63.

[9] RONG Y, HU Y, MEI A, et al. Challenges for commercializing perovskite solar cells[J]. Science, 2018, 361(6408): eaat8235.

[10] AL-ASHOURI A, KOHNEN E, LI B, et al. Monolithic perovskite/silicon tandem solar cell with > 29% efficiency by enhanced hole extraction[J]. Science, 2020, 370(6522): 1300-1309.

[11] HUAULME Q, MWALUKUKU V, JOLY D, et al. Photochromic dye-sensitized solar cells with light-driven adjustable optical transmission and power conversion efficiency[J]. Nature energy, 2020, 5(6): 468-477.

[12] 徐翔, 李坤, 魏擎亚, 等. 基于非富勒烯小分子受体 Y6 的有机太阳能电池[J]. 化学进展, 2021, 33(2): 165-178.

[13] LUO Z, MA R, LIU T, et al.Asymmetric end groups enablespolymer solar cells with efficiencies over 17%[J]. Joule, 2020, 4(6):1236-1247.

[14] LI G, ZHU R, YANG Y. Polymer solar cells[J]. Nature photonics, 2012, 6(3): 153-161.

[15] AKIN S, ARORA N, ZAKEERUDDIN S, et al. New strategies for defect passivation in high-efficiency perovskite solar cells[J]. Advanced energy materials, 2019, 10(13): 1903090.

[16] HO-BAILLIE A, ZHANG M, LAU C, et al. Untapped potentials of inorganic metal halide perovskite solar cells[J]. Joule, 2019, 3(4): 938-955.

[17] BOCHER L, AGUIRRE M, LOGVINOVICH D, et al. $CaMn_{1-x}Nb_xO_3$ ($x \leqslant 0.08$) perovskite-type phases as promising new high-temperature *n*-type thermoelectric materials[J].

Inorganic chemistry, 2018, 47(18): 8077-8085.

[18] BABAYEVSKA N, IATSUNSKYI I, FLORCZAK P, et al. Enhanced photodegradation activity of ZnO: Eu^{3+} and ZnO: Eu^{3+}@Au 3D hierarchical structures[J]. Journal of rare earths, 2019, 38(1): 21-28.

[19] IMAI Y, WATANABE A. Comparison of electronic structures of doped ZnO by various impurity elements calculated by a first-principle pseudopotential method[J]. Journal of materials science: materials in electronics, 2004, 15(11): 743-749.

[20] JAOUEN F, PROIETTI E, LEFEVRE M, et al. Recent advances in non-precious metal catalysis for oxygen-reduction reaction in polymer electrolyte fuel cells[J]. Energy & environmental science, 2011, 4(1): 114-130.

[21] XIE X, HE C, LI B, et al. Performance enhancement and degradation mechanism identification of a single-atom Co-N-C catalyst for proton exchange membrane fuel cells[J]. Nature catalysis, 2004, 3(12): 1044-1054.

[22] CHATTOT R, LE B, BEERMANN V, et al. Surface distortion as a unifying concept and descriptor in oxygen reduction reaction electrocatalysis[J]. Nature materials, 2018, 17(9): 827-833.

[23] 梁嘉顺，刘轩，李箐. 提升燃料电池铂基催化剂稳定性的原理、策略与方法[J]. 物理化学学报，2021，37(9): 156-171.

[24] 郑亚荣，高敏锐，李会会，等. 一种高活性、稳定碳载铂钴镍合金的氧还原催化剂[J]. 中国科学：材料科学(英文版)，2015，58(3): 179-185.

[25] 李超乐，王金，常志文，等. PAN-LATP 复合固态电解质的制备与性能表征[J]. 中国科学：化学，2018，48(8): 964-971

[26] LU J, LI L, PARK J, et al. Aprotic and aqueous Li-O_2 batteries[J]. Chemical reviews, 2014, 114(11): 5611-5640.

[27] WU Y, LIU Y, LIU K, et al. Hierarchical and self-supporting honeycomb $LaNi_5$ alloy on nickel foam for overall water splitting in alkaline media[J]. Green energy & environment, 2022, 7(4): 799-806.

[28] GUO F, WU Y, CHEN H, et al. High-performance oxygen evolution electrocatalysis by boronized metal sheets with self-functionalized surfaces[J]. Energy & environmental science, 2019, 12(2): 684-692.

[29] QIN L, ZHAO X, HIRAHARA K, et al. The smallest carbon nanotube[J]. Nature, 2000, 408(6808): 50.

[30] MPOURMPAKIS G, FROUDAKIS G, LITHOXOOS G, et al. Effect of curvature and chirality for hydrogen storage in single-walled carbon nanotubes: a combined ab initio and Monte Carlo investigation[J]. The journal of chemical physics, 2007, 126(14): 144704.

[31] CHEN P. High H_2 uptake by alkali-doped carbon nanotubes under ambient pressure and moderate temperatures[J]. Science, 1999, 285(5424): 91-93.

[32] LIU C. Hydrogen storage in single-walled carbon nanotubes at room temperature[J]. Sci-

ence, 1999, 286(5442): 1127-1129.

[33] DENG C, WU K, SCOTT J, et al. Spherical Murray-type assembly of Co-N-C nanoparticles as a high-performance tri-functional electrocatalyst[J]. ACS applied materials & interfaces, 2019, 11(10): 9925-9930.

[34] 邓卫平，张宏喜，薛来奇，等. 木质纤维素中 C—O 键选择性活化和高效转化制化学品[J]. 催化学报，2015，36(9): 1440-1460.

第 3 章　锂离子电池概述

锂离子电池是由锂电池发展而来的。锂是最轻的金属元素，且 Li^+/Li 电对的电极电位很低（相对标准氢电极（SHE）为-3.04 V），因此锂作为负极组成的电池具有很高的能量密度。锂离子电池是以能可逆嵌入和脱嵌锂离子的嵌锂化合物作为正负极的二次电池体系，通过电极材料的氧化还原反应进行能量的储存和释放。在充放电过程中，Li^+在两个电极之间往返嵌入和脱嵌。充电时，Li^+从正极脱嵌，经过电解质嵌入负极，负极处于富锂状态；放电时则相反。因此，锂离子电池又被称为“摇椅电池”。锂离子电池因具有输出电压高、比能量高、循环寿命长、自放电率低、工作温度范围宽、无记忆效应、环保无污染等优点成为现在市场上主流的移动电子设备和交通运输领域的电池系统。本章简单介绍锂离子电池的发展史、锂离子电池的特点、锂离子电池的工作原理，重点介绍锂离子电池的结构及分类，包括正极材料、负极材料、隔膜、电解质等。

3.1　锂离子电池的发展史

锂离子电池发展的第一阶段为锂电池，锂电池的发展可追溯到 20 世纪 50 年代末。锂是最轻的金属元素，且 Li^+/Li 电对的电极电位很低（相对标准氢电极为-3.04 V），因此锂作为负极组成的电池具有很高的能量密度。1973 年，日本松下实现了 Li/$(CF)_n$ 锂一次电池的销售。该电池能够提供 2.8~3.0 V 的电压，反应过程中锂插入氟化碳的晶格中生成氟化锂。1975 年，日本三洋公司首先将 Li/MnO_2 电池商品化。

为了实现锂电池的可充放电性，大量的研究集中于寻找同时具有高电导率和高电化学反应活性的可嵌型化合物上。1974 年，Whittingham 制造了第一个以 TiS_2 为正极、金属锂为负极的可充电锂金属电池（锂二次电池）[1]。但是，在随后的充放电循环中，人们发现锂金属会由于负极表面的不平整导致其在表面不均匀沉积，从而导致锂枝晶的生成。枝晶的生成会刺穿隔膜，导致电池短路进而引起电池爆炸，如图 3.1（a）所示。

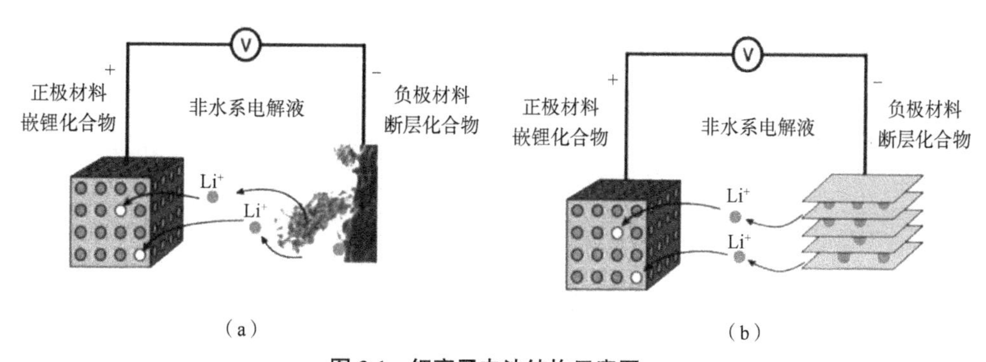

图 3.1　锂离子电池结构示意图

（a）以金属锂为负极的锂离子电池在 100 次循环后产生锂枝晶　（b）采用插层化合物取代金属锂负极

为了克服因使用金属锂作为负极带来的安全性问题，Murphy 等人建议采用插层化合物取代金属锂作为负极，如图 3.1（b）所示。另外，为了解决嵌锂化合物负极电压升高引起电池电压和能量密度降低的问题，Goodenough 首先提出用氧化物替代硫化物作为锂离子电池的正极材料，并展示了层状结构 $LiCoO_2$ 不但可以提供接近 4 V 的工作电压，而且可在反复充放电循环中释放约 140 mA · h/g 的比容量。1991 年，日本索尼公司使用 $LiCoO_2$ 为正极、石油焦为负极，生产出第一个商用锂离子电池，工作电压达到 3.6 V，质量比能量可达 120~150 W · h/kg。由于锂以离子状态而非金属状态存在，锂离子电池具有更高的安全性和循环稳定性。

在接下来的 1/4 世纪里，广大科研工作者和生产技术人员在能量密度、功率密度、服役寿命、使用安全性、成本降低等方面做了大量工作。在正极材料方面，开发出尖晶石型 $LiMn_2O_4$，橄榄石结构 $LiFePO_4$，层状结构 $LiNi_{1-x-y}Co_xMn_yO_2$ 和 $LiNi_{0.8}Co_{0.15}Al_{0.05}O_2$ 等材料；在负极材料方面，除了各种各样的碳材料，还开发出锡基和硅基材料；在电解质方面，聚合物电解质和陶瓷电解质等固态电解质呈现出有价值的应用前景。目前的锂离子电池已广泛应用于小型电子商品，并在电动工具，特别是电动车及电网储能等领域广泛应用，展现了光明的发展前景。

3.2 锂离子电池的特点

锂离子电池之所以能取代传统的铅酸、镍氢、镍镉电池成为现在市场上主流的移动电子设备和交通运输领域的电池系统，主要是因为锂离子电池具有以下优点。①输出电压高。钴酸锂和石墨作为正负极材料的锂离子电池能提供 3.7 V 的电压，3 倍于镍镉电池、镍氢电池，2 倍于铅酸电池。②比能量高。锂离子电池质量比能量高达 200 W · h/kg，2 倍于镍氢电池，4 倍于铅酸电池。③循环寿命长。以容量保持率 80%为基础计算，电池 100%充放电循环次数可达 2 000 次以上，使用年限可达 3~5 年，寿命为铅酸电池的 2~3 倍。④自放电率低。镍镉、镍氢、铅酸电池的自放电率每月普遍高于 20%，而锂离子电池的自放电率每月不到 5%。⑤工作温度范围宽，低温性能好。水溶液电池在低温时由于电解液流动性变差，性能大大降低，而锂离子电池可在-20~55 ℃范围内工作，更适合低温使用。若采用特种电解质，工作温度可拓宽至-40~70 ℃。⑥无记忆效应。锂离子电池每次充电前不像镍镉电池、镍氢电池一样需要放电，可以随时随地进行充电。⑦环保、无污染。铅酸电池和镍镉电池存在有害物质铅和镉，而锂离子电池中不存在有害物质，因此被称为“绿色电池”。

锂离子电池的主要缺点有两点：一是锂离子电池较高的售价；二是锂离子电池在过充电或者受到撞击时，容易热失控造成安全隐患，需要配套额外的保护电路和电池管理系统。

3.3 锂离子电池的工作原理

锂离子电池是以能可逆嵌入和脱嵌锂离子的嵌锂化合物作为正负极的二次电池体系。和其他电池一样，它也是通过电极材料的氧化还原反应来进行能量的储存和释放的。锂离子电池的工作原理如图 3.2 所示，以正极材料为层状过渡金属氧化物 $LiMO_2$、负极材料为石墨为例,其中 M = Co、Ni、Mn 等。充放电过程中发生的电化学反应如下。

负极:$6C + xLi^{+} + xe^{-} \leftrightarrow Li_{x}C_{6}$

正极: $LiMO_{2} \leftrightarrow Li_{1-x}MO_{2} + xLi^{+} + xe^{-}$

总反应:$LiMO_{2} + 6C \leftrightarrow Li_{x}C_{6} + Li_{1-x}MO_{2}$

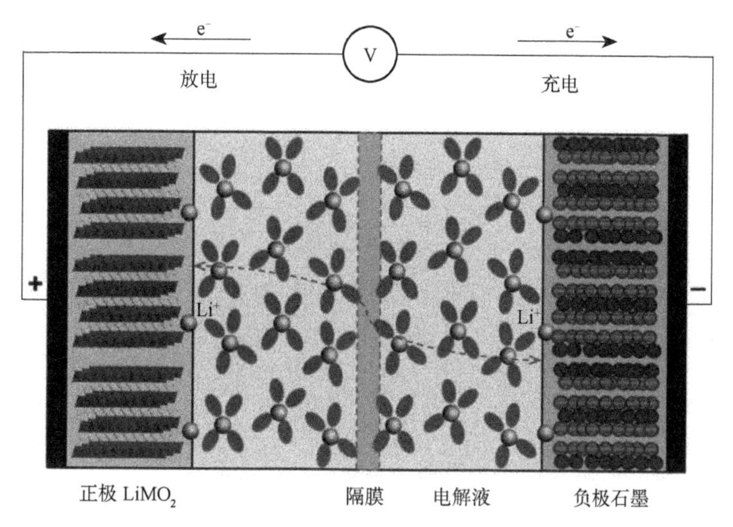

图 3.2　锂离子电池工作原理示意图

在充电过程中,两电极与外部电源相连,锂离子从层状过渡金属氧化物中脱嵌,在外电压的驱使下经由电解液向负极迁移,嵌入石墨层中,同时电子通过外电路由正极流向负极,电池处于负极富锂、正极贫锂状态,实现电能向化学能的转换。放电时正好相反,锂离子从负极石墨脱嵌,通过电解液移动到正极后嵌入层状过渡金属氧化物的晶格中,电子通过外电路由负极流向正极形成电流,实现化学能向电能的转换。可以看出,锂离子电池的充放电过程,实际上是锂离子在正负极之间往返嵌入和脱嵌的过程,因此锂离子电池也被形象地称为“摇椅电池”。

3.4　锂离子电池的结构及分类

同其他化学电源类似,锂离子电池通常由正极、负极、隔膜、电解液和外壳等部分组成。正负极通常采用粉末多孔电极,由集流体和粉体涂层组成。正负极片分别用铝箔和铜箔作为集流体,正负极粉体涂层由活性物质粉体、导电剂、黏结剂及其他助剂组成。活性物质粉体之间和粉体颗粒内部存在的孔隙可以增加电极的有效反应面积,降低电化学极化。同时,由于电极反应在固-液界面上发生,多孔电极有利于减少充电过程中枝晶的生成,防止锂离子电池内部短路。

常见的锂离子电池按照外形分为扣式电池、方形电池和圆柱形电池。

扣式电池包括圆形正负极片、隔膜、不锈钢外壳、盖板和密封圈。其中,正负极片通常是集流体单面涂覆,两者之间放置隔膜,加入电解液后密封;外壳和盖板可以直接做正负极引出端子。方形电池和圆柱形电池的正负极片均采用双面涂覆。方形电池按照正极-隔膜-负极顺序排列,采用叠片或卷绕工艺做成方形电芯,然后装入方形铝壳或不锈钢壳或铝塑膜软包壳中,正负极极耳直接引出作为正负极引出端子。方形电池型号通常用厚度+宽度+长度表示,如型号“485098”中“48”表示厚度为 4.8 mm,“50”表示宽度为 50 mm,“98”表示长度为 98 mm。圆柱形电池按照正极-隔膜-负极-隔膜四层卷绕成圆柱形电芯后放入圆柱形钢壳中,注入电解液后封装。圆柱形电池通常用直径+长度+0 表示,如型号“18650”中“18”表示直径为 18 mm,“65”表示长度为 65 mm,“0”表示为圆柱形电池。圆柱形电池和方形电池具体结构如图 3.3 所示。

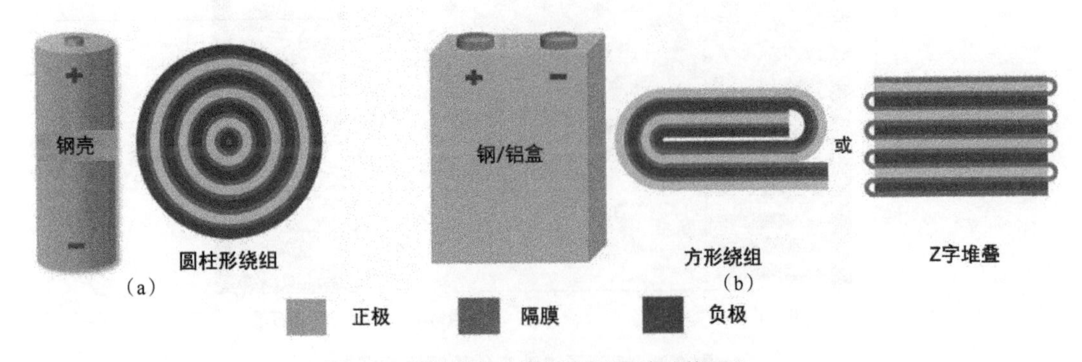

图 3.3 圆柱形和方形锂离子电池结构图[2]

(a)圆柱形锂离子电池结构图 (b)方形锂离子电池结构图

3.4.1 锂离子电池正极材料

锂离子电池的电化学性能在很大程度上取决于正极材料。在充放电循环过程中,正极材料通过锂离子的反复嵌入和脱嵌,发生电化学氧化还原反应。为了保证良好的电化学性能,对正极材料的要求如下:

1)金属离子 M^{n+}具有较高的氧化还原电位,确保电池具有高的工作电压;

2)质量比容量和体积比容量高,确保电池具有高能量密度;

3)氧化还原电位在充放电过程中的变化尽可能小,确保电池具有更长的充放电平台;

4)充放电过程中结构几乎不发生变化,确保电池具有良好的循环性能;

5)电子电导率和离子电导率高,从而降低电极极化,确保电池具有良好的倍率性能;

6)化学稳定性好,不与电解液等发生副反应;

7)价格低廉、环境友好。

表 3.1 总结了一些具有代表性的正极材料及其基本电化学性能,主要包括层状过渡金属氧化物、锰基尖晶石、聚阴离子型化合物和转换型正极材料。下面将分别进行介绍。

表 3.1 锂离子电池正极材料的反应过程、理论比容量 *Q*、氧化还原电位 *E* 及特点

类型	正极材料	反应过程	*Q*/(mA·h/g)	*E*/V	特点
层状过渡金属氧化物	$LiCoO_2$	$LiCoO_2 \leftrightarrow CoO_2+Li^++e^-$	274	3.9	价格高，析氧电位大(4.3 V)
	$LiNi_{1/3}Co_{1/3}Mn_{1/3}O_2$	$LiNi_{1/3}Co_{1/3}Mn_{1/3}O_2 \leftrightarrow Ni_{1/3}Co_{1/3}Mn_{1/3}O_2+Li^++e^-$	278	3.8	结构稳定，倍率性能差
	$LiNi_{0.8}Co_{0.15}Mn_{0.05}O_2$	$LiNi_{0.8}Co_{0.15}Mn_{0.05}O_2 \leftrightarrow Ni_{0.8}Co_{0.15}Mn_{0.05}O_2+Li^++e^-$	279	3.8	容量高，Li、Ni 混排
锰基尖晶石	$LiMnO_2$	$LiMnO_2 \leftrightarrow \lambda\text{-}MnO_2+Li^++e^-$	148	4.0	Jahn-Teller(姜-泰勒)效应，锰溶解
	$LiNi_{0.5}Mn_{1.5}O_2$	$LiNi_{0.5}Mn_{1.5}O_2 \leftrightarrow Ni_{0.5}Mn_{1.5}O_2+Li^++e^-$	147	4.7	高电压下电解液/结构不稳定
聚阴离子型化合物	$LiFePO_4$	$LiFePO_4 \leftrightarrow FePO_4+Li^++e^-$	170	3.45	循环稳定性好，导电性差
转换型正极材料	S_8	$S_8+16Li^++16e^- \rightarrow 8Li_2S$	1 672	2.1	理论容量高，循环性能差

(1)层状过渡金属氧化物

层状过渡金属氧化物为 α-$NaFeO_2$ 结构，属于六方晶系，晶格中氧原子为立方密堆积排列占据 6c 位，Li 和 M(M=金属)交替分布于氧层两侧，分别占据氧八面体空隙的 3a 和 3b 位，如图 3.4(a)所示。锂离子具有二维扩散通道。$LiMO_2$(M=Co、Ni)是最典型的层状过渡金属氧化物。

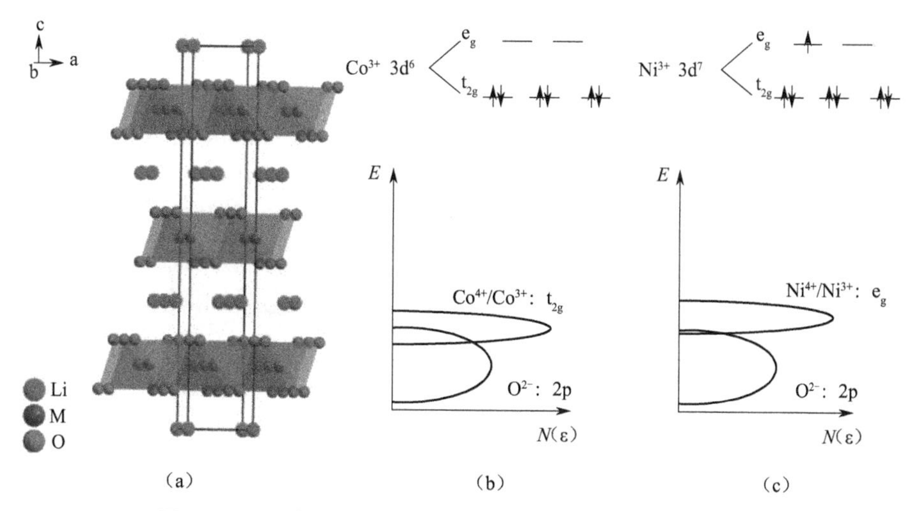

图 3.4 层状过渡金属氧化物的结构及氧化还原电对示意图

(a)层状 $LiMO_2$(M=Co 和 Ni)的晶体结构 (b)$Li_{1-x}CoO_2$ 中 Co^{4+}/Co^{3+}氧化还原电对的能量与态密度 (c)$Li_{1-x}NiO_2$ 中 Ni^{4+}/Ni^{3+}氧化还原电对的能量与态密度

1)钴酸锂($LiCoO_2$)。

钴酸锂($LiCoO_2$)是由 Goodenough 在 1980 年首次发现的可用作锂离子电池的正极材

料。因其具有合成方法简单、循环寿命长、工作电压高、倍率性能好等优点，而成为最早用于商品化锂离子电池的正极材料。$LiCoO_2$ 充放电过程中发生的电化学反应如下：

$$LiCoO_2 \leftrightarrow Li_{1-x}CoO_2 + xLi^+ + xe^-$$

如图 3.4（b）所示，$LiCoO_2$ 中的氧化还原活性电对 Co^{4+}/Co^{3+} 的 t_{2g} 能带与 O^{2-} 离子的 2p 能带顶部严重重叠，所以商业 $LiCoO_2$ 的电压一般不超过 4.2 V。为了提高 $LiCoO_2$ 正极的比容量和相应电芯的能量密度，研究人员目前正在开发 4.50 V、4.60 V 等高电压 $LiCoO_2$ 材料。但高电压下脱锂会造成 H3 → M2 相变，并且随着 Li^+ 脱嵌，Co^{3+} 不断被氧化成 Co^{4+}，且高度脱锂时 Co^{4+} 溶解在电解液中，导致 Co 的溶出；另一方面高度脱锂时电子从 O^{2-} 的 2p 能带逃逸形成高氧化性的氧，造成 $LiCoO_2$ 表面析氧，引起安全问题，同时导致结构不稳定并伴随较大的不可逆容量损失。此外，Co 资源稀缺，成本高，且有一定的毒性，对环境不友好。

2）Ni-Co-Mn 三元材料。

富镍层状过渡金属氧化物来源于高容量 $LiNiO_2$。由于 $Li_{1-x}NiO_2$ 中氧化还原活性电对 Ni^{4+}/Ni^{3+} 的 e_g 能带仅与 O^{2-} 的 2p 能带顶部略微重叠（见图 3.4（c）），故 $Li_{1-x}NiO_2$ 在 $0 \leqslant x \leqslant 0.75$ 范围内循环时可获得约 200 mA · h/g 的放电容量。但 Ni^{3+} 容易向 Li 层迁移，$LiNiO_2$ 受到非化学计量结构、结构衰退和容量衰减的困扰。用 Co、Mn 等过渡金属元素对 Ni 进行替代得到 $LiNi_{1-x-y}Co_xMn_yO_2$（NCM）三元材料可有效提高材料的热稳定性和循环性能。Ni、Co、Mn 三种元素的化学性质较接近，离子半径也相近，因此容易形成 $LiNi_{1-x-y}Co_xMn_yO_2$ 固溶体。该体系中，随着 Ni、Co、Mn 三种元素的比例不同，材料表现出明显不同的电化学性能和物理性能。该材料综合了 $LiCoO_2$、$LiNiO_2$ 和 $LiMnO_2$ 三种材料的优点，存在明显的协同效应。一般来说，Ni 可提供高容量，但循环寿命和热稳定性较差；Mn 可提供良好的循环寿命和安全性；Co 可提高电子电导率，降低阻抗，提高功率性能。因此，优化和调整体系中 Ni、Co、Mn 三种元素的比例，以获得最优的综合电化学性能是该材料的一个研究重点。

最早的三元材料 $LiNi_{1/3}Co_{1/3}Mn_{1/3}O_2$ 是由 Ohzuku 和 Makimura 在 2001 年提出的[3]，随着对高比能量电池的需求，逐步出现 $LiNi_{0.5}Co_{0.2}Mn_{0.3}O_2$、$LiNi_{0.6}Co_{0.2}Mn_{0.2}O_2$、$LiNi_{0.7}Co_{0.15}Mn_{0.15}O_2$、$LiNi_{0.8}Co_{0.1}Mn_{0.1}O_2$ 和 $LiNi_{0.85}Co_{0.075}Mn_{0.075}O_2$ 等体系。考虑到 Co 的价格以及 Mn 的非活性或弱活性，Co、Mn 含量应逐渐降低，Ni 含量应不断提高。但如图 3.5 所示，随着 Ni 含量的增加，虽然材料的容量增加了，但其循环稳定性和热稳定性下降，同时功率性能变差。

NCM 材料中 Co^{3+} 以+3 价存在，Ni 以+2 价和+3 价存在，Mn 则以+3 价及+4 价存在，充放电过程如下：

$$LiNi_{1-x-y}Co_xMn_yO_2 \leftrightarrow Li_{1-z}Ni_{1-x-y}Co_xMn_yO_2 + zLi^+ + ze^- \ (0 \leqslant x \leqslant 1)$$

以 $LiNi_{1/3}Co_{1/3}Mn_{1/3}O_2$ 为例，其充电脱锂过程可分为以下三个阶段：

① $0 \leqslant z \leqslant 1/3$ 时，对应 Ni^{2+} 氧化成 Ni^{3+}；

② $1/3 < z \leqslant 2/3$ 时，对应 Ni^{3+} 氧化成 Ni^{4+}；

③ $2/3 < z < 1$ 时，对应 Co^{3+} 氧化成 Co^{4+}。

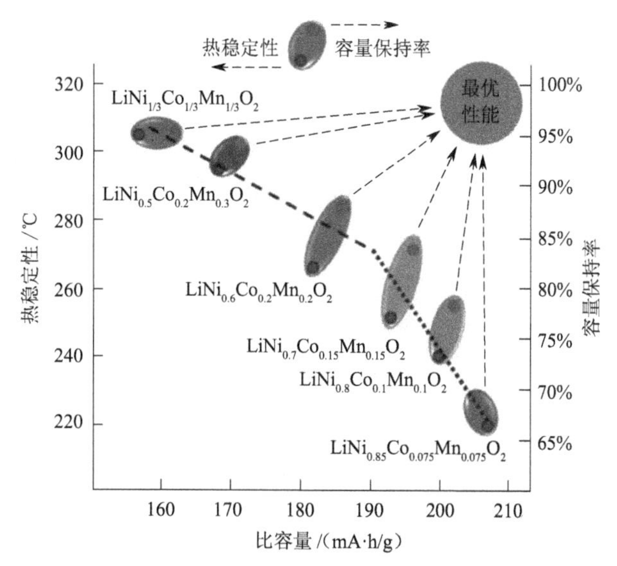

图 3.5　不同 Ni 含量 NCM 的放电比容量、热稳定性和容量保持率关系[4]

在 3.0~4.3 V 的电压范围内，随着充电的进行，依次发生 Ni^{2+}/Ni^{3+} 和 Ni^{3+}/Ni^{4+} 电对的氧化，而 Mn、Co 在充电过程中基本不发生变化，氧化态分别稳定在+4 和+3 价。但当 Ni 含量增至 0.8 时，$LiNi_{0.8}Co_{0.1}Mn_{0.1}O_2$ 材料的微分容量-微分电压（dQ/dV）曲线中会出现四对明显的氧化还原峰，分别对应由六方相向单斜相（H1 → M）、单斜相向六方相（M → H2）和六方相向六方相（H2 → H3）的转变。随着充放电循环的进行，氧化还原峰位之间的差值越来越大，说明极化现象越来越严重。这是由于富镍材料在循环过程中由六方相 H2 向六方相 H3 的不可逆相转变导致晶胞体积收缩，这是造成富镍材料放电比容量衰减的主要原因。而在低镍材料中不会发生这种不可逆的相转变，循环过程中晶胞体积变化小，因此晶体结构比较稳定，从而表现出较好的循环性能。

三元材料与其他正极材料相比，具有质量比容量较高、循环性能优异等特点，因此具有良好的市场前景，目前主要用于小型锂离子电池和动力锂离子电池。三元材料存在的主要问题是 Co 资源的成本高、Ni^{2+}/Li^{+}混排、Mn^{3+}的 Jahn-Teller 效应以及高电压下 O_2 的释放。目前，三元材料正向单晶化、低钴化和高镍化方向发展。

另一种被广泛应用的三元材料是镍钴铝酸锂 $LiNi_{1-x-y}Co_xAl_yO_2$（NCA）材料，可看作 $LiNiO_2$、$LiCoO_2$ 和 $LiAlO_2$ 的固溶体。与 $LiCoO_2$ 材料相比，NCA 材料大大降低了 Co 的用量，虽然放电平台低 0.1~0.2 V，但容量可达 180~210 mA · h/g，在能量密度上仍比 $LiCoO_2$ 有所提高。由于 Al^{3+}在电化学反应中价态不发生变化，可提高材料的结构稳定性和安全性。日本松下用 NCA 作为正极材料制造的 18650 圆柱形电池目前在特斯拉电动汽车上广泛应用。

3）富锂锰基固溶体材料。

富锂锰基固溶体材料是由 Thackeray 及其合作者在 1991 年首次提出的[5]。该材料由 $LiMO_2$（M=Co、Mn、Ni 等）和 Li_2MnO_3 两种组分构成，可用通式 $xLi_2MnO_3 \cdot (1-x)LiMO_2$ 表示。两种组分结构相似，均为 α-$NaFeO_2$ 型的层状结构。$LiMO_2$ 属于三方晶系 R-3m 空间群

（见图 3.6（a）），而 Li_2MnO_3 结构中过渡金属层中的 Mn 有 1/3 被 Li 取代（见图 3.6（b）），形成 Li 被 6 个 Mn 所包围的“蜂窝”结构（见图 3.6（c））。这种有序的 Mn、Li 排列形成了 $LiMn_6$ 超晶格结构，使 Li_2MnO_3 的点群对称性由 R-3m 变为单斜晶系 C2/m。因此，Li_2MnO_3 也可写成 $Li[Li_{1/3}Mn_{2/3}]O_2$。Li_2MnO_3 在循环过程中能稳定 $LiMO_2$ 层状材料，且彼此能形成更稳定的富锂锰基固溶体，从而改善该材料在循环过程中的结构稳定性。该材料首次充电时，在 4.5 V 左右会出现一个充电平台，从而产生超出按层状材料中过渡金属氧化还原计算获得的容量。尽管该平台对应的电化学反应不可逆，但固溶体材料在随后的充放电循环（2~4.8 V）中保持超过 200 mA · h/g 的比容量。由于材料中使用了大量的 Mn 元素，与其他层状材料相比，不仅价格低，而且安全性好、对环境友好。因此，富锂锰基固溶体正极材料被认为是下一代锂离子电池正极材料的首选。

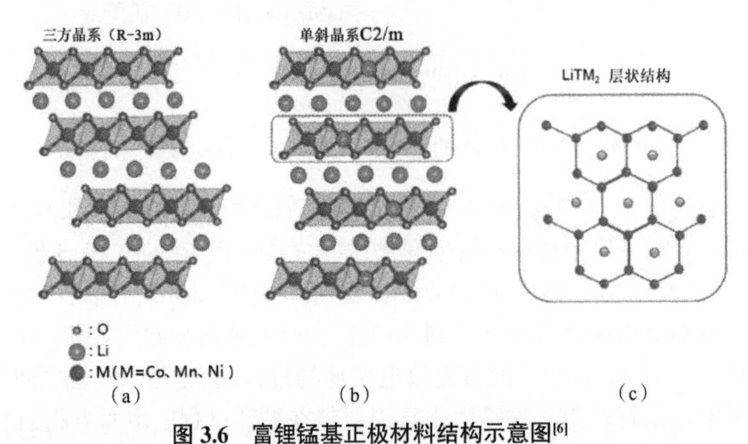

图 3.6　富锂锰基正极材料结构示意图[6]

（a）$LiMO_2$ 相　（b）Li_2MnO_3 相　（c）Li_2MnO_3 相中过渡金属层的原子排布

富锂锰基固溶体材料的电化学特征与传统正极材料存在一定差异，主要表现在首次充放电。首次充电过程包含两个阶段：第一阶段是电压在 4.5 V 以下时，Li^+从 $LiMO_2$ 组分中脱出，伴随 Ni^{2+}、Co^{3+}的氧化反应（Mn^{4+}价态不变）；第二阶段是电压高于 4.5 V 时，Li_2MnO_3 被激活，Li^+从 Li_2MnO_3 结构中脱出，实质为 Li 和晶格氧同时脱出，形式上相当于脱出了“Li_2O”。而在第二次充电时，4.5 V 平台消失，表明 4.5 V 充电平台是不可逆的，Li_2MnO_3 组分的活化主要在首次充电过程中发生。由上述分析可以看出，Li_2MnO_3 要在 4.5 V 以上才能被激活参与脱嵌锂反应，因此该材料的充电截止电压要高于 4.5 V，一般取 4.8 V。而 Li_2MnO_3 放电后的 Mn^{4+}要在 3 V 以下才能反应，因此放电截止电压要低于 3 V，一般取 2 V。

以 $Li[Li_{0.2}Mn_{0.54}Ni_{0.13}Co_{0.13}]O_2$（$0.5Li_2MnO_3 \cdot 0.5LiNi_{1/3}Co_{1/3}Mn_{1/3}O_2$）为例，其首次充电反应可分为以下两个过程：

$$0.5Li_2MnO_3 \cdot 0.5LiNi_{1/3}Co_{1/3}Mn_{1/3}O_2 \rightarrow 0.5Li_2MnO_3 \cdot 0.5Ni_{1/3}Co_{1/3}Mn_{1/3}O_2 + 0.5Li^+ + 0.5e^-$$

$$0.5Li_2MnO_3 \cdot 0.5Ni_{1/3}Co_{1/3}Mn_{1/3}O_2 \rightarrow 0.5MnO_2 \cdot 0.5Ni_{1/3}Co_{1/3}Mn_{1/3}O_2 + 0.5Li_2O$$

首次放电过程可表示为：

$$0.5MnO_2 \cdot 0.5Ni_{1/3}Co_{1/3}Mn_{1/3}O_2 + Li^+ + e^- \rightarrow 0.5LiMnO_2 \cdot 0.5LiNi_{1/3}Co_{1/3}Mn_{1/3}O_2$$

第二次及以后的充电过程：

$$0.5LiMnO_2 \cdot 0.5LiNi_{1/3}Co_{1/3}Mn_{1/3}O_2 \rightarrow 0.5MnO_2 \cdot 0.5Ni_{1/3}Co_{1/3}Mn_{1/3}O_2 + Li^+ + e^-$$

第二次及以后的放电过程：

$$0.5MnO_2 \cdot 0.5Ni_{1/3}Co_{1/3}Mn_{1/3}O_2 + Li^+ + e^- \rightarrow 0.5LiMnO_2 \cdot 0.5LiNi_{1/3}Co_{1/3}Mn_{1/3}O_2$$

目前，富锂锰基固溶体正极材料还处于研发阶段，距离商业化仍有一段时间，针对其首次库仑效率低、安全性差、循环及倍率性能差等问题，还需要进行深入的机理研究，未来有望批量应用在高能量密度锂离子电池中。值得注意的是，富锂锰基固溶体正极材料在低电压范围内表现出了非常好的循环性和热稳定性，未来有望与其他正极材料复合使用，这方面的应用有望更快进入市场。

（2）锰基尖晶石

尖晶石结构通常由 AB_2O_4 表示，其中 O^{2-}形成立方密堆积结构，A 离子和 B 离子分别占据四面体和八面体位置。可用作锂离子电池正极材料的锰基尖晶石主要包括 $LiMn_2O_4$ 和 $LiNi_{0.5}Mn_{1.5}O_4$。与层状过渡金属氧化物相比，锰基尖晶石理论比容量较小，但由于具有三维锂离子扩散通道，倍率性能较好，是理想的大功率锂离子电池正极材料。

1）尖晶石型锰酸锂（$LiMn_2O_4$）。1983 年，Thackeray 团队首次发现 $LiMn_2O_4$ 可以实现电化学脱锂形成$[Mn_2]O_4$ 骨架[7]。$LiMn_2O_4$ 属于立方尖晶石结构，Fd3m 空间群，其结构如图 3.7 所示。该结构中，Li^+、$Mn^{3.5+}$（平均价态）和 O^{2-}分别位于 8a、16d 和 32e 位置。$LiMn_2O_4$ 中的共边 MnO_6 八面体形成连续 3D 立方阵列，从而形成坚固的尖晶石骨架。LiO_4 四面体与相邻的空 16c 八面体共享每个面。在循环过程中，Li^+可以从一个 8a 位置通过相邻的 16c 位置扩散到另一个 8a 位置（8a—16c—8a），形成 3D 扩散路径。

图 3.7　$LiMn_2O_4$ 晶体结构示意图

$Li_xMn_2O_4$ 的主要电化学反应发生在 4 V 附近，对应 x 值为 $0<x<1$，在 4.05 V 发生 $LiMn_2O_4 \leftrightarrow Li_{0.5}Mn_2O_4 + 0.5Li^+ + 0.5e^-$的单相可逆反应，而在 4.15 V 发生 $Li_{0.5}Mn_2O_4 \leftrightarrow Mn_2O_4 + 0.5Li^+ + 0.5e^-$的双相可逆反应。在此范围内，尖晶石结构骨架得以保留，Li^+脱出/嵌入没有引起非常明显的体积收缩/膨胀。因此，在 3.5~4.5 V 电压范围，$LiMn_2O_4$ 具有较好的循环寿命。但当放电至 3 V，会形成岩盐结构 $Li_2Mn_2O_4$，导致从立方相到四方相的严重 Jahn-Teller 畸变，因此过放电会造成较差的循环性能。因此 $LiMn_2O_4$ 的应用研究主要在 4 V 左右。

虽然 $LiMn_2O_4$ 具有工作电压高、安全性好、价格低廉和环境友好等优点，但其在充放电过程中容易发生 Mn 溶解，这是由于电解液中的微量水与 $LiPF_6$ 反应生成 HF，使 $LiMn_2O_4$ 中的 Mn^{3+}发生歧化反应生成 Mn^{4+}和 Mn^{2+}，其中 Mn^{4+}留在材料中，Mn^{2+}则进入电解液中。反应如下：

$$LiPF_6 + H_2O = LiF + POF_3 + 2HF$$

$$2LiMn_2O_4 + 4H^+ = 2Li^+ + 3\lambda\text{-}MnO_2 + Mn^{2+} + 2H_2O$$

从上述反应式还可以看出，Mn^{3+}的歧化反应会生成 H_2O，而 H_2O 又会进一步促使 HF 的生成，从而构成一个恶性循环。这是一个自催化反应，且温度升高会加剧这一反应，因此 $LiMn_2O_4$ 在高温下容量衰减会加快。目前改善 $LiMn_2O_4$ 循环性能的途径主要包括表面改性、制备多孔或中空结构以及合成 $LiMn_2O_4$/C 复合材料。

2）尖晶石型镍锰酸锂（$LiNi_{0.5}Mn_{1.5}O_4$）。$LiNi_{0.5}Mn_{1.5}O_4$ 可看作是 Ni 掺杂的 $LiMn_2O_4$，含有 Ni^{2+}和 Mn^{4+}离子，故消除了 Jahn-Teller 畸变。基于 Ni^{4+}/Ni^{3+}和 Ni^{3+}/Ni^{2+}电对，$LiNi_{0.5}Mn_{1.5}O_4$ 表现出 4.7 V 的高工作电压，从而导致其较高的能量密度（672 W·h/kg），再加上三维锂离子扩散通道，使其成为高比能量动力锂离子电池首选的正极材料。

如图 3.8 所示，镍锰酸锂具有两种晶体结构：一种是化学计量比的有序结构 $LiNi_{0.5}Mn_{1.5}O_4$，锰元素仅以+4 价形式存在；第二种是非化学计量比的无序结构 δ-$LiNi_{0.5}Mn_{1.5}O_4$，锰元素以+3 价和+4 价两种形式存在。在有序结构中（简单立方结构，$P4_332$ 空间群），Li^+、Ni^{2+}和 Mn^{4+}分别占据 8a、4b、12d 位置，O^{2-}占据 8c 和 24e 位置。在无序结构中（面心立方结构，Fd3m 空间群），Ni^{2+}和 Mn^{4+}随机占据 16d 位置，Li^+和 O^{2-}分别占据四面体 8a 位置和 32e 位置。合成过程中的烧结温度决定了最终镍锰酸锂是哪种结构。烧结温度低于 700 ℃时，合成产物为有序结构；当温度大于 700 ℃时，产物为无序结构。有序和无序结构的转变反应如下：

$$LiNi_{0.5}Mn_{1.5}O_4 \rightarrow \alpha\text{-}Li_xNi_{1-x}O+\beta\text{-}LiNi_{0.5-y}Mn_{1.5+y}O_{4-x}+\gamma\text{-}O_2\ (T>700\ ℃)$$

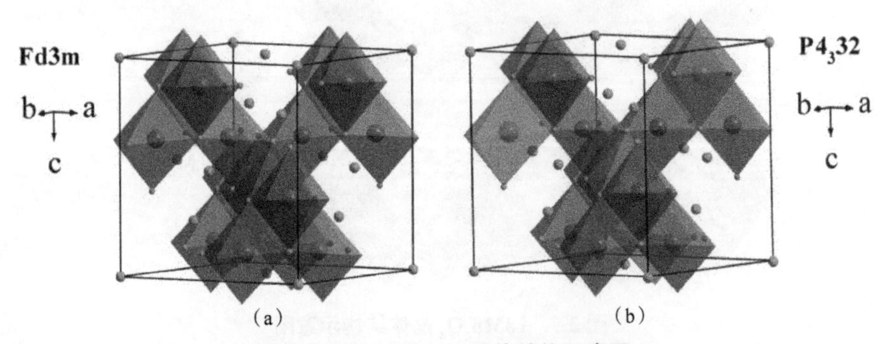

图 3.8 $LiNi_{0.5}Mn_{1.5}O_4$ 晶体结构示意图

（a）Fd3m 空间群 （b）$P4_332$ 空间群

尖晶石型 $LiNi_{0.5}Mn_{1.5}O_4$ 材料的商业化面临以下几个主要问题。①很难合成纯相 $LiNi_{0.5}Mn_{1.5}O_4$，由于高温煅烧会引起氧缺失，容易生成无序镍锰酸锂和 $Li_xNi_{1-x}O$ 杂相，导致容量降低。②纯相有序镍锰酸锂的导电性很差，容量很低。引入一些 Mn^{3+}可以提升镍锰酸锂的导电性和电化学性能，但是 Mn^{3+}很容易溶解，对循环性能不利。③镍锰酸锂的工作电压超过了现有电解液体系的电压上限（4.5 V），导致循环过程中电解液会在正极表面分解形成不稳定的 SEI 膜。

（3）聚阴离子型化合物

聚阴离子型化合物主要包括橄榄石型 $LiMPO_4$（M=Fe、Mn、Co、Ni）、钠超离子导体

（NASICON）型 $Li_3V_2(PO_4)_3$、硅酸盐基 Li_2MSiO_4（M=Fe、Mn、Co）和 Tavorite 型 $LiMPO_4F$。与层状过渡金属氧化物相比，由于 O^{2-} 更强的共价键，聚阴离子型化合物具有更高的热稳定性和更好的安全性。此外，聚阴离子化合物比锰基尖晶石具有更高的理论比容量。但聚阴离子型化合物的电子和离子导电性较差，导致倍率性能较差。碳包覆与纳米结构相结合是解决这一问题的有效途径。

1）橄榄石型 $LiMPO_4$（M=Fe、Mn、Co、Ni）。自 1997 年 Goodenough 课题组[8]首次报道橄榄石结构 $LiMPO_4$ 用作锂离子电池正极材料以来，该材料由于具有可逆比容量高、充放电平台平稳、安全性好、循环寿命长、资源丰富、环境友好等优点，在储能和电动汽车中得到广泛应用，成为最具开发和应用潜力的锂离子电池正极材料。

$LiMPO_4$ 属于正交晶系，空间群为 Pnma。从图 3.9（a）可以看出，O^{2-} 以稍扭曲六面紧密结构的形式堆积，M^{2+} 离子和 Li^+ 离子均占据八面体中心位置，形成 MO_6 八面体和 LiO_6 八面体，P 原子占据四面体中心位置，形成 PO_4 四面体，如图 3.9 所示。沿 a 轴方向，交替排列的 MO_6 八面体、LiO_6 八面体和 PO_4 四面体形成一层状结构。在 bc 面上，每个 MO_6 八面体与周围 4 个 MO_6 八面体通过公共顶点相连接，形成锯齿形平面层。每个过渡金属层能够传输电子，但由于没有连续的 MO_6 共边八面体网络，因此不能连续形成电子导电通道。各 MO_6 八面体形成的平行平面之间由 PO_4 四面体连接起来，每个 PO_4 与一个 MO_6 层有一个公共点，与另一 MO_6 层有一个公共边和一个公共点，PO_4 四面体之间没有任何连接。晶体由 MO_6 八面体和 PO_4 四面体构成空间骨架，由于存在较强的三维立体的 P—O—M 键，不易析氧，因此结构稳定。

由于八面体之间的 PO_4 四面体限制了晶格体积的变化，在锂离子所在的 ac 平面上，PO_4 四面体限制了 Li^+ 的移动。第一性原理计算发现，锂离子沿（010）方向的迁移速率比其他方向快至少 11 个数量级，说明 Li^+ 在 $LiFePO_4$ 晶格中为一维扩散，导致 $LiFePO_4$ 材料电子电导率和离子扩散速率低。目前研究者主要通过碳包覆、离子掺杂和纳米化等方法来提高橄榄石型正极材料的导电性和锂离子扩散速率，进而提高材料的倍率性能。

如图 3.9（b）所示，$LiFePO_4$、$LiMnPO_4$、$LiCoPO_4$ 和 $LiNiPO_4$ 的氧化还原电位分别为 3.5 V、4.1 V、4.8 V 和 5.1 V。常用电解液很难满足 $LiCoPO_4$ 和 $LiNiPO_4$ 的高电位，这就是 $LiFePO_4$ 和 $LiMnPO_4$ 的研究比较多的原因。

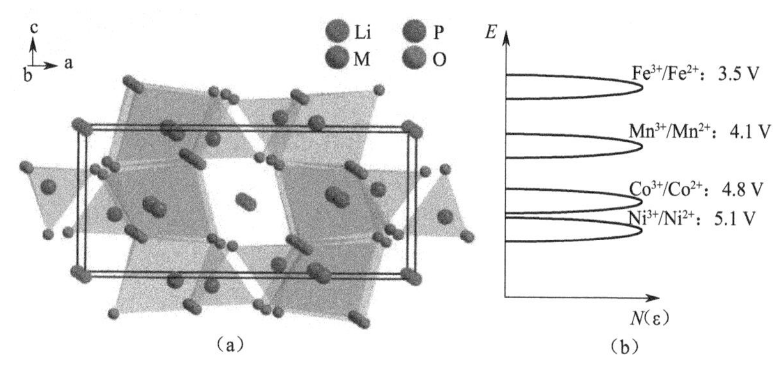

图 3.9　$LiMPO_4$（M=Fe、Mn、Co 和 Ni）的晶体结构和电子结构示意图[9]

（a）晶体结构　（b）电子结构

以 $LiFePO_4$ 为例来介绍橄榄石型正极材料的充放电反应机理。充电时，Li^+从 $LiFePO_4$ 晶格内脱出，为保持平衡，电子从外电路转移到负极，Fe^{2+}氧化成 Fe^{3+}，$LiFePO_4$ 转变为 $FePO_4$；放电时，反应过程正好相反，Fe^{3+}被还原成 Fe^{2+}，$FePO_4$ 转变为 $LiFePO_4$。反应式如下。

充电：

$$LiFePO_4 \rightarrow xFePO_4+(1-x)LiFePO_4+xLi^++xe^-$$

放电：

$$FePO_4+xLi^++xe^- \rightarrow xLiFePO_4+(1-x)FePO_4$$

基于以上反应机理，$LiFePO_4$ 的理论比容量可达 170 mA·h/g，从图 3.10 所示的充放电原理图可以看出，由于 $LiFePO_4$ 与 $FePO_4$ 晶体结构相似，充放电过程中体积变化很小（6.81%），这是 $LiFePO_4$ 具有优异循环性能的一个原因。

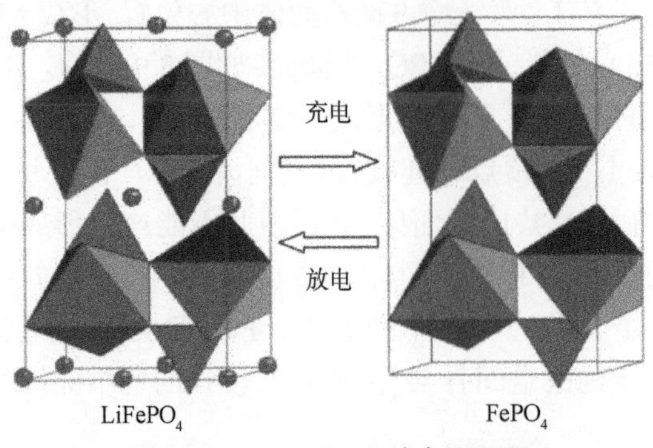

图 3.10 $LiFePO_4$ 充放电原理图

同样，$LiMnPO_4$ 的充放电反应为 $LiMnPO_4 \leftrightarrow MnPO_4 + Li^+ + e^-$，理论比容量为 171 mA·h/g，但其比 $LiFePO_4$ 具有更高的氧化还原电位（4.1 V），从而提高了能量密度。与 $LiFePO_4$ 相比，$LiMnPO_4$ 的电子电导率较低（小于 10^{-10} S/cm），但体积变化较大（9.5%）。此外，Mn^{3+}的 Jahn-Teller 效应引起的结构畸变会导致实际容量较低。基于此，目前研究较多的是 $LiFe_xMn_{1-x}PO_4$ 材料，其结合了 $LiMnPO_4$ 的高电位和 $LiFePO_4$ 的高稳定性，是一种很有前途的锂离子电池正极材料。

2）钠超离子导体（NASICON）型 $Li_3V_2(PO_4)_3$。在 3.0~4.8 V 电压范围内，基于 $3e^-$反应，$Li_3V_2(PO_4)_3$ 表现出 197 mA·h/g 的高理论比容量。充电过程中，$Li_3V_2(PO_4)_3$ 先转变为 $Li_{2.5}V_2(PO_4)_3$（≈3.7 V），然后转变为 $Li_2V_2(PO_4)_3$（≈3.8 V），V^{3+}转化为 V^{3+}和 V^{4+}的混合物。当进一步脱锂时，基于 V^{4+}/V^{3+}和 V^{5+}/V^{4+}电对，$Li_2V_2(PO_4)_3$ 依次转变为 $LiV_2(PO_4)_3$（≈4.1 V）和 $V_2(PO_4)_3$（≈4.6 V）。放电时，$V_2(PO_4)_3$ 先转变为 $Li_2V_2(PO_4)_3$，表现在放电曲线上为 3.6~4.0 V 之间的一个倾斜平台，然后分别在 ≈3.6 V 和 ≈3.5 V 形成 $Li_{2.5}V_2(PO_4)_3$ 和 $Li_3V_2(PO_4)_3$。由于 $V_2(PO_4)_3$ 结构不稳定，大多数研究将电压范围控制为 3.0~4.3 V，从而只发生 $2e^-$反应，质量比容量为 132 mA·h/g。与 $LiFePO_4$ 和 $LiMnPO_4$ 相比，尽管 $Li_3V_2(PO_4)_3$ 具有更高的电子电导率（≈10^{-7} S/cm），但其值仍然较低，严重限制了其功率密度。

3）硅酸盐基 Li_2MSiO_4（M=Fe、Mn、Co）。Nyten 等人于 2005 年首次报道了 Li_2MSiO_4（M=Fe）正极材料[10]。Li_2MSiO_4 的晶体结构如图 3.11 所示，过渡金属和共用角的硅酸盐四面体形成层状结构，为锂离子的插入和扩散提供了二维曲折扩散路径。Li_2MSiO_4 具有多种晶体结构，主要分为四个空间群：$P2_1/n$、$Pmn2_1$、Pn 和 Pmnb。所有晶体结构均由 LiO_4、FeO_4 和 SiO_4 四面体单元组成。Li_2FeSiO_4、Li_2MnSiO_4 和 Li_2CoSiO_4 材料均为两步嵌锂/脱锂反应，氧化还原电位分别为 2.8 V/4.8 V、4.1 V/4.5 V 和 4.2 V/5.0 V。该硅酸盐正极材料脱嵌 1 个 Li^+ 的理论比容量可达 166 mA·h/g，脱嵌 2 个 Li^+ 的理论比容量可达 333 mA·h/g。由于电解液的稳定性有限，很难从 Li_2CoSiO_4 中脱出第二个 Li^+，而且 Li_2CoSiO_4 的结构也不稳定。因此，大多数研究都集中在 Li_2FeSiO_4 和 Li_2MnSiO_4 上。

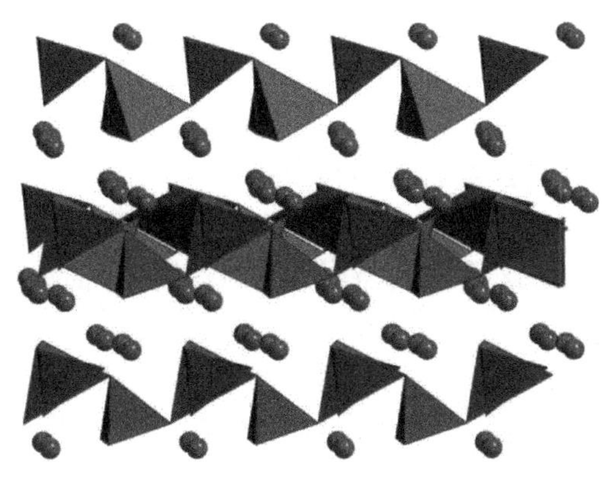

图 3.11　Li_2MSiO_4 晶体结构示意图

Li_2FeSiO_4 具有环境友好、价格低廉的特点，基于 $2e^-$ 反应表现出 332 mA·h/g 的高理论比容量，但 Li_2FeSiO_4 较差的电子电导率（$\approx 10^{-16}$ S/cm）和较低的锂离子扩散系数严重影响了其倍率性能。此外，由于 Fe^{4+} 不稳定，很难实现室温下的多电子反应。碳包覆是提高动力学以及避免 Fe^{2+} 氧化的最有效方法。

Li_2MnSiO_4 基于 Mn^{3+}/Mn^{2+} 和 Mn^{4+}/Mn^{3+} 电对也表现出 333 mA·h/g 的高理论比容量，但其电子电导率较低（6×10^{-14} S/cm）。此外，由于循环过程中 Li 和 Mn 位置互换，Li_2MnSiO_4 的结晶度逐渐降低。碳包覆以及减小颗粒尺寸可明显提高电子电导率和锂离子扩散系数。

4）Tavorite 型 $LiMPO_4F$。Tavorite 型化合物是橄榄石结构的衍生物，与橄榄石系列材料有许多共同特征。$LiMPO_4F$ 的晶体结构如图 3.12 所示，其中锂离子被过渡金属八面体和磷酸盐四面体包围。由于 P—O 键的强度，Tavorite 型化合物具有良好的热稳定性，但能量密度较低。氟的引入为锂的扩散开辟了从一维离子到多维离子的扩散通道[11]。

图 3.12　$LiMPO_4F$ 的晶体结构示意图

$LiVPO_4F$ 为典型的 Tavorite 材料，晶体结构类似于自然生成的矿物 $LiAlPO_4F$。其结构为磷酸盐四面体与钒八面体共角，每个钒原子与四个氧原子和两个氟原子相连，锂存在于结构中两个不同的位置。锂离子在 Tavorite 材料中的多维扩散路径是区别于橄榄石材料的特征。$LiVPO_4F$ 具有优异的结构稳定性（可达 175 ℃）。$LiVPO_4F$ 是一类容量保持率高、倍率性能好、热稳定性好的新材料。由于特殊的离子导电性、热稳定性和容量保持率，Tavorite 材料已成为橄榄石型材料的良好替代品。然而，它的能量密度仍然受到可插入的锂含量的限制，脱嵌锂过程中相转变的许多细节仍有待于详细表征。

目前，橄榄石型 $LiFePO_4$ 已成功应用于汽车电池，其他聚阴离子型化合物也得到了广泛的探索和研究。所有聚阴离子型化合物都有一个稳定的骨架，但它们的固有电子电导率低，锂离子扩散系数低，导致动力学缓慢。通过颗粒细化、碳包覆以及微/纳米自组装来设计合适的层状结构可以有效提高其循环性能和倍率性能。Li_2FeSiO_4 和 Li_2MnSiO_4 为实现多电子反应提供了可行性。尽管仍然存在诸多问题，但磷酸盐和硅酸盐的组合是一个有希望的选择。

（4）转换型正极材料

为了克服传统正极材料的缺点，转换型正极材料由于具有更高的质量容量和体积容量而受到广泛关注。过渡金属卤化物是最为典型的转换型正极材料，是在脱嵌锂过程中，通过化学键的断裂和形成来进行固态氧化还原反应的。完全可逆电化学反应如下。

A 型：

$$MX_z + yLi \leftrightarrow M + zLi_{(y/z)}X$$

B 型：

$$yLi + X \leftrightarrow Li_yX$$

其中 A 型通常涉及具有高价（2 或更高）的金属离子的金属卤化物，以提供较高的理论比容量，如 FeF_2、FeF_3 等。但其较差的电子传导性、容易与电解质发生副反应、充放电过程中较大的体积变化等是该类型正极材料实用化的障碍。而 B 型包括 Se 和 Te 基无机材料，以及某些有机物，如硫和碘基化合物、导电聚合物、含氧共轭化合物和氮氧自由基化合物等。在这些元素中，硫因其较高的理论比容量（1 672 mA · h/g）、低成本、资源丰富等优点受到广泛关注。此外，锂-空气电池中的氧气也是一种 B 型转换型正极材料。

3.4.2 锂离子电池负极材料

在锂离子电池充放电过程中，锂离子在负极材料中反复嵌入和脱出，发生电化学氧化还原反应。作为锂离子电池负极材料，一般要求具有以下性能。

1）锂离子在负极基体中嵌入/脱出的电位尽可能低，确保电池具有较高的工作电压。

2）质量比容量和体积比容量较高，确保电池具有高能量密度。

3）主体结构稳定，表面形成稳定的 SEI 膜，确保电池具有良好的循环性能。

4）锂离子嵌入/脱出过程中，氧化还原电位变化尽可能小，使电池保持较平稳的充电和放电过程。

5）电子电导率和离子电导率较高，这样可减少极化，使电池能进行大电流充放电。

6）整个电压范围内具有良好的化学稳定性，不与电解质等发生副反应。

7)浆料制备容易，压实密度高，反弹小，具有良好的加工性能。

8)价格低廉，对环境无污染。

大多数负极材料具有比正极材料更高的容量。根据反应机理的不同，负极材料可分为三种类型，即嵌入型、合金型和转换型，如图3.13所示。嵌入型负极材料(如碳材料、钛酸锂、TiO_2等)依靠Li^+扩散到层状结构的空隙中，形成三明治结构，具有很好的循环能力，但由于嵌锂量有限，容量相对较低。合金型负极材料是指半金属或金属元素(或化合物)，如Si、Ge、Sn、Al、Bi、SnO_2等。合金化过程可以提供超高的理论容量，但也伴随着剧烈的体积膨胀和内应力。例如，Sn的电化学反应为$Sn + 4.4Li^+ + 4.4e^- \leftrightarrow Li_{4.4}Sn$[12]。转换型负极材料是指过渡金属化合物$M_aX_b$(M=过渡金属，X= O、P、S、N等)，如$Fe_xO_y$、$MoS_2$。在转换反应中，过渡金属完全还原为金属纳米颗粒，由于多电子反应，导致高放电容量，但与嵌入型相比，转换型表现出更大的体积变化、更高的氧化还原电位和较差的循环性能[13]。例如，Fe_2O_3的电化学反应为$Fe_2O_3 + 6Li^+ + 6e^- \leftrightarrow 2Fe + 3Li_2O$[14]。锂金属是一种转换型的无主体负极[15]。锂离子在充电过程中直接还原为金属锂沉积在金属锂基底上，在放电过程中锂被剥离转换为锂离子。

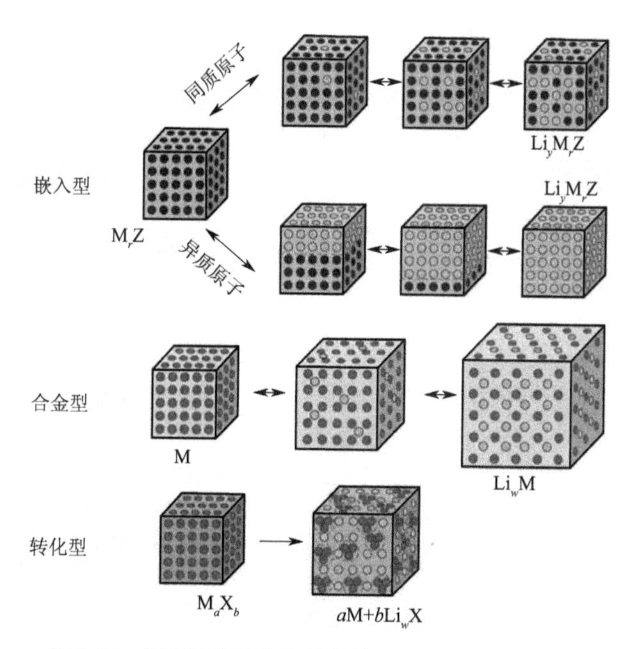

图3.13　锂离子电池负极材料的不同反应机理示意图[16]

(1)嵌入型负极材料

嵌入型负极材料主要包括碳材料和钛氧化物(尖晶石型钛酸锂和TiO_2)等。

1)碳材料。自第一代商用锂离子电池诞生以来，碳材料就占据负极材料市场的大多数。碳材料分为无定形碳材料(如多数硬碳和软碳材料)、石墨类碳材料(如天然石墨、人造石墨(中间相炭微球))以及新型的纳米碳材料(如碳纳米管、碳纳米纤维)等。碳材料因其易得、成本低、具有良好的化学和热稳定性以及脱嵌锂可逆性等特点，被认为是锂离子电池合适的负极材料。

石墨具有良好的层状结构（层间距为 0.335 nm），锂离子嵌入石墨后形成 Li_xC_6 石墨层间化合物，最多 6 个碳原子可容纳 1 个锂，因此理论比容量为 372 mA · h/g。但石墨的高结晶度和高度取向的层状结构使其对电解液较敏感，与溶剂的相容性较差。另外，锂在石墨中的扩散速率为 10^{-9}~10^{-7} cm²/s，导致其大电流充放电能力较差。由于石墨层间距小于 Li_xC_6 的晶面层间距（d_{002}=0.37 nm），使得有机溶剂连同锂一同插入石墨层间，极易造成石墨层剥离、颗粒粉化，从而降低其循环寿命。软碳又称易石墨化碳材料，颗粒尺寸小，晶面间距较大，与电解液相容性好，但缺点是首次循环不可逆容量高，是只在 2 500 ℃以上的高温条件下能石墨化的无定形碳材料。其首次充放电不可逆容量较高，输出电压较低，无明显充放电平台，因此一般不独立作为负极材料使用，而是作为生产天然石墨的原材料。硬碳又称难石墨化碳材料，在 2 500℃以上的高温条件下也难以石墨化。常见的硬碳有炭黑、生物质炭、有机聚合物热解碳、树脂碳等四类。硬碳大都具有良好的嵌锂能力，但存在电极电位高、电压滞后明显及首次循环不可逆容量大等缺点，现阶段仍未实现大规模应用。纳米级碳材料管径尺寸小，可大幅提高储锂比容量和循环寿命，但存在电压滞后、充放电电位平台不明显等劣势。

2）尖晶石型钛酸锂（$Li_4Ti_5O_{12}$）。$Li_4Ti_5O_{12}$ 是另一种极具代表性的嵌入型负极材料。$Li_4Ti_5O_{12}$ 单位晶胞可嵌入 3 个锂离子形成岩盐相 $Li_7Ti_5O_{12}$，理论质量比容量为 175 mA·h/g。在 $Li_4Ti_5O_{12}$ 的面心立方结构中，锂离子的嵌入改变了原始单位晶胞中大多数锂离子的位置，使锂离子完全占据空的八面体 16c 位，其中一半锂离子来自外部嵌入，另一半来自初始四面体 8a 位的锂离子转移。这个两相反应过程伴随着晶格参数从 8.359 5 Å（1 Å=10^{-10} m）到 8.353 8 Å 的轻微变化，再加上结构中 Ti 原子和 O 原子之间的强共价键，因此 $Li_4Ti_5O_{12}$ 被认为是“零应变”材料，其在充放电过程中的体积变化可忽略不计，所以结构非常稳定。此外，$Li_4Ti_5O_{12}$ 具有较高的充放电电压平台，约为 1.55 V（vs. Li/Li^+），可避免 SEI 膜的生成，从而大大降低首次循环中活性锂的消耗，提高循环库仑效率。而且高电位可以显著抑制锂枝晶的形成，确保电池的安全性。此外，$Li_4Ti_5O_{12}$ 是三维尖晶石结构，是一种快离子导体。因此，$Li_4Ti_5O_{12}$ 适合用作低能量密度、高功率、长循环寿命锂离子电池的负极材料。

然而，由于 Ti 的 3d 轨道中缺少电子，$Li_4Ti_5O_{12}$ 的导电性较差（10^{-13}~10^{-8} S/cm），锂离子扩散系数较低（10^{-16}~10^{-9} cm²/s），严重限制了其倍率性能，阻碍了其在高倍率充放电方面的应用。目前，大多通过表面包覆、掺杂以及微/纳米结构设计等方法来提高 $Li_4Ti_5O_{12}$ 的导电性。

3）TiO_2。TiO_2 是另一种非常有前途的嵌入型负极材料，具有以下特点：脱嵌锂电位较高（约 1.7 V），可避免电化学循环过程中 SEI 膜和锂枝晶的形成，表现出良好的稳定性和安全性；在有机溶剂中的溶解度低；脱嵌锂过程中结构变化小，避免充放电过程中严重的体积膨胀问题；具有良好的循环性能。TiO_2 的脱嵌锂过程可表示为 $TiO_2+xLi^++xe^- \leftrightarrow Li_xTiO_2$，嵌锂量 x 与 TiO_2 的形貌、微观结构和表面缺陷有关。1 mol TiO_2 最多可容纳 1 mol 锂离子生成 $LiTiO_2$，理论最大比容量可达 330 mA · h/g。一般而言，可用作锂离子电池负极材料的 TiO_2 主要有锐钛矿型 TiO_2、金红石型 TiO_2 和 TiO_2（B）。其中锐钛矿型 TiO_2 可容纳 0.5Li 形成 $Li_{0.5}TiO_2$，理论比容量为 167.5 mA · h/g。TiO_2（B）是嵌锂的最佳母体，因为其比锐钛矿型和金红石型 TiO_2 在晶格中具有更多的开放通道，因此，TiO_2（B）具有更高的放电比容量

（335 mA·h/g）。由于嵌锂性能较差，金红石型 TiO_2 的电化学性能往往不如锐钛矿型 TiO_2 和 TiO_2(B)。

（2）合金型负极材料

合金型负极材料集中于第ⅣA 和第ⅤA 族，包括 Si、Ge、Sn、P 和 Sb。该类材料可以形成 $Li_{4.4}M$（M=Si、Sn 等）合金，具有非常高的比容量（4 200 mA·h/g、994 mA·h/g），但在合金化和脱合金过程中，体积的巨大变化会造成电极材料的粉碎以及与集流体的分离，严重限制了其实际应用。

硅作为一种典型的合金型负极材料，是目前理论比容量最高的负极材料，每个硅原子理论上可与 4.4 个锂原子进行合金化反应生成 $Li_{4.4}Si$，理论比容量高达 4 200 mA·h/g。此外硅基负极材料还具有嵌锂电位低（约为 0.37 V（vs. Li/Li^+））、放电平台稳定、储量丰富等优势，因而成为最有望取代石墨负极的材料之一。

然而，嵌锂/脱锂过程中巨大的体积膨胀/收缩（膨胀率约为 300%）不仅造成硅负极因不可恢复的应力而粉碎（见图 3.14（a）），而且还削弱了活性材料和集流体之间的电接触。多次循环后，整体电极体积的变化会导致电极剥离（见图 3.14（b）），并最终导致容量衰减。SEI 膜也是影响硅基负极应用的一个重要因素。硅锂化过程中，电解液在低电位（<0.5 V（vs. Li/Li^+））下发生副反应，形成 SEI 膜并沉积在硅颗粒表面。随着硅体积的巨大膨胀和收缩，脆弱的 SEI 膜将破裂，新鲜的硅将暴露在电解液中，从而消耗活性锂以形成新的 SEI 膜（死锂），导致 SEI 膜持续增厚（见图 3.14（c）），这不仅会降低库仑效率和离子电导率，还会使全电池迅速失效[17]。因此，形成稳定 SEI 膜也是硅基负极的研究热点。此外，作为一种半导体材料，硅具有较低的电子电导率（约为 10^{-3} S/cm）和锂离子扩散系数（约为 10^{-13} cm^2/s），极大限制了其倍率性能。

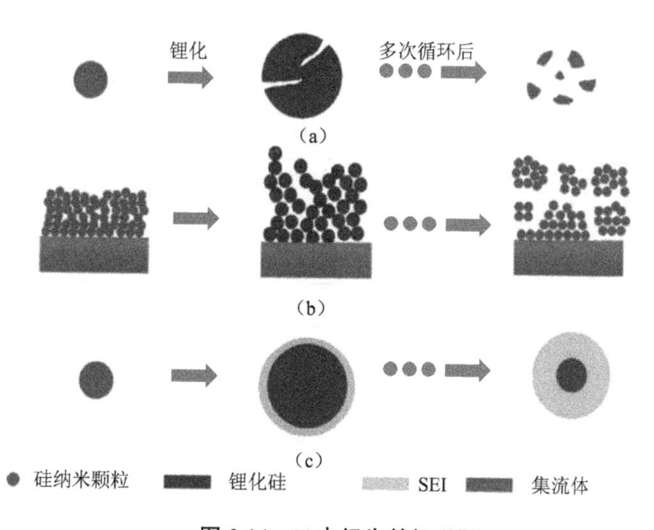

图 3.14　Si 电极失效机理图

（a）材料粉碎　（b）整个 Si 电极的形貌和体积变化　（c）SEI 膜持续增厚

Ge 与 Si 同为ⅣA 族合金型负极材料，其锂离子嵌入/脱出机理与 Si 类似，理论比容量为 1 600 mA·h/g，但由于其密度较大，使其体积比容量与 Si 基本一致（Ge 和 Si 体积比容量分别为 8 500 mA·h/cm³ 和 9 700 mA·h /cm³)。由于 Ge 的禁带宽度(0.6 eV)小于 Si 的禁带宽度(1.1 eV),室温下,锂离子在 Ge 中的扩散速率是其在 Si 中的 400 倍,且 Ge 的电导率约为 Si 的 10 000 倍,因此 Ge 比 Si 更适合用在大功率大电流设备中。

虽然合金型负极材料具有较高的比容量,但其较大的体积变化会导致容量快速衰减。通过设计合理的多级结构可缓解这一问题。Si/C 和 Ge/C 嵌入纳米结构复合材料具有更好的循环和倍率性能,这与电导率的提高和原始结构的稳定性有关,减轻了粉碎和脱落问题。核壳/蛋黄壳和多孔结构,一方面可以提供足够的空间以适应放电期间的严重体积膨胀。另一方面壳和孔是自支撑框架,有助于稳定 SEI 膜并将活性材料固定在内部空间中。

(3)转换型负极材料

1)金属氧化物。2000 年, Tarascon 研究小组[18]首次提出 3d 过渡金属氧化物(如 CoO、Co_3O_4、NiO、FeO 等)纳米材料能够发生多电子的嵌锂/脱锂反应,可逆比容量为 800~1 200 mA·h/g。该类氧化物的脱锂/嵌锂反应机理如下:

$$M_xO_y + 2yLi^+ + 2ye^- \leftrightarrow xM + yLi_2O\text{(M=Ni、Co、Fe 等)}$$

循环过程中, M_xO_y 被还原为金属 M。存在的主要问题是循环过程中严重的体积变化,导致稳定性较差。

最典型的转换型过渡金属氧化物为锡氧化物,包括 SnO 和 SnO_2,理论比容量分别为 875 mA·h/g 和 781 mA·h/g。脱锂/嵌锂反应式为

$$Li+SnO_2(SnO) \rightarrow Sn+Li_2O$$

$$Sn+xLi_2O \rightarrow SnO_x+2xLi^++2xe^-$$

$$xLi+Sn \rightarrow Li_xSn(x\geqslant 4.4)$$

其嵌锂机理为: SnO_2 或 SnO 嵌锂后转化成单质 Sn 和 Li_2O,该反应不可逆,是首次循环不可逆容量损失的主要来源;之后金属 Li 和 Sn 继续合金化形成 $Li_{4.4}Sn$ 合金,脱锂/嵌锂电位为 0.3~1.0 V,高于金属锂的析出电位。需要指出的是,由于金属 Sn 生成后会均匀分布在 Li_2O 周围,尽管 Li_2O 作为一种稳定的金属氧化物不具有反应活性,但金属 Sn 的存在能催化 Li_2O 的分解,促进锡负极的嵌锂/脱锂反应,从而得到更高的可逆比容量和更优的循环性能。其他常见金属氧化物的理论比容量如表 3.2 所示。

表 3.2 常见金属氧化物的理论比容量

金属氧化物	SnO_2	SnO	Fe_2O_3	Fe_3O_4	TiO_2(金红石型)
理论比容量/(mA·h/g)	782	875	1 007	926	185
金属氧化物	Co_3O_4	NiO	MnO	MnO_2	CuO
理论比容量/(mA·h/g)	890	718	755	1 233	674

锡负极在与锂合金化的过程中存在首次库仑效率低、锂损失量大以及循环性能差等问题。造成首次库仑效率低的原因有以下几方面:一是首次嵌锂时在活性物质表面生成 SEI 膜会消耗锂,尤其是将颗粒尺寸降为纳米级时,锂损失量增大;二是嵌锂过程中较大的体积膨胀使材料结构稳定性变差,使部分活性物质与集流体的电接触丧失,在后续去锂化反应中

无法脱出，形成“死锂”；三是电极表面存在的 SnO_x 在锂化反应后材料失活，不能脱出锂，造成容量损失。针对这些问题，目前较为有效的改性方法包括：减小粒径及材料微观结构设计，锡基合金化，锡与碳材料或聚合物复合，等等。

2）金属锂。金属锂具有高达 3 860 mA·h/g 的理论比容量和最负的还原电位（相对于标准氢电极为−3.04 V），被视为是锂电池的终极材料。更重要的是，金属锂可与非锂正极（如 S、O_2、CO_2）配对，形成新一代锂金属电池，其中 Li-O_2 电池的理论能量密度为 3 505 W·h/kg，Li-S 电池的理论能量密度为 2 600 W · h/kg。此外，锂金属负极还可以与成熟的锂过渡金属氧化物正极配对，提供约 440 W · h/kg 的比能量[19]。金属锂负极在带来高能量密度的同时，其缺点也十分明显。首先，充放电过程中不可控的锂枝晶生长，可能会刺破隔膜并造成电池短路，引发安全问题。其次，表面不稳定的 SEI 膜在充放电过程中容易破裂，造成金属锂与电解液直接接触进而发生反应，消耗大量金属锂和电解液，大大缩短电池的寿命，同时也导致活性材料容易从集流体上脱落形成“死锂”，这两者的共同作用使电池的库仑效率降低，循环性能进一步变差，锂的粉化以及与电解液的直接反应导致严重的安全问题。此外，金属锂的电化学反应面积基本就是几何面积，影响了高倍率性能。目前，对金属锂负极的改性主要有以下两种途径：一是将金属锂与合适的载体结合，二是在金属锂表面设计人工保护层。

3.5　电解质

在锂离子电池中，电解质承载传输锂离子并阻隔电子的作用，其性质影响着锂离子电池的性能。锂离子电池通常采用有机电解质，有机电解质稳定性好，电化学窗口宽，工作电压高，这使锂离子电池具有高电压和高比能量的特性。但有机电解质导电性较差，热稳定性不好，会导致锂离子电池存在安全隐患。锂离子电池电解质可分为液态电解质、固液复合（或称半固体、凝胶聚合物）电解质和固态电解质。

锂离子电池的电化学性能与电解质的性质密切相关，因此锂离子电池电解质需要具备以下特点。

1）在较大的温度范围内离子电导率高、锂离子迁移数大，可减轻电池在充放电过程中的浓差极化现象，提高倍率性能。

2）电化学窗口宽。

3）热稳定性好，能保证电池在合适的温度范围内使用。

4）化学性质稳定，与集流体和活性物质不发生化学反应。

5）电解质代替隔膜使用时，还需具有良好的力学性能和可加工性能。

6）安全性好，价格低，无污染。

3.5.1　液态电解质

液态电解质也称电解液。目前锂离子电池多采用有机液态电解质，由锂盐、有机溶剂和添加剂组成。

锂离子电池电解质中的锂盐主要起提供导电离子的作用。用作溶质的锂盐包括 $LiClO_4$、$LiAsF_6$、$LiPF_6$ 等。$LiClO_4$ 是一种强氧化剂，容易引起电池安全问题。$LiAsF_6$ 导电性较好，但砷元素的毒性限制了其应用。$LiPF_6$具有较高的离子电导率和较低的环境污染等优点，是目前首选的锂离子电池电解质，但其稳定性相对较差，尤其是会与水发生反应，生成各种副产物（如HF），影响电池寿命。

有机溶剂是锂离子电池电解液的主体成分，一般是非质子溶剂，以保证足够的电化学稳定性和不与锂发生反应。溶剂的熔点和沸点决定电池工作的温度范围，一般要求沸点高、熔点低。介电常数决定了锂盐在其中的溶解度，黏度决定了Li^+在电解液中的流动性，闪点与电池安全性密切相关。常用的有机溶剂有EC、PC、DMC（碳酸二甲酯）、DEC（碳酸二乙酯）和EMC（碳酸甲乙酯）等。表3.3比较了这些常见溶剂的一些基本物理化学性质[20]。EC具有较高的介电常数和较好的导电性，且有助于形成质量较好的稳定SEI膜，提高电池寿命。但EC在室温下为固相（熔点为36 ℃），不能单独用于传统锂离子电池。PC具有高介电常数和低熔点（-49 ℃），因此包含PC的电解液在低温下具有更好的性能。但PC在负极表面会分解，形成的SEI膜质量差，而且PC会联同锂离子发生共嵌入，造成石墨剥落和石墨颗粒破裂，导致循环性能差。DMC黏度低，循环性能好，但介电常数和闪点低。为了确保电池性能，通常会使用不同溶剂的混合物，如EC+DMC、EC+DEC、EC+DMC+EMC和EC+DMC+DEC等。

表3.3　常见电解液溶剂的对比

溶剂	介电常数	黏度（25 ℃）/mPa·s	闪点/℃	沸点/℃	熔点/℃
EC	90	1.9（40 ℃）	143	238	36
PC	65	2.5	—	242	-49
DMC	3.1	0.59	17	90	5
DEC	2.8	0.75	25	127	-74
EMC	3	0.65	23	108	-53

添加剂是电解液中用量少却能显著改善电解液某一方面性能的物质。按功能常分为阻燃添加剂（如卤系阻燃剂、磷系阻燃剂等）、成膜添加剂（如碳酸亚乙烯酯（VC））、过充/过放保护添加剂等。各种添加剂各有优缺点，寻找合适的电解液添加剂能有效改善电池性能。

3.5.2　凝胶聚合物电解质

凝胶聚合物电解质（GPE）是液体与固体混合的半固态电解质，聚合物分子呈交联的空间网状结构，在其结构孔隙中充满了液体增塑剂，锂盐则溶解于聚合物和增塑剂中，其中聚合物和增塑剂均为连续相。凝胶聚合物电解质减少了有机液体电解质因漏液引起的电极腐蚀、氧化燃烧等安全问题。自1994年Bellcore公司成功推出聚合物锂离子电池后，凝胶聚合物电解质成为锂离子电池商业化应用的发展趋势之一。目前商业化运用的聚合物锂离子电池通常是凝胶聚合物电解质电池。常用的凝胶聚合物有聚偏氟乙烯（PVDF）、聚氧化乙烯（PEO，也称为聚乙二醇（PEG））、聚丙烯腈（PAN）、聚甲基丙烯酸甲酯（PMMA）等。

与液态电解质相比，凝胶聚合物电解质具有以下优点：安全性好，在遇到如过充过放、撞击、碾压和穿刺等非正常使用情况时不会发生爆炸;采取软包铝塑膜外壳,可制成各种形状的电池以及柔性电池和薄膜电池;不含液态成分,比液态电解质的反应活性低,对于碳负极更为有利;可以起到隔膜的作用,省去常规的隔膜;可将正负极粘接在一起,电极接触好;可简化电池结构,提高封装效率,从而提高能量和功率密度,节约成本。但也存在一些缺点:室温离子电导率是液态电解质的几分之一甚至几十分之一,导致电池高倍率性能和低温性能较差;力学性能较差,生产工艺复杂,生产成本高。

3.5.3 固态电解质

固态电解质分为固体聚合物电解质和无机固体电解质。

固体聚合物电解质具有不可燃、与电极材料间的反应活性低、柔韧性好等优点。一般由聚合物和锂盐组成,可近似看成将锂盐直接溶于聚合物中形成的固态溶液体系。固体聚合物电解质中,存在着聚合物的结晶区和非晶区两个部分,聚合物中的官能团是通过配位作用将离子溶解的,溶解的离子主要存在于非晶区,离子导电主要是通过非晶区的链段运动来实现的。聚合物基体通常选择性地含有—O—、—S—、—N—、—P—、—C—N—、C═O 和 C═N 等官能团,不含有氢键,氢键不利于链段运动,离子导电性不好,同时还会造成电解质不稳定。锂盐的溶解是通过聚合物对阴离子、阳离子的溶剂化作用来实现的,主要通过对锂离子的溶剂化作用来实现溶解。杂原子上的孤对电子与阳离子的空轨道产生配合作用,使得锂离子溶剂化。研究较多的有聚醚系、聚丙烯腈系、聚甲基丙烯酸酯系、含氟聚合物系等。

无机固体电解质一般是指具有较高离子电导率的无机固体物质,也称锂快离子导体,主要包括玻璃电解质和陶瓷电解质。无机固体电解质不仅能避免电解质泄漏问题,还能彻底解决可燃性有机电解液引起的安全性问题,因此在高温电池和动力电池方面具有广阔的应用前景。无机固体电解质分为晶态固体电解质、非晶态固体电解质和复合型固体电解质。晶态固体电解质和非晶态固体电解质的导电都与材料内部的缺陷有关。研究较多的晶态固体电解质主要有 Perovskite 型、NASICON 型、LISICON 型、LIPON 型和 GARNET 型。非晶态固体电解质的电导率高于晶态固体电解质,主要包括氧化物玻璃和硫化物玻璃固体电解质。

3.6 隔膜

锂离子电池隔膜的作用是置于正负极之间,防止两电极直接接触造成电池短路,但同时允许离子电荷载体在正负极之间快速运输。对锂离子电池隔膜一般有以下要求:在电解液中具有良好的化学稳定性及一定的力学强度,能耐受电极活性物质的氧化和还原,耐受电解液的腐蚀;有一定的孔径和孔隙率,从而减小对电解质离子运动的阻力,进而降低电池内阻;是电子绝缘体;能阻挡从电极上脱落的物质微粒通过以及枝晶的生长;具有隔膜闭孔功能,防止电池过热甚至爆炸;热稳定性好;来源丰富,价格低廉。

虽然隔膜不参与电池反应,但隔膜厚度、孔径大小及分布、孔隙率、闭孔温度等性能指标与电池内阻、容量、循环性能和安全性能等密切相关。尤其是对于动力锂离子电池,隔膜对电池倍率性能和安全性能的影响更明显。

根据不同的物化性质,锂离子电池隔膜一般可分为微孔膜、无纺布、织造膜、复合膜、隔膜纸等几类。聚丙烯(PP)、聚乙烯(PE)等聚烯烃微孔隔膜是最早用在商业化锂离子电池上的隔膜,以其高强度、优良的化学稳定性和较低的价格占据着目前3C(中国强制性产品认证)电池主要市场,但存在孔隙率低、电解液润湿性差、高温热收缩严重等问题。电解液润湿性差影响了电池的倍率性能和循环稳定性;热收缩严重会导致电池严重的内部短路,最终使电池在非正常条件下发生火灾或爆炸。通过涂覆、浸渍、喷涂等方式在单层聚烯烃隔膜上加入具有耐高温性能和亲液性能的新材料,可获得性能更优异的隔膜。目前市场上所采用的方法是在聚烯烃隔膜的一面或两面涂覆纳米氧化物(如 Al_2O_3)和PVDF来提高隔膜的耐高温性能和亲液性能,改性后的隔膜安全性更高,循环性能更好。

通过耐热树脂制造聚合无纺布是开发高性能隔膜的一种有效策略。静电纺丝是一种制备聚合物纳米纤维无纺布简单而通用的技术。采用静电纺丝制备的PAN、PVDF、聚磺酰胺(PSA)和聚酰亚胺(PI)等聚合物纳米纤维无纺布具有较高的孔隙率、良好的电解液润湿性和更高的离子电导率。

参考文献

[1] WHITTINGHAM M. Lithium batteries and cathode materials[J]. Chemical reviews, 2004, 104: 4271-4302.

[2] XU B, LEE J, KWON D, et al. Mitigation strategies for Li-ion battery thermal runaway: a review[J]. Renewable and sustainable energy reviews, 2021, 150: 111437.

[3] OHZUKU T, MAKIMURA Y. Layered lithium insertion material of $LiCo_{1/3}Ni_{1/3}Mn_{1/3}O_2$ for lithium-ion batteries[J]. Chemistry letters, 2001, 30(7): 642-643.

[4] NOH H, YOUN S, YOON C, et al. Comparison of the structural and electrochemical properties of layered $Li[Ni_xCo_yMn_z]O_2$ (x=1/3, 0.5, 0.6, 0.7, 0.8 and 0.85) cathode material for lithium-ion batteries[J]. Journal of power sources, 2013, 233: 121-130.

[5] ROSSOUW M, THACKERAY M. Lithium manganese oxides from Li_2MnO_3 for rechargeable lithium battery applications[J]. Materials research bulletin, 1991, 26(6): 463-473.

[6] 南文争,王继贤,陈翔,等. 富锂锰基正极材料研究进展[J]. 航空材料学报,2021, 41(1): 1-18.

[7] THACKERAY M, DAVID W, BRUCE P, et al. Lithium insertion into manganese spinels[J]. Materials research bulletin, 1983, 18(4): 461-472.

[8] PADHI A K, NANJUNDASWAMY K S, GOODENOUGH J B. Phospho-olivines as positive-electrode materials for rechargeable lithium batteries[J]. Journal of the electrochemical society, 1997, 144(4): 1188-1194.

[9] ZHOU L, ZHANG K, HU Z, et al. Recent developments on and prospects for electrode materials with hierarchical structures for lithium-ion batteries[J]. Advanced energy materials, 2017, 8(6): 1701415.

[10] NYTEN A, ABOUIMRANE A, ARMAND M, et al. Electrochemical performance of

Li_2FeSiO_4 as a new Li-battery cathode material[J]. Electrochemistry communications, 2005, 7(2): 156-160.

[11] GOVER R, BURNS P, BRYAN A, et al. $LiVPO_4F$: a new active material for safe lithium-ion batteries[J]. Solid state ionics, 2006, 177: 2635-2638.

[12] CHOU C, KIM H, HWANG G, et al. A comparative first-principles study of the structure, energetics, and properties of Li-M (M = Si, Ge, Sn) alloys[J]. The journal of physical chemistry C, 2011, 115: 20018-20026.

[13] ARAVINDAN V, LEE Y, MADHAVI S, et al. Research progress on negative electrodes for practical Li-ion batteries: beyond carbonaceous anodes[J]. Advanced energy materials, 2015, 5: 1402225.

[14] OKADA S, YAMAKI J. Iron-based cathodes/anodes for Li-ion and post Li-ion batteries[J]. Journal of industrial and engineering chemistry, 2004, 10: 1104-1113.

[15] CHENG X, ZHANG R, ZHAO C, et al. Toward safe lithium metal anode in rechargeable batteries: a review[J]. Chemical reviews, 2017, 117: 10403-10473.

[16] PALACIN M. Recent advances in rechargeable battery materials: a chemist's perspective[J]. Chemical society reviews, 2009, 38: 2565-2575.

[17] WU H, CUI Y. Designing nanostructured Si anodes for high energy lithium ion batteries[J]. Nano today, 2012, 7: 414-429.

[18] POIZOT P, LARUELLE S, GRUGEON S, et al. Nano-sized transition-metal oxides as negative-electrode materials for lithium-ion batteries[J]. Nature, 2000, 407: 496-499.

[19] LIN D, LIU Y, CUI Y. Reviving the lithium metal anode for high-energy batteries[J]. Nature nanotechnology, 2017, 12: 194-206.

[20] LI Q, CHEN J, FAN L, et al. Progress in electrolytes for rechargeable Li-based batteries and beyond[J]. Green energy & environment, 2016, 1(1): 18-42.

第 4 章　锂离子电池负极材料

锂离子电池的负极材料是锂离子电池在充放电过程中锂离子和电子的载体，对电池的能量储存与释放具有重要作用。从锂离子电池的发展历程来看，负极材料的出现对于锂离子电池的商业化起着决定性的作用。最早研究的负极材料为金属锂，但是金属锂在循环过程中存在不均匀沉积的问题，导致电池存在较大的安全隐患。后续开发出的碳材料负极成功解决了金属锂负极存在的安全问题。目前，已经产业化的负极材料主要是碳材料，包括石墨化碳材料（如天然石墨、人造石墨）和无定形碳材料（如软碳、硬碳）等。其他非碳材料主要有钛酸锂、硅基材料、过渡金属化合物材料等。本章内容依照反应机制，将锂离子电池负极材料分为嵌入型、合金型和转化型三类，并依次介绍其反应机制及电化学特性。

4.1　负极材料简介

为了保证良好的电化学性能，对负极材料一般具有以下要求。

1）锂离子与负极基体的氧化还原电位尽可能低，接近金属锂的电位，从而使电池的输出电压高。

2）允许较多的锂离子与基体反应，比容量较高。

3）在充放电过程中结构相对稳定，具有较长的循环寿命。

4）较高的电子电导率、离子电导率和低的电荷转移电阻，以保证较小的电压极化和良好的倍率性能。

5）能够与电解液形成稳定的固体电解质膜，保证较高的库仑效率。

6）安全性能好，使电池具有良好的安全性。

7）制备工艺简单，易于产业化，价格便宜。

回望锂离子电池负极材料的研究历史，其发展与应用时间相对于正极材料较晚。20 世纪 70 年代乃至 80 年代初，研究焦点为高比容量的金属锂，并且曾经研制出性能优异的电池。但是金属锂在电池循环过程中存在严重的安全性问题，使得锂金属二次电池最终无法大规模商业化。之后人们开始关注可嵌锂的碳材料，碳材料在使用寿命期间结构稳定，具有良好的安全性能。但是目前碳材料的比容量较难再提升，因此研究者将目光投向了其他新型负极材料。

4.2　嵌入型负极材料

基于嵌入/脱出机制的锂离子电池负极材料主要有石墨类碳材料（天然石墨和人造石墨）、无定形碳、钛酸锂（尖晶石型 $Li_4Ti_5O_{12}$）等，这些也是目前市场上主要的负极材料，其中，石墨类负极材料占 95%以上。

4.2.1　石墨类碳材料

从 20 世纪 90 年代石墨类碳材料成功商业化至今，石墨类碳材料一直是最重要的锂离子电池负极材料。石墨类碳材料包括天然石墨和人造石墨。

石墨是碳的一种同素异形体，沿着 c 轴以规则间隔排列的石墨烯平面构成有序的三维结构。如图 4.1 所示，在晶体中同层碳原子之间以 sp^2 杂化形成共价键，六边形结构的碳环呈蜂巢状连接，形成片层结构。单层碳原子间结合力强，难以破坏，石墨的化学性质稳定。相邻片层之间以范德华力结合，层间距为 0.340 nm。片层间堆积方式有两种：一种是六方形结构（2H，$a=b=0.246\,1$ nm，$c=0.670\,8$ nm，$\alpha=\beta=90°$，$\gamma=120°$），空间点群为 P63/mmc，碳原子层以 ABAB 形式堆积；另一种是菱形结构（3R，$a=b=c$，$\alpha=\beta=\gamma$），空间点群为 R3m，碳原子层以 ABCABC 形式排列。在石墨晶体中，2H 结构和 3R 结构共存，只是在不同材料中两者所占的比例不同。

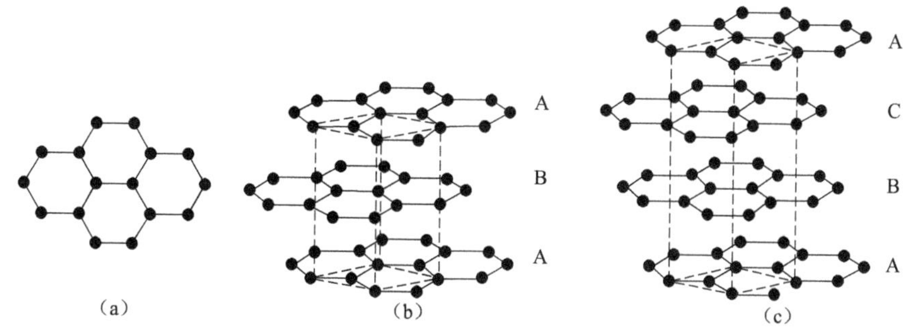

图 4.1　碳层的六边形结构以及六方形（2H）和菱形（3R）的石墨晶体结构

（a）六边形石墨晶体结构　（b）六方形（2H）石墨晶体结构　（c）菱形（3R）石墨晶体结构

锂在石墨中的化学嵌入研究开始于 20 世纪 50 年代中期。因为石墨具有各向异性（分为基面和端面），锂离子可从石墨的端面嵌入形成石墨层间化合物，如果石墨烯平面存在微孔、缺陷等，锂离子也可从基面嵌入。该嵌入反应一般是逐步进行的，随着锂嵌入量的变化，可形成不同阶化合物。如图 4.2 所示，平均两层石墨烯面有一层嵌锂层，则称为 2 阶化合物；继续嵌入锂则形成 1 阶化合物，即 LiC_6 层间化合物，其层间距为 0.37 nm，结构由原来的 ABABA 结构转变成 AIAIA 结构（LiC_6，I 代表嵌入层），此时石墨的最大理论容量为 372 mA·h/g。同时，石墨的层间距增加了约 10%，即从无锂石墨的 3.35 Å 增加到 LiC_6 的 3.70 Å。但是，具体的嵌锂步骤与一般的机制略有不同。增加嵌锂含量，能依次观察到 1L 阶、4 阶、3 阶、2L 阶、2 阶和 1 阶，其中 L 表示锂离子在层内排列不规则。电化学嵌锂性质和阶段可通过恒电流曲线上的电压平台反映出来。从充放电曲线中可看到锂嵌入石墨的反应主要发生在 0.25 V 以下，在 0.2 V、0.12 V 和 0.08 V 三个电位附近有明显的锂嵌入平台，对应于阶化合物的生成与不同阶化合物之间的转化，依次为 1L 阶化合物→ 4 阶化合物、2L 阶化合物→ 2 阶化合物、2 阶化合物→ 1 阶化合物三个相变阶段。在 2 阶化合物→ 1 阶化合物阶段形成 LiC_6，且提供最高的嵌锂容量和最低的电压平台[1]。综上所述，石墨类碳材料的嵌锂电位低且平坦，可为锂离子电池提供高而稳定的工作电压。

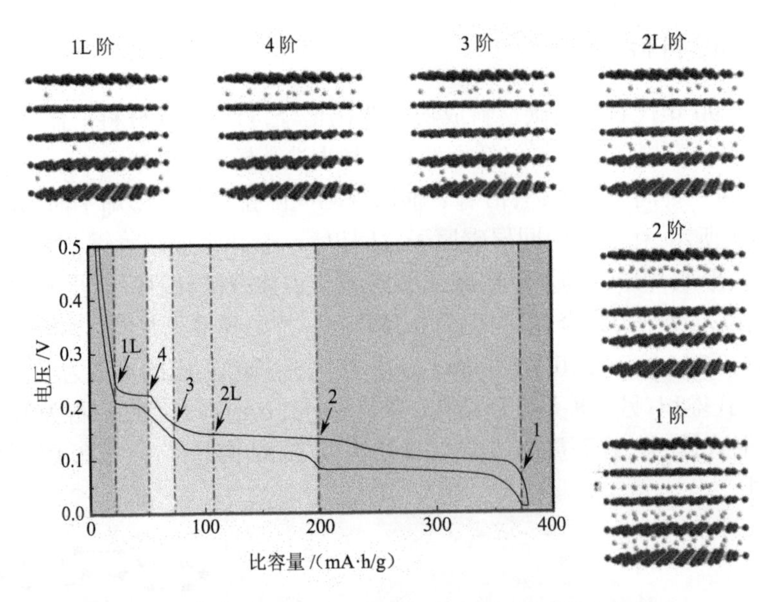

图 4.2 石墨嵌锂阶段的示意图及对应的恒流充放电曲线[1]

另外,石墨在首次嵌锂/脱锂过程中会出现脱锂量小于嵌锂量的现象,这是由于 SEI 膜的形成及石墨的缺陷等消耗部分锂离子。SEI 膜为液态锂离子电池首次充放电过程中,电极材料与电解液在固液相界面上发生反应形成的一层覆盖于电极材料表面的钝化层。SEI 膜的组成非常复杂,主要由电解液的组分(有机溶剂、锂盐电解质、添加剂或可能的杂质)在电极表面的还原产物组成。此外,电极材料的组成对 SEI 膜的成分也有影响,因此,溶剂不同、锂盐电解质不同,SEI 膜的组成也有所差异。

SEI 膜对石墨负极的电化学性质有巨大的影响,其特性决定了嵌锂/脱锂以及负极/电解液界面动力学,进而决定电池的性能。SEI 膜具备以下两个方面的特点:①具有固体电解质的特征,是电子绝缘体却是 Li^+的优良导体, Li^+ 可以经过该钝化层自由地嵌入和脱出;②具有有机溶剂不溶性,在有机电解质溶液中能稳定存在,并且溶剂分子不能通过该层钝化膜,从而能有效防止溶剂分子的共嵌入,避免了因溶剂分子共嵌入对电极材料造成的破坏。一般而言,石墨化碳材料在 PC 基电解液中的电化学性能不好,主要原因是 PC 基电解液在碳材料表面分解产生的 SEI 膜不致密,电解液一直可通过该膜引起石墨层剥落。如果采用 EC 基电解液或在 PC 基电解液中加入 EC,可以使界面膜的性能得到提高,从而能够发生锂的可逆脱嵌。

(1)天然石墨

工业上将天然石墨分为致密结晶状石墨、鳞片石墨和隐晶质石墨三类,其中用于锂离子电池负极材料的主要为鳞片石墨。鳞片石墨的晶体发育较为完善,石墨化程度高达 98%以上,因此其在合适的电解液中比容量接近石墨的理论比容量 372 mA · h/g,电位基本与金属锂接近。另外,天然石墨的压实密度高,价格也比较便宜,但由于天然石墨颗粒大小不一,粒径分布广,未经处理的天然石墨不能作为负极材料直接使用,需要经过一系列加工后才能使用(见图 4.3)。

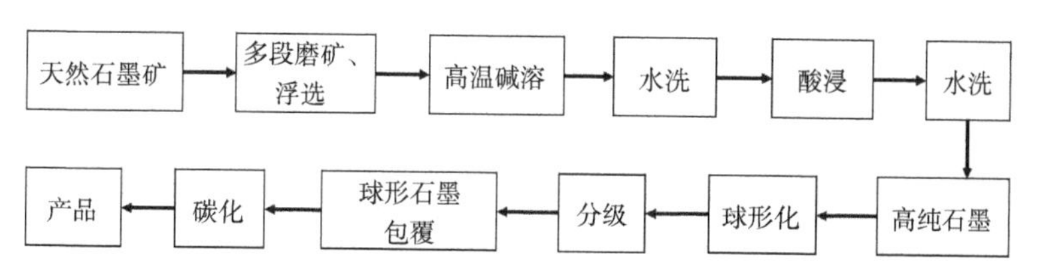

图 4.3　以天然石墨矿为原材料生产锂离子电池负极流程图

球形化和表面包覆改性是其中的关键技术。通过球形化技术使鳞片结构的天然石墨在气流的作用下发生相互碰撞,鳞片结构卷曲,形成球形或类球形颗粒。球形结构的石墨比表面积小、真实密度大、堆积时取向较为均匀。另外天然石墨颗粒结构不稳定,电解液共嵌入会引发片层结构的剥离,对电解液有特殊要求。并且,天然石墨膨胀率高、首次充放电效率低、倍率性能不好、循环寿命短。所以优质天然石墨负极离不开表面包覆改性技术,常用的技术包括表面氧化、表面氟化、表面包覆软碳或硬碳等其他碳质材料。从成本和性能两方面综合考虑,目前商用化天然石墨主要使用到的是碳包覆技术,常用的包覆剂为软碳结构的沥青类材料。沥青按其来源分为煤沥青和石油沥青。煤沥青是煤干馏得到煤焦油、再经蒸馏提取轻质组分后剩余的残渣;石油沥青是以原油中的减压渣油、流化催化裂解渣油、热解渣油、石脑油裂解中的乙烯焦油等作为原料,经热处理使之缩聚生成的。沥青作为包覆层前驱体,经过交联固化后形成的多芳环结构化合物与石墨材料结构相似,结合力强,包覆后的产品与电解液的相容性好,防止了溶剂的共嵌入。未来天然石墨的改善思路是实现颗粒表面的均匀包覆、降低包覆层的厚度和电化学阻抗、通过粒径调控等方法降低极片膨胀。

(2)人造石墨

人造石墨通常指以杂质含量较低的碳质原料为骨料、煤沥青等为黏结剂,经过配料、混捏、成型、碳化和石墨化等工序制得的块状固体材料。人造石墨的晶体发育程度取决于原材料及热处理温度。一般来说,热处理温度越高,其石墨化程度也就越高。工业生产的人造石墨,其石墨化程度通常低于 90%。相比于天然石墨,人造石墨形貌、粒径分布及各项电学性能比较均衡,循环性能好,与电解液的相容性也比较好,因此价格相对较贵。

天然石墨和人造石墨负极材料性能不同,在实际应用中也会产生较大差别。天然石墨主要用于小型锂电池和一般用途的电子产品锂电池,人造石墨则凭借优良的循环性能、高倍率充放电效率及良好的电解液相容性等显著优势,广泛应用于车用动力电池及中高端电子产品领域。2013 年以前,中国负极材料市场由天然石墨占据主导地位。2014 年以后,由于新能源汽车的快速发展,更适用于动力电池的人造石墨的市场占比超过天然石墨,并且逐年递增。目前国内新能源汽车锂电池所采用的负极材料大多使用人造石墨, 2020 年石墨类负极材料中天然石墨市场占有率为 16%,人造石墨市场占有率为 84%(出货量为 30.7 万 t)。

人造石墨的原材料来源分为煤系、石油系、煤和石油混合系三大类,其中以煤系针状焦、石油系针状焦、石油焦应用最为广泛。原材料的种类对产品质量影响很大,高端人造石墨多以针状焦为原料,而中低端人造石墨多以石油焦为原料。一般情况下,石油焦、针状焦、沥青焦等原材料占人造石墨负极材料生产总成本的 40%左右。

人造石墨的生产工艺主要是将石油焦、针状焦、沥青焦等在一定温度下煅烧,再经粉碎、分级、高温石墨化制成锂离子电池负极材料(见图 4.4)。生产流程可分为四大工序,即破碎、造粒、石墨化和筛分,其中的核心环节是造粒和石墨化。造粒工序决定产品的形貌、粒径分布,对负极的压实密度、首次效率、倍率及循环性能均有一定的影响;石墨化加工中无固定升温方式,需要根据原材料的产地、特性决定加工温度和升温方式,对产品良率与成本控制有较大影响。

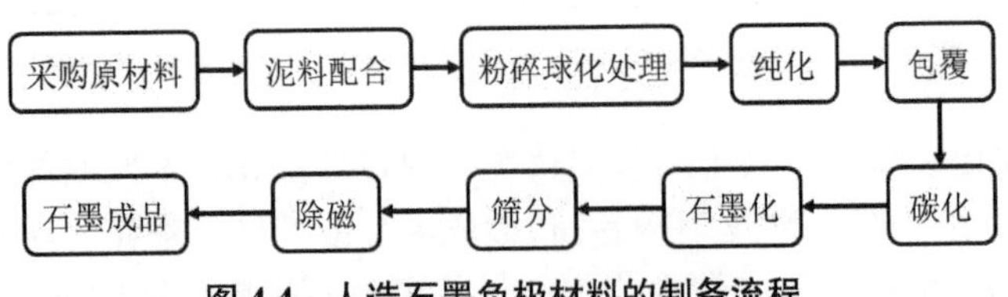

图 4.4 人造石墨负极材料的制备流程

常见的人造石墨类负极材料有石墨化中间相炭微球、石墨化碳纤维等,其中最具代表性、商业化最成熟的是石墨化中间相炭微球。中间相炭微球于 20 世纪 60 年代由 Brooks 和 Taylor 在研究煤焦化时发现[2],并于 1973 年由 Honda 和 Yamada 把中间相小球从沥青母体中分离出来[3]。1992 年研制出以中间相炭微球为负极的锂离子电池,于是开始了中间相炭微球在锂离子电池中的广泛应用。

中间相炭微球是在稠环芳烃化合物(如煤沥青、煤焦油、石油沥青、萘等)碳化过程中所形成的一种向列相液晶结构,呈球片层结构,表面光滑,一般为"地球仪型",改变其制备的原料和方法也会产生"洋葱型""同心圆型"和"第四种结构"。中间相炭微球的形成过程为沥青类芳烃化合物在热解时,经分解、脱氢和缩聚等一系列化学反应形成大平面片层分子。当平面片层分子足够大时,由于分子具有一定的取向性,在表面张力的作用下发生片层堆叠形成中间相构筑单元,中间相构筑单元直接堆积形成中间相球体[4]。

中间相炭微球作为锂离子电池负极材料时具有以下优点:①中间相炭微球是一种表面光滑的球形颗粒,直径为 5~40 μm,能够紧密堆积而制备高密度电极;②中间相炭微球表面光滑,比表面积小,可减少充放电过程中的副反应,提高首次充放电效率;③中间相炭微球内部的片层结构使锂离子可从各个方向嵌入/脱出,有利于倍率性能的提高。但是,中间相炭微球的电化学性能受其碳化温度、石墨化程度、粒径大小的影响。低温下处理的中间相炭微球的石墨化程度较低,呈无定形状态,在其结构中有许多纳米级的微孔,微孔储锂使无定形的中间相炭微球有较高的比容量,例如, 700 ℃以下热解碳化处理的中间相炭微球的储锂容量可达到 600 mA · h/g 以上,但是不可逆容量高。随着碳化温度升高,无定形碳的含量逐渐降低,微孔数量减少,储锂容量降低,但此时还是以微孔储锂为主。温度进一步升高,微孔的数目基本上保持稳定,温度越高中间相炭微球的石墨化程度越高,从而也有较高的嵌锂容量。

用于锂离子电池负极的中间相炭微球通常是经过高温(2 000 ℃)石墨化得到的碳材料,石墨化程度高,一定量的微孔对于容量的影响较小。中间相炭微球的粒径对材料的首次放电容量、循环性能和倍率性能等也有较大影响。平均粒径越小,锂离子在微球中嵌入和脱出的路径越短,锂离子脱嵌效率越高,在相同时间和扩散速率下比容量越大。但是粒径越小,比表面积越大,表面形成的 SEI 膜面积较大,使首次循环过程中不可逆容量升高,降低库仑效率。粒径过大会导致中间相炭微球在多次充放电循环过程中结构遭到破坏,循环性能变差。

4.2.2 无定形碳材料

由于石墨化碳需要进行高温处理，同时石墨的理论容量仅为 372 mA·h/g，比金属锂低很多，因此从 20 世纪 90 年代起无定形碳材料的研究受到了关注。无定形碳材料石墨晶化程度很低，类似非晶态，内部含有大量二维石墨层或三维石墨微晶，并掺杂有异质原子（如 H 等）。无定形碳的 X 射线衍射峰如（001）、（004）不明显，（002）面对应的 X 射线衍射峰较宽，类似于“馒头”峰（图 4.5）[5]。

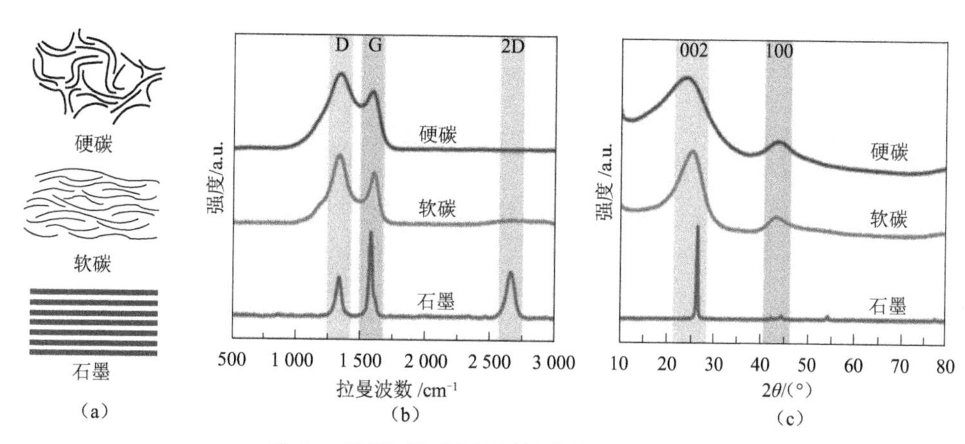

图 4.5　硬碳、软碳和石墨的结构对比[5]

（a）结构示意图　（b）拉曼光谱图　（c）X 射线衍射谱图

根据石墨化难易程度，无定形碳可分为软碳和硬碳两类。软碳的石墨层大致呈平行排列，类似于石墨，但层面排列不规整，在高温下易石墨化，常见的软碳有石油焦、针状焦等，一般不直接用作负极材料，是制造石墨的原料或用于掺杂改性其他负极材料。硬碳为高温下难以石墨化的碳材料，相比于软碳，其石墨层无序，层间距大。硬碳一般是 500~1 200 ℃范围内热处理得来的，常见的硬碳有树脂碳、有机聚合物热解碳（PVDF、PAN、PVC 等）、炭黑、生物质炭等。

硬碳的结构呈短程有序石墨化域，石墨微晶的层间距较大（0.37~0.42 nm），微晶间孔隙、边缘缺陷及原子掺杂丰富。因此，用于锂离子电池负极材料时，Li^+可嵌入石墨微晶层间、微晶间的孔隙或缺陷，比容量超过理论值（远大于 372 mA·h/g）。同时，由于硬碳中 Li^+ 的传输距离缩短，硬碳的快速充放电性能好。硬碳与 PC 基电解液相容性好，不容易发生石墨的剥离。但是，Li^+脱嵌困难，不可逆容量高，首次充放电效率很低，容量衰减较快。另外，硬碳具有较大的电压滞后，锂嵌入和脱出的电压差距较大。如图 4.6 所示，石墨的充电曲线呈现典型的分级现象，其容量来自低电压平台区域。对于软碳，Li^+的电化学嵌入起始电压为 1.0 V（vs. Li/Li^+），但没有像硬碳那样显示出明显的低电压平台。电压和容量之间的关系近似线性，放电曲线比硬碳的放电曲线陡峭得多，会导致较低的容量和较高的平均氧化电压出现。对于硬碳，Li^+的电化学嵌入起始电压为 0.8 V（vs. Li/Li^+），但是并没有明显的电压平台或分段现象，这与硬碳无序的结构有关，无序结构在电子和几何上都提供了非等效的位置，而高度结晶的石墨则提供了等效的位置。硬碳的储锂过程可用“吸附-插层”模型解释。研究发现，在高电压区 Li^+的扩散系数较大，表明 Li^+在高电压范围内容易扩散，这是物理吸附的特征，说明 Li^+优先吸附在缺陷、边缘和微孔表面上形成了高电压区的倾斜容量。此后，随着放电电位的降低，扩散系数急剧下降，说明低压区的平台容量主要来自 Li^+电化学嵌入石墨层。由于硬碳中微晶间孔隙、边缘缺陷及原子掺杂丰富，Li^+在脱出时存在脱出需要一定的能量或难以脱出，造成电压滞后、首次充放电效率低的现象。同时，孔隙、缺陷等具有一定的不稳定性，反复嵌锂/脱锂行为容易导致其结构破坏，进而导致硬碳储锂容量的衰减。

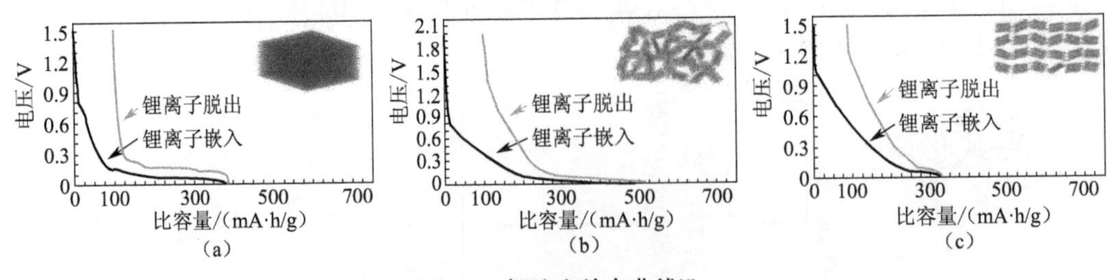

图 4.6 恒流充放电曲线[6]

(a)石墨 (b)硬碳 (c)软碳

4.2.3 钛酸锂

钛酸锂包含多种结构，如锐钛矿型 $Li_{0.5}TiO_2$、尖晶石型 $Li_4Ti_2O_4$、斜方相 $Li_2Ti_3O_7$ 和尖晶石型 $Li_4Ti_5O_{12}$，其中尖晶石型结构的钛酸锂($Li_4Ti_5O_{12}$)由于具有极高的循环寿命和安全特性，被认为是目前最具应用前景的锂离子电池负极材料之一[7]。

尖晶石型 $Li_4Ti_5O_{12}$ 的空间点阵群为 Fd3m，晶胞参数 a 为 0.836 nm，其中 O^{2-}构成 FCC 的点阵，位于 32e 的位置，一部分 Li^+位于 8a 的四面体间隙中，同时，部分 Li^+和 Ti^{4+}位于 16d 的八面体间隙中(图 4.7(a))。在 Li^+插入的过程中，Li^+嵌入 16c 八面体位点，同时最初位于四面体 8a 位点的 Li^+转移到相邻的 16c 位点。因此，从外部嵌入 16c 位点的 Li^+总数等于空 16c 位点数的一半。$Li_4Ti_5O_{12}$ 发生锂化生成岩盐型 $Li_7Ti_5O_{12}$(图 4.7(b))，且在整个 Li^+嵌入/脱出过程中 FCC 结构基本保持不变[6]。在充放电过程中 $Li_4Ti_5O_{12}$ 仅发生轻微的体积变化(0.2%)，因此其被称为零应变负极材料。

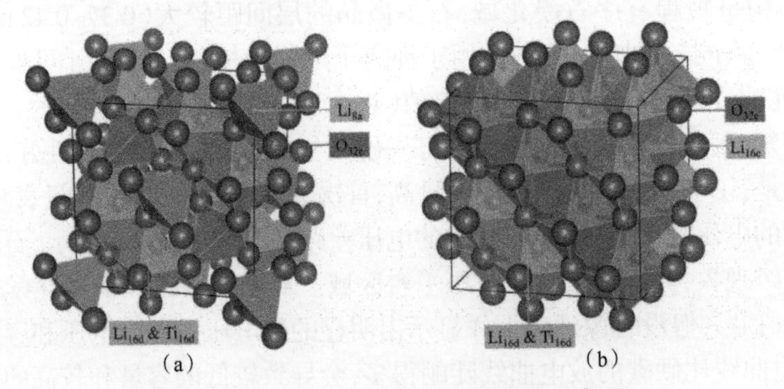

(a) (b)

图 4.7 $Li_4Ti_5O_{12}$ 和 $Li_7Ti_5O_{12}$ 晶胞结构示意图[8]

(a)$Li_4Ti_5O_{12}$ 晶胞结构 (b)$Li_7Ti_5O_{12}$ 晶胞结构

应用于锂离子电池负极时，$Li_4Ti_5O_{12}$ 负极材料具有以下优点：①无毒且价格相对低廉；②虽然理论容量较低(175 mA · h/g)，但由于其极好的结构稳定性，$Li_4Ti_5O_{12}$ 表现出持续数万次的循环稳定性及高库仑效率（接近 100%）；③具有明显的充放电平台，平台容量可达放电容量的 90%以上，因此在动力电池和大规模储能中有一定的应用，占据着少量的市场份额；④安全性高，主要是由于其高平台电位（1.5 V（vs. Li^+/Li）），高电压平台可以在很大程度上避免 SEI 膜的形成和生长，也避免了碳材料中普遍存在的生成枝晶锂的问题，而且其与电解液的相容性好；⑤与碳材料相比，具有高的锂离子扩散系数，可在高倍率条件下充放电，适合在动力电池方面应用。

但是，$Li_4Ti_5O_{12}$ 负极材料用于钛酸锂电池时存在较大的问题，导致其无法大规模应用。首先，钛酸锂电池最大的劣势是能量密度低，成本高。特别是能量密度低是由负极材料钛酸锂的原理性能决定的，很难有大的突破空间。成本可以通过规模化降低，而基于原理上的弱点，无法通过技术来改变。其次，$Li_4Ti_5O_{12}$ 负极材料在循环过程中会产生气体，并伴随着容量的衰减。产生的气体包含 H_2 和 CO_2，其原因是碳酸溶剂和电解液中痕量水的分解。研究表明气体的产生与 $Li_4Ti_5O_{12}$ 的表面状态有关，特别是在（111）表面电子结构中存在的孔导致溶剂分子分解释放 CO_2。最后，钛酸锂电池的寿命受到正极材料、电解液、隔膜、使用温度等综合影响。钛酸锂用作负极，本身存在的胀气和长时间使用一致性降低等问题，使得钛酸锂电池的长循环优势不明显。

4.3　合金型负极材料

目前商业锂离子电池的电极材料主要由金属氧化物或磷酸盐正极材料和石墨基负极材料组成。然而，石墨基负极材料的理论容量仅为 372 mA·h/g，严重降低了锂离子电池的能量密度。合金型负极材料因具有高比容量而备受关注，具有成为下一代锂离子电池负极材料的巨大潜力。

合金型负极材料可通过合金化反应形成富含 Li 的金属间化合物，其电压平台较低（<1.0 V）[9]。合金化负极材料主要分布于元素周期表第ⅣA 族和ⅤA 族，包括金属（Sn、Pb 和 Bi）、类金属（Si、Ge、As 和 Sb）和多原子非金属（P）。合金化/去合金化反应时，单个原子可与多个 Li^+反应实现高比容量。反应过程可表示为

$$M+xLi^++xe^- \rightleftharpoons Li_xM$$

其中，M 代表金属或合金，Li_xM 为合金化产物。

本节内容将重点介绍锡基负极材料（金属类）和硅基负极材料（类金属类）。

4.3.1　锡基负极材料

锡及锡基负极材料的研究最早起步于日本，三洋电机、松下电器、富士公司等相继开展了研究。1995 年，Fuji Photo Film 公司提出了无定形锡基复合负极材料，并于 1997 年发表在 *Science* 上[10]。同时，研究发现锡可与惰性氧化物结合形成复合负极材料，由于纳米锡能够均匀分散在惰性氧化物介质中，极大地缓解了锡的体积变化，因此复合负极材料表现出良好的循环性能，但离实际应用还有一定的距离。2005 年，索尼公司宣布将 Sn-Co-C 复合材料作为负极应用于锂离子电池中[11]。在锡基合金复合物中，Sn-Co-C 三元复合物是目前研究最广泛的一种负极材料。这一方面是由于金属 Co 具有优良的延展性能，另一方面是由

于 Co 与 C 之间不易成键,脱锂后 Sn-Co 合金纳米颗粒能够继续分散在碳基体中,有利于维持电极结构的稳定。与石墨负极相比,半电池中体积比容量可提升 50%,全电池中可提升 30%,这一突破极大促进了锡基材料的研究。2011 年,索尼公司再次研究出高容量锡基负极,将其制作成 18650 圆柱形电池,并命名为"Nexelion",这种电池主要用于笔记本电脑,其具有优异的快充和低温性能。Dahn 等[12]通过磁控溅射制备了多种 Sn-M-C(M=Ti、V、Co)锡基负极材料,并采用高通量分析找出了最优比例材料 $Sn_{30}Co_{30}C_{40}$,该材料具有最有优异的电化学性能。后续又有大量研究学者通过在 Sn-Co-C 中掺入铁、铜、锌等,得到了结构更稳定、电化学性能更优的合金负极材料。

Sn 在锂合金化/去合金化的过程中会发生一系列相变生成 Li_xSn_y,反应过程可表示为 $Sn+xLi^++xe^-\leftrightarrow Li_xSn$($x\leqslant4.4$),正方晶系的 Sn(I41/amd, a=0.583 1 nm, c=0.318 2 nm)具有相对开放的晶体结构,可锂化形成 Li_2Sn_5,随着嵌锂量不断增加形成 Li_xSn_y,最终得到最高锂化产物 $Li_{22}Sn_5$,此时 Sn 的储锂比容量可达到 994 mA·h/g,即 Sn 的理论比容量[8]。金属 Sn 具有比较低的嵌锂电位(0.3 V(vs. Li^+/Li)),相比于嵌锂电位较高的石墨可避免形成锂枝晶,提高锂离子电池的安全性。另外锡是金属,具有加工性能好、电导率高、导电性好、熔点低的特点,使锡可以在快充、低温领域、固态电池方面发挥作用。因此锡基材料作为锂离子电池负极材料具有很好的应用前景。

但是,锡负极在锂化和去锂化过程中会发生巨大的体积变化,其内应力可引起一系列问题:反复充放电过程容易引起锡的破裂、粉碎,进而使活性物质从集流体上剥离失去活性;电极表面 SEI 膜不断形成、剥落,导致循环稳定性与循环效率差;活性物质颗粒团聚导致电极动力学差。因此锡基负极材料的改性原则包括通过直接或间接方法减小粒径、引入缓冲体积膨胀的空间或缓冲剂等。例如,制备纳米多孔材料、将锡分散在碳基体中和合成锡基合金,其性能提升机制与原理同其他合金型材料类似,因此,在硅碳负极材料部分将重点介绍这部分内容。

4.3.2 硅基负极材料

硅具有较高的理论比容量(高温下形成 $Li_{4.4}Si$,室温时可形成 $Li_{15}Si_4$),明显优于其他负极材料,还具有合适的工作电压(<0.4 V(vs. Li/Li^+));此外,硅是地壳中储量第二丰富的元素(约为 27%),其资源丰富、价格低廉、环境友好,被认为是最具应用前景的下一代锂离子电池负极材料之一。

硅基负极材料属于合金储锂机制,硅基体中的嵌锂和脱锂过程分别对应着生成锂硅合金相(Li_xSi)以及其去合金化的过程,根据锂-硅(Li-Si)合金相图(图 4.8(a))可以看到,Li-Si 合金在不同条件下发生多次相转变,分别形成了 LiSi、$Li_{12}Si_7$、Li_7Si_3、$Li_{15}Si_4$ 和 $Li_{22}Si_5$ 等多种合金相[13]。图 4.8(b)为硅基负极材料在电化学测试过程中的充放电曲线。在高温条件(450 ℃)下,锂离子嵌入硅基体的过程中会经历不同的合金化,转变生成不同的 Li-Si 合金相,分别为 $Li_{22}Si_5$、$Li_{13}Si_4$、$Li_{14}Si_6$ 和 $Li_{12}Si_7$。然而,室温条件下硅合金化过程的放电曲线只有一个较低的长平台,对应的是单晶硅转变成非晶态硅锂合金的过程,之后保持较长时间的非晶态[14]。从图中可以看到,当嵌锂电位小于 50 mV(vs. Li/Li^+),Li-Si 合金相会由非晶态转变为具有晶体结构的 $Li_{15}Si_4$ 相;在脱锂时,这部分晶体又会转变成非晶硅。

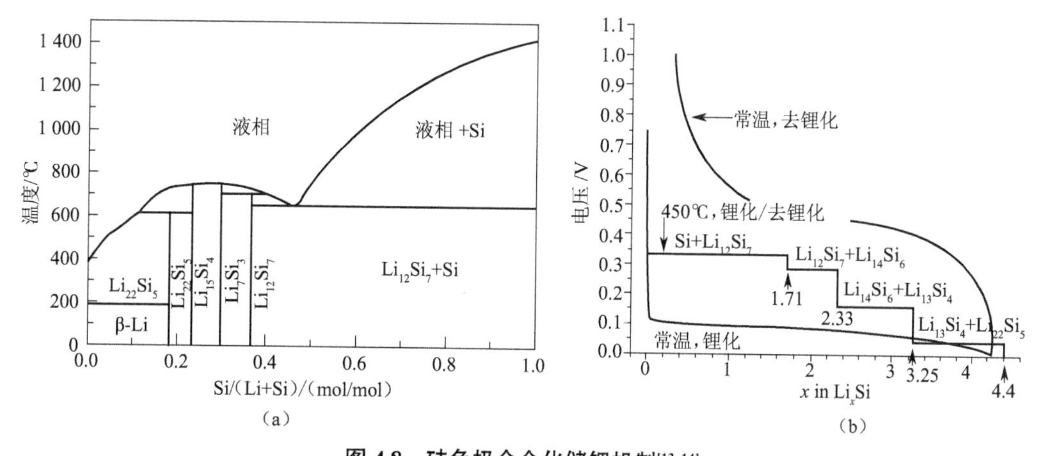

图 4.8　硅负极合金化储锂机制[13,14]

(a)锂硅合金相图　(b)Si 在室温和高温下的电化学锂化和去锂化曲线

但是，除了电子导电性和离子导电性差外，硅在脱嵌锂过程中同样存在严重的体积膨胀与收缩(膨胀率或收缩率大于 400%)，这会带来一系列棘手的问题：①硅材料的体积反复变化所产生的机械应力会导致电极材料破裂甚至粉化，使硅颗粒与颗粒之间、颗粒与集流体之间丧失电接触，最终导致电池容量快速衰减。②在硅材料首次嵌锂过程中，硅表面会形成 SEI 膜，达到类似“钝化”的效果，能够有效防止电解液的持续消耗。但是，当发生硅颗粒破裂甚至粉化时，SEI 膜的完整性遭到破坏，新产生的硅表面在再次充放电循环时又会连续形成新的 SEI 膜，如此反复，就会使得 SEI 膜越来越厚，并且也会伴随着有机电解液的大量消耗，导致硅的循环库仑效率低。③硅是最常见的本征半导体材料，导电性能差(室温导电率仅为 0.000 67 S/cm)，极大地限制了锂离子在硅基体中的扩散速率，严重影响硅负极材料的实际应用。

目前，硅负极技术的重点在于解决充放电过程中体积膨胀及电导率低这两个核心问题。为解决上述问题，科学工作者们围绕抑制硅的体积效应、提高其电导率、稳定 SEI 膜等方面做了大量工作，主要的改性方法总结起来可以分为两类：一类是单质硅体系的改性(硅负极微纳化设计)，另一类是形成复合体系(硅基负极复合化)。下面分别介绍这两种改性方法。

(1)硅负极微纳化设计

微纳结构设计已被证明是缓冲硅在脱嵌锂过程中体积变化有效的方法之一，较小的颗粒尺寸和更多的空隙，可有效调节硅在脱嵌锂过程中体积膨胀所产生的应力和应变，避免硅颗粒的粉化和破碎。文献报道纳米粒子以粒径三次方的速度降低单个粒子的绝对体积变化，因此绝对应力得到有效缓解，材料的结构稳定性大大提高。此外，纳米粒子缩短了离子和电子的扩散路径，并提供了丰富的电化学活性位点。离子在活性电极材料中的扩散时间可表示为

$$\tau=L^2/D$$

其中，L 是离子扩散距离，D 是离子扩散系数。扩散时间(τ)随着离子扩散距离平方的减小而减小，通过减小粒径可以有效地提高倍率性能。此外，纳米粒子之间的空隙可以加速电解质的渗透。目前，研究者已经设计了不同的纳米结构来改善硅负极的电化学性能，包括零维(0D)、一维(1D)、二维(2D)和三维(3D)材料。

零维硅材料即纳米级的硅颗粒。根据几何等周定理，体积相同时，与其他复杂形状相比，球具有最小的表面积，同时在球上应力通常是各向同性的，相比于块体 Si 材料，纳米化的 Si 颗粒具有更小的尺寸和更大的比表面积，可以减小体积变化的幅度进而减小颗粒破裂的趋势。另外，硅膨胀产生的应力大小和结晶度也有关。针对不同尺寸的单个球形硅颗粒的锂化行为进行原位透射电镜表征发现，随着尺寸的减小，硅颗粒在第一次嵌锂后表现出更强的抗机械应变能力，其开裂程度降低。研究者提出存在临界尺寸，即当晶态硅的颗粒小于 150 nm，非晶态硅小于 870 nm 时，在锂化和去锂化过程中硅颗粒不发生破裂（见图 4.9（a））[15]。在实际电极体系中，由于相邻颗粒之间存在附加相互作用力，因而颗粒破裂的临界尺寸比单颗粒检测到的尺寸略小。此外，在充放电循环过程中，纳米硅颗粒很容易团聚发生电化学烧结，同样会引起纳米硅电极容量衰减。与实心结构相比，空心结构为体积膨胀提供了空的内部空间，并降低了扩散引起的应力。利用有限元模型计算空心硅纳米球锂化过程中的扩散诱导应力，结果表明空心硅纳米球中的最大拉伸应力是具有相同体积的实心硅纳米球的 1/6，说明中空纳米结构不容易发生结构破裂，显示了空心结构的独特优势。

与零维纳米颗粒材料不同，硅纳米线、硅纳米管是典型的一维硅纳米材料，其在充放电过程中不必克服纳米颗粒存在的一系列问题，如界面势垒等的限制，其电子传输在 1D 方向上进行，具有更好的导电性和更小的界面阻抗，同时能够有效缓解体积效应（见图 4.9（b））。但是，一维硅纳米线的制备需要比较复杂的工艺，化学气相沉积（CVD）法是目前报道的最常用的方法。另外合成一维硅纳米结构的方法还有分子束外延法、激光蒸汽法和液相合成法等。2007 年，崔屹课题组首次采用 CVD 法在直径为 90 nm 的不锈钢衬底上制备出垂直排列的硅纳米线阵列，其直接用于锂离子电池负极并表现出优良的电化学性能[16]。这一结果可归因于纳米线间足够的空间可以缓冲锂化/去锂化过程中的体积变化，且每根硅纳米线都与金属集流体紧密连接，能够保持牢固的电接触，未使用导电剂和聚合物黏结剂也可使电极中的电子形成连续的一维通路，无需在粒子间低效跳跃传输。

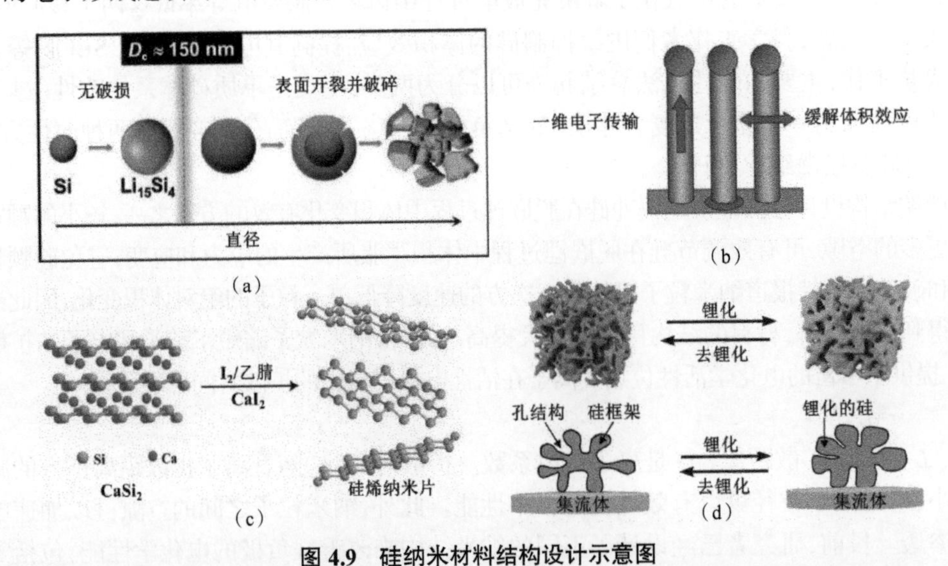

图 4.9 硅纳米材料结构设计示意图

（a）硅纳米颗粒在锂化/去锂化过程中结构破坏的临界尺寸[15]（b）硅纳米线的结构示意图[16]
（c）二维硅烯的合成示意图[13]（d）多孔硅锂化/去锂化过程示意图[14]

在硅材料的结构设计中，二维结构具有比表面积大、界面电荷转移快的优势。较大的尺寸与厚度之比使硅在锂化/去锂化过程中的体积变化易在厚度方向进行，能很好地缓解体积变化应力。另外，硅体积变化时比表面积的变化率低，电极-电解质界面相对稳定。但是，二维硅材料的制备难度较大，其主要原因是硅为立方型晶体结构，其各向同性的特征使硅难以沿水平方向生长。制备二维硅薄膜的常用方法为 CVD 法和物理气相沉积（PVD）法。常用的合成手段为含硅前基体气体在 500~1 000 ℃条件下沉积在催化剂基板上。常用的催化剂基板有不锈钢、铜、镍和钛。CVD 法制备的硅薄膜通常是多晶结构，PVD 法对硅前驱体的纯度要求很高。硅薄膜的厚度、表面形态以及与集流体之间的界面键合度均会影响电极性能。随着薄膜厚度的增加，循环时的可逆容量以及容量保持率均会降低。硅薄膜存在一个临界厚度，在该临界厚度以下的薄膜将不会形成裂纹，临界厚度值为 100~200 nm。另外，采用 $CaSi_2$ 为原材料可制备出高品质二维硅烯纳米片（见图 4.9（c）），所得硅烯纳米片有很好的分散性，只有单层或几层，结晶度优良。硅烯纳米片表现出优异的电化学性能，在 0.1 A/g 倍率下循环 1 800 周后仍有 721 mA·h/g 的比容量[17]。

除了减小硅颗粒尺寸以外，设计具有空隙的多孔硅也是缓解体积膨胀的有效方法之一。多孔硅中的空隙空间能够有效地减轻硅颗粒在锂化/去锂化时引发的体积效应；此外，孔隙还能加快电解液的浸润性，提高锂离子在活性材料中的传输和扩散效率，从而能够提高材料的导电性能。目前，制备多孔硅负极的主要方法有模板法、镁热还原法和刻蚀法等。常用于制备多孔硅的模板有泡沫金属、氧化物、碳酸盐、碳和氯化钠等。二氧化硅是制备多孔硅材料的常用模板，其具有可控的粒度及分散性，同时还可以作为硅源。例如，以具有高度有序孔结构的二氧化硅材料作为前驱体，如介孔 SiO_2 和 SBA-15 等，通过镁热还原法制备多孔硅，随后使用盐酸和氢氟酸去除镁热还原后的产物 MgO 和残留的 SiO_2，镁热还原法可以保持 SiO_2 模板的原始形态形成有多孔结构的硅材料。除了 SiO_2 以外，沸石、硅石粉、钠长石、海泡石、硅藻土等具有规则孔结构的天然矿物也经常被用作硅源，通过镁热还原法制备多孔硅。除以上方法外，刻蚀法也常用于制备多孔硅材料。例如采用硅铝合金为前驱体，采用盐酸去除合金中的铝得到多孔硅材料，又如采用镁硅合金为前驱体，通过氮化、酸刻蚀去除氮化镁得到多孔硅材料（见图 4.9（d））[18]。

（2）硅基负极复合化

尽管硅材料的纳米化可以在一定程度上缓解硅颗粒体积膨胀产生的应力，避免硅颗粒开裂或者粉化，但无法解决 SEI 膜的持续生长和电解液的持续消耗等问题，严重影响硅负极材料在锂离子电池中的应用。此外，硅材料的纳米化无法改善其导电性能。因此，常通过复合具有优良导电性的其他材料来制备硅基复合材料，这样既可以改善硅基材料的导电性，还能够作为缓冲层来承受硅体积效应产生的机械应力。常见的复合材料有金属类材料（Ni、Cu、Ag 等）、碳材料及氧化物类等，其中，碳材料的研究最为广泛，其也是最具商业化前景的复合材料。

金属具有电导率高、机械强度高等优势，与硅材料复合，一方面能有效提高硅的导电性，加快电荷转移过程，另一方面，可以通过替换部分硅来降低材料中硅的比例，从而降低体积膨胀程度。另外，许多金属还可以与硅材料形成合金相，更加有效地缓冲体积膨胀。按照金属材料是否与锂发生电化学反应，可将其分为活性金属（与锂可以发生电化学反应的金属，如 Sn、Ge、Mg、Al、Ca 等）和惰性金属（不能与锂发生电化学反应的金属，如 Cu、Ag、Ti、Fe、Co、Ni、W 等）。活性金属和硅材料的嵌锂电位不同，对应的体积膨胀发生的电位不同；活性金属具有储锂性能，可以增加复合材料的容量。除硅-金属二元复合材料以外，目前科研工作者对多元硅基合金也进行了研究，如 $FeSi_2Ti$、Ga-In-Sn 合金等。

碳材料相较硅材料性质稳定，经过合理设计，碳可作为硅与电解液的隔离层，减少二者的直接接触及副反应的发生，保持稳定的固-液界面和 SEI 膜；碳材料具有良好的机械性能，可作为缓冲基质防止硅颗粒的团聚，也可以抑制和缓解硅锂化/去锂化时的体积变化；碳材料导电性好，与硅复合可在一定程度上改善电极电导率。此外，碳材料还具有质量轻、来源丰富的特点，将硅材料与碳材料复合被认为是目前提升硅负极材料电化学性能最有效的策略之一。硅-碳复合材料中碳的来源主要有两方面：一方面是添加稳定碳材料，如石墨、碳纳米管、石墨烯等；另一类主要为添加有机物，在后续高温处理中有机物碳化形成，常见碳源有沥青、柠檬酸、葡萄糖、甲苯、乙炔等有机物，或者聚多巴胺、聚苯乙烯、聚乙烯醇、聚氯乙烯、聚丙烯腈、酚醛树脂等聚合物。由于碳源种类繁多、存在状态和性质不同，因此硅-碳复合材料的制备手段非常多，可通过球磨法、高温热解法、水热合成法、化学气相沉积法、喷雾干燥法等制备。

石墨材料是目前市场上主流的负极材料，其具有良好的机械性能和稳定的电化学性能。研究者开发出多种石墨与硅复合的手段。高能球磨法是最先被提出来并广泛用于制备硅-碳复合材料的方法，过程为将硅与中间相炭微球在惰性气体的保护下球磨混合。气相沉积法也是常用手段，如在石墨表面沉积一层纳米硅颗粒，或者采用金属作为催化剂在石墨中催化硅烷裂解制备硅纳米线。但是硅与石墨间的附着力较低，难以完全控制硅体积的变化，导致复合材料的循环性能一般。

无定形碳与硅材料的复合形式较多，最常见的结构是核壳结构、卵壳结构。在硅材料的外表面均匀地包覆一层碳材料，这种核壳结构的硅-碳复合材料既能提高硅的电导率，又能抑制硅材料的体积膨胀，还能抑制硅纳米颗粒的聚集。但是在这种核壳结构中，硅核的体积膨胀较大时会导致碳壳的破裂，引起复合材料结构破坏，循环稳定性下降。为解决这一问题，研究者一方面采用水热法、喷雾干燥法等方式将硅纳米颗粒嵌入碳框架中；另一方面在核壳结构中引入空隙，构建了卵壳结构来保证材料结构的稳定性。与卵壳结构设计原理类似，三维多孔结构设计中的孔隙同样能够为硅材料的膨胀提供空间，而且相互贯通的孔道结构可供电解液浸入，缩短 Li^+的扩散路径，提高反应速率，将硅纳米颗粒均匀封装到三维多孔碳框架中。

目前，商业化的硅-碳复合材料在国内的发展处于初期阶段，市场总体产量较小。2020 年，我国硅-碳负极材料出货量为 0.9 万 t，硅-碳负极材料占负极材料出货量的比例仅为 2%。目前，国内的公司如比亚迪、宁德时代、国轩高科、贝特瑞、杉杉股份、力神、比克等都展开了对硅-碳负极材料的布局。其中，贝特瑞率先展开了硅-碳负极材料的量产，处于国内领先地位，2013 年就通过了三星公司的认证，并开始量产供货，其硅-碳负极材料已打入特斯拉的供应链，为松下的动力电池电芯配套部分供应负极材料。杉杉股份的硅-碳负极材料也已实现产业化，其高容量硅合金负极材料已产业化并可满足新能源乘用车 300 W · h/kg 的性能要求，并已对宁德时代实现供货。商业化的硅-碳材料采用硅-石墨-碳材料的复合方式。硅的比容量较大,可以提高复合材料容量;石墨具有一定的容量,还可以作为支撑材料改善硅的分散性及导电性,缓解硅的体积膨胀;无定形碳可以有效地将硅与石墨结合,进一步缓解硅的膨胀,同时与石墨共同形成导电碳网络,提高材料的导电性,此外,无定形碳的包覆还可以改善硅与电解液的界面。因此,这三种材料的有机结合可以有效提高材料的电化学性能。

4.4 转化型负极材料

转化型反应最早由法国科学家 Tarascon 于 2000 年提出[19]。转化型负极材料是指可通过转化反应储存 Li^+的物质,一般主要为过渡金属化合物,表示为 M_aX_b,其中 M 为过渡金属,X 代表氧、硫、磷、硒、氮等元素[20]。与嵌入型和合金型负极材料不同,转化型负极材料中的金属原子可以可逆地进出主晶格以形成新化合物,其在锂离子电池充放电过程中涉及的化学反应式如下:

$$bnLi^+ + bne^- + M_aX_b \leftrightarrow aM + bLi_nX$$

在充放电过程中伴随着氧化还原反应的发生。在放电过程中,过渡金属化合物被还原为金属单质,非金属元素 X 与 Li^+结合生成 Li_nX;在充电过程中,发生可逆反应生成 M_aX_b 与 Li^+。转化反应有较多 Li^+参与,因此具有较高的理论容量。一般来说,反应电位是由 M-X 键的离子度决定的,而大多数过渡金属化合物的反应电位为 0.5~1.0 V(vs. Li/Li^+),因此有潜力成为锂离子电池负极材料。另外,转化型材料中有部分除了转化机制还存在其他反应机理。例如,SnS 作为锂离子电池负极时发生两步反应,首次放电过程中 SnS 发生转化反应形成 Sn 与 Li_2S,第二步 Sn 与 Li^+发生合金化反应[21]。由于首次放电过程中发生不可逆反应,电池的首次库仑效率偏低。

转化反应可逆性的关键在于形成高电活性的 M 纳米粒子以分解由固体电解质界面层包围的 Li_nX 基质(见图 4.10)。此外,转化型负极材料充放电曲线出现电压滞后的问题是由锂化/去锂化后大量物质结构重排引起的,导致充放电过程中能量转化效率低。电压滞后与转化型负极材料中的阴离子种类有关,电压滞后的幅度从大到小依次为氟化物>氧化物>硫化物>氮化物>磷化物。此外,转化型负极材料由于固有电导率低,增加了电荷传输的难度,导致不可逆反应以及容量的快速衰减,限制了其倍率性能;金属单质的积聚现象、严重的体积膨胀以及极化问题破坏了材料结构的稳定性,导致循环性能变差;同时,较大的体积变化会引起材料破碎和粉化,导致循环稳定性差。因此,转化型负极材料要想替代嵌入型负极还有许多问题要解决。为保证金属颗粒与 Li_2O 的高反应活性,研究人员常通过降低氧化物颗粒尺寸、添加 Li_2O、碳复合等手段提高电化学反应活性。另外,在稳定金属氧化物的结构和提高金属氧化物的导电性方面,一般可以通过纳米结构(如纳米棒、纳米线、纳米球、纳米颗粒等)的设计和跟导电性良好的碳基材料(石墨碳、碳纳米片、碳纳米线、碳纳米管、石墨烯等)进行复合来改善。

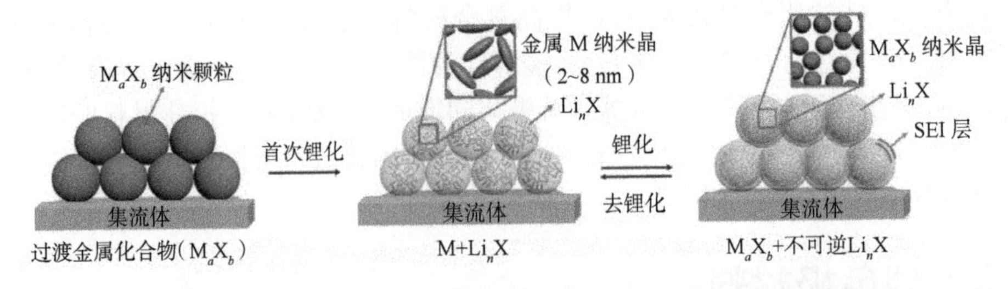

图 4.10 过渡金属化合物在转化反应中的局部化学转化示意图[20]

金属氧化物和金属硫化物是研究较多的转化型负极材料，下面分别展开介绍。

4.4.1 金属氧化物

金属氧化物是研究最广的锂离子电池负极材料，其比容量高、价格低廉、环境友好，如 Co_3O_4、NiO、MnO、CuO 等[22]。以 MnO 为例，其与 Li^+反应生成 Mn 与 Li_2O，理论比容量为 755 mA · h/g。一般认为该反应不可逆，但由于 Mn 与 Li_2O 为纳米尺度，具有较高的电化学活性，故认为充电过程可自发进行，因此该类材料充放电效率不理想。加之，材料本身导电性较差，充放电过程中形成金属单质与 Li_2O 中间相，导致电极材料发生巨大的结构变化与体积变化，易导致电极材料粉化，循环性能下降。

转化反应发生在高电势下，并且存在较大的结构变化，因此与锂合金相比，这种反应通常具有更高的电势和更倾斜的电压-容量曲线。如图 4.11 所示，金属 M（Co、Ni、Fe）的氧化物的电压和组成曲线是相似的。在第一圈放电时，电压快速下降，在 0.8~1.0 V 电压范围内出现了一个电压平坦区，这是典型的两相反应，即原始金属 M（Co、Ni、Fe）的氧化物与反应产物 M 和 Li_2O 共存，直到电压平台区结束。随后是一个倾斜区域，直到深度放电至 0.01 V。在曲线的平台和倾斜部分每摩尔 M 分别约有 2 个和 0.7 个 Li 嵌入。在后续的充电过程，每摩尔 M 约有 2 个 Li 可以脱出。这些金属氧化物可以实现高的可逆容量（600~800 mA·h/g）。

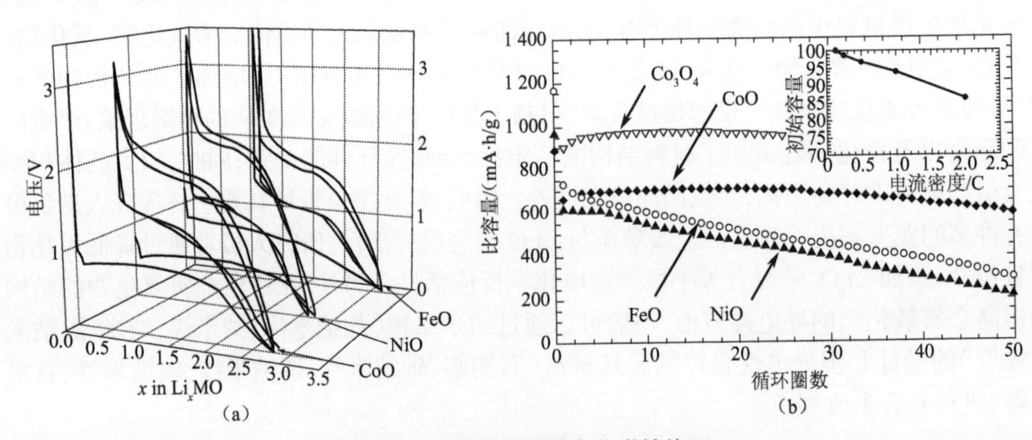

图 4.11 金属氧化物的电化学性能[19]

（a）电压与嵌锂量关系曲线 （b）循环性能图（插图为 CoO 的倍率性能）

以岩盐结构的 CoO 为例（见图 4.11（b）），在 0.01~3 V 电压范围内以 0.2*C* 电流密度循环，CoO 的可逆容量可高达 700 mA・h/g。电压平台对应于晶体结构的破坏（非晶化）和 Co/Li_2O 的形成，其中纳米尺寸的金属 Co 颗粒（约 4~5 nm）嵌入非晶体 Li_2O 的基体中。额外的容量可归因于其他因素：① SEI 膜的形成；②深度放电过程中 Co 纳米颗粒表面聚合物凝胶层的形成。两种情况均由电解液溶剂的催化分解导致[19]。在首次放电过程中，在 $LiPF_6$ 的辅助下，电解液溶剂如 EC、DEC 会发生还原，形成 3~6 nm 厚的 SEI 膜。SEI 膜由 Li_2CO_3、ROLi、$ROCO_2Li$（R =烷基）和聚碳酸酯的非均相混合物组成。SEI 膜的形成会消耗一部分 Li^+，导致不可逆容量损失。但 SEI 膜对于随后的循环稳定性至关重要。聚合物凝胶层是在 SEI 膜之上形成的，在完全放电状态下，电极上会形成厚度约 50~100 nm 的聚合物凝胶层，当充电至 1.8 V 时，该层可能消失，可能处于变化过程中，但在充电至 3 V 时完全消失[23]。CoO 自从被用于锂离子电池负极材料后，已经有微米颗粒、纳米颗粒、纳米片、纳米线、碳复合材料被相继开发出来，并得到了良好的性能。

尖晶石型金属氧化物（M_3O_4，M=Co、Fe、Mn）为混合价态氧化物。以 Co_3O_4 为例，其呈反尖晶石结构，可表示为 $Co^{3+}_t[Co^{2+,\ 3+}]_oO_4$，其中 t 代表四面体位置，o 代表八面体位置。从 Tarascon 等首次报道 Co_3O_4 的储锂性能后，混合价态氧化物作为转化型负极材料被广泛研究。尖晶石型金属氧化物相比于 MO 或 M_2O_3 更容易制备。例如，任何钴的盐，如氢氧根、碳酸盐、硝酸盐、草酸盐、醋酸盐或硫酸盐，在 300~400 ℃以上的空气中加热时，都会生成 Co_3O_4。目前，研究者已经用钴盐固态分解法、共沉淀法、水热法和熔盐合成法等合成了一系列 Co_3O_4 负极材料，包括微米颗粒、纳米颗粒、纳米管、纳米线、纳米带、纳米球以及多孔结构。Co_3O_4 负极材料的电化学特性可概括为以下六点。①Poizot 等首次测试 Co_3O_4 的电化学性能：在 0.005~3.0 V（vs. Li/Li^+）的电压范围内，以 50~200 mA/g 的电流密度循环时，可实现 800~900 mA・h/g 的可逆容量。②Co_3O_4 的转化反应机制是 $Co_3O_4 + 8Li^+ + 8e^- \leftrightarrow 3Co + 4Li_2O$，1 mol Co_3O_4 可存储并循环 8 mol Li^+，理论容量是 890 mA・h/g，在首次放电过程中可能是单相锂化过程，得到 $Li_x[Co_3O_4]$（x≈0.2~0.5），接着是晶体结构的破坏和形成 Co 纳米颗粒并分散在 Li_2O 基体中。③微米级和球形的 Co_3O_4 电化学性能良好，只有在某些特定情况下，纳米级和不规则形貌的 Co_3O_4 具有稳定的和接近理论容量的长循环性能；另外，与纯 Co_3O_4 相比，与一定比例的碳、镍或铜复合可有效提高电化学性能。④研究人员对不同形貌的纳米颗粒在 50~100 mA/g 的小电流密度条件下测试时，发现首次放电比容量大于理论容量，约 950~1 300 mA・h/g，可能的原因是 Li^+储存在纳米颗粒的表界面或存储在纳米颗粒的微孔中。⑤Co_3O_4 具有良好的倍率性能，在 5*C*~10*C* 的电流密度下仍可获得较高的可逆容量。⑥平均放电电位为 0.75~1.0 V，而平均充电电位为 1.5~2.0 V，因此存在较大的电压迟滞。

金属二氧化物（MO_2，M= Mn、Mo）也是一类典型的金属氧化物。以典型的 MnO_2 为例，在单位锰氧化物中具有最高的理论比容量，是被研究较多的一种负极材料。MnO_2 有多种晶型，包括 α、β、γ、λ 和 δ 等。α、β 和 γ 晶型倾向于一维管状结构，λ 倾向于三维结构，δ 则主要表现为二维层状结构[24]。在这些晶型中，α-MnO_2 存在 2 × 2 隧道，有利于离子传输和缓冲体积膨胀，储锂性能最佳。研究者报道了一种三维层状多孔 MnO_2 纳米晶，由大量介孔和微孔构筑的层状多孔结构可以促进离子的传输和电解液的浸润，在 400 mA/g 循环 200 周后，材料的比容量为 778.0 mA · h/g，容量保持率为 82%。这种三维层状多孔结构的设计思路同样适用于其他材料[25]。Li 等[26]报道了一种 MnO_2 三维多孔石墨烯网络复合材料。负载量为 62.7%（质量分数）的多孔石墨烯框架对材料的循环稳定性十分有利，在 100 mA/g 循环 200 周后比容量为 836 mA · h/g，容量几乎没有衰减。Xue 等[27]用两步法合成了 α-MoO_3@MnO_2 的核壳结构纳米棒，在 0.1C 的电流密度下循环 50 周后，比容量为 1 127 mA · h/g。均匀包覆的 α-MoO_3 层可以避免 MnO_2 与电解液直接接触，缓解 Mn 元素因歧化作用而溶解进入电解液，同时还能促进稳定 SEI 膜的生长。

4.4.2 金属硫化物

金属硫化物具有独特的物理和化学性质，如比其相应的金属氧化物具有更好的导电性、机械和热稳定性等，使其在应用于锂离子电池时表现出良好的电化学性能[28]。相比于金属氧化物，M-S 键比 M-O 键更弱，有利于与 Li^+发生转化反应。另外，Li_2S 的导电性和可逆性较好，有利于反应动力学和首圈循环效率。因此，金属硫化物作为锂离子电池负极被广泛研究，如二维结构硫化物（如 MoS_2、WS_2、TiS_2、SnS_2）和非二维结构硫化物（如钴、铁、锰、镍、铜基硫化物）等。

但是，Li^+在金属硫化物内部扩散缓慢的问题依旧严重影响锂离子电池的倍率性能，进而导致储能器件的功率低。此外，当金属硫化物应用于锂离子电池时，锂化过程中产生的聚硫化物 Li_2S_x（$2<x<8$）中间体易与有机电解质反应或溶于有机电解质中，导致容量不可逆衰减。多硫化物的溶解会导致所谓的“穿梭效应”，即可溶性的长链多硫化物扩散到正极表面并被还原为短链多硫化物，随后这些还原产物回到负极发生再氧化，但是对整体容量没有贡献。因此，该过程逐渐降低了活性物质的利用率和库仑效率。此外，沉积在电极表面的绝缘性多硫化物层可能会降低其导电性并阻止进一步电化学反应的发生。为了解决这些问题，最常见的策略是电解质优化、纳米结构设计、碳改性等。碳复合结构可防止多硫化物的溶解并降低界面电阻，从而提高电池的循环性能。

二维结构硫化物通常以化学式 MS_2 的形式出现，金属和硫原子分别呈现+4 和−2 价。层间由较弱的范德华力连接，单个 MS_2 层的厚度为 0.6~0.7 nm。层状 MS_2 常见的晶型为 1T 相、2H 相和 3R 相，其中字母分别表示三方晶相、六方晶相和菱形晶相。MoS_2 是典型的二维层状金属硫化物，典型的层间距为 0.62 nm。在二维层状硫化物进行储锂时 Li^+首先吸附或嵌入二维层间，之后进行转化反应。尽管通过计算得到的转化反应理论体积膨胀率较大，但是层状结构可以减轻体积膨胀引起的应变。MoS_2 在 1.1~3.0 V 范围内，发生插层反应：$MoS_2+xLi^++xe^- \rightarrow Li_xMoS_2$（~1.1 V（vs. Li/$Li^+$），$0 \leqslant x \leqslant 1$）。此外，$Li^+$的嵌入可引起 2H-$Li_xMoS_2$ 的晶格破坏，导致 MoS_2 的相转变以及 MoS_6 单元由三角（2H-Li_xMoS_2）转变为八面体棱柱结构（1T-Li_xMoS_2）。当放电电压低于 1.1 V 时，转化反应以 $Li_xMoS_2+(4-x)Li^++(4-x)e^- \rightarrow Mo+2Li_2S$（0.6 V（vs. Li/$Li^+$））为主，插层和转化反应的理论容量均为 669 mA · h/g。

非二维结构硫化物如钴、铁、锰、镍、铜基硫化物等也受到广泛关注，与其他负极材料相比，其价格低廉，部分材料可从天然矿物中获得，例如黄铜矿、黄铁矿和闪锌矿等，且其实际制备过程简单，物相易合成，因此具有很强的竞争力。另外，钴、铁、锰、镍、铜基硫化物中金属与硫的结合方式多样，如镍硫化合物具有 NiS、NiS_2、Ni_3S_2、Ni_3S_4、Ni_6S_5、Ni_7S_6 和 Ni_9S_8 多种形式,在多种电化学储能器件中显示出巨大潜力。

参考文献

[1] ASENBAUER J, EISENMANN T, KUENZEL M, et al. The success story of graphite as a lithium-ion anode material-fundamentals, remaining challenges, and recent developments including silicon (oxide) composites[J]. Sustainable energy and fuels, 2020, 4: 5387-5416.

[2] 许斌, 陈鹏. 中间相碳微珠(MCMB)的开发、性质和应用[J]. 新型碳材料, 1996, 11(3): 4-8.

[3] YAMADA Y, IMAMURA T, KAKIYAMA H, et al. Characteristics of meso-carbon microbeads separated from pitch[J]. Carbon, 1974, 12(3): 307-319.

[4] 李同起, 王成扬. 碳质中间相形成机理研究[J]. 新型炭材料, 2005, 20(3): 278-285.

[5] ADAMS R, VARMA A, POL V. Carbon anodes for nonaqueous alkali metal-ion batteries and their thermal safety aspects[J]. Advanced energy materials, 2019, 9: 1900550.

[6] WINTER M, BESENHARD J, SPAHR M, et al. Insertion electrode materials for rechargeable lithium batteries[J]. Advanced materials, 1998, 10(10): 725-763.

[7] YAN H, ZHANG D, QI L, et al. A review of spinel lithium titanate ($Li_4Ti_5O_{12}$) as electrode material for advanced energy storage devices[J]. Ceramics international, 2021, 47(5): 5870-5895.

[8] TSAI P, HSU W, LIN S. Atomistic structure and ab initio electrochemical properties of $Li_4Ti_5O_{12}$ defect spinel for Li ion batteries[J]. Journal of the electrochemical society, 2014, 161(3): A439-A444.

[9] NITTA N, WU F, LEE J, et al. Li-ion battery materials: present and future[J]. Materials today, 2015, 18(5): 252-264.

[10] IDOTA Y, KUBOTA T, MATSUFUJI A, et al. Tin-based amorphous oxide: a high-capacity lithium-ion-storage material[J]. Science, 1997, 276: 1395-1397.

[11] DAVID M. New materials extend Li-ion performance[J]. Power electronics technology, 2006, 1(5): 50.

[12] DAHN J, MAR R, ABOUZEID A. Combinatorial study of $Sn_{1-x}Co_x$ ($0<x<0.6$) and $[Sn_{0.55}Co_{0.45}]_{(1-y)}C_y$ ($0<y<0.5$) alloy negative electrode materials for Li-ion batteries[J]. Journal of the electrochemical society, 2006, 153(2): A361-A365.

[13] WuH, CUIY.Designing nanostructured Si anodes for high energy lithium ion batteries[J]. Nano today, 2012, 7(5): 414-429.

[14] CHEN X, LI H, YAN Z, et al. Structure design and mechanism analysis of silicon anode for lithium-ion batteries[J]. Science China materials, 2019, 62: 1515-1536.

[15] LIU X, ZHONG L, HUANG S, et al. Size-dependent fracture of silicon nanoparticles during lithiation[J]. ACS nano, 2012, 6(2): 1522-1531.

[16] CHAN C，PENG H，LIU G，et al. High-performance lithium battery anodes using silicon nanowires[J]. Nature nanotechnology，2008，3：31-35.

[17] LIU J，YANG Y，LYU P，et al. Few-layer silicene nanosheets with superior lithium-storage properties[J]. Advanced materials，2018，30（26）：1800838.

[18] AN W，GAO B，MEI S，et al. Scalable synthesis of ant-nest-like bulk porous silicon for high-performance lithium-ion battery anodes[J]. Nature communications，2019，10：1447-1457.

[19] POIZOT P，LARUELLE S，GRUGEON S，et al. Nano-sized transition-metal oxides as negative-electrode materials for lithium-ion batteries[J]. Nature，2000，407（6803）：496-499.

[20] LU Y，YU L，LOU X. Nanostructured conversion-type anode materials for advanced lithium-ion batteries[J]. Chem，2018，4：972-996.

[21] LU J，NAN C，LI L，et al. Flexible SnS nanobelts：facile synthesis，formation mechanism and application in Li-ion batteries[J]. Nano research，2013，6：55-64.

[22] REDDY M，RAO G，CHOWDARI B. Metal oxides and oxysalts as anode materials for Li ion batteries[J]. Chemical reviews，2013，113（7）:5364-5457.

[23] LARUELLE S，GRUGEON S，POIZOT P，et al. On the origin of the extra electrochemical capacity displayed by Mo/Li cells at low potential[J]. Journal of the electrochenical society，2002，149：A627-A634.

[24] TANG Y，ZHENG S，XU Y，et al. Advanced batteries based on manganese dioxide and its composites[J]. Energy storage materials，2018，12：284-309.

[25] LIU S，LIU X，ZHAO J，et al. Three dimensional hierarchically porous crystalline MnO_2 structure design for a high rate performance lithium-ion battery anode[J]. RSC advances，2016，6（88）：85222-85229.

[26] LI Y，ZHANG Q，ZHU J，et al. An extremely stable MnO_2 anode incorporated with 3D porous graphene-like networks for lithium-ion batteries[J]. Journal of materials chemistry A，2014，2（9）：3163-3168.

[27] WANG Q，ZHANG D，WANG Q，et al. High electrochemical performances of α-MoO_3@MnO_2 core-shell nanorods as lithium-ion battery anodes[J]. Electrochimica acta，2014，146：411-418.

[28] RUI X，TAN H，YAN Q. Nanostructured metal sulfides for energy storage[J]. Nanoscale，2014，6（17）：9889-9924.

第 5 章　锂离子电池正极材料

正极材料是决定锂离子电池性能的关键材料之一，也是目前商业化锂离子电池中主要的锂离子来源，其性能和价格对锂离子电池的影响较大。从 20 世纪 70 年代开发锂电池起，经过几十年的研究，多种嵌锂化合物可作为锂离子电池的正极材料。每种正极材料都有其理论能量密度，选择了一种正极材料，就选择了电芯能量密度的上限。锂离子电池正极材料要在全电池中发挥最优良的性能，需要在材料组成优化的前提下，进一步优化材料的晶体结构、颗粒结构与形貌、颗粒表面化学、材料堆积密度和压实密度等物理化学性质，同时还需要严防工艺过程引入微量金属杂质。当然，稳定、高质量的大规模生产是材料在电池制造中性能稳定的重要保障。当前锂离子电池市场上，常见的实际生产应用的正极材料包括钴酸锂、磷酸铁锂、三元材料和锰酸锂等。

5.1　钴酸锂正极材料

5.1.1　钴酸锂的由来及发展历史

钴酸锂也称氧化钴锂或锂钴氧。分子式为 $LiCoO_2$，简写为 LCO。Goodenough 教授基于能带结构理论，在 1980 年首次提出了将 $LiCoO_2$ 作为正极材料应用在锂离子电池中，这一应用使得锂离子电池可以产生高达 4.0~5.0 V 的电压，对锂离子电池的发展和商业化起到了决定性的作用。然而 $LiCoO_2$ 最初作为正极应用时并没有引起广泛的重视，主要是因为 $LiCoO_2$ 产生的电压过高，而当时的主流有机电解液在高电压下不稳定。直到后来碳酸酯类电解液的应用才使得 $LiCoO_2$ 迅速成为第一个商业化的锂离子电池正极材料。20 世纪 90 年代，索尼公司以 $LiCoO_2$、导电剂、黏结剂和集流体构建了锂离子电池正极，成功实现了锂离子电池的商业化，使其迅速应用于生活的方方面面，并在航空、医疗、电子等高端科技领域起到了不可替代的作用。随着对钴酸锂研究的不断深入，钴酸锂的充电电压从 4.2 V 逐步升高到 4.45 V，甚至更高，比容量已经达到 180~185 mA·h/g。

5.1.2　钴酸锂的结构

钴酸锂具有岩盐相、尖晶石结构相及层状结构相三种不同类型的物相结构。层状结构相具有最好的电化学性能，层状结构钴酸锂为六方晶系 α-$NaFeO_2$ 构造类型（见图 5.1），空间群为 R-3m，Co 原子与最近的 O 原子以共价键的形式形成 CoO_6 八面体，其中二维 Co-O 层是 CoO_6 八面体之间以共用侧棱的方式排列而成，Li 与最近的 O 原子以离子键结合成 LiO_6 八面体，锂离子与钴离子交替排布在氧负离子构成的骨架中，充放电过程中 CoO_2 层之间伴随着锂离子的脱离和嵌入，钴酸锂仍能保持原来的层状结构稳定而不发生坍塌，这是钴酸锂得到广泛应用的关键[1]。

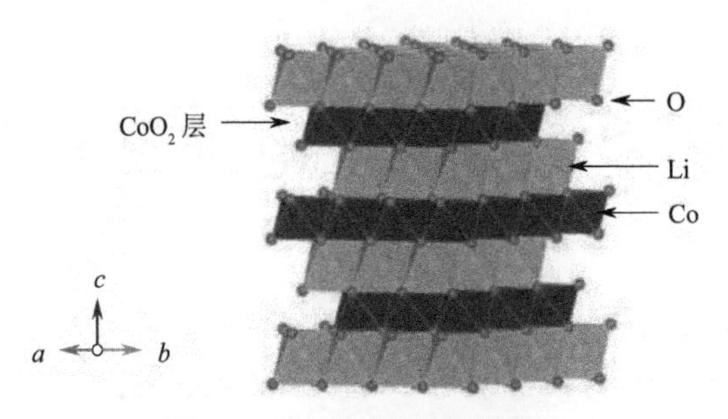

图 5.1 钴酸锂层状结构图[1]

钴酸锂充放电过程伴随着锂离子的脱出和嵌入，空间结构逐步发生变化。当 $0.93 \leqslant x \leqslant 1$，$Li_xCoO_2$ 属于六方晶系 H1 相。当 $0.75 \leqslant x < 0.93$ 时，六方晶系 H1 相逐渐转变成六方晶系 H2 相，两相比例随 x 的变化而变化。当 $0.5 \leqslant x < 0.75$ 时，Li_xCoO_2 属于六方晶系 H2 相。单相 H1 和 H2 都属于 R-3m 空间群，具有相同的对称性，但两相晶胞参数上有所不同，单相 H1 通常偏向半导体电导特性，单相 H2 通常偏向金属电导特性。当 $0.45 \leqslant x < 0.5$ 时，充电电压在 4.2 V 左右，Li_xCoO_2 由六方晶系 H2 转变为单斜晶系 M，属于 P12/m1 空间群，这一过程伴随着晶胞参数不规则变化，导致这一现象的原因可能是锂离子和锂空位空间规律发生变化，呈现出有序—无序—有序的变化规律，晶体参数的变化导致材料颗粒体积的变化，Li_xCoO_2 由六方晶系 H2 转变为单斜晶系 M，材料晶胞沿 c 轴膨胀了 2.3%。当 $0.28 \leqslant x < 0.45$ 时，单斜晶系 M 向第二个六方晶系 O3 转变，此相变的发生为后续高电压钴酸锂开发起到引导作用。当 x 趋向于 0 时，第二个六方晶系 O3 逐渐转变为第二个单斜晶系 O1，两相转变发生在 4.5 V 附近，该相变沿 c 轴发生剧烈变化，膨胀了 2.6%。图 5.2 为钴酸锂结构转变示意图[2]。

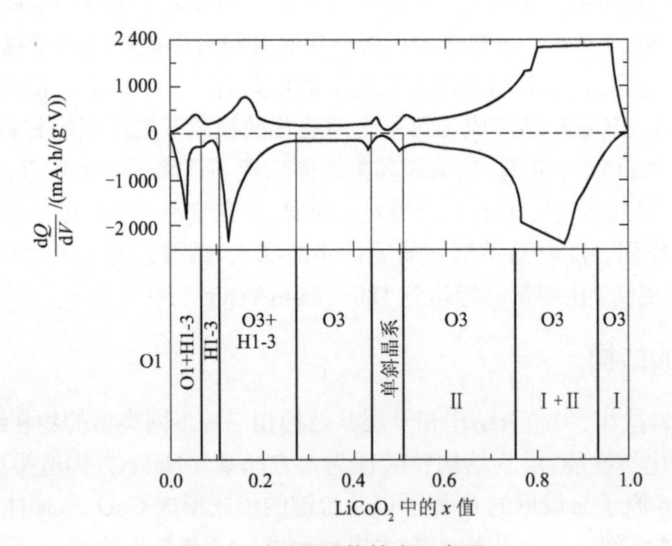

图 5.2 钴酸锂结构转变示意图[2]

5.1.3　钴酸锂的合成方法

目前人们采用各种方法成功合成了层状 $LiCoO_2$ 正极材料，根据制备过程可分为固相法和软化学法。

（1）固相法

1）高温固相法。一般是将锂源（碳酸锂、氢氧化锂等）和钴源（氧化钴、碳酸钴等）按照一定的化学计量比混合均匀，在高温下烧结，进行固相反应生成 $LiCoO_2$。高温固相法一般合成过程简单，易于工业化生产，是目前生产 $LiCoO_2$ 正极材料最主要的方法。但是高温固相法也有缺陷，比如反应温度较高，时间长，产物颗粒粗大，需要后期破碎处理等。胡国荣等[3]用不同的 Co_3O_4 和 Li_2CO_3 为原料，采用高温固相法合成了 $LiCoO_2$。研究结果表明：采用比表面积较大的 Co_3O_4 为原料合成出的 $LiCoO_2$ 具有较高的首次放电比容量，而采用微晶尺寸较大的 Co_3O_4 为原料合成出的 $LiCoO_2$ 具有更好的循环性能。广东邦普采用固相合成法制备钴酸锂，在 3.0~4.6 V 电压范围内，以 0.5C 循环 50 次，容量保持率达 95%。

2）微波合成法。相较于高温固相法，微波合成法加热快，大大缩短了合成时间。该方法易于产业化生产，但是产物的形貌较差。

3）自蔓延高温合成法。自蔓延高温合成通过反应物之间的反应热来实现原料的自加热和自传导，反应过程能耗少，设备和工艺简单，效率高，成本低，易于产业化生产。文衍宣等[4]以 Co_3O_4 和 Li_2CO_3 为原料，以尿素为燃烧剂，采用自蔓延高温合成法成功制备出层状钴酸锂，考察尿素的用量、烧结温度、烧结时间和 Li/Co 摩尔比等条件对产物的结构和电化学性能的影响，结果表明：$n_{Li}/n_{Co}=1.05:1$，$n_{尿素}/n_{Co}=1:1$，在 800 ℃下烧结 2 h 所得的钴酸锂首次放电比容量达到 155 mA·h/g，循环 10 次后容量保持率为 95%。

4）低热固相法。低热固相法先制备出分解温度比较低的固相金属配合物，然后将固相配合物进行热分解而得到产物。整个过程中不需要水和其他溶剂，反应工艺简单，有利于环保，是一种非常有潜力的制备工艺。唐新村等[5]采用氢氧化锂、乙酸钴和草酸为原料，使用低热固相法合成了钴酸锂的前驱体，最后在高温下烧结得到了钴酸锂正极材料。测试结果表明：烧结温度为 700 ℃时，合成材料的初始放电比容量仅有 115.3 mA · h/g，且首次效率比较低，材料的极化比较严重，制备工艺有待提高。

（2）软化学法

针对固相法反应温度高、烧结时间长、产物颗粒和形貌不易控制等缺点，研究工作者开始转向研究利用软化学法来制备 $LiCoO_2$ 正极材料。软化学法具有独特的优势：反应原料充分混合均匀，甚至达到分子级别；反应温度和反应时间大大降低和缩短。软化学法主要包括共沉淀法、喷雾干燥法、溶胶-凝胶法、多相氧化还原法、水热法等。

1）共沉淀法。共沉淀法是合成超微粒子的重要方法，即将沉淀剂加入含有两种或多种阳离子的前驱体溶液，经反应后得到各种成分均一的混合沉淀，而后经过烧结得到产物。所得正极材料化学成分均一，其放电容量比固相法的放电容量高。该方法具有合成温度低、前驱体颗粒和形貌易于控制、过程简单等优点，已广泛应用到电池材料的制备当中。同时，共沉淀法也有缺点，例如混入沉淀物中的杂质离子需要反复洗涤、沉淀过程中的废水处理等问题。齐力等[6]用草酸沉淀法合成了正极材料钴酸锂，在 3.0~4.2 V 的电压范围内，充放电电流为 0.5 mA/s 的条件下，首次充电比容量达到 140 mA・h/g，放电比容量为 125 mA・h/g，循环 10 次后容量保持在 120 mA・h/g 左右。

2）喷雾干燥法。喷雾干燥法是将锂盐和钴盐混合后加入聚合物进行喷雾干燥的方法。该方法的优点是可以将各组分原料混合均匀，但是由于喷雾干燥时的温度较低，所以制备的前驱体结晶度较低，需要进行进一步高温处理。

3）溶胶-凝胶法。溶胶-凝胶法是近年来兴起的材料制备方法，该法可以制备性能优异的材料，但是由于制备过程复杂，大多采用有机物酸作为螯合剂，因此不适合产业化生产，是实验室阶段合成材料的重要方法之一。Sun[7]采用使用聚丙烯酸（PAA）作为螯合剂的溶胶-凝胶法制备了亚微米级纯相 $LiCoO_2$ 粉体，在 3.0~4.25 V 的充放电区间内显示出 133 mA・h/g 的高初始放电比容量，且在 350 个循环后可保持 97%的初始放电容量，制备出的材料有着出色的电化学循环性能。

4）多相氧化还原法。多相氧化还原法制备 $LiCoO_2$ 可以实现钴的可溶性盐在水溶液中发生嵌锂反应，从而合成具有 $LiCoO_2$ 结构的超细前驱体，最后经过热处理得到最终产物。该方法制备 $LiCoO_2$ 大幅降低了生产成本，提高了产品的竞争力。刁小明等[8]以价格低廉的可溶性钴盐为原料首次采用多相氧化还原法成功合成 $LiCoO_2$ 超细粉体，并探讨了温度、浓度等对反应的影响。

5）水热法。水热法一般是在高压、高温（100~300 ℃）的条件下，在水溶液/水蒸气或者其他液相流体中进行的化学反应过程。水热法在制备橄榄石结构材料上应用广泛，而用来合成 $LiCoO_2$ 则较少见。Amatucci 等[9]以羟基氧化钴为前驱体，利用水热法合成了 $LiCoO_2$，但是由于合成的 $LiCoO_2$ 结晶度不高，直接导致性能不好。

5.1.4 钴酸锂的发展现状及趋势

钴酸锂由于具有生产工艺简单和电化学性能稳定等优势，在锂离子电池正极材料中最先实现商品化。钴酸锂具有放电电压高、充放电电压平稳、比能量高等优点，在小型消费品电池领域中具有重要应用，由于消费类电子产品的巨大市场，钴酸锂仍在锂离子电池正极材料的销售中占有很大比例。

钴酸锂正极材料的缺点主要是：成本高，钴资源短缺价格昂贵；比容量利用率低，电池正极实际利用比容量仅为其理论容量 274 mA・h/g 的 50%左右；电池寿命短，钴酸锂的循环寿命一般只有 500 次左右，因为其抗过充性能较差，过充即可引起电池循环寿命迅速降低，所以不适合用于电池组；安全性差，钴酸锂电池过充可能发生锂枝晶短路，引起安全事故。

根据不同的应用领域，市场上具有不同的钴酸锂产品型号，如小粒径高倍率钴酸锂、大粒径高压实钴酸锂、高电压钴酸锂等。其中高电压钴酸锂已逐渐成为 3C（计算机、通信、消费电子产品的简称）电池应用领域的主流产品。一般对层状材料而言，提高工作电压可以释放出更高的容量。如果能够将高电压和高容量两者结合起来那将再好不过了，事实上这正是目前 3C 锂离子电池正极材料发展的重要方向。

钴酸锂一直是高端移动设备锂离子电池最主流的正极材料，并且这种格局在未来数年之内很难改变，根本原因就在于钴酸锂真正找到了适合自己的领域，这也正应了一句话——“适合的就是最好的”。钴酸锂从 1990 年开始产业化至今一直在发展，直到今天仍然在改进完善，堪称锂电材料发展史上最经典的案例。钴酸锂从最开始的大粒径高压实钴酸锂（压实密度为 4.1 g/cm^3，4.1 V 全电，145 mA・h/g 容量），发展到 Apple iPhone 4 上的第一代高压钴酸锂（4.2 V 全电，155 mA・h/g 容量），到应用在 Apple iPhone 5 上的第二代高压钴酸锂（4.3 V 全电，超过 165 mA・h/g 容量），以及正在开发中的第三代高压钴酸锂体系（4.4 V 全电，接近 175 mA・h/g 容量），虽然充电上限电压每次仅仅提高了 0.1 V，但背后需要的技术积累和进步，却需要正极材料厂家进行持续的技术攻关才能实现。

总之，钴酸锂作为锂离子电池最早的正极材料，其高压实、高电压所表现出的高容量特性，使其在 3C 数码类电子产品中的应用具有不可替代性。但在电动车领域，高电压钴酸锂的安全性和循环寿命问题，使其难以获得应用。

5.2　磷酸铁锂正极材料

5.2.1　磷酸铁锂的由来及发展历史

1997 年，美国得克萨斯大学的 Goodenough 小组发表了关于磷酸铁锂（$LiFePO_4$）作为锂离子电池正极材料的原创性论文，在学术界引起了极大的轰动。他们研究了不同磷酸盐结构对 Fe^{3+}/Fe^{2+} 氧化还原电位的影响，发现橄榄石型的 $LiFePO_4$ 具有脱/嵌锂离子的可逆性，详细探讨了 $LiFePO_4$ 作为锂离子电池正极材料的性能和特点。1999 年，蒙特利尔大学、魁北克水利公司和法国国家科研中心共同发明了碳包覆磷酸铁锂技术并获得专利权。2001 年，Phostech Lithium 公司成立（2014 年被 Clariant 转让给了 Johnsen Matthey），获得制造和销售用于锂离子电池的磷酸铁锂授权，启动了磷酸铁锂正极材料的产业化进程。2002 年麻省理工学院蒋业明发表离子掺杂改性磷酸铁锂文章，并以纳米技术和离子掺杂改性发起成立了 A123 公司，专业从事磷酸铁锂材料及其电池系统开发。2003 年 J. Barker 发表了碳热还原法制备磷酸铁锂的文章，Valence Technology 以此技术率先推进了磷酸铁锂产业化的进程。立凯电能科技股份有限公司以与金属氧化物共晶的磷酸铁锂晶核技术提高材料的电导率和倍率性能，于 2011 年获得了碳包覆专利的全球授权。

与过渡金属氧化物正极材料相比，橄榄石结构的 $LiFePO_4$ 有如下优点。

1）比能量较高。$LiFePO_4$ 有着较高的锂离子脱嵌电压和优良的平台保持能力，为 3.4~3.5 V（vs. Li^+/Li）；其还有着较高的理论比容量，为 170 mA・h/g。

2）稳定性能好。在橄榄石结构中，氧离子与 P^{5+} 通过强的共价键结合形成 PO_4^{3-}，橄榄石晶体结构经循环充放不会发生变化，在完全脱锂状态下，橄榄石结构不会发生崩塌，提高了材料的稳定性和安全性。

3）安全性能好。由于其氧化还原电对为 Fe^{3+}/Fe^{2+}，当电池处于充满电的状态时，与有机电解液的反应活性低，充放电电压平台 3.4~3.5 V（vs. Li^+/Li）低于大多数电解液的分解电压。

4）循环性能好。当电池处于充满电的状态时，正极材料体积收缩 6.8%，刚好弥补了碳负极的体积膨胀，循环性能优越。

5.2.2 磷酸铁锂的结构

磷酸铁锂（$LiFePO_4$）在自然界中以磷铁锂矿的形式存在，具有有序规整的橄榄石结构，属于正交晶系，空间群为 Pmnb，是一种稍微扭曲的六方最密堆积结构（见图 5.3）。每个晶胞中有 4 个 $LiFePO_4$ 单元，其晶胞参数为 a=1.032 4 nm，b=0.600 8 nm 和 c=0.469 4 nm。晶体由 FeO_6 八面体和 PO_4 四面体构成空间骨架，P 占据四面体位置，而 Fe 和 Li 则填充在八面体的空隙中，其中 Fe 占据共角的八面体位置，Li 则占据共边的八面体位置。晶格中 FeO_6 通过 bc 面的公共角连接起来，LiO_6 则形成沿 b 轴方向的共边长链。一个 FeO_6 八面体与两个 LiO_6 八面体和一个 PO_4 四面体共边，而 PO_4 四面体则与一个 FeO_6 八面体和两个 LiO_6 八面体共边。Li^+具有一维可移动性，充放电过程中可以可逆地脱出和嵌入。材料中基团对整个框架有稳定作用，使得 $LiFePO_4$ 具有良好的热稳定性和循环性能。

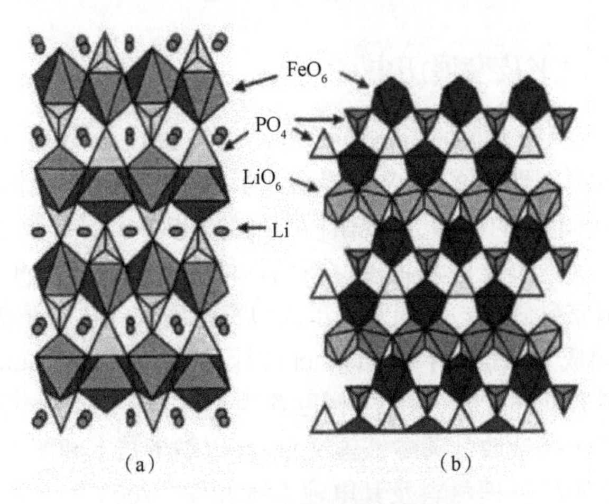

图 5.3 $LiFePO_4$ 的晶体结构示意图

（a）空间结构 （b）ab 平面结构

5.2.3 磷酸铁锂的合成方法

目前 $LiFePO_4$ 的合成方法主要可分为固相法和软化学法。固相法包括高温固相法、机械化学法、微波合成法等，软化学法包括溶胶-凝胶法、水热（溶剂热）法、共沉淀法等。

（1）固相法

固相法是制备材料的传统方法。影响固相反应的主要因素有四个：①固体原料的反应性，包括反应固体中存在的缺陷，反应固体的表面积和反应物间的接触面积等；②产物相成核热力学和动力学因素，成核反应需要反应物界面结构重新排列，包括结构中阴、阳离子键的断裂和重新结合；③相界间特别是通过生成物相层的离子扩散速度；④反应物相与未来产物相的结构匹配。

一般将锂源（Li_2CO_3、LiOH、$LiCH_3COO$ 等）、铁源（$FeC_2O_4 \cdot 2H_2O$、Fe_2O_3、Fe_3O_4、Fe（CH_3COO）$_2$ 等）、磷酸根源（$NH_4H_2PO_4$、$(NH_4)_2HPO_4$、$(NH_4)_3PO_4$ 等）和碳或有机前驱体均匀混合，通过在惰性气氛炉中热处理得到 $LiFePO_4$。

1)高温固相法。固相反应物的晶格是高度有序的,晶格分子的移动较困难,只有合适取向的晶面上的分子足够靠近才能提供合适的反应中心,必须提高反应温度促使反应物结构重排以保证产物相成核,同时在高温驱动下加速反应组分通过生成物相层的离子扩散,以完成晶核生长。

2)机械化学法。机械化学法是改善颗粒分布均匀性,制备高分散性化合物的有效方法,利用机械能来诱发化学反应或诱导材料组织、结构和性能的变化,以此来制备新材料。通过机械力的作用,不仅使颗粒破碎细化晶粒,增大反应物的接触面积,而且可使物质晶格中产生各种缺陷、位错、原子空位及晶格畸变等,提高粉末活性,降低反应活化能,同时还可使新生成物的表面活性增大,表面自由能降低,有利于固态离子在相界上扩散和迁移,促进化学反应顺利进行。用机械化学法合成 $LiFePO_4$,一般通过机械化学预处理再经中温晶化途径合成。进行热处理一方面是为生成晶形完整的 $LiFePO_4$,另一方面是使有机添加剂转变为导电碳。

3)微波合成法。微波合成法是利用微波辐射加热技术,将选择的合适原料置于微波场中,利用能量相互作用以及相关热效应和非热效应在微波场下进行固相合成反应,获得所需产物的方法。它的出现为快速制备高性能的新材料提供了一个重要的技术手段,微波辐射加热通过超高频电场穿透介质,迫使介质分子反复高速摆动,相互摩擦碰撞而发热,能快速整体均匀地加热材料。而且微波场的存在可以增强离子扩散能力,对提高材料的反应活性有利,从而加快反应速率,大大缩短材料的合成时间,有利于纯相物质的获得和细小晶粒的形成,进而改进材料的显微结构和宏观性能。与传统的高温固相法相比,微波合成具有反应时间短、效率高、能耗低等优点。

(2)软化学法

1)溶胶-凝胶(sol-gel)法。溶胶-凝胶法是一种基于胶体化学的粉体制备方法,其化学过程是首先将原料分散在溶剂中,然后进行水解、缩合反应,开始形成溶胶。经陈化,溶胶的胶粒间缓慢聚合,进而生成具有一定空间结构的凝胶,经过干燥和热处理获得所需材料。溶胶-凝胶法具有前驱体溶液化学均匀性好(可达分子水平)、凝胶热处理温度低、粉体颗粒粒径细小且均匀的特点。但是溶胶-凝胶法干燥收缩大,合成周期长,工业化难度较大。

2)水热(溶剂热)法。水热反应是利用原料在液相中的溶解性,在体系的高温高压极限条件下,逐步反应生成晶体并不断长大的过程,即将铁盐、锂盐和磷酸盐溶解于水中,在反应釜中,形成高温高压的反应状态,并反应生成磷酸铁锂颗粒。自 Whittingham 等[10]首次以硫酸亚铁、磷酸和氢氧化锂为原料,采用水热法成功地制备了 $LiFePO_4$ 正极材料后,水热、溶剂热以及其衍生方法受到越来越多研究人员和产业界的青睐。Ni 等人[11]利用水热法合成了高结晶度的 $LiFePO_4$ 纳米晶体,采用 $FeSO_4 \cdot 7H_2O$、H_3PO_4 和 $LiOH \cdot H_2O$ 为原料,以有机酸为介质,获得的产物纯度高,颗粒尺寸为 50~100 nm,产物进行后续碳包覆处理,在 600 ℃ 温度下加热 1 h,最终获得的 $LiFePO_4/C$ 材料表现出优异的电化学活性。$LiFePO_4/C$ 在 0.1C、1C 和 5C 倍率下的放电比容量分别为 162 mA·h/g、154 mA·h/g 和 122 mA·h/g。

溶剂热法是用有机溶剂或水与有机溶剂的混合物代替水作为介质,采用类似水热合成的原理制备纳米微粉。Deng 等人利用溶剂热法合成了巢状结构的 $LiFePO_4/C$[12]和笼状结构的 $LiFePO_4/C$ 微米球[13]。巢状结构的 $LiFePO_4/C$ 具有较高的可逆容量和较高的倍率性能,在 0.1C 和 10C 倍率下可逆容量分别为 159 mA·h/g 和 120 mA·h/g[12]；笼状结构的 $LiFePO_4$/C 微米球具有很高的容量和良好的循环性能和倍率性能，在 0.1C 倍率下循环 300 次容量为 160 mA·h/g，在 10C 倍率下容量为 120 mA·h/g[13]。

水热（溶剂热）法具有物相均一、粉体粒径小、产物形貌可控等优点。但只限于少量的粉体制备，若要扩大产量，却受到诸多限制，特别是水热（溶剂热）反应需要耐高温高压的反应设备，具有严重的安全隐患，且反应母液或者副产物的回收处理难度较大，成本高昂。

3）共沉淀法。共沉淀法利用高沸点溶剂和水的混合液对可溶性原料（Fe^{2+}、Li^{+}、PO_4^{3-}的可溶性盐）的溶解性差别，在混合溶剂沸点温度附近蒸发除去水分使反应物以 $LiFePO_4$ 前驱体的形式沉淀出来，或者通过控制溶液的 pH 值来使这些组分从溶液中沉淀出来；然后沉淀产物经过过滤、洗涤、干燥、高温热处理就可以得到 $LiFePO_4$ 产物。通过共沉淀法制备的前驱体的各个组分具有分子尺度的混合，因此后续热处理的时间可以缩短，反应温度也会降低。Yang 等[14]以硝酸铁、硝酸锂和磷酸二氢铵为原料，生成多水磷酸亚铁和磷酸锂，再混合 20%的蔗糖在高温下烧结得到磷酸铁锂正极材料。电化学性能测试表明，电池在 1C 下的放电容量为 125 mA·h/g，循环 30 周，容量几乎无衰减，将温度提升至 50 ℃，1C 下经过 100 周循环，容量保持率为 97%，显示了优异的倍率循环性能和高温循环性能。共沉淀法可以使原料达到分子水平混合，可获得颗粒细小均匀的 $LiFePO_4$ 材料，其电化学性能优良，但工艺较复杂，沉淀过滤困难，而且需要处理含有杂质离子的废液。

磷酸铁锂主要的生产工艺路线包括四种：草酸亚铁工艺路线、氧化铁工艺路线、磷酸铁工艺路线和水热法工艺路线。除了水热法工艺以外，其他三种路线的主要流程包括湿法球磨、干燥、烧结、粉碎这几个主要步骤，与之相匹配的一些关键设备主要有：混料设备（超细搅拌球磨机、砂磨机）、干燥设备（真空干燥和喷雾干燥）、热处理设备（推板窑、回转窑和辊道窑）以及粉碎分级设备（气流粉碎分级、机械粉碎分级）。

5.2.4 磷酸铁锂材料的发展现状及趋势

（1）磷酸铁锂的发展现状

中国企业从 2001 年就陆续启动磷酸铁锂材料开发，历经 16 年时间后，北大先行、湖南瑞翔、比亚迪、斯特兰等企业最先突破了磷酸铁锂从实验室技术到中试生产技术，最后到量产的一系列技术及工程问题，并在完善相关工艺的过程中，使磷酸铁锂电池的安全性得到了较大程度的提高与保证，奠定了磷酸铁锂产品系列化和产业规模化的基础。

目前国内磷酸铁锂电池已广泛应用于电动车、储能、电动工具等领域的生产，部分企业已经储备了四五个不同领域的技术产品，中国磷酸铁锂发展正式步入产业化阶段。以国内知名电池生产企业比亚迪、宁德时代、天津力神、国轩、沃特玛为代表的中国电池企业界，纷纷投入巨资建设磷酸铁锂动力电池生产线，这表明国内主流电池生产企业对磷酸铁锂作为动力锂电池正极材料应用的肯定。

总体来看，国内对磷酸铁锂材料的技术研发水平及产业化程度与国际基本同步。目前，中国磷酸铁锂材料产能远远大于国外，售价比国外要低，材料加工性能和稳定性也大幅度提高。目前已实现工业化批量生产的企业有 20 余家，其中德方纳米、湖南欲能、比亚迪、贝特瑞、北大先行、国轩、贵州安达、湖北万润、湖南升华、江西金锂等企业产能较大。

但自 2017 年开始，由于国家调整补贴政策，磷酸铁锂能量密度偏低，补贴大幅度滑坡，磷酸铁锂材料市场急转直下。深圳沃特玛因债务危机停产后，许多企业纷纷减产甚至停产。

相比国外厂家，我国磷酸铁锂电池相关技术优势明显，产品性价比高，产业成熟度与电源管理相关的配套措施都十分完整。补贴取消后，公交车及储能领域仍是磷酸铁锂电池发展的重要舞台。补贴正式退出后，市场因素将主导产业发展，消费者对产品的需求会出现分化。

2019 年下半年开始，由于新能源汽车补贴滑坡和安全性原因，磷酸铁锂材料又一次归来。2020 年开始，宁德时代推出全新一代 CTP（Cell to Pack）高集成动力磷酸铁锂电池。比亚迪开发磷酸铁锂刀片电池，体积能量密度提升 50%，使用寿命长（电池续航里程可达 8 年 120 万 km），成本低（节约 30%），最重要的是稳定性好，安全性高。装备磷酸铁锂刀片电池的“比亚迪‘汉’”电动汽车续航里程超过 600 km。宁德时代以及德国大众进一步推出全新一代 CTC（cell to chassis），即将电芯集成到底盘，续航里程可以进一步提高至 800 km。

（2）磷酸铁锂材料发展趋势

1）开发高压实磷酸铁锂材料。磷酸铁锂材料的压实密度偏低，目前为 2.2~2.3 g/cm^3，未来要求压实密度大于 2.5 g/cm^3。

2）开发高倍率快充磷酸铁锂材料。磷酸铁锂的能量密度偏低，与三元材料电池相比，在电动汽车续航里程方面没有竞争优势，因而在电动乘用车上应用受限，若能开发出快充磷酸铁锂电池，电动汽车续航里程问题能得到妥善解决。

3）开发高能量密度磷酸锰铁锂材料。磷酸铁锂材料的能量密度几乎已达到极限，未来需要开发新的磷酸盐系材料如磷酸锰铁锂材料，其电压平台比磷酸铁锂高 15%以上，能量密度也就能相应提高。

4）开发低温型磷酸铁锂材料。磷酸铁锂的低温性能不是很理想，−20~40 ℃条件下，放电容量只有室温下容量的 60%~70%，北方寒冷地区电动汽车使用受限。开发低温型磷酸铁锂材料可以解决这一问题。

5）开发低成本磷酸铁锂生产工艺。目前磷酸铁锂生产成本已大大降低，未来要在原材料选择、生产装备、生产工艺等方面进行技术改造，大幅度降低成本。如采用超长 6 列双层密封辊道窑，每条产线产能高达 5 000 t/年，这样可以大大降低能耗，提高效率。此外，生产基地选择电价相对便宜的地区，也能大幅度降低成本。未来采用大型陶瓷回转窑，可以大幅度提高产能，降低能耗。

5.3　三元正极材料

5.3.1　三元正极材料的由来及发展历史

三元是指锂电池里面的正极材料名称。三元材料包括镍钴锰酸锂（NCM）和镍钴铝酸锂（NCA）材料。1999 年，Liu 等[15]首先提出了具有不同组分的三元层状 NCM 材料，其 Ni、Co、Mn 的比率可以为 7∶2∶1、6∶2∶2 或 5∶2∶3。2003 年，Makimura 等提出了 Ni 和 Mn 等量的 $Li(Ni_{1/3}Co_{1/3}Mn_{1/3})O_2$ 材料[16]。通过 Ni-Co-Mn 的协同作用，三元材料结合了三种材料的优点：$LiCoO_2$ 的优良循环性能，$LiNiO_2$ 的高能量密度、高安全性，$LiMnO_2$ 的低成本等。该三元材料已经成为最有前景的新型锂离子电池正极材料。

20 世纪 80 年代，第一代锂离子电池正极材料层状钴酸锂问世，其工作电压高，安全性能优异。但钴酸锂也存在一些不足，比如成本较高，钴元素对环境有污染风险。在此背景下，层状镍酸锂（$LiNiO_2$）、锰酸锂（$LiMn_2O_4$）以及橄榄石型磷酸铁锂（$LiFePO_4$）等正极材料被相继开发，并逐步产业化，也催生了众多应用市场。在正极材料的开发应用过程中，单一过渡金属元素的电极材料逐渐限制了其在锂离子电池中的应用。$LiNiO_2$ 虽然有较高的比容量，但循环稳定性较差；$LiMn_2O_4$ 虽然价格低廉，但比容量较低；磷酸铁锂虽然有高安全性以及低成本优势，但存在充放电电压低、压实密度低的不足。三元材料的出现，是为解决 $LiCoO_2$ 成本高、$LiNiO_2$ 循环稳定性差、$LiMn_2O_4$ 容量低等问题，众多科研工作者进行大量改性研究而衍生出来的。

三元电池具有 4.3 V 的高电压与 220 mA・h/g 的高比容量，具备明显的能量密度优势，其能量密度为 200~260 W・h/kg。其中，含 Ni 的三元体系具有明显的优势，特别是由高镍三元体系（NCA）材料制成的电池，其能量密度通常较高。

为了大幅提高动力电池的能量密度，各国最近纷纷制定了动力电池的中长期发展目标。中国于 2015 年发布的《中国制造 2025》中对于锂电池做了如下展望：能量型锂电池比能量要大于 300 W·h/kg，功率型锂电池比功率大于 4 000 W/kg。就正极材料而言，过渡金属氧化物正极在改善电池的能量密度方面比聚阴离子正极（例如 $LiFePO_4$）更有利。NCM、NCA 和锰基固溶体是实现近期目标的主要正极材料，研究重点从传统的 $LiNi_{1/3}Co_{1/3}Mn_{1/3}O_2$（111 型）正逐渐转向高镍含量的多组分材料 $LiNi_{0.5}Co_{0.2}Mn_{0.3}O_2$（523 型）、$LiNi_{0.6}Co_{0.2}Mn_{0.2}O_2$（622 型）及 $LiNi_{0.8}Co_{0.1}Mn_{0.1}O_2$（811 型）等。对于镍钴锰三元材料，三种元素的配比平衡十分重要，过高的钴含量尽管提高了电导率并减少了阳离子的混排使层状结构稳定，但会导致正极嵌锂量下降；过高的镍含量在提升体积能量密度的同时，Ni^+和 Li^+半径相似而产生的离子混排现象会更严重，材料结构稳定性会下降；过高的锰含量会导致反应过程中晶体的层状结构向类尖晶石型结构转变，较大的体积变化会破坏正极材料结构，并使电池循环稳定性下降。

5.3.2 三元正极材料的结构

以镍钴锰三元材料为例，$Li(Ni/Co/Mn)O_2$ 晶体是一种 α-$NaFeO_2$ 层状结构化合物，属于六方晶系。空间群为 R-3m，Li^+和过渡金属离子交替占据 3a（0，0，0）和 3b（0，0，1/2）位置，O^{2-}则位于 6c（0,0,z）。3b 位置处的金属（镍/锰/钴）离子和 3a 位置处的 Li 交替占据八面体空隙，并且排布在（111）晶面上。

图 5.4 为其晶体结构示意图。其中 O^{2-}以 ABCABC 方式立方密堆积排列，Li^+和 Co^{3+}交替占据 O^{2-}层间的八面体位置；过渡金属离子占据 3b 空位形成二维交替层，与 O^{2-}共同组成 MO_6 八面体结构；Li^+则占据八面体层间的 3a 空位，并且 Li^+与 O^{2-}层间的结合力比 Co^{3+}与 O^{2-}层间较弱，因此 Li^+可以在层间实现可逆脱嵌。三元正极材料拥有高电压的氧化还原电对且结构致密，因此电势和比能量均比较高，有利于其功率性能的输出。

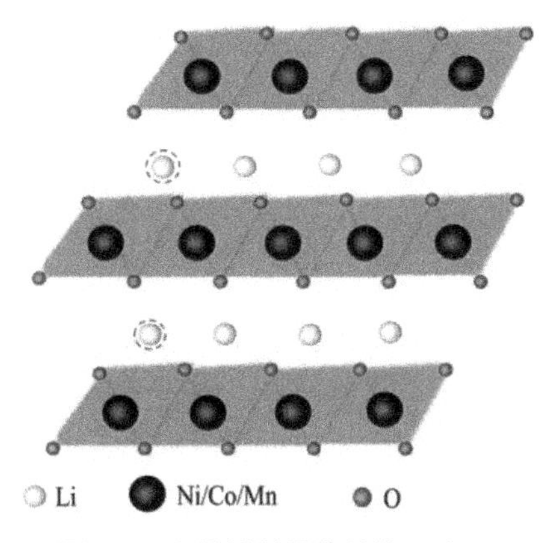

图 5.4　层状材料晶体结构示意图

三元材料中，Ni 主要为+2 价，最多可以再失去两个电子变为+4 价，其相对含量对容量有着重要的影响。Co 为+3 价，在充电过程中可以变为+4 价，从而可以提高材料的放电容量，其既能使材料的层状结构得到稳固，又能减小阳离子的混排程度，便于材料深度放电。Mn 为+4 价，在充放电过程中，+4 价的 Mn 不参与电化学反应，在材料中起到稳定晶格结构的作用。三元材料的主要代表有 $LiNi_{0.5}Co_{0.2}Mn_{0.3}O_2$（523 型）、$LiNi_{0.6}Co_{0.2}Mn_{0.2}O_2$（622 型）及 $LiNi_{0.8}Co_{0.1}Mn_{0.1}O_2$（811 型）。马全新等[17]采用氢氧化物共沉淀-高温固相烧结法合成的 $LiNi_{0.5}Co_{0.2}Mn_{0.3}O_2$ 材料具有很好的 α-$NaFeO_2$ 层状结构，其晶胞参数 α=2.863 7 Å（1 Å=0.1 nm），c=14.223 9 Å。在 2.5~4.3 V，电流密度为 20 mA/g 的充放电条件下，最高首次放电比容量为 175 mA・h/g。Cao 等[18]采用 NaOH-NH_3 共沉淀法制备了 $Ni_{0.6}Co_{0.2}Mn_{0.2}(OH)_2$ 前驱体，以 $LiOH·H_2O$ 为锂源，在烧结温度为 800~900 ℃的空气气氛下合成了 $LiNi_{0.6}Co_{0.2}Mn_{0.2}O_2$ 正极材料，XRD 数据结果表明，$LiNi_{0.6}Co_{0.2}Mn_{0.2}O_2$ 材料具有单一的 α-$NaFeO_2$ 型层状岩盐结构，属六方晶系。在 2.8~4.3 V、0.2C 下首次放电比容量为 170 mA・h/g，0.4C 循环 50 次后放电比容量保持在 150 mA・h/g 以上。循环伏安数据表明在 3.2~4.6 V 只有一对氧化还原峰，这说明在此电压区间内没有发生从六方晶相向单斜晶相的转变。Kima 等[19]采用氢氧化物共沉淀法，以 $LiOH·H_2O$ 为锂源在氧气气氛下于 750 ℃煅烧 20 h 合成了球形度较高的 $LiNi_{0.8}Co_{0.1}Mn_{0.1}O_2$ 正极材料，平均粒径为 10~15 μm。XRD 测试表明，该正极材料有较完整的层状 α-$NaFeO_2$ 型结构。相比 $LiNi_{0.8}Co_{0.2}O_2$ 正极材料，由于 Mn 取代了一部分的 Co，而 Mn^{3+}的离子半径（0.645 Å）比 Co^{3+}的离子半径（0.545 Å）大，因此 $LiNi_{0.8}Co_{0.1}Mn_{0.1}O_2$ 材料的晶胞参数 a、c 以及晶胞体积大，c/a 值小，其中 a=2.868 7 Å、c=14.253 1Å。在 3.0~4.3 V，放电电流密度为 20 mA/g（0.1C）下，首次放电比容量达 198 mA・h/g。

5.3.3　三元正极材料的合成方法

三元正极材料微观结构的改善和宏观结构的提高与制备方法密不可分，不同的制备方法导致所制备的材料在结构、粒子的形貌、比表面积和电化学性能等方面有很大的差别。目前镍钴锰酸锂三元材料的制备方法主要有高温固相法、化学共沉淀法、溶胶-凝胶法等。其中化学共沉淀法制备前驱体结合高温固相法合成三元材料最具代表性，已经被应用于大规模工业化生产中。

(1)高温固相法

高温固相法一般以镍、钴、锰和锂的氢氧化物或碳酸盐或氧化物为原料,按相应的物质的量配比混合,在700~1 000 ℃煅烧,得到相应的产品。Liu等[20]以金属醋酸盐作为原材料,采用高温固相法制备三元层状氧化物。他们先将原材料通过球磨进行均匀混合,再在150 ℃下真空干燥,最后将得到的混合物分别在600 ℃、700 ℃和800 ℃下进行热处理,得到最终的$LiNi_{1/3}Co_{1/3}Mn_{1/3}O_2$三元层状锂离子电池正极材料。XRD测试表明,不同温度下都能得到均相的$LiNi_{1/3}Co_{1/3}Mn_{1/3}O_2$粉末。其颗粒大小为200~500 nm,并且在700 ℃下得到的材料在2.7~4.35 V间首次放电容量达到了167 mA·h/g,而800 ℃下得到的材料具有最好的循环稳定性。

高温固相法主要采用机械手段进行原料的混合及细化,易导致原料微观分布不均匀,使扩散过程难以顺利地进行。同时,在机械细化过程中容易引入杂质,且煅烧温度高,煅烧时间长,锂损失严重,难以控制化学计量比,易形成杂相。产品在组成、结构和粒度分布等方面存在较大差异,因此电化学性能不稳定。

(2)化学共沉淀法

化学共沉淀法一般是把化学原料以溶液状态混合,并向溶液中加入适当的沉淀剂,使溶液中已经混合均匀的各个组分按化学计量比沉淀出来,或者在溶液中先反应沉淀出一种中间产物,再把它煅烧分解制备出微细粉料。化学共沉淀法分为直接化学共沉淀法和间接化学共沉淀法。直接化学共沉淀法是将锂、镍、钴和锰盐同时共沉淀,过滤、洗涤、干燥后再进行高温焙烧。间接化学共沉淀法是先制备镍、钴和锰三元混合共沉淀,然后再过滤、洗涤、干燥,最后与锂盐混合烧结;或者在生成镍、钴和锰三元混合共沉淀后不经过过滤,而是将包含锂盐和混合共沉淀的溶液蒸发或冷冻干燥,然后再对干燥物进行高温焙烧。与传统的固相合成技术相比,由于在高精度的条件控制下,三种元素能够不断同时沉淀出来,保证了前驱体分子级别的混合程度。并且这种慢共沉淀的生长方式有利于形成球形的二次颗粒,很大程度上提高了三元材料的振实密度,从而能够满足高能量密度的需求,这是一种十分具有应用前景的合成方法。化学共沉淀法最主要的缺点是操作较复杂,且耗水量大。根据沉淀剂的不同,化学共沉淀法可以分为氢氧化物共沉淀法、碳酸盐共沉淀法和草酸盐共沉淀法等。目前很多科学研究所采用的三元材料前驱体都是通过氢氧化物共沉淀法制备而来的。

氢氧化物共沉淀法是目前合成镍钴锰酸锂三元材料前驱体最常用的方法。通常选用金属硫酸盐或硝酸盐或氯化盐作为反应原料, NaOH或LiOH溶液作为沉淀剂, NH_4OH作为配位体,通过控制沉淀反应过程中的pH值、反应温度、氨水浓度和搅拌速度等,得到三元材料前驱体$Ni_{1-x-y}Co_xMn_y(OH)_2$。在前驱体合成过程中由于锰离子沉淀形成$Mn(OH)_2$,容易被逐渐氧化生成Mn^{3+}(MnOOH)和Mn^{4+}(MnO_2),因此需要惰性气体氮气或者氩气保护。将所得到的镍钴锰酸锂三元材料前驱体$Ni_{1-x-y}Co_xMn_y(OH)_2$与锂源(碳酸锂或者氢氧化锂)混合均匀后,经过高温煅烧得到镍钴锰酸锂三元材料$LiNi_{1-x-y}Co_xMn_yO_2$。

(3)溶胶-凝胶法

先将原料溶液混合均匀,制成均匀的溶胶,并使之凝胶,在凝胶过程中或在凝胶后成型、干燥,然后煅烧或烧结得到所需粉体材料。鉴于其本身的特点,使用该方法可以快速地得到具有分子级混合程度的金属盐溶胶和凝胶,可以制备出具有纳米级颗粒的三元氧化物正极材料。与传统固相反应法相比,它具有较低的合成及烧结温度,可以制得高化学均匀性、高化学纯度的材料。

溶胶-凝胶法与化学共沉淀法一样,也是三元材料研究中常用的一种获得研究对象的制备方法。但是该合成工艺成本较高,多数工艺流程在实际生产中的可操作性较差,工业化生产的难度较大。

除了这三种制备方法外,还有许多制备三元材料的方法。如燃烧法:将金属盐作为原材料,同时加入有机燃料和助燃剂,点燃后借助燃烧反应瞬间产生的大量能量来得到颗粒细小均匀的三元材料。此外,常见的制备方法还有水热法、熔盐法、流变相法和喷雾热解法等。

5.3.4　三元正极材料的发展现状及趋势

(1)三元正极材料的发展现状

在 2005 年以前,钴酸锂材料占锂离子电池正极材料市场的 95%以上。随着锂离子电池对成本及安全性的要求不断提高, 2005 年以后,三元材料迅速发展,特别是移动电源的快速发展,带动了三元材料的爆发式增长,目前移动电源几乎百分之百采用三元正极材料。

2013 年以来,全球新能源汽车发展迅猛,高镍三元体系(NCA)和镍钴锰三元材料由于放电比容量大、能量密度高,成为电动汽车用动力锂离子电池的正极材料,与磷酸铁锂材料一同成为动力锂离子电池的两种主流正极材料。近年来,我国出台了很多新能源汽车扶持政策,而动力型锂离子电池的发展是新能源电动汽车发展的关键。为了节约成本以及提高电动汽车的续航里程,具有高能量密度的锂离子电池三元正极材料成为新能源电动汽车电池的首选。

从 2016 年开始,三元正极材料呈现井喷式增长,相应的三元正极材料厂家也遍地开花,整个锂电正极材料市场发展迅猛。2017 年,众多三元正极材料厂家陆续开始扩建产能,这些企业扩建及新建的产能少则几万吨,多达数十万吨,整个三元正极材料市场热火朝天。根据中国有色金属工业协会锂业分会统计,2018 年中国锂离子电池正极材料产量为 37.7 万 t,同比增长 16.72%,其中三元正极材料产量为 15.9 万 t,同比增长 26.19%。但是, 2019 年 3 月 26 日,财政部、工业和信息化部、科技部和国家发展改革委联合发布的《关于进一步完善新能源汽车推广应用财政补贴政策的通知》指出, 2019 年补贴标准在 2018 年基础上平均退坡 50%,至 2020 年底前退坡到位, 2019 年 3 月 26 日至 2019 年 6 月 25 日为过渡期。受此政策影响,新能源汽车产量下降, 2019 年 10 月,新能源汽车产销分别完成 9.5 万辆和 7.5 万辆,比上年同期分别下降 35.4%和 45.6%。

新能源汽车补贴退坡后,我国锂电池市场结束了此前的高速发展,动力电池企业普遍减产,正极材料需求相对低迷。2019 年下半年开始,下游电池厂家订单减少,正极材料厂家相继减产,三元正极材料月产量从 1.7 万 t 降至 1.2 万 t,减产约 30%。

(2)三元材料的发展趋势

随着 2019 年补贴政策的正式实施,政府补贴对新能源汽车市场的影响已经越来越小,新能源汽车产业将逐渐由市场主导。短期内国内市场增长略显乏力,企业间竞争加剧,下游电池厂家也面临行业洗牌,低端产能让位高端产能,锂电池作为新能源汽车的核心零部件之一，并且正极材料是决定锂离子电池性能的关键材料之一，所以正极材料厂家需要将重心放在具有市场和技术竞争力的高端产品上，进一步提升产品质量与性能，降低生产成本，在成本与性能的双重压迫下，正极材料行业需加快产品的更新换代速度。

1）提升产品质量和性能方面。一方面是形貌单晶化。单晶型镍钴锰三元正极材料仍是市场追捧的热点，对于单晶型镍钴锰酸锂，目前 NCM523 型单晶三元正极材料发展相对成熟，NCM622 型单晶三元正极材料的应用量也在不断加大，部分正极材料龙头企业还在发力研发高镍单晶三元正极材料，进一步发挥单晶型三元正极材料热稳定性、循环性能好的优势，助力动力电池向高端化发展。另一方面是成分高镍化。高镍化是追求高能量密度所需的大趋势，从各国技术路径规划来看，在现有体系中，高镍化是最可行的方案，高镍正极产品性能优化之后相比 NCM523 型三元正极材料能量密度可提升 30%以上。另外，新能源汽车市场消费者比较关心的问题就是安全性能。对于三元正极材料来说，可在制备阶段提高径向结构的强度，抑制一些分化、裂化的问题。同时，采用掺杂改性或特殊包覆处理的方式，稳定材料的晶体结构，提高材料的耐高温高压性能。工艺上需要技术性的控制，让掺杂因素过渡到金属位。对金属磁性异物的严格控制也是提高安全性的有效途径。三元正极材料的安全性提高是电池性能提升的有力保障，能够助力新能源汽车的健康发展。

2）降低生产成本方面。由于电池成本占新能源汽车成本的 40%左右，而正极材料占电池成本的 30%左右，综合来看，正极材料占新能源汽车成本的 12%左右，占比非常大。因此降低三元正极材料的成本，是降低新能源汽车总成本，提升市场竞争力的有力手段。对于三元正极材料厂家来说，毛利率在 10%左右，所以最有效的降低成本方式一是拥有上游原料资源，二是减少高价的钴用量。

5.4 锰酸锂正极材料

5.4.1 锰酸锂的由来及发展历史

尖晶石结构的锰酸锂（$LiMn_2O_4$）由 Hunter 在 1981 年首先制得，至今一直受到许多学者和研究人员的关注。它作为电极材料具有价格低、电位高、环境友好、安全性能高等优点，是最有希望取代钴酸锂 $LiCoO_2$ 成为新一代锂离子电池的正极材料。

2002 年 10 月，北京市重大科技项目“锂离子电池正极材料锰酸锂的产业化技术开发”成功立项并投入 300 万元资金支持，由中信国安盟固利电源技术有限公司实施。项目研制出了具有自主知识产权的动力电池所需的关键材料锰酸锂的合成工艺，解决了锰酸锂生产中的关键技术问题，自主开发了一整套先进的工业规模生产设备，简化了生产过程，提高了生产效率，降低了生产成本，生产出了电化学性能十分优越的具有尖晶石结构的锰酸锂材料，建成了年产 200 t 电化学性能优越的锰酸锂的生产线，在国内外率先实现了锂离子电池正极材料锰酸锂的规模化生产。承担项目的企业在开发利用锰酸锂材料制备、大型能源储藏和动力电池生产方面也取得了重大突破，为锰酸锂材料的大规模应用提供了技术保障。这标志着我国锂离子电池正极材料锰酸锂的合成技术及用该技术生产的锰酸锂材料达到了国际先进水平。在北京市科学技术委员会支持下，为 2008 年北京奥运会电动公交车项目提供了 100 A·h 大容量锰酸锂动力电池，使电动公交车持续运行里程超过了 10 000 km。

5.4.2　锰酸锂的结构

尖晶石型锰酸锂为三维隧道结构，属于立方晶系、Fd3m 空间群。在尖晶石型锰酸锂的结构中，晶体中 O^{2-}在 32e 位置，Li^+在 8a 位置，Mn^{3+}和 Mn^{4+}在 16d 位置，在一定的合成条件下（如淬火），Mn^{3+}也能占据 8a 四面体空间位置。锰酸锂的晶体结构如图 5.5 所示，每个晶胞含有 8 个锰酸锂分子，32 个 O 排成立方最密堆积，其中有 64 个四面体空隙和 32 个八面体空隙。8 个 Li 填充在四面体中，占据 64 个四面体位置（8a）的 1/8，16 个 Mn 填充在八面体空隙中，占据 32 个八面体位置（16a）的 1/2。此外，在八面体 16c 和四面体的 8b、48f 位置上有空位。锰酸锂的基本结构框架[Mn_2O_4]是一种非常有利于 Li^+脱出与嵌入的结构，因为八面体 16c 与四面体的 8b、48f 共面的网络结构为 Li^+的扩散提供了通道。在结构框架中，75%的锰位于 ccp 氧层之间，只有 25%的锰占据相邻两层之间的位置，因此当 Li^+脱出时，在每层内有足够的 Mn-O 结合能保持理想的氧原子 ccp 点阵。

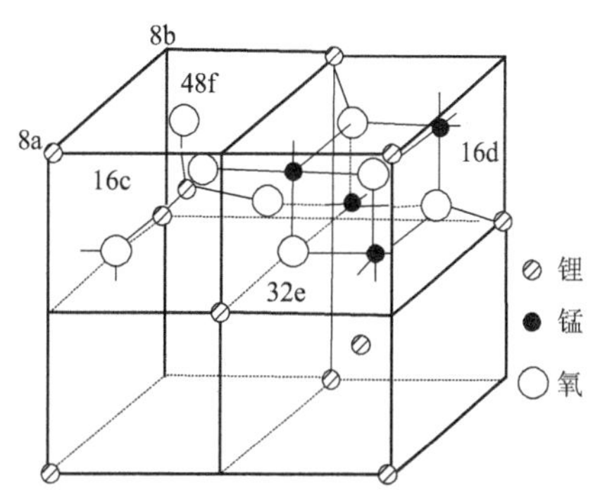

图 5.5　$LiMn_2O_4$ 的结构示意图

5.4.3　锰酸锂的合成方法

目前，合成尖晶石型锰酸锂（$LiMn_2O_4$）正极材料的方法有很多。根据尖晶石型锰酸锂的制备过程，可以将其制备方法大体分为固相法和软化学法。

（1）固相法

1）高温固相法。将锂化合物（LiOH、Li_2CO_3 或 $LiNO_3$）与锰化合物（EMD（电解二氧化锰）、CMD（化学二氧化锰）、硝酸锰、醋酸锰等）按一定比例混合均匀，在高温下煅烧，进行固相反应合成。该方法是制备锂离子电池正极材料的常用方法，合成过程简单，易于工业化生产。但其反应温度较高，一般为 750~800 ℃；反应时间较长，煅烧时间为 20 h 左右；存在产物颗粒较大、不均匀等现象。为了保证原料混合均匀，一般进行多次研磨和烧结，还可借助机械力的作用使颗粒破碎，使反应物质晶格产生各种缺陷（位错、空位、晶格畸变等），增加反应界面和反应活性点，促进固相反应的顺利进行。合成中锂源和锰源的性质、形貌以及合成温度等条件对材料的电化学性能影响较大。

2）微波合成法。将微波直接作用于原材料转化为热能，从材料内部开始对其进行加热，实现快速升温，大大缩短了合成时间。该方法易于实现工业化生产，但产物形貌通常较差，产物的物相受微波加热功率和加热时间影响很大。Fu 等[21]以碳酸锂和二氧化锰为原料，在微波炉中先采用 600 W 功率加热 10 min，然后在 850 W 下加热 6 min，即可合成尖晶石型锰酸锂正极材料。

3）熔盐浸渍法。利用锂盐熔点较低的特性，先将反应混合物在锂盐熔点处加热几个小时，使锂盐渗入锰盐材料的孔隙中，可极大地增加反应物间的接触面积，提高反应速率，可在较低的温度和较短的时间里得到均匀性较好的产物。实验证明，该法制备的材料电化学性能十分优异，但是操作繁杂、条件较为苛刻，因而不利于产业化。杜柯等[22]考察了熔盐种类、焙烧时间和焙烧温度等因素对熔盐法制备锰酸锂性能的影响，优化实验条件后得到的材料在 0.5C 倍率下首次放电容量为 125 mA·h/g，50 次循环后容量保持率为 95%。

4）低热固相法。在室温或近室温的条件下先制备出可在较低温度下分解的固相金属配合物，然后将固相配合物在一定温度下进行热分解得到最终产物。该法的特点是制备前驱体时不需要水或其他溶剂作为介质，保持了高温固相反应操作简便的优点，同时具有合成温度低、反应时间短的优点。唐新村[23]采用低热固相法以醋酸锰、氢氧化锂和柠檬酸为原料，先在室温下混合研磨制得固相配位前驱体 $LiMn_2C_{10}H_{11}O_{11}$，然后在一定温度下焙烧一段时间，合成了尖晶石型 $LiMn_2O_4$ 粉末。研究结果表明，该法在合成温度、时间、产物性能方面都优于高温固相法。

（2）软化学法

为了克服传统高温固相反应烧结温度高、时间长及掺杂相在产品中分布不均匀的缺点，软化学法引起了研究者的广泛关注。软化学法可以使原料达到分子级混合，降低反应温度和反应时间，主要包括溶胶-凝胶法、共沉淀法、喷雾热解法、水热法、燃烧法、离子交换法、模板法和微乳液法等。

1）溶胶-凝胶法。该方法基于金属离子与有机酸能形成螯合物，把锰离子和锂离子同时整合在大分子上，再进一步酯化形成均相固态高聚物前驱体，然后烧结前驱体制得锰酸锂。该方法比高温固相法合成温度低，反应时间短，产物颗粒均匀，但原料价格较贵，合成工艺相对复杂，不宜工业化生产。Tan 等[24]以醋酸锂和醋酸锰为原料，以柠檬酸为螯合剂，用氨水调节 pH 值为 6~7，在 800 ℃下煅烧 24 h，得到锰酸锂的初始容量为 120 mA · h/g，经过 100 次循环后，容量保持在 89 mA·h/g。

2）共沉淀法。该方法将两种或两种以上的化合物溶解后加入过量沉淀剂使各组分溶质尽量按比例同时沉淀出来，然后焙烧干燥后的共沉淀物来制备材料。使用该方法后各种化合物混合均匀，合成温度低，生成物质的颗粒小，过程简单，易于大规模生产，目前该方法用于 $Li[Ni_{1/3}Co_{1/3}Mn_{1/3}]O_2$ 的研究已逐渐趋于成熟。但由于各组分的沉淀速度和溶度积存在差异，不可避免地出现组成的偏离和均匀性的部分丧失，而且沉淀物中混入的杂质还需反复洗涤才能除去。Naghash 等[25]采用硬脂酸和四甲基氨水溶液为沉淀剂，以 $MnSO_4$ 和 Li_2CO_3 为原料，制得化学计量的锂锰共沉淀物，干燥后在空气下焙烧得到尖晶石型锰酸锂（$LiMn_2O_4$）正极材料。

3）喷雾热解法。该方法直接用锂离子和锰离子合成锰酸锂，不需添加其他试剂和附加的合成过程。其过程为：将原料溶于去离子水中，在 0.2 MPa 下，通过喷射器进行雾化形成前驱体，然后进行干化，进口温度为 220 ℃，出口温度为 110 ℃，最后煅烧制得材料。Wu 等[26]以醋酸锂和醋酸锰为原料，通过喷雾热解法合成的锰酸锂煅烧时间短，结晶度高，颗粒粒径小，电化学性能优越，在电流密度为 0.1C 的条件下，初始电容量为 131 mA·h/g。

4）微乳液法。利用两种互不相溶的溶剂在表面活性剂的作用下形成均匀的微乳液，从微乳液液滴中析出固体，这样可使成核、生长、聚结、团聚等过程局限在一个微小的球形液滴内，从而形成球形颗粒，又避免颗粒之间进一步团聚。该法具有粒度分布较窄并且容易控制等特点。Seungtaek 等[27]将硝酸锂和硝酸锰（物质的量之比为 1 : 2）溶于水，混合 12 h，将配好的溶液在室温下逐滴加入吐温-85 乳化剂和煤油的混合物中，并且不停地搅拌，直至生成乳状物。将乳状物在 300 ℃下燃烧 15 min，再在不同温度下煅烧 24 h。XRD、循环伏安（CV）测试等分析表明，在不同温度下都能得到单相尖晶石型锰酸锂，初始放电容量为 120 mA·h/g。

5）燃烧法。该方法直接将溶液燃烧合成锰酸锂。Fey 等[28]将 $LiNO_3$ 与 $Mn(NO_3)_2$ 以适当比例与 NH_4NO_3 混合，采用乌洛托品（环六亚甲基四胺，HMTA）作为助燃剂，于 500 ℃加热 15 min 后，得到黑色粉末，再在不同温度下保温得到尖晶石型 $LiMn_2O_4$ 样品。样品颗粒大小为 30 nm 左右，比表面积为 1.28 m^2/g，初始放电容量为 120 mA·h/g，循环 200 次后衰减率为 20%。

6）水热法。水热法是在高温（通常是 100~350 ℃）高压条件下，在水溶液或者水蒸气等流体中进行化学反应制备目标材料的一种方法。一般包括制备、水热反应、过滤洗涤三个步骤。水热法的优势在于通过调控反应条件制备出尺寸均一且具有不同形貌的材料。相比于溶胶-凝胶法、高温固相法等，其合成温度低，能耗少。但是该方法合成的材料结晶度一般较差。

7）离子交换法。锰氧化物对锂离子有较强的选择性和较强的亲和力，可通过固体锰氧化物中的阳离子与锂盐溶液中的锂离子发生交换反应制备锰酸锂。离子交换法制备过程复杂，消耗大量的锂，容易引入杂质，不适合工业化生产。

8）模板法。以有机分子或其自组装的体系为模板剂，通过离子键、氢键和范德华力等作用力，在溶剂存在的条件下使模板剂对游离状态下的无机或有机前驱体进行引导，从而生成具有特定结构的粒子或薄膜。其优点是利用模板的空间限域和调控作用，可以控制合成材料的粒径、形貌和结构等性质。

5.4.4　锰酸锂的发展现状及趋势

我国目前是电池行业最大的生产国和消费国。近年来，我国电池领域发生了翻天覆地的变化，从 20 世纪 60 年代的手电筒到 70 年代的半导体收音机，从 80 年代的小家电到 90 年代的通信设备和电脑，再迅速扩展到 21 世纪的电力、交通等新能源领域。锰酸锂电池因价格较低、电位较高、环境友好以及安全性高等优点具有广泛的应用及市场前景。其主要应用包括以下几方面。①便携式电子设备，如笔记本电脑、摄像机、照相机、游戏机、小型医疗设备等。② 通信设备，如手机、无线电话、卫星通信、对讲机等。我国移动通信业的高速发展有目共睹，尤其是手机市场的爆炸式增长，使得以锂离子电池为主流的手机电池受到业内各方的普遍关注。作为消耗品的手机电池，其循环寿命比手机使用寿命短许多。因此，手机电池的市场不但是巨大的而且是长期稳定的，极具持久力和潜力。③军事设备，如导弹点火系统、大炮发射设备、潜艇、鱼雷及一些特殊的军事设备。在国防军事领域，锂离子电池的应用覆盖了多种装备，成为现代和未来军事装备不可缺少的重要能源。④交通设备，如电动汽车、摩托车、电动自行车、小型休闲车等。锂离子电池产业向动力型电源领域迅速发展，成为电动车的主导型产业。⑤装配荷载平衡和不间断电源。与太阳能、风能发电的不稳定电源配套开发，提高新能源使用率，储存多余电力在高峰时段使用，使新能源的综合开发更加完善。

目前,中国已成为全球锂离子电池生产制造基地之一,各国政府也纷纷加大对新能源汽车的支持力度。锰酸锂动力电池在成本和安全性能方面有很大的优势,其高温循环性能差是拟解决的关键问题之一。除了对锰酸锂材料本身进行优化外,在电解液等方面也有一些配套的工作需要改进,相信通过不断的改性及采用一些先进的合成方法,锰酸锂的电化学性能可以在一定程度上得到提高,高温循环性能差的问题可以很好地解决,锰酸锂作为动力电池正极材料的发展趋势可以说是不可阻挠的,锂离子动力电池的发展也必将登上一个新台阶。

5.5 其他正极材料

5.5.1 镍酸锂材料

由于钴的资源问题,人们最初试图开发镍酸锂($LiNiO_2$)来替代钴酸锂。$LiNiO_2$ 的结构与 $LiCoO_2$ 相似,属于 α-$NaFeO_2$ 结构,其输出电压约为 3.8 V,比 $LiCoO_2$ 略低。$LiNiO_2$ 的理论容量为 274 mA·h/g,其实际容量可以达到 190~210 mA·h/g,比 $LiCoO_2$ 高。同时,Ni 的成本和毒性都要比 Co 小,且来源广泛。但是 $LiNiO_2$ 合成困难,由于 Ni^{2+}较难氧化为 Ni^{3+},较难合成化学计量比的 $LiNiO_2$,所以一般需要在氧气氛围中焙烧,且过程中需要控制环境的水分,热稳定性差,存在较大的安全隐患。合成 $LiNiO_2$ 一般使用 LiOH 和 $Ni(OH)_2$ 在高温下焙烧制备,$Ni(OH)_2$ 先分解成 NiO,再氧化成高价的 Ni_2O_3,但是 Ni_2O_3 在超过 600 ℃时不稳定,容易分解为 NiO,不利于反应的进行,因此需要在氧气中进行,以抑制 Ni_2O_3 的分解。此外,由于 Ni^{2+}的电荷数比 Co^{3+}低(起始合成原料分别为 $Ni(OH)_2$ 和 Co_2O_3),减弱了与 Li^+之间的排斥作用。Ni^{2+}的半径与 Li^+非常接近,在锂盐挥发之后,Ni^{2+}容易进入 Li^+的 3a 空位,形成不具有电化学活性的立方“岩盐磁畴”相$[Li^+_{1-x}Ni^{2+}_x]^{3a}[Ni^{3+}_{1-x}Ni^{2+}_x]^{3b}O_2$,降低了 $LiNiO_2$ 的实际放电比容量,并且进入 3a 位的 Ni^{2+}在脱锂后期被氧化为半径更小的 Ni^{3+}/Ni^{4+}导致附近晶格结构塌陷,阻碍 Li^+的正常可逆脱嵌,严重影响 $LiNiO_2$ 的电化学性能。另外,因为 Ni^{4+}比 Co^{4+}更容易被还原,所以部分脱嵌锂离子之后的 $Li_{1-x}NiO_2$ 的热稳定性不如对应的 $Li_{1-x}CoO_2$。更重要的是,$LiNiO_2$ 的晶型在充放电的过程中一直在发生变化,不利于形成稳定的锂离子扩散通道。这是因为占据八面体位置的低自旋的 Ni^{3+}($3d^7=t^6_{2g}e^1_g$),其 e_g 二重简并轨道只有一个电子,即有两种能量最低的电子结构。根据姜-泰勒效应,为了消除这种结构的不稳定性,晶系会自发向着晶体对称性下降的方向自行变化为 NiO_6 八面体结构,从而消除 e_g 的二重简并轨道,实现唯一的能量最低结构。$LiNiO_2$ 的热稳定性和晶体结构的稳定性,可以通过掺杂来改性。常用的元素包括 Co、Mn、Al、Mg、Ca、B 和 Sn 等。因为 Co 不存在姜-泰勒变形,所以 Co 的掺杂不仅可以抑制 $LiNiO_2$ 的姜-泰勒变形,而且可以减少插入 Li 层空位中的 Ni,得到有序二维层状结构,改善 $LiNiO_2$ 的循环性能。例如 $LiNi_{0.85}Co_{0.15}O_2$,其表现出很好的循环稳定性,可逆容量可以达到 180 mA · h/g。Mn 的引入也可以有效地改善 $LiNiO_2$ 的热稳定性,因为 Mn^{4+}比 Ni^{3+}更稳定,典型的例子是 $LiNi_{0.5}Mn_{0.5}O_2$,其表现出不错的热稳定性和较高的放电容量(高达 200 mA · h/g)。另外 Al^{3+}与 Ni^{3+}粒径相当,价态稳定,引入约 25%的 Al^{3+}可以有效地提高在高电压下的稳定性,提高循环次数与抗过充电能力。张宁等[29]在制备镍酸锂的过程中加入 B_2O_3，制备 B 掺杂的 $LiNiO_2$（B 的摩尔分数为 1%），B^{3+} 由于较小的离子半径而优先占据过渡金属层和锂层的四面体间隙位，进而增大了晶格参数和晶胞体积，B 掺杂样品中较大的 LiO_6 层间距可能为 Li^+的嵌入和脱出提供良好的通道。

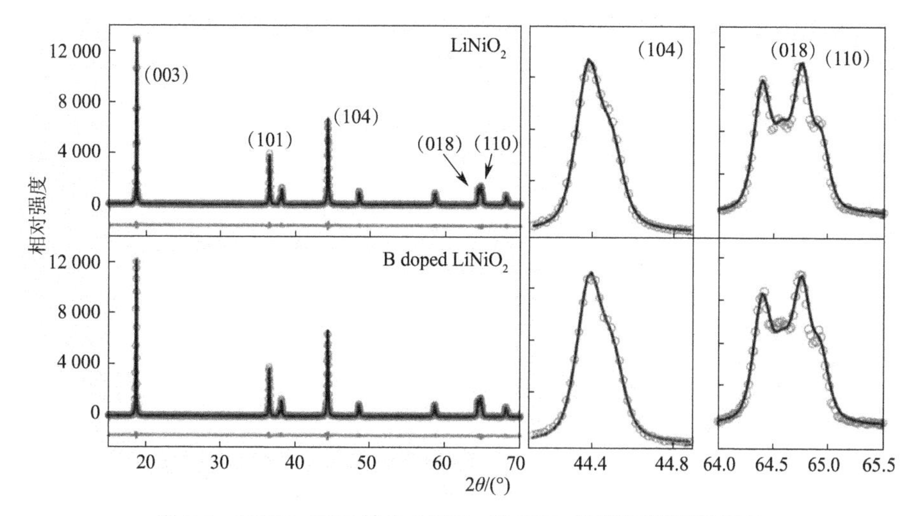

图 5.6　$LiNiO_2$ 和 B 掺杂 $LiNiO_2$ 的 XRD 图谱和精修图谱[29]

表 5.1　用 Rietveld 得到的晶格参数信息[29]

样品	a/nm	c/nm	晶胞体积/nm^3	Ni 在 Li 层的量	LiO_6/nm	NiO_6/nm	I_{003}/I_{104}	布拉格因子
$LiNiO_2$	0.287 69	1.419 91	0.101 773	2.0%	0.256 7	0.216 6	1.15	2.07
B-(掺杂 $LiNiO_2$)	0.287 73	1.420 00	0.101 809	2.6%	0.258 1	0.215 3	1.12	1.96

5.5.2　富锂锰基固溶体材料

层状富锂锰基材料是一种新型锂离子电池正极材料，一般可写作 $x\mathrm{Li_2MnO_3}\cdot(1-x)\mathrm{LiMO_2}$（M=Ni、Mn、Co 等），简写成 LMR，将只含两种过渡金属元素的这类材料称为二元层状富锂锰基材料，含三种过渡金属元素的称为三元层状富锂锰基材料。2008 年，日本 Toda Kogyo 公司和德国巴斯夫公司先后与阿贡实验室针对富锂锰基材料进行合作，试图将这种材料进行大规模工业化生产，目前这两家公司均可以提供千克级样品；美国 Envia 公司也于 2009 年加入对富锂锰基材料商品化的研发，获得了美国能源部和美国先进电池联盟的资助；浙江遨优动力系统有限公司于 2017 年 12 月宣布在全球范围率先实现富锂锰基动力电池的产业化，并且这种电池在 2018 年 5 月 28 日通过中国国家强检；2018 年 7 月 17 日，国家工业和信息化部公示的第 310 批《道路机动车辆生产企业及产品公告》中首次出现了富锂锰基电池配套的电动车辆，标志着富锂锰基材料的正式商用化。

层状富锂正极材料通常被认为拥有 α-$NaFeO_2$ 的结构。其中的 Na^+位被 Li^+占据，Fe^{2+}位被过渡金属离子及过量的Li^+占据。Li 层与过渡金属层被紧密堆积的氧原子层分开。α-$NaFeO_2$ 层状结构的氧离子呈立方紧密堆积，大部分Li^+占据四面体位构成 Li 层，仅有少部分Mn^{4+}和Li^+共同占据八面体位构成 M 层，每个Li^+被最近的 6 个Mn^{4+}所包围形成局部团簇 $LiMn_6$ 结构，属于六方晶系 R-3m 空间群，Li 占据 3a 位，过渡金属占据 3b 位，其中过渡金属 Ni 与 Mn 的化合价分别为+2 与+4 价。典型的层状富锂正极材料的 X 射线衍射谱图上，Li_2MO_3 与层状材料类似，只是在 20°~25° 区间存在超晶格衍射峰。

另外，层状富锂锰基正极材料可以视为包含 Li_2MnO_3 和 $LiMO_2$ 两种组分的固溶体，写作 $zLi_2MnO_3\cdot(1-z)LiMO_2$（$M=Mn_{0.5}Ni_{0.5}$ 或 $Mn_xNi_yCo_{(1-x-y)}$，$0<x, y<0.5, 0<z<1$），因此富锂正极材料的结构与这两种组分的结构相关。而 $LiMO_2$ 在电化学活性上则类似常规的层状 $LiCoO_2$、三元材料等。通俗地说，无电化学活性的 Li_2MnO_3 与有电化学活性的传统层状正极材料完成了无障碍“联姻”，并创造了一个高比容量的结果，是目前所用正极材料实际容量的 2 倍左右，由于材料中使用了大量的 Mn 元素，与 $LiCoO_2$ 和三元材料相比，不仅价格低，而且安全性好，对环境友好，因此被众多学者视为下一代锂离子电池正极材料的理想之选。Li_2MnO_3 和 $LiMO_2$（M= Co、Ni、Mn）的层状结构如图 5.7 所示。

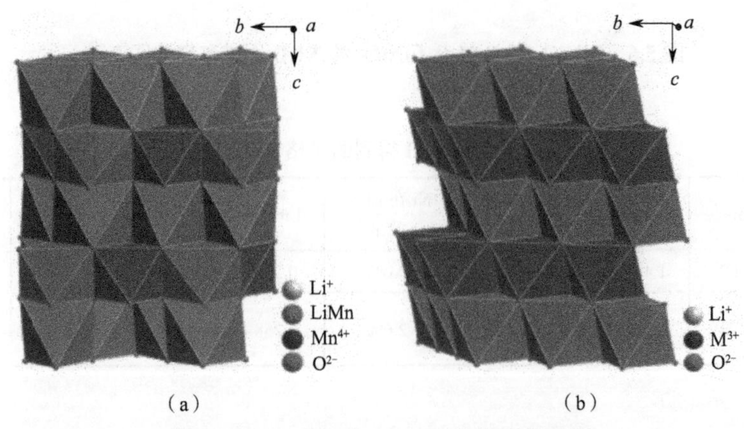

图 5.7 Li_2MnO_3 和 $LiMO_2$ 结构示意图[30]

（a）Li_2MnO_3 （b）$LiMO_2$

表 5.2 几种典型正极材料的电化学特征

正极材料	结构	工作电压/V	理论容量/（mA·h/g）	有效容量/（mA·h/g）	能量密度/（W·h /kg）
$LiCoO_2$	层状结构	3.9	274	150	580
$LiFePO_4$	橄榄石结构	3.4	170	150	500
$LiMn_2O_4$	尖晶石结构	4.0	148	110	400
$LiNi_{1/3}Co_{1/3}Mn_{1/3}O_2$	层状结构	3.8	275	160	600
$LiNi_{0.80}Co_{0.15}Al_{0.05}O_2$	层状结构	3.8	279	200	760
$Li_2MnO_3\cdot LiNi_xCo_yMn_{1-x-y}O_2$	层状结构	3.6	—	250	900

随着社会发展,电动汽车、消费类电子产品、储能装置等对锂离子电池的能量密度提出了更高要求。富锂锰基正极材料凭借高比容量(≈250 mA · h/g)、高工作电压(≈3.6 V)及低成本优势,有望成为下一代高比能量商用锂电池的正极材料。Li_2MnO_3 相的存在是富锂锰基正极材料具有高容量的根本原因,而其活化过程也引发了一系列问题。首次库仑效率低、倍率性能差、容量/电压衰减快等问题限制了富锂锰基正极材料的工程化应用。晶格氧析出、过渡金属离子迁移、界面副反应是材料的主要失效机制。采用离子掺杂、表面包覆、晶体结构调控等技术手段,可显著改善富锂锰基材料的电化学性能。尽管近年来国内外在富锂锰基正极材料研究方面取得了重要进展,但实现其真正的商业化应用,还面临如下几方面挑战。①材料结构、电化学反应机理及失效机制等尚未完全明了,需利用先进表征手段揭示材料合成及循环中的结构演变,材料的微观结构及电化学性能间的构效关系有待更深入、更系统地研究。②目前大部分研究仍处于实验室阶段,工艺方法普遍复杂,需开发低成本、高效的改性制备技术以实现材料的大规模商业化制备。③与富锂锰基材料相匹配的高电压电解液、黏结剂等的研究工作也需全面开展。单一的改性方法具有局限性,联合改性机制将是未来富锂锰基正极材料的改性方向。④应满足电池行业对正极材料的其他要求,如富锂锰基正极材料的振实密度仍需提高。

参考文献

[1] 戴新义. 锂离子电池正极材料 $LiCoO_2$ 的改性及其薄膜制备研究[D]. 成都:电子科技大学, 2016.

[2] CHEN Z, DAHN J. Methods to obtain excellent capacity retention in $LiCoO_2$ cycled to 4.5V[J]. Electrochimica acta, 2004, 49: 1079-1090.

[3] 胡国荣, 石迪辉, 张新龙, 等. Co_3O_4 对 $LiCoO_2$ 电化学性能的影响[J]. 电池, 2006, 36(4): 286-287.

[4] 文衍宣, 肖卉, 甘永乐, 等. 自蔓延高温合成锂离子电池正极材料 $LiCoO_2$[J]. 无机材料学报, 2008, 23(2): 286-290.

[5] 唐新村, 何丽萍, 陈宗章, 等. 低热固相反应法制备锂离子电池正极材料 $LiCoO_2$[J]. 功能材料, 2002, 33(2): 190-192.

[6] 齐力, 林云青, 景遐斌, 等. 草酸沉淀法合成 $LiCoO_2$ 正极材料[J]. 功能材料, 1998, 29(6): 623-625.

[7] SUN Y. Cycling behaviour of $LiCoO_2$ cathode materials prepared by PAA-assisted sol-gel method for rechargeable lithium batteries[J]. Journal of power sources, 1999, 83(1-2): 223-226.

[8] 习小明, 廖达前. 多相氧化还原法制备钴酸锂前驱体的研究[J]. 矿冶工程, 2012, 32(4): 93-96.

[9] AMATUCCI G, TARASCON J, LARCHER D. Synthesis of electrochemically active $LiCoO_2$ and $LiNiO_2$ at 100℃ [J]. Solid state ionics, 1996, 84(3-4): 169-180.

[10] YANG S, ZAVALIJ P, WHITTINGHAM M. Hydrothermal synthesis of lithiumiron phos-

phate cathodes[J]. Electrochemistry communications，2001，3(9)：505-508.

[11] NI J，MORISHITA M，KAWABE Y，et al. Hydrothermal preparation of $LiFePO_4$ nanocrystals mediated by organic acid[J]. Journal of power sources，2010，195：2877-2882.

[12] DENG H，JIN S，ZHAN L，et al. Nest-like $LiFePO_4$/C architectures for high performance lithium ion batteries[J]. Electrochimica acta，2012，78：633-637.

[13] DENG H，JIN S，ZHAN L，et al. Synthesis of cage-like $LiFePO_4$/C microspheres for high performance lithium ion batteries [J]. Journal of power sources，2012，220：342-347.

[14] YANG M，KE W，WU S. Preparation of $LiFePO_4$ powders by co-precipitation[J]. Journal of power sources，2005，146：539-543.

[15] LIU Z，YU A，LEE J. Modifications of synthetic graphite for secondary lithium-ion battery applications[J]. Journal of power sources，1999，(81-82)：187-191.

[16] MAKIMURA Y，OHZUKU T. Lithium insertion material of $LiNi_{1/2}Mn_{1/2}O_2$ for advanced lithium-ion batteries[J]. Journal of power sources，2003，119(6)：156-160.

[17] 马全新，孟军霞，杨磊，等. 锂离子电池正极材料 $LiNi_{0.5}Co_{0.2}Mn_{0.3}O_2$ 的制备及电化学性能[J]. 中国有色金属学报，2013，23：456-462.

[18] CAO H，ZHANG Y，ZHANG J，et al. Synthesis and electrochemnical characteristics of layered $LiNi_{0.6}Co_{0.2}Mn_{0.2}O_2$ cathode material for lithium ion batteries[J]. Solid state lonics，2005，176：1207-1211.

[19] KIMA M，SHIN H，SHIN D，et al. Synthesis and electrochemical properties of $Li[Ni_{0.8}Co_{0.1}Mn_{0.1}]O_2$ and $Li[Ni_{0.8}Co_{0.2}]O_2$ via co-precipitation[J]. Journal of power sources，2006，159：1328-1333.

[20] LIU J，QIU W，YU L，et al. Synthesis and electrochemical characterization of layered $LiNi_{1/3}Co_{1/3}Mn_{1/3}O_2$ cathode materials by low-temperature solid-state reaction[J]. Journal of alloys and compounds，2008，449(1-2)：326-330.

[21] FU Y，SU Y，WU S，et al. $LiMn_{2-y}M_yO_4$ (M=Cr，Co) cathode materials synthesized by the microwave-induced combustion for lithium ion batteries[J]. Journal of alloys and compounds，2006，426：228-234.

[22] 杜柯，杨亚男，胡国荣，等. 熔融盐法制备 $LiMn_2O_4$ 材料的合成条件研究[J]. 无机化学学报，2008，4(24)：615-620.

[23] 唐新村. 低热固相反应制备锂离子电池正极材料及其嵌锂性能的研究[D]. 长沙：湖南大学，2002.

[24] TAN C，ZHOU H，LI W，et al. Performance improvement of $LiMn_2O_4$ as cathode material for lithium ion battery with bismuth modification[J]. Journal of power sources，2008，184：408-413.

[25] NAGHASH A，LEE J. Preparation of spinel lithium manganese oxide by aqueous co-precipitation[J]. Journal of power sources，2000，85：284-293.

[26] WU H，TU J，YUAN Y，et al. Electrochemical performance of nanosized $LiMn_2O_4$ for lithium-ion batteries[J]. Physica B：condensed matter，2005，369：221-226.

[27] MYUNG S, CHUNG H, KOMABA S, et al. Capacity fading of $LiMn_2O_4$ electrode synthesized by the emulsion drying method[J]. Journal of power sources, 2000, 90: 103-108.
[28] FEY G, CHO Y, KUMAR T. Nanocrystalline $LiMn_2O_4$ derived by hmta-assisted solution combustion synthesis as a lithium-intercalating cathode material[J]. Materials chemistry and physics, 2006, 99:451-458.
[29] 张宁，厉英，倪培远. 硼掺杂镍酸锂的改性研究[J]. 工程科学学报，2021，43(8): 1011-1018.
[30] 许国峰，王念贵，樊勇利. 富锂锰基固溶体材料研究进展[J]. 电源技术，2015，39(3): 620-623.

第 6 章　超级电容器材料

超级电容器又称电化学电容器,它是一类介于高能量密度的电池、高功率密度和超长使用寿命的传统电容器之间的一类储能装置,目前已应用于多种能量存储元件、辅助充放电装置中。从电容器的发展历程来看,超级电容器的出现很好地填补了电池与传统电容器之间的空缺。本章根据储能机理,将超级电容器分为双电层电容器、赝电容器和混合电容器,介绍三种超级电容器的储能机制和电极材料。

6.1　超级电容器简介

1879 年,Helmholtz 发现了电化学界面双电层结构。在此基础上,1957 年,Becker 利用双电层存储电荷的原理,用活性炭作为电极材料制备出了双电层超级电容器,这一工作推动了超级电容器技术的快速发展。一些超级电容器公司,如美国的 Maxwell,日本的 NEC、松下、Tokin,俄罗斯的 Econd 等迅速壮大并抢占了全球大部分市场。我国对超级电容器的研究起步相对较晚,但随着近些年科技和产业的共同努力,我国动力型超级电容器的研发水平与国际接轨,在超级电容器材料、单体、模组、系统的研发与生产上,打破了国外在这一领域的垄断局面。

传统电容器尽管有较大的功率密度,但是能量密度较低。同时,随着新能源电动汽车的快速发展,对电源功率的要求越来越高,现有电池的性能往往难以达到要求。超级电容器是一种介于传统电容器和电池之间的能量存储装置。与传统电池相比,超级电容器具有功率密度高(10^2~10^6 W/kg)、充放电速度快(10 s~10 min 达到额定容量的 95%以上)、充放电效率高(>99%)及寿命长(>10 万次)的优点,因此在新能源领域受到广泛关注。目前,超级电容器主要应用于需要快速充放电与短期能量储存的场合,如汽车的启停系统、电动汽车的短时驱动电源,可以在汽车启动和爬坡时快速提供大电流从而获得大功率以提供强大的动力。在正常行驶时由蓄电池快速充电,在刹车时快速存储发电机产生的瞬时大电流来回收能量,从而减少电动汽车对蓄电池大电流放电的限制,延长蓄电池的循环使用寿命,提高电动汽车的实用性。图 6.1 为静电电容器、超级电容器、电池和燃料电池等储能设备的功率密度与能量密度的关系图。超级电容器的出现很好地填补了电池与传统电容器之间的空缺。

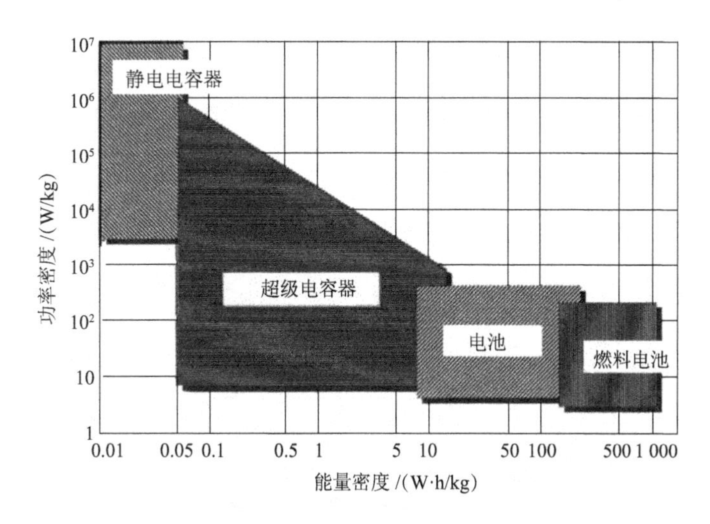

图 6.1 静电电容器、超级电容器、电池、燃料电池的能量分布图[1]

6.2 超级电容器的分类与储能机制

根据储能机理,超级电容器可分为三类:双电层电容器、赝电容器和混合电容器。双电层电容器的储能方式与传统电容器相似,均是电荷分离的物理过程,但单位质量或体积储存的能量更多。赝电容通过可逆的法拉第电荷转移获得,充放电过程中,电极材料发生化学吸附和氧化还原反应。混合电容器是双电层电容器和赝电容器的组合,法拉第反应过程和物理吸附/脱附过程同时发生,两者的结合能提高电容器的电压、能量和能量密度。

6.2.1 双电层电容器的储能机制

双电层电容器(Electrical Double Layer Capacitor)通过电极/电解质界面上的电荷分离形成界面双层来产生电容。双电层机制最早由 Helmholtz 在 19 世纪提出并建模。Helmholtz 模型假定电解液一侧的双电层是由一个紧凑排列的反离子层组成的,该反离子层正好能抵消电极表面的电荷层,形成 Helmholtz 层,此种结构类似于常规平板电容器(见图 6.2(a))。但是,电极表面的电荷完全被 Helmholtz 层中的反离子屏蔽仅仅是一个理想的情况,在实际工作中,除了近表面的双电层,在离电极更远的地方也会发生相互作用,如在电解质浓度和其他环境中。

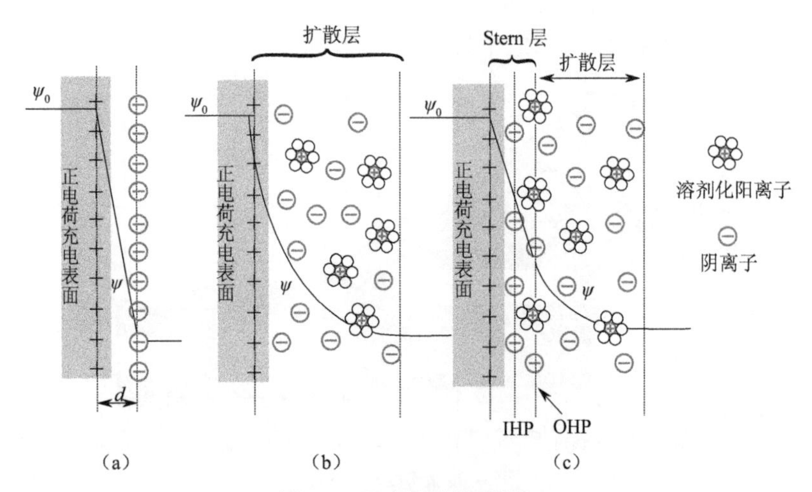

图 6.2 双电层结构模型[2]

(a)Helmholtz 模型 (b)Gouy-Chapman 模型 (c)Stern 模型

Chapman 在考虑了外加电场和电解质浓度的基础上,优化了双电层理论。紧接着,Gouy 提出,离子并不只出现在表面,存在一个基于表面带电离子与相反离子且浓度遵循 Boltzmann 分布的扩散层。然而,Gouy-Chapman 模型预测的双电层的电容太高,分离的电荷阵列的电容与距离成反比,因此当电荷离子靠近电极表面时,会产生非常大的电容值。随后,Stern 结合了 Helmholtz 模型和 Gouy-Chapman 模型对扩散双层进行了修改,并提出"离子存在大小"的问题。因此,在新加入离子是有尺寸的条件上提出了紧密层和扩散层,该模型被称为 Gouy-Chapman-Stern(GCS)模型。紧密层由特定吸附的离子(在大多数情况下为阴离子)和非特定吸附的反离子组成,通常紧密层中的离子(通常是水合的)被电极强烈吸附。用内 Helmholtz 层(IHP)和外 Helmholtz 层(OHP)来区分两种类型的吸附离子,而扩散层是由 Gouy-Chapman 模型定义的。因此,根据 GCS 模型,双电层电容可被模拟成由一个斯特恩层和一个扩散层串联而成。电容形式可以表示为

$$\frac{1}{C_{\mathrm{dl}}}=\frac{1}{C_{\mathrm{H}}}+\frac{1}{C_{\mathrm{diff}}} \tag{6-1}$$

其中 C_{dl} 为双电层电容器的电容,单位为 F/cm^2;C_{H} 为致密层的等效电容,单位为 F/cm^2;C_{diff} 为扩散层的等效电容,单位为 F/cm^2。

但是 GCS 模型无法用于解释基于传统半导体材料的电容器的储能过程,这是由于电极一侧的空间电荷层可延伸到电极体相内部,因此基于传统半导体材料的电容器实际由三个串联的电容器层组成:C_{H}、C_{diff}、C_{SC}(空间电荷层)。电容形式可以表示为

$$\frac{1}{C_{\mathrm{dl}}}=\frac{1}{C_{\mathrm{H}}}+\frac{1}{C_{\mathrm{diff}}}+\frac{1}{C_{\mathrm{SC}}} \tag{6-2}$$

双电层电容器的电极材料通常具有较大的比表面积及孔隙率,因此多孔电极的双电层机制比一般的平板电容器更为复杂,体系中的离子传输会受到许多参数的影响,如传质路径、电极材料孔结构、电解液的欧姆电阻、电解液的润湿性等等。

通常,双电层电容器电容的估算遵循一般的平板电容器电容的计算方式:

$$C = \frac{\varepsilon_r \varepsilon_0}{d} A \tag{6-3}$$

式中，ε_r 是电解质介电常数；ε_0 是真空介电常数；A 是电解质离子与电极接触的比表面积；d 是双电层的有效厚度。根据式(6-3)，比电容(C)和比表面积(A)之间应该存在线性关系。然而，实际的实验结果表明线性关系并不成立。一般认为，由于亚微孔表面无法接触到大的溶剂化离子，因此电极的亚微孔不参与双电层电容过程。然而，Raymundo-Pinero 等通过实验发现了微孔结构对总电容的影响，水合离子会发生部分去溶剂化，导致电容增大。随后，Simon 和 Gogotsi 发表了孔径小于 1 nm 的碳材料电容异常增加的现象。当电极材料的孔径非常接近离子尺寸时，双电层电容出现最大值。该结果进一步证实了孔径小于溶剂化离子尺寸的孔对电容的影响。在此种情况下，双电层理论无法给出合理解释，因为在微孔中，没有足够的空间形成致密层和扩散层。

针对电极孔结构对电容的影响，Huang 等在考虑孔径结构的基础上提出了不同的模型。对于中孔提出 EDCC 模型，即将中孔假设为圆柱，溶剂化的反离子进入孔中到达圆柱孔壁，吸附的离子会在圆柱内形成一个带电双层柱状电容器(EDCC，Double-Layer Column Capacitor)(见图 6.3(a))，当孔径足够大时，EDCC 模型可简化为一般平板电容器的电容计算。微孔则适用于 EWCC(Electrical Wire-core Cylindrical Capacitor)模型，由于孔的直径有限，微孔内部通常为单列的去溶剂化离子，形成电线芯圆柱电容器(见图 6.3(b))。图 6-3 中的公式中，b 是孔半径，d 代表离子与碳电极表面的距离，a_0 代表反离子的有效大小(即离子周围的电子密度范围)。该模型对各种碳材料和电解液具有普适性，同时解释了超微孔碳材料电容异常增加的现象。

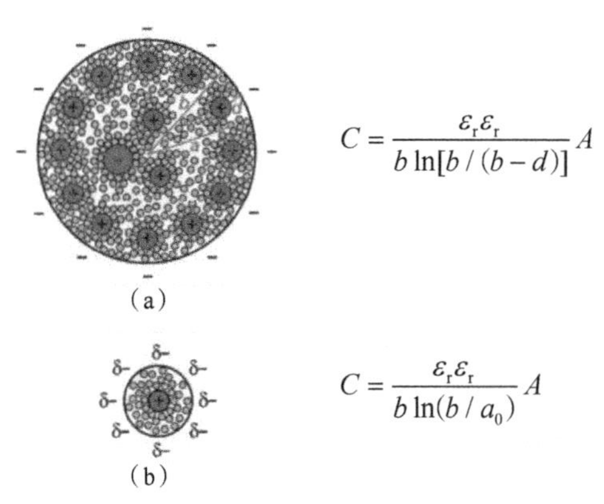

图 6.3　双层柱状电容器和电线芯圆柱电容器模型[3]

(a)双层柱状电容器模型　(b)电线芯圆柱电容器模型

双电层电容器由两电极、电解液和隔膜组成，与电池的结构类似(见图 6.4(a))[4]。电极是决定双电层电容器性能的主要因素。双电层电容器的正负电极相同且平行正对，二者之间由能透过电解质离子的隔膜相隔。在充电状态下，电解液中阴离子与阳离子分别向正极和负极移动，并聚集吸附在电极材料的表面，此时正负极与电解液界面分别形成两个双电层，形成电势差，进而实现双电层电容器的储能；在放电状态下，吸附在电极表面的阴离子与阳离子分别从正极和负极的表面脱附并回到电解液中，从而实现双电层电容器能量的释放。

因此,理想的双电层电容器的储能机制是只有离子在电极表面吸附/脱附的过程,是纯物理过程,没有化学反应,所以充放电过程非常快,而且整个体系在充放电过程中很稳定,经过几万甚至几十万次的充放电循环,电极也不会出现明显的体积或结构变化。因此,双电层电容器的循环伏安曲线和恒流充放电曲线不会呈现出阴/阳极峰和电势平台(见图6.4(b)、(c))[5]。

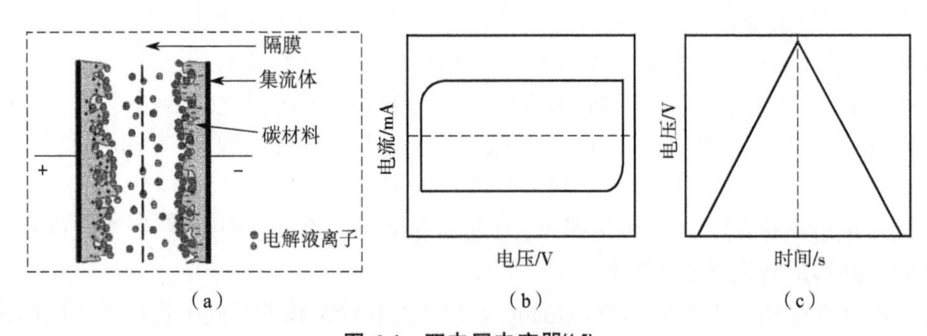

图6.4 双电层电容器[4,5]

(a)基本结构 (b)循环伏安曲线 (c)恒流充放电曲线

在双电层电容器中,电极和电解液是决定电容器性能的主要因素。电极材料决定电容器的容量,电解液决定电容器的电压窗口,它们之间的匹配影响着器件的性能。

1)电极。双电层电容器的电极一般由电极材料和集流体组成。在双电层电容器中,对集流体的要求通常是导电性能优良且在电解液中电化学性能稳定,因此只要选好合适的集流体,电极对电容器的性能影响不大。双电层电容器常用的集流体有:泡沫镍(可用于碱性和中性电解液)、不锈钢网(可用于酸性和中性电解液)和铝箔(主要用于有机电解液)。双电层电容器的电极材料主要是为电解质离子提供吸附活性位点,因此电极材料常为物理化学性质稳定、电导率高、成本低的碳材料,如活性炭、模板碳等。碳材料与导电剂、黏结剂混合并通过涂覆或辊压工艺粘贴在集流体上。

2)电解液。电解液的溶剂和溶质的化学稳定性决定了双电层电容器的电化学窗口,而超级电容器存储的能量与电容器两端的电压成正比,因此电解液的性质与参数对电容器的性能至关重要。电解液的作用是为双电层电容器的电荷存储提供阴阳离子,其最重要的性质是导电性、电化学稳定性和热稳定性等。电解液的导电性与电解液中离子的浓度、离子迁移速率、溶剂和温度相关。

6.2.2 赝电容器的储能机制

赝电容器(Pseudocapacitor)是一种介于电池和双电层电容器之间的超级电容器。其储能机制与双电层电容器不同,不来源于静电荷。在赝电容器中,电能是通过可逆的电化学反应来储存和释放的,其中电极所用活性材料的氧化态在电子转移过程中发生变化,但是其中并没有旧化学键的断裂和新化学键的形成。同时,虽然电荷转移与电池中的电荷转移类似,但是这些氧化还原反应仅在电极/电解质界面处发生,并不像电池体系中离子会进入电极材料的整个结构中,因此电荷转移速率较快。理论上,由于涉及多个存储电荷的过程,赝电容器的电容量高于双电层电容器。

赝电容器的储能机制发现于1971年, Buzzanca发现RuO_2的电化学行为明显不同于双电层电容器[5]。随后，Conway 于 1997 年首次提出了赝电容储能机制，其认为赝电容器的电荷储存机制是通过可逆的法拉第电荷转移实现的。同时，此类法拉第电化学过程可增大工作电压的范围，因而可获得比双电层电容器的电容量和能量密度更高的电容量和能量密度。在相同电极面积的情况下，赝电容器可以是双电层电容器的 10~100 倍。但是，受固态体相扩散控制，赝电容器的能量存储与释放速率大幅度降低，导致功率密度较低，并且伴随着电极材料的体积膨胀，循环稳定性降低。目前，根据不同的法拉第过程，赝电容器的储能机制有三种类型：欠电位沉积、氧化/还原赝电容、插层赝电容。

（1）欠电位沉积

欠电位沉积是指电解质溶液中的金属离子在一定的氧化还原电位下，吸附在另一种金属表面形成单层金属层的过程，该过程发生于两种不同的金属之间。常见的贵金属（Pt、Au）的欠电位沉积过程虽然具有优异的电化学可逆性，但其往往只有 0.3~0.6 V 的电压窗口，能量密度很低，并且贵金属造价昂贵，因此不具备商业化应用前景。

（2）氧化/还原赝电容

氧化/还原赝电容是指电解液中的金属离子被吸附于电极材料表面或近表面，并在电极材料/电解液界面发生氧化/还原反应。氧化/还原赝电容的循环伏安曲线和充放电曲线与双电层电容的曲线极为相似，电荷存储在电位窗口范围内呈线性关系。但是，这并不意味着赝电容只能通过双电层机制存储电能，赝电容还可通过表面法拉第过程存储电荷。

氧化/还原赝电容材料一般为过渡金属氧化物，例如 RuO_2、MnO_2 等。RuO_2 是最早被关注的材料之一，具有理论比容高、电化学可逆性好等优点，其储能过程为：

$$RuO_2+xH^++xe^- \rightleftharpoons RuO_{2-x}(OH)_x\ (0\leqslant x\leqslant 1)$$

其氧化还原反应是通过接受电解质中的质子并将其释放回电解质而发生的。在接受质子的同时，也接受电子，氧化状态也从+4 价变为+3 价。在酸性电解液中，以水合物形式存在的 RuO_2 的比电容高达 720 F/g，远高于双电层电容器。但是 RuO_2 的价格比较昂贵，因此难以在实际中广泛应用。目前，价格较低的金属的氧化物（Ni、Co、Mn 等金属氧化物）的研究也引起了广泛关注。MnO_2 是具有代表性的氧化/还原赝电容材料，Mn 具有多价态，可在电极表面发生快速可逆的氧化还原反应。如图 6.5（a）~（c），MnO_2 通过 Mn 的+4 价和+3 价氧化状态之间的表面/体相氧化还原反应存储电荷[6]：$MnO_2+xA^++xe^- \rightleftharpoons A_xMnO_2$。在上述反应机理中，符号“A”表示碱金属阳离子（$Li^+$、$Na^+$、$K^+$）。锰氧化物的赝电容特性依赖其结晶度和晶体结构。根据 MnO_6 八面体的不同排列方式，Mn 氧化物可分为不同的晶体结构，如 α、β、γ、δ 和 λ 型，其中 α、β 和 γ 相具有一维隧道结构，δ 和 λ 分别为二维层状结构和三维尖晶石结构。

（3）插层赝电容

插层赝电容是针对一些层状或隧道状（如 TiO_2（B）、Nb_2O_5 和 MoO_3）的电极材料的新赝电容形式，通过电解液中的离子插层到电极材料的孔或层间，进而与周围的原子、传输过来的电子发生氧化还原反应。这种赝电容形式不同于锂电池的插层，不会发生材料的相变，动力学控制步骤仍为吸附过程。值得注意的是，这些材料表现出可逆而快速的电荷存储过程，接近甚至超过传统的氧化/还原赝电容材料。因此，插层型赝电容材料具有优异的倍率性能和电荷储存能力。Dunn 和 Simon 将这种电荷存储机制定义为“插层赝电容器”[7-8]。插层赝电容的电化学特征是:电流与扫描速率呈线性关系,容量随充电时间变化不大,峰值电位随扫描速率变化不大。插层赝电容的一个关键特征是材料在插层过程中不会发生相变。一般反应机理可以表示为

$$MO_y+xLi^++xe^- \rightleftharpoons Li_xMO_y$$

T-Nb_2O_5 是典型的插层型赝电容材料,图 6.5 对比了氧化/还原赝电容与插层赝电容的储能特征,MnO_2 和 T-Nb_2O_5 的电化学特征曲线既具有相似之处又存在明显的不同。相似之处是二者均存在表面持续改变的氧化态,并且在电荷存储过程中均不会发生相变。而不同之处是由于 T-Nb_2O_5 的存在,离子嵌入、脱出过程中引起法拉第电荷转移。MnO_2 和 T-Nb_2O_5 的响应电流(i)与扫描速率(v)的幂关系均具有很好的线性关系,这是赝电容电极材料的本征动力学特征。

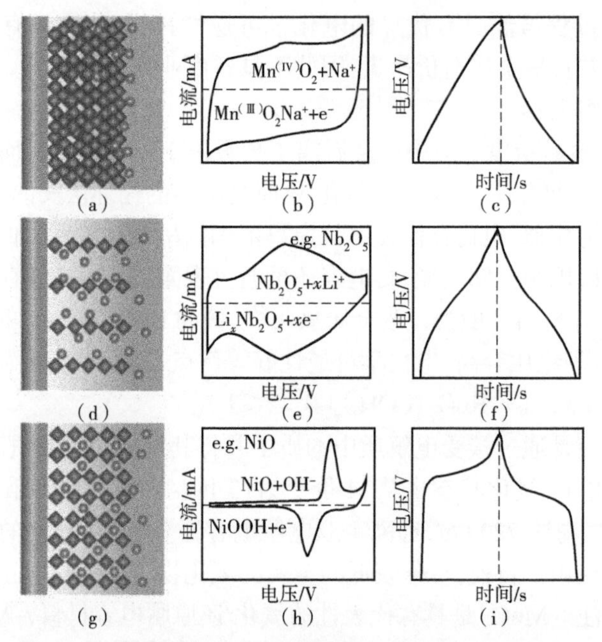

图 6.5 氧化/还原赝电容和插层赝电容储能机制对比[9]

(a)~(c)氧化/还原赝电容;(d)~(f)插层赝电容;(g)~(i)电池型电容

另外,导电聚合物的电荷储存机制是一种较为特殊的离子掺杂型赝电容机制。导电聚合物具有 π 共轭结构,能够通过聚合物链的共轭 π 键的氧化还原反应来储存和释放电荷,具有非常优异的电化学可逆性。不同于双电层电容器,导电聚合物电极整个有效体积均可用于电荷存储,因此其储存能量要比双电层电容器高得多。常用的导电聚合物有聚吡咯(Polypyrrole)、聚苯胺(Polyaniline)、聚噻吩(Polythiophene)及其衍生物等,相关内容会在本章后续部分详细介绍。

6.2.3 电池型电容储能机制

电池型电容与赝电容材料储能机制不同,前者电荷的储存是扩散控制,而后者则是表面控制。电池型电极材料在储存和释放电荷的过程中会伴随发生可逆的“相变过程”,因此导致电池型电极材料与赝电容材料的电化学测试曲线(例如循环伏安曲线(CV)和充放电曲

线(GCD))明显不同。如图 6.5(g)~(i)所示,在充放电过程中,电池型电极材料的电位保持不变,符合相变过程。因此,电池型电容材料与电池类似,循环伏安曲线存在明确的氧化还原峰,充放电曲线中存在明显的平台区间。虽然电池型电极材料具有相对较高的理论比容量,但是由于其相变储能特性,其电化学倍率性能和循环使用寿命往往低于赝电容材料。典型的电池型电容材料包括 Ni、Co、Cu、Fe、Cd 的氧化物、氢氧化物、硫化物、硒化物和磷化物等,它们与碱性介质中的氢氧根发生反应进而储存电能。例如,电池型电容材料 NiO 在碱性溶液中的电化学过程可由下列方程式表示:

$$NiO + OH^- \rightleftharpoons NiOOH + e^-$$

对于电池型电容的计算,必须采用比容量(单位为 mA·h/g)或比电荷(单位为 C/g),因为平均电容(单位为 F)在整个电压窗口内不是恒定的。材料的实际比容量是依据 CV 曲线和 GCD 曲线计算的。通常,以一定的扫描速率得到的 CV 曲线,比容量的计算公式为

$$比容量=\int i\mathrm{d}V/(m \times v \times 3\,600)$$

式中,v 是扫描速率,m 是质量载荷。通常,电池型电容材料的 CV 曲线需以较慢的扫描速度测得,这可以计算出最佳的比容量。在进行计算前,须先循环至反应稳定,即 CV 曲线重叠。恒电流充放电曲线比容量的计算公式为

$$比容量=\int i\mathrm{d}t/(m \times 3\,600)$$

式中,i、t、m 分别为电流密度(单位为 A);放电时间(单位为 s)、活性物质的质量(单位为 g)。

一般可以通过扫描速率和响应电流的对数关系 $\lg i = \lg a + b\lg v$ 定性判断电极材料的储能机制。当储能机制为表面控制(电容过程)时,b 值为 1;当 b 值在 0.5~1 的过渡区域时,储能机制可能是电容过程和电池行为耦合进行的;当储能机制仅由扩散控制(电池行为)时,b 值为 0.5。

6.2.4　混合型电容器

超级型电容器虽然具有比电池大得多的功率密度和快速充放电的能力,但是由于其电极材料表面或近表面电荷存储的限制,其能量密度低。为了提升超级电容器的能量密度,研究者在非水系的混合电容器方面做了大量的工作。

混合型电容器是指电容器两侧采用不同的电极材料,一极采用赝电容电极材料或电池电极材料,另一极则通过双电层来储存能量,两者的结合使混合电容器具备了双电层电容器和电池或赝电容器的优势。一方面可获得更高的工作电压(1.6~2.0 V),进而实现能量密度的大幅提升,另一方面保留电容器的高功率密度的优点,可以更好满足市场的需求。根据电解液类型的不同,混合超级电容器可以分为锂离子混合电容器(LIBSC)、钠离子混合电容器(NaIBSC)、钾离子混合电容器(KIBSC)、酸性混合电容器(ADBSC)、碱性混合电容器(ALBSC)以及其他类型混合电容器。

以活性炭(Active Carbon, AC)/NiOOH 电容器为例,在充电过程中电解液中 OH^-向正极迁移并与 $Ni(OH)_2$ 发生反应,产生 NiOOH 且释放出电子;与此同时,K^+向负极迁移,并在活性炭电极的表面吸附产生吸附电容。其正负极充放电过程中的反应式如下。

正极:

$$Ni(OH)_2 + OH^- e^- \rightarrow NiOOH + H_2O$$

负极：

$$AC+K^{+}+e^{-} \rightarrow K^{+} \| (AC)_{surface}$$

锂离子混合电容器是出现最早、应用最广泛的一种混合型电容器。早在2001年，Amatucci等报道了以纳米$Li_4Ti_5O_{12}$作为负极、活性炭作为正极的混合器件，并首次将其命名为混合电容器。在随后的十几年里，多种类型的含锂混合电容器被开发，包括含锂化合物/AC、含锂化合物+AC/AC、含锂化合物+AC/钛氧化物、AC/钛氧化物、AC/预嵌锂碳材料等体系。目前，有机体系的锂离子混合电容器具有三种典型的充放电机制：电解液消耗机制、锂离子传输机制、混合机制。

以电解液消耗为充放电机制的体系一般以锂脱嵌化合物或金属氧化物为负极，以活性炭为正极。在充电过程中电解液中的阴离子与阳离子会在电压作用下分别向正负极移动，整个充放电过程不同于锂离子电池中Li^+的“摇椅式”反应，而是Li^+在负极嵌入/脱出，电解液中阴离子在活性炭表面吸附/脱附。充电时，电解液中的阴离子向正极移动并产生吸附电容，同时Li^+向负极（如钛酸锂、石墨等）移动并发生嵌入反应；放电时，负极材料中的Li^+脱出回到电解液中，同时正极也释放吸附的阴离子，达到电解液电荷的平衡。属于电解液消耗机制的典型混合电容器体系有钛酸锂/活性炭体系、石墨/活性炭体系等。其中石墨/活性炭锂离子混合电容器最为典型，此种锂离子电容器的工作电压可以达到3.8~4.0 V，功率密度达到5 000 W/kg，能量密度达到20~30 W·h/kg。

以锂离子传输为充放电机制的体系一般由正极提供锂离子源，负极为电容活性材料。整个充放电过程类似锂离子电池的“摇椅式”反应，电解质浓度不变，只传输Li^+。与传统锂离子电池不同的是，该过程不只包含Li^+的脱出/嵌入，还包括双电层吸附/脱附过程。以锰酸锂/活性炭体系为例，充电时Li^+从锰酸锂中脱出进入电解液，电解液中的Li^+向负极迁移并吸附于活性炭表面或近表面产生双电层电容；放电时，负极活性炭表面的Li^+脱附进入电解液，电解液中的Li^+迁移至正极并嵌入正极材料中。

混合机制是指在电池的一极或两极中既存在嵌入/脱出机制也存在电容行为。典型的混合机制电容器体系有（活性炭+锰酸锂）/钛酸锂体系、（活性炭+磷酸铁锂）/中间相炭微球体系等，至少一极既包含电池材料又包含电容材料。以（活性炭+锰酸锂）/钛酸锂体系为例，充电时，Li^+从锰酸锂中脱出进入电解液，同时正极材料中的活性炭吸附电解液中游离的阴离子，电解液中的Li^+同时嵌入负极材料中；放电时，活性炭吸附的电解液阴离子脱附，同时负极中的Li^+脱出进入电解液中，其中一部分脱出的Li^+则嵌入正极材料中。

6.3 超级电容器电容材料

超级电容器的电容材料是影响其电化学性能的关键因素之一。本部分内容将根据储能机制将电极材料分为以下三类：双电层电容材料、赝电容材料和电池型电容材料。

6.3.1 双电层电容材料

双电层电容材料通过与电解液界面处静电吸附聚集形成电化学双电层完成存储电荷功能，该过程中不涉及法拉第反应，是一种可逆的物理吸附与脱附的过程。双电层电容材料通常是具有大比表面积的碳材料，碳材料具有价格低廉、无毒、比表面积大、导电性能好、化学性能稳定等优点。目前，常用的碳材料有活性炭、碳纳米管、石墨烯、模板碳等。

（1）活性炭

活性炭是开发和使用较早的一种双电层电容材料，具有比表面积大、价格低和化学稳定性好等优点。目前，市场上的活性炭是通过碳质材料（木头、树皮等植物类及煤、石油焦等矿物类材料）的高温炭化和活化获得的。活化方式有物理活化、化学活化及物理-化学活化。

物理活化是将碳基前驱体在水蒸气、CO_2 或空气等氧化气体中进行高温（700~1 200 ℃）处理的过程，在此过程中碳材料中部分碳原子与活化剂结合并以气体形式逸出，进而在内部刻蚀出发达的孔隙结构。物理活化法制备的活性炭孔径较大、比表面积较小，且制备过程的温度较高、活化时间较长。化学活化是通过使化学试剂进入碳颗粒内部，经过一系列交联缩聚反应形成微孔的过程。其过程为在碳酸盐、碱、氯化物或酸等活化剂的作用下对碳基前驱体进行低温（400~700 ℃）热处理。常见的活化剂有 KOH、NaOH、H_3PO_4、$ZnCl_2$ 等。化学活化法制得的活性炭产率高，孔隙结构比物理活化法更加发达。但是化学活化对设备腐蚀大，且会对环境造成一定的污染。物理-化学活化法则是将物理活化法和化学活化法交叉联用的方法。物理-化学活化法能够克服物理活化法和化学活化法的缺点并制备出高性能的活性炭。

作为双电层电容器的电极材料，碳材料必须具有三个特性：大比表面积、良好的导电性以及电解液与碳材料内部孔的良好浸润性。因此，制备的活性炭一般都具有发达的多孔结构。但是材料的比表面积与电容之间存在不对应的关系。一般情况下，只有直径大于 0.5 nm 的孔，电解液才可以浸润，才具备电化学活性。例如，有比表面积甚至可达 3 000 m^2/g，但是电容远小于理论的双电层电容。因此，比表面积虽然是影响双电层电容的重要因素，但是材料的孔径分布、孔形状、表面官能团、电导率等也是影响电化学性能的重要部分。研究表明，合适的分级孔结构对活性炭性能的提升至关重要[10]。微孔的存在有助于提供大的比表面积以提高电荷储存能力，而介孔、大孔和分级结构有助于电解质的渗透和离子的扩散。通过制备出分级的孔结构，不仅可以提供更大的比表面积，获得高的能量密度，而且连通的中孔和大孔有利于离子进入碳材料的孔内空间，保证了材料的高功率密度。例如，Ba 等[11]利用无花果废料通过化学活化开发出多孔碳材料。该多孔材料具有较大的比表面积（2 000 m^2/g），微孔、中孔和大孔的分布较好。在 0.5 A/g 和 20 A/g 的电流密度下，材料表现出 340 F/g 和 217 F/g 的比容量。同时，材料表现出优秀的循环稳定性，循环 10 000 次后比容量保持率超过 99%。而商业化的活性炭的比表面积通常为 700~2 200 m^2/g，在水系电解液中的比容量为 70~200 F/g。

研究发现，通过氧化工艺对活性炭表面进行修饰、在活性炭的多孔结构上引入硫和氧杂原子以及利用活性炭和其他碳纳米材料制备复合材料等手段可以有效提高活性炭电极的电化学性能。通过对碳材料进行杂原子掺杂，可以有效提高碳材料的电导率，增大比表面积，形成的缺陷可增加反应活性位点，从而显著影响界面化学反应并获得较优的电化学性能[2]。目前，研究人员主要采取两种手段修饰碳材料：一种是用杂原子取代晶格中的碳原子，另一种是通过物理或化学吸附过程将掺杂剂附着到碳结构表面。其中，由于晶格中的碳原子与杂原子之间存在共价键，所以杂原子掺杂的方法的取代掺杂相对更稳定。目前，杂原子的引入主要是轻质原子的掺杂（如 B、N、P 和 S），由于其与碳原子半径相似，在掺杂时可避免晶格结构的不匹配。具体来讲，B 掺杂会增强碳材料的 p 型导电行为。N掺杂可获得具有 n 型半导体特征的碳材料，氮与碳键合的形式有三种，分别是石墨型、吡啶型和吡咯型。P 和 S 掺杂同样可提升碳材料的电化学性能。

（2）碳纳米管

碳纳米管（CNT）可看成是单层或多层片状石墨卷曲形成的无缝纳米管。碳纳米管既继承了石墨烯的本征特点，如良好的导电性、大比表面积、稳定的化学和热学性能等优良性质，也基于其一维结构具有了较快的离子传输特性。碳纳米管可分为单壁碳纳米管（SWCNT）和多壁碳纳米管（MWCNT）。1997 年，Niu 等[12]最早用 CNT 作为电极材料来制备超级电容器，通过烃类催化热解法得到多壁碳纳米管，经酸化处理后的比表面积为 430 m^2/g，比容量可达到 49~113 F/g。单壁碳纳米管用作超级电容器电极材料时，比容量和能量密度分别达到 180 F/g 和 7 W·h/kg。后续研究人员开发利用超长碳纤维、垂直生长的碳管阵列等作为电极材料，有效提高了比容量。另外，碳纳米管的直径也与双电层电容密切相关。Frackowiak 课题组研究发现[13]，随着碳纳米管直径的增加，其比表面积从 128 m^2/g 增加到 411m^2/g，比容量也从 4 F/g 提高到 80 F/g。但是，未经处理的 CNT 比表面积较小，相应的比容量相比活性炭较低。更重要的是，难以在宏观尺度上保持单个碳纳米管的固有特性、纯度和与电解质相关的电容性能，因此性能难以稳定调控。

研究者发现对碳纳米管进行修饰可有效提升电容性能，如活化改性处理、表面修饰官能团。研究者采用氨水、KOH-NaOH 溶液、硫酸、硝酸等对碳纳米管进行表面处理，发现这些方法可提高电化学性能。例如，Wang 等[14]依次利用 NaOH 溶液、H_2SO_4/HNO_3 混合溶液处理 CNT，改性后的 CNT 在具有氧化还原活性的电解液中比容量可高达 3 199 F/g。Yoon 等[15]利用氨气处理 CNT 后，比容量从 38.7 F/g 提高到 207.3 F/g。Frackowiak 课题组发现[16]，与非活化的多壁碳纳米管相比，用 KOH 活化的多壁碳纳米管比电容增加了 7 倍。活化后的碳纳米管依旧保持管状形貌，外壁的微孔数量增加使得微孔体积增加。

在碳纳米管表面引入官能团也是一种常用的提升碳纳米管电容性能的方法。最常见的官能团为含氧官能团，含氧官能团的引入既可以改善浸润性，还能增加氧化还原反应赝电容。常见的手段有化学氧化和电化学氧化。化学氧化主要采用硝酸、混酸等氧化碳纳米管。例如，Kim 等[17]将多壁碳纳米管用硝酸酸化后沉积在金属片上，制备出多孔的碳纳米管薄膜（图 6.6），在 1 mol/L 的硫酸电解液中，测得的比容量为 108 F/g。电化学氧化也可有效处理碳纳米管。例如，Hsu 等[18]在碳纤维布上直接生长紧密缠绕的碳纳米管，经过电化学氧化后其表面包含大量的含氧官能团的同时具有高度的无序性，在 Na_2SO_4 水相电解质的超级电容器中，其比电容达到 210 F/g，并表现出良好的稳定性。此外，氮化和氟化也是有效提升碳纳米管性能的方法。氟化过程可在碳纳米管壁上形成偶极层进而改变极性（非极性变为极性），提高其在水相中的浸润性。但是，如果氟化后不经热处理，样品因微孔面积增加和平均孔径降低等因素影响，其比容量很低；经热处理后，电极表面残余的氧气发生了氧化还原反应，此时氟化样品的比容量比非氟化样品的比容量高很多。此外，用 NH_3 对多壁碳纳米管表面进行等离子处理后，其比表面积和浸润性都大幅提高，使多壁碳纳米管的比容量大幅度增加。

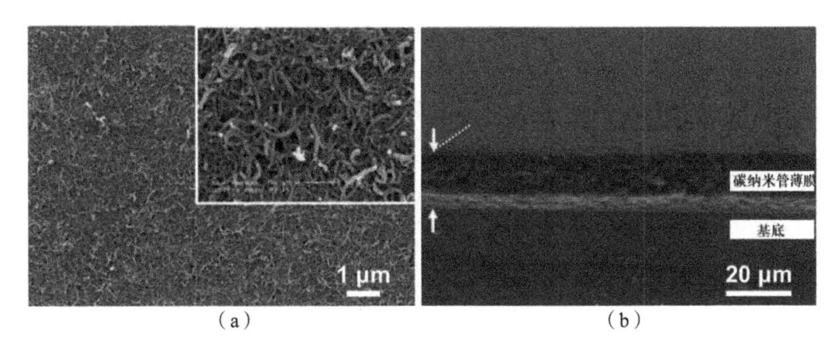

（a）　（b）

图 6.6　碳纳米管薄膜的扫描电镜图[17]

（a）正面图　（b）截面图

（3）石墨烯

石墨烯是一种以 sp^2 杂化连接的碳原子紧密堆积成单层二维蜂窝状晶格结构的新材料，具有独特的电学和物理化学性质，其室温的电导率为 700 S/m，机械强度可以达到 1 100 GPa（杨氏模量），理论比表面积为 2 630 m^2/g。

根据石墨烯的理论比表面积计算出来的理论比容量为 710 F/g，但是实验中得到的比容量远低于理论值。例如，2008 年 Ruoff 课题组[19]首次用水合肼作为还原剂将氧化石墨烯（GO）制备成比表面积 为 705 m^2/g 的还原氧化石墨烯（rGO），用作双电层电容器的电极材料时，在水系电解液中电极的比容量为 135 F/g。这是由于石墨烯的二维结构及较强的 π 电子相互作用，石墨烯片层易团聚，实际比表面积小于理论比表面积，不利于电解液离子的扩散。因此，科研人员采用不同的方法来防止石墨烯堆叠。引入插层材料是防止石墨烯堆叠的常用手段，采用表面活性剂作为插层材料嵌入氧化石墨烯层间可有效提高比电容。如 Zhang 等[20]利用四丁基氢氧化铵、十六烷基三甲基溴化铵改性石墨烯，结果表明使用四丁基氢氧化铵作为表面活性剂时，氧化石墨烯电极材料的比容量可达到 194 F/g。碳纳米管也可作为插层材料，研究报道将 CNT 插入石墨烯层间（图 6.7），可防止团聚，也可将其作为导电剂和黏合剂[21]。当石墨烯与 CNT 的质量比为 9∶1 时，材料的比电容为 326 F/g。

三维结构的石墨烯也是有效分散石墨烯片层的手段。Xu 等[22]制备出三维多孔的石墨烯泡沫，三维结构有效分散了石墨烯，离子可以在孔中通过，同时石墨烯骨架具有较高的电子迁移率。将其用于超级电容器的电极，表现出优异的性能，比容量可达到 298 F/g。将石墨烯自组成水凝胶或气凝胶，可获得高孔率、低密度的三维结构石墨烯材料，展现出良好的电化学储能能力。Jung 等[23]制备了多孔结构的石墨烯气凝胶电极，在 0.5 mol/L 硫酸电解液中，能量密度是 45 W·h/kg，循环 5 000 次后比电容（比容量为 325 F/g）仍保持在 98%左右。

另外，石墨烯因其优异的物理化学性能，可与导电聚合物、金属氧化物和氢氧化物等组成二元或者三元复合电极材料，作为赝电容电极使用。复合电极材料不仅具有石墨烯固有的优势，还兼具导电聚合物和金属氧化物的性质。

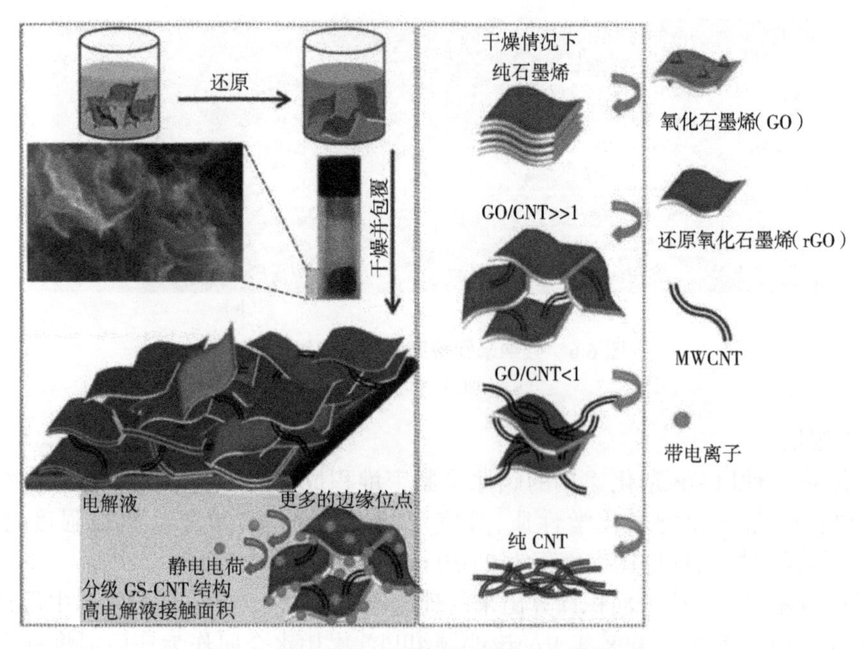

图 6.7　CNT 插入石墨烯层间的合成示意图[21]

(4)模板碳

为了可控地合成具有有序孔结构的碳材料,科研人员提出了制备碳材料的新方法——模板法。模板碳的合成是通过将有机前驱体渗透到无机模板的孔中,然后采用化学方法使有机前驱体发生碳化,最后去除模板得到有序孔结构。常用的模板有硅球、介孔分子筛、沸石等。由于模板法制备碳材料的孔径大小和孔分布可精确控制,因此可合成含有大量微孔、比表面积达 4 000 m^2/g 的碳材料,由于合成过程可控,所以孔径分布合理,电解液充分浸润,具备电化学活性,有效提高了比容量。Fuertes 等[24]利用 SBA-16 介孔分子筛为模板,糠醇为碳前驱体合成的介孔碳应用于超级电容器时,具有优异的倍率性能。其孔结构与 SBA-16 模板相同,孔的有序分布有利于电解液离子的扩散。Xu 等[25]以沸石为模板制备了多孔碳材料。产物孔隙结构随实验条件的不同而不同,碳前驱体气相沉积的时间、沸石的预处理条件等都会导致产物孔结构不同。具有最大比表面积的产物在 6 mol/L KOH 电解液溶液中的比容达 215 F/g。模板碳的合成具有可控性,其能影响孔隙形状、孔隙大小、孔隙分布等,可大大提高双电层电容器的比容量,但合成成本较高。

6.3.2　赝电容材料

赝电容材料是通过可逆的电化学反应来储存电能的,活性材料的氧化态在电子转移过程中发生变化。常见的赝电容材料有金属氧化物、导电聚合物等。

(1)金属氧化物

金属氧化物是典型的赝电容型电极材料,比碳材料具有更高的比容量。金属氧化物作为超级电容器电极材料需满足以下条件:①金属氧化物具有电子导电性;②金属氧化物需具有两个或两个以上的氧化物状态,在氧化还原过程中可发生可逆性转变;③质子可以自由进入和脱出氧化物晶格，即可发生 $O^{2-}\leftrightarrow OH^-$ 的转变。本部分内容将依据赝电容储能机制，着重介绍三类赝电容代表性材料：钌基材料、锰基材料、铌基材料。

RuO_2 是研究最早、最成功的金属氧化物电极材料，其电导率比碳基材料大两个数量级，电压窗口宽，氧化还原可逆性高。在进行循环伏安测试时，多个氧化还原反应峰经过叠加后，使 RuO_2 的测试曲线表现为类矩形形状。RuO_2 在酸性和碱性电解液中均表现出较高的比容量和良好的倍率性能。如 Zheng 等[26]在 1995 年报道的水合 RuO_2 在 H_2SO_4 溶液中可获得的比容量高达 720 F/g，其在酸性电解液中发生的电化学过程如下：

$$RuO_2\cdot xH_2O+yH^++ye^- \rightleftharpoons RuO_{2-y}(OH)_y\cdot xH_2O$$

此外，他们还对比分析了水合 RuO_2 和氢插入水合 RuO_2（即 $H_xRuO_2\cdot xH_2O$）的超级电容器性能，后者表现出更好的性能。在碱性电解液中，RuO_2 在充电过程中会被氧化为 RuO_2^{4-}、RuO_4^- 和 RuO_4 三种不同氧化态，这些高价态中间产物在放电时又会被完全还原成初始价态，从而实现法拉第电荷的转移。对于 RuO_2 电极材料的性能改善研究主要集中于以下两个方面：①增大比表面积，进行 RuO_2 材料的纳米化，因为 RuO_2 的比容量主要来源于表面反应，比表面积越大，氧化还原反应进行的位点越多，容量越高；②含水 RuO_2 的合成，$RuO_2\cdot xH_2O$ 是优秀的质子导体（H^+ 的扩散系数达 10^{-12}~10^{-8} cm^2/s），通过含水化合物的微孔、中孔和层间加快电子的传输。$RuO_2\cdot 0.5H_2O$ 的比电容可达 900 F/g，而 $RuO_2\cdot 0.03H_2O$ 的仅为 29 F/g。由于 RuO_2 价格昂贵，很难实现商业化，因此研究者们尝试寻找价格低廉、环境友好的替代材料。

MnO_2 被认为是 RuO_2 最有希望的替代材料之一，其价格低廉、无毒，对环境友好，理论容量高达 1 100~1 300 F/g。MnO_2 电极在充放电时会发生多种锰价态（$Mn^{2+}/Mn^{3+}/Mn^{4+}/Mn^{5+}$）的转变，因此具有较好的赝电容特性。影响 MnO_2 电化学性能的主要因素是 MnO_2 的晶体结构和 MnO_2 的形貌。MnO_2 具有 α、β、γ、δ 四种晶型。α-MnO_2 的结构为宽隧道结构，具有较大的比表面积，有利于电化学性能的提高。Hu 等[27]采用阳极沉积制备的 α-MnO_2 在 $NaSO_4$ 溶液中的比容量达 265~320 F/g。δ-MnO_2 为层状结构，离子嵌入/脱出过程中对材料的结构影响较小，循环稳定性较好。不同形貌的 MnO_2 具有不同的比表面积，表现出不同的比容量。研究人员制备了各种不同形貌的 MnO_2，如一维材料（纳米颗粒、纳米线）、二维材料（纳米棒、纳米片）、三维材料（微米球、空心球、花状等）。例如，Zhang 等[28]利用微波水热制备了水钠锰矿型 MnO_2 纳米颗粒并研究了其电化学性能。合成的 MnO_2 纳米材料的比表面积和孔隙率分别为 50.8 m^2/g 和 0.21 cm^3/g，在 1 mol/L Na_2SO_4 电解液 0.2 A/g 的电流密度下的比容量为 329 F/g，在电流密度 2 A/g 下循环 1 000 次比容量衰减率为 9%。

（2）导电聚合物

导电聚合物是由具有共轭键的高分子经化学或电化学“掺杂”使其由绝缘体转变为导体的一类高分子聚合物。本征态导电聚合物的电导率通常在绝缘体和半导体之间（10^{-10}~10^4 S/cm），但是经过化学或电化学掺杂后可获得较高的甚至类似金属的电导率，因此该类材料的电导率可以在 10^{-10}~10^5 S/cm 范围内变化。此外，导电聚合物还具有价格低廉、环保、工作电压宽、易加工成薄片的特点，这些特点使其成为理想的超级电容器电极材料。

导电聚合物作为电极的材料可以分为三种类型,即 n 型掺杂的阴极材料、p 型掺杂的阳极材料以及多种价态的导电聚合物,主要有聚苯胺(Polyaniline)、聚吡咯(Polypyrrole)、聚噻吩(Polythiophene)及其衍生物等。聚苯胺和聚吡咯只能 p 型掺杂, n 型掺杂的电位远低于电解液的还原电位,因此常被用于正极材料。聚噻吩及其衍生物可以被 p 型掺杂和 n 型掺杂。

导电聚合物的储能是通过氧化还原过程实现的,在充放电过程中掺杂剂离子在其主链快速地嵌入和脱出。氧化还原反应可发生于导电聚合物内部和表面,因此可获得较高的能量密度,减少自放电,但功率密度往往因为扩散缓慢而较难提高。通常,在氧化过程中,导电聚合物被阴离子 p 型掺杂;而在还原过程中,其会被阳离子 n 型掺杂。基于导电聚合物掺杂的原理,单独使用导电聚合物作为电极的电容器可以分为以下四类[29]。①Ⅰ型电容器(对称结构),其两个电极为相同的 p 型掺杂聚合物。当充电时,正极完全氧化而负极保持中性,放电时两极均呈半氧化态,因此该类电容器电压较低(0.50~0.75 V),且可利用的掺杂容量仅有 50%。②Ⅱ型电容器(非对称结构),其两个电极为不同的 p 型掺杂聚合物。该类电容器电压稍有提高,为 1.00~1.25 V,可利用的掺杂容量为 75%。③Ⅲ型电容器(对称结构),其两个电极用相同的导电聚合物,但是该聚合物既可以被阴离子 p 型掺杂又可以被阳离子 n 型掺杂。完全充电时,正极被完全氧化而负极被完全还原,因此该类电容器的电压处于 1.3~3.5 V 范围内,电容器利用的掺杂容量为 100%。④Ⅳ型电容器(非对称结构),其利用不同的 p 型掺杂和 n 型掺杂的导电聚合物作为电极。该类电容器与Ⅰ型电容器同样具有较高的电压和大的容量利用率。

然而,导电聚合物在超级电容器中的应用也是存在短板的。第一,导电聚合物的实际比容量比理论值低很多,因为电极材料如果不经结构设计,内层活性物质无法被有效利用。第二,导电聚合物的循环稳定性较差,主要原因是在充放电过程中,离子反复嵌入/脱出导致电极材料反复膨胀/收缩,在长循环过程中易造成结构的断裂与损坏,最终导致较短的循环寿命。因此,采用各种手段优化导电聚合物的结构是研究的方向。

基于导电聚合物存在的上述问题,研究工作者主要从两方面进行性能优化。

1)充分利用内部电极材料,优化导电聚合物的微结构和形貌设计,纳米结构的导电聚合物(如纳米纤维、纳米棒、纳米管、空心结构等)可有效提高电极材料的利用率,减少由体积变化或机械力引起的循环降解问题。在所有的纳米材料中,一维(1D)纳米材料受到广泛关注。一般而言,制备 1D 导电聚合物纳米材料有模板法、电化学聚合法、表面聚合法、稀释聚合法和电纺丝法等。模板法中常用的模板有多孔氧化铝薄膜(AAO)、颗粒路径刻蚀薄膜(PTM)、多孔二嵌段共聚物薄膜等。材料通过压力注射、蒸镀、化学沉积、电沉积的方法被填入这些薄膜的孔中。例如,Lee 等[30]使用模板法制备了导电 PEDOT 纳米管阵列并研究了其作为超级电容器材料的性能。首先通过电化学法在多孔氧化铝薄膜上制备出 PEDOT,再用刻蚀法除去 AAO 模板即可得到 PEDOT 纳米管阵列。Miao 等[31]在聚酰胺酸纳米纤维上聚合苯胺单体,随后选择性去除聚酰胺酸模板,合成空心结构的聚苯胺材料,可获得 601 F/g 的高比电容。尽管模板法可以制备出结构可控的一维导电聚合物阵列,但是模板法成本高且制备过程烦琐复杂。尤其对于聚合物纳米管或者直径小于 100 nm 的纳米管而言,除去模板经常会破坏材料阵列，导致聚合物坍塌成没有择优取向的结构。无模板法的制备中，Debiemme 使用电化学法制备定向 PPy 纳米线阵列[32]。在弱酸或者无酸性离子的情况下，PPy 纳米阵列的制备步骤如下：首先，在弱酸条件下电沉积一层 PPy 绝缘薄膜；其次，由于羟基自由基的存在，水的氧化导致聚合物部分位置过氧化并形成 O_2 纳米气泡；最后，以 O_2 纳米气泡为软模板生成 PPy 纳米线。定向 PPy 纳米线阵列显示出比传统薄膜和无固定取向纳米线更好的电容性和循环稳定性。

2）导电聚合物与碳材料、金属氧化物复合可增强其机械性能，从而提高长循环稳定性。复合电极材料可以通过改善其结构、导电性和机械稳定性来降低机械应力，进而提高循环稳定性。添加碳材料，特别是碳纳米管，被认为是改善电极机械性能和电化学性能的有效方法。例如，磺化多壁碳纳米管的加入可大大提升聚苯胺的循环稳定性，循环 1 000 次后容量损失率仅为 5.4%，磺化多壁碳纳米管优异的力学性能有效支撑和分散了聚苯胺，提升复合材料的导电性，有效缓解了聚苯胺的体积变化带来的循环性能差的问题。如图 6.8 所示，Zhang 等[33]制备了具有纳米结构、分层多孔结构、比表面积大和导电性好的聚苯胺/碳纳米管复合电极（PANI/CNT），在 1 mol/L H_2SO_4 溶液中测试时表现出了高比容量（1 030 F/g）、高倍率性能（电流强度为 118 A/g 时容量保持率为 95%）和高循环稳定性（5 000 次循环后比容量损失率仅为 5.5%）。优异的电化学性能可以归因于如下四点：①碳纳米管构建的导电网络保证复合材料的电荷传输效率；②大比表面积和纳米结构保证了电极材料的高利用率，提升了比容量；③分级多孔结构可以提高离子电导率；④碳纳米管良好的力学性能可有效降低由于机械性能或体积变化引起的材料结构破坏。

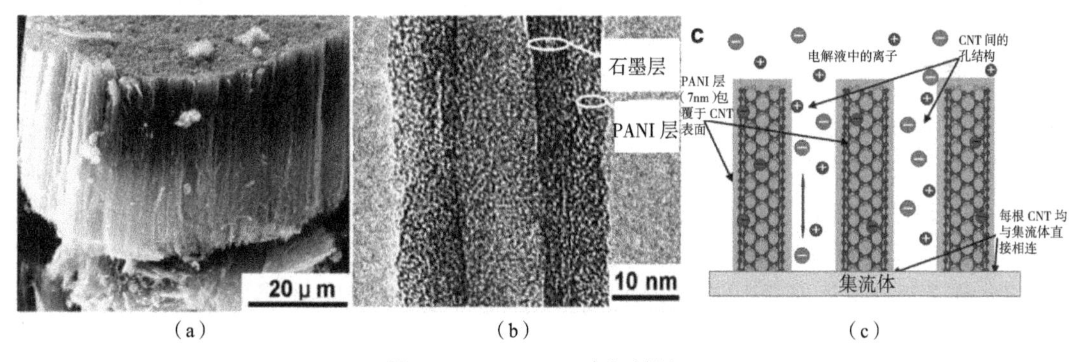

（a）　（b）　（c）

图 6.8　PANI/CNT 电极材料[33]

（a）扫描电镜照片　（b）透射电镜照片　（c）结构储能机制示意图

6.3.3　电池型电容材料

典型的电池型电容材料包括 Ni、Co、Cu、Fe、Cd 的氧化物、氢氧化物、硫化物、硒化物和磷化物等，它们与碱性介质中的氢氧根发生反应进而储存电能。本部分内容将介绍镍基化合物材料、钴基化合物材料和双金属化合物材料。

（1）镍基化合物材料

镍基材料，如 $Ni(OH)_2$、NiO 和镍硫化物/硒化物/磷化物均可作为电池型电容材料。其中，$Ni(OH)_2$ 因较高的理论比容量和低成本而受到广泛关注。$Ni(OH)_2$ 呈六角层状结构，通常以 α 型和 β 型存在，对应于氧化后的 γ-NiOOH 和 β-NiOOH。α-$Ni(OH)_2$ 层间距较大，层间含有阴离子和水分子。β-$Ni(OH)_2$ 为水镁石结构，不含水分子。由于价态变化较大，α-$Ni(OH)_2$/γ-NiOOH 氧化过程比 β-$Ni(OH)_2$/β-NiOOH 氧化过程具有更高的电容。$Ni(OH)_2$ 通过脱质子/质子化反应储存电荷，可表示为：

$$Ni(OH)_2+OH^- \rightleftharpoons NiOOH+H_2O+e^-$$

研究表明，含水的 $Ni(OH)_2$ 具有高达 1 000 F/g 的比容量。但是 $Ni(OH)_2$ 较差的循环稳定性和倍率性能限制了其实际应用。将 $Ni(OH)_2$ 与导电碳材料复合可有效提高材料的电子电导率，从而提高器件的功率密度和稳定性。例如，Feng 等[34]将 $Ni(OH)_2$ 和 Mn_3O_4 沉积在导电纸（镍/石墨/纸，NPG）上并用作电容器的正极和负极。$Ni(OH)_2$/NPG 电极表现出优异的循环稳定性（12 000 次循环后电容保持率为 82.5%）。此外，组装的 Mn_3O_4-NPG//$Ni(OH)_2$-NPG 柔性器件表现出高比容量（3.05 F/cm^3）、稳定的循环性能（扫描速度为 100 mV/s 时，循环 12 000 次后容量保持率为 87%）和高能量/功率密度（0.35 mW·h /cm^3 和 32.5 mW/cm^3）。

镍基氧化物同样具有良好的可逆氧化还原活性。其中 NiO 的理论容量高（1 292 C/g，359 mA · h/g），且其较易合成、无毒、价格低廉。针对 NiO 提出了两种电荷存储机制。一种认为能量存储过程发生在 NiO 和 NiOOH 之间，反应式可以表示为

$$NiO+OH^- \rightleftharpoons NiOOH+e^-$$

$$NiO+H_2O \rightleftharpoons NiOOH+H^++e^-$$

另一种认为 NiO 首先在碱性电解质中转变为 $Ni(OH)_2$，然后再转变为 NiOOH，反应式可以表示为

$$Ni(OH)_2 \rightleftharpoons NiOOH+H^++e^-$$

$$Ni(OH)_2+OH^- \rightleftharpoons NiOOH+H_2O+e^-$$

NiO 作为超级电容器时也存在电阻率高和循环稳定性差的问题，研究人员从三个方面提升 NiO 的电化学性能：①合成温度，合成过程中煅烧的温度会影响 NiO 的晶体结构；②材料形貌，不同形貌的 NiO 具有不同的比表面积；③与碳材料、金属、导电聚合物等复合。例如，以镍基金属有机框架（Ni-MOF）为原料，通过控制煅烧温度将 Ni 掺杂到 NiO 中形成 Ni/NiO 复合材料[35]。Ni/NiO 纳米颗粒晶格中 Ni^{3+}的引入会增加 Ni/NiO 晶格的无序度，提供大量的电化学反应活性位点和离子传输路径。以 Ni/NiO 为正极，CNT-COOH 为负极组成的超级电容器显示出了优异的电化学性能，循环 10 000 次后容量保持率为 92.8%，表明 Ni/NiO 复合材料的结构可有效抑制循环过程中因体积膨胀带来的结构坍塌。将 NiO 与导电聚合物复合不仅可以提高导电性和稳定性，还可以提供额外的赝电容。例如，Yang 等开发了一种纤维状电容器，其中 NiO/$Ni(OH)_2$ 纳米花被封装在 PEDOT 中[36]。以有序介孔碳（CMK3）为负极组装柔性超级电容器，在电流密度为 0.4 mA/cm^2 的条件下循环可得到 31.6 mF/cm^2 的比容量，即使在 8 mA/cm^2 的高电流密度下也可得到 15.9 mF/cm^2 的比容量，表现出良好的倍率性能。

金属硫化物因其独特的物理化学特征和较高的比容量受到越来越多的关注。相比

相应的金属氧化物,金属硫化物具有较高的电导率、较好的机械性能、较好的热稳定性和较高的电化学活性。但是,金属硫化物材料较差的倍率性能和循环性能阻碍了其实际应用。镍硫化物的电化学行为是通过 Ni(Ⅱ)↔Ni(Ⅲ)的氧化还原反应实现的。其表达式如下：

$$NiS_x+OH^- \rightleftharpoons NiS_xOH+e^-$$

在所有的镍硫化物中, NiS、NiS_2、Ni_3S_2 电极材料的研究最为广泛。为了增加活性表面积,提高电容量,许多研究致力于调控镍硫化物的结构和形貌。已报道文献中,镍硫化物往往自组装形成层状纳米片,纳米片超薄、多孔,电解液离子的传输距离大大缩短,并增加了氧化还原反应位点。Chen 等[37]制备出了由互联薄纳米片组成的具有开放孔结构的海绵状 NiS/Ni_3S_2 复合材料。复合型纳米片的形成显著提高了材料的倍率性能,当电流密度增加 10 倍时,容量保持率为 87.6%。以 NiS/Ni_3S_2 为正极、活性炭为负极组装的超级电容器,表现出高能量密度(0.289 mW·h/cm^3)和高功率密度(12.825 mW/cm^3)。此外,器件表现出良好的稳定性和较高的库仑效率,循环 8 000 次后容量保持率为 86.7%。

(2)钴基化合物材料

与镍基材料类似,钴基材料如 $Co(OH)_2$、钴氧化物和钴硫化物/硒化物具有可逆的氧化还原活性。$Co(OH)_2$ 具有与 $Ni(OH)_2$ 相似的结构和性质, $Co(OH)_2$ 也是一种六边形层状结构。它也可以分为 α-$Co(OH)_2$ 和 β-$Co(OH)_2$, α-$Co(OH)_2$ 的超电容性能优于 β-$Co(OH)_2$,其电化学反应过程可表示为

$$Co(OH)_2+OH^- \rightleftharpoons CoOOH+H_2O+e^-$$

$$CoOOH+OH^- \rightleftharpoons CoO_2+H_2O+e^-$$

氧化钴通常以两种不同的形式出现,即 CoO 和 Co_3O_4。CoO 在室温下很容易与氧气发生反应,转变为氧化度更高的氧化物,因此较难制得。而 Co_3O_4 具有稳定的 AB_2O_4 型尖晶石结构,属于立方晶系。与 NiO 相比, Co_3O_4 具有更高的理论比容量和更好的循环稳定性,并且具有优异的耐腐蚀性。Co_3O_4 的电荷存储机制可表示为

$$Co_3O_4+OH^-+H_2O \rightleftharpoons 3CoOOH+e^-$$

Co_3O_4 已被广泛用作超级电容器的电极材料。但是,其电子和离子电导率较低,导致倍率性能较差。此外,在循环过程中,材料体积变化易导致材料粉化,缩短循环寿命。如何采用简便有效的方法提高其电化学性能是科研人员研究的重点。目前,改善性能的主要方式是制备具有特殊形貌和结构的 Co_3O_4 及其复合材料。不同形貌纳米尺度 Co_3O_4 的制备大大提高了材料的电化学性能。纳米材料具有较大的比表面积,可增大材料与电解液的接触面积,为氧化还原反应过程提供更多的反应位点,同时可缩短离子、电子的扩散距离。常见 Co_3O_4 纳米材料的形貌有纳米颗粒、纳米线、纳米棒、纳米片、纳米花、纳米球、纳米立方体等。另外,直接将 Co_3O_4 材料生长于集流体上也可以提高电化学性能。

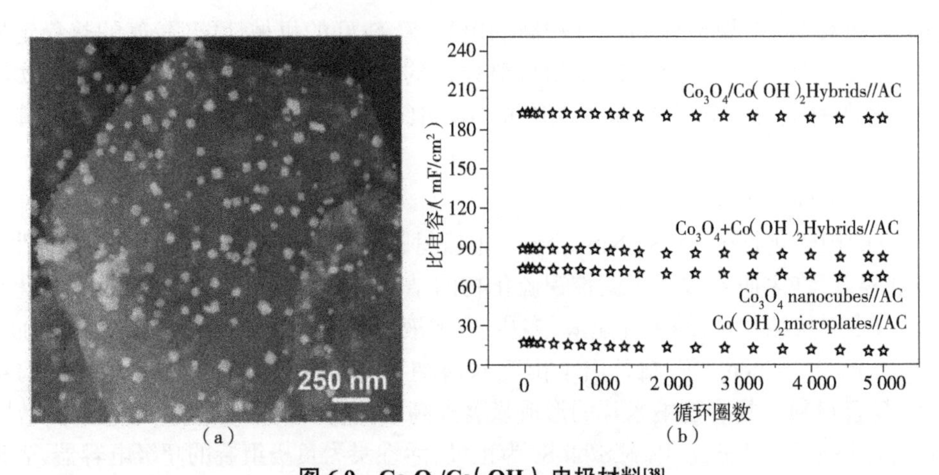

图 6.9 Co_3O_4/Co(OH)$_2$ 电极材料[38]

(a)扫描电镜照片 (b)Co_3O_4/Co(OH)$_2$//AC 电容器循环性能

例如，Pang 等[38]采用水热法制备出了非均相的 Co_3O_4 纳米管/Co(OH)$_2$ 纳米片复合材料。Co_3O_4 纳米管均匀分布在 Co(OH)$_2$ 纳米片上,可有效结合两种材料的优势。当以其为正极、活性炭为负极组装成器件时,表现出 210 mF/cm² 的比容量,远高于 Co(OH)$_2$ 纳米片//活性炭(43 mF/cm²)、Co_3O_4 纳米管//活性炭(111 mF/cm²)和 Co_3O_4+ Co(OH)$_2$//活性炭(133 mF/cm²)器件。在 10 mA/cm² 的高电流密度下，Co_3O_4/Co(OH)$_2$//AC 仍可表现出 159 mF/cm² 的比电容及 9.4 mW· h/cm³ 的能量密度,倍率性能良好。同时,5 000 次循环后比电容的衰减率仅为 3%,说明纳米结构的 Co_3O_4 材料可以提供大的活性比表面积,缩短离子和电子扩散的传输路径,从而加快反应。

根据 Co-S 相图,钴硫化物可以以不同的化学计量组分存在,如 Co_4S_3、Co_9S_8、CoS、Co_3S_4、Co_2S_3 和 CoS_2。在众多钴硫化物中，Co_9S_8、CoS 和 CoS_2 电极材料的研究最为广泛。在钴硫化物中,能量的储存和释放是通过 CoS_x 和 OH^-的反应及 Co^{2+}/Co^{3+}的氧化还原转变实现的。反应式如下:

$$CoS_x+OH^- \rightleftharpoons CoS_xOH+e^-$$

$$CoS_xOH+OH^- \rightleftharpoons CoS_xO+H_2O+e^-$$

许多研究集中于合成不同形貌和结构的钴硫化物纳米材料,以实现高电化学性能。碳纤维布因良好的导电性、高柔韧性、良好的力学性能而常用作集流体和基底。Xu 等[39]采用水热法将钴前驱体纳米棒阵列生长于碳纤维布上,经氧化和水热硫化制备出 Co_9S_8 纳米棒阵列,用于柔性不对称超级电容器的正极。将 RuO_2 直接沉积在 Co_3O_4 纳米棒阵列上制备 Co_3O_4@RuO_2 复合负极。组装的柔性不对称超级电容器可在 0~1.6 V 范围内循环并表现出优异的电化学性能。以 KOH 水溶液为电解质,器件的能量密度为 1.21 mW·h/cm³,功率密度为 13.29 W/cm³;以聚乙烯醇(PVA)/KOH 为固态电解质,固态不对称超级电容器的能量密度为 1.44 mW·h/cm³,功率密度为 0.89 W/cm³。

氧、硫、硒处于同一主族,因此过渡金属硒化物拥有与氧/硫化物相似的性质。然而硒的电负性远低于氧、硫,这使得硒原子与成键电子之间的化学键较弱,因此硒化物中的电子态更容易发生改变,从而展现出更高的电化学活性。此外,与对应的氧/硫化物相比,硒化物具有更好的导电性。基于以上优点,过渡金属硒化物在储能领域有很好的应用前景。根据合成方案的不同,硒化钴呈现出不同的化学式,包括 CoSe、$CoSe_2$、Co_3Se_4 和 Co_2Se_3。将纳米材料生长于基体(镍网、碳纤维布、碳纤维纸等)上形成无黏结剂型的超级电容器电极可有效提高材料的电化学性能。一方面生长于基体上可使纳米材料分散,提高比表面积,另一方面纳米材料与集流体充分接触降低了接触电阻。Chen 等[40]采用两步法,在碳纤维布上成功生长了三维分级 $CoSe_2$ 纳米结构。利用传统三电极法测试 $CoSe_2$/碳纤维布电极,在电流密度为 1 mA/cm^2 时,表现出 332 mF/cm^2 的高比容量。循环 5 000 次后,电容保持率达到 95.4%。以 $CoSe_2$/碳纤维布电极为负极、MnO_2 纳米线/碳纤维布为正极组装不对称超级电容器,电容器的电压窗口提高到 1.6 V,且表现出较高的能量密度(0.588 mW·h/cm^3)、高功率密度(0.282 W/cm^3)和高循环稳定性(2 000 次循环后容量保持率为 94.8%)。而且,组装的不对称超级电容器在弯曲程度较大的情况下电化学性能也没有受到影响,体现出优异的柔韧性和结构稳定性。

除上述材料外,金属磷化物是电和热的良导体,机械硬度高,并且具有很高的化学稳定性。与碳和氮相比,磷的原子半径更大,且磷骨架具有很高的灵活性,使金属磷化物具有多种成分和晶体结构。金属磷化物具有离子特性,磷原子对材料的价电子密度有一定影响,随着磷含量的增加,电子离域程度会迅速降低。所以富金属磷化物,如 M_3P、M_2P 和 MP(M 表示金属元素),可以拥有更多的自由电子,从而对提升导电性具有积极作用,作为电极材料具有巨大的发展潜力。磷化钴具有非金属特性和良好的导电性,已被用作超级电容器电极材料。如 Zheng 等[41]在碳纤维布上生长 CoP 纳米线阵列,并将其用作自支撑超级电容器负极。CoP 纳米线/碳纤维布电极在电流密度为 1 mA/cm^2 的情况下具有 571.3 mF/cm^2 的高比容量。以 CoP 纳米线/碳纤维布电极为负极,MnO_2 纳米线/碳纤维布为正极组装的柔性固态不对称超级电容器具有优异的电化学性能,包括高能量密度(0.69 mW·h/cm^3、高功率密度(114.2 mW/cm^3)和高循环稳定性(5 000 次循环后容量保持率为 82%),优异的电化学性能可归因于纳米线阵列结构有效增大了比表面积,缩短了电子和离子的扩散路径。

(3)双金属化合物材料

双金属化合物并不是将两种单金属化合物简单混合,而是指同时具备两种不同金属阳离子的单相金属化合物,两种金属元素复合良好且组分之间存在明显的协同效应。与单元金属化合物相比,由于在两种金属离子间发生电子转移的活化能相对较低,双金属化合物通常具有更高的导电性。此外,双金属化合物具有比单金属化合物更丰富的氧化还原反应以及更高的电化学活性,因此也具备了更为优异的电化学性能,也使双金属化合物在超级电容器领域成为研究热点。

双金属氧化物通常属于尖晶石型结构,以尖晶石型钴酸盐(MCo_2O_4,M=Mn、Ni、Zn、Cu 等)为代表,其具有优异的电化学活性且理论比容量较高,其元素储量丰富、成本相对低廉且在强碱性溶液中的抗腐蚀性强。研究人员已报道了多种尖晶石型钴酸盐,其中 $NiCo_2O_4$(NCO)因明显优于传统过渡金属氧化物的导电性和电化学活性而备受关注,$NiCo_2O_4$ 具有尖晶石型结构,其中 Ni 占据八面体位置,Co 分布在八面体和四面体位置。氧化还原过程中,$NiCo_2O_4$ 在碱性介质中的电荷存储机制对应于 Co^{2+}/Co^{3+}和 Ni^{2+}/Ni^{3+}的可逆转变反应,反应式如下:

$$NiCo_2O_4+OH^-+H_2O \rightleftharpoons NiOOH+2CoOOH+2e^-$$

$$CoOOH+OH^- \rightleftharpoons CoO_2+H_2O+e^-$$

合理构建和设计 $NiCo_2O_4$ 的形貌和纳米结构是提升其电化学性能的有效手段。如图 6.10 所示，在碳纤维布上生长了分级 $NiCo_2O_4$ 纳米片层结构（$NiCo_2O_4$/CC），并以 3D 多孔石墨烯纸（PGP）负极组装了柔性超级电容器[42]。分级 $NiCo_2O_4$/CC 电极和 PGP 电极的最大比容量分别为 1 768 F/g 和 151 F/g。以 PVA-LiOH 凝胶作为固态电解质组装的全固态（$NiCo_2O_4$/CC//PGP）不对称超级电容器的电压窗口可扩展到 1.8 V，并获得高能量密度（60.9 W·h/kg、高功率密度（11.36 kW/kg）和高循环稳定性（机械弯曲条件下 5 000 次循环容量保持率为 96.8%）。

同样，为了解决充电/放电过程中因体积变化而导致的容量衰减问题，构建核壳结构可有效促进电化学反应过程中的离子和电子转移。Wang 等[43]在碳纳米管纤维（CNTF）上 $NiCo_2O_4$ 纳米线，并采用超薄 $Ni(OH)_2$ 纳米片包覆 $NiCo_2O_4$ 纳米线，形成具有分级结构的纳米线阵列。以 CNTF 复合氮化钒（VN）纳米线为负极，以 $NiCo_2O_4$@$Ni(OH)_2$/CNTF 为正极组装柔性不对称超级电容器，其最大的工作电压为 1.6 V，最大比容量为 291.9 mF/cm^2（106.1 F/cm^3），能量密度为 103.8 $\mu W \cdot h/cm^2$（37.7 mW/cm^3）。不对称超级电容器具有优异的循环稳定性，在弯曲情况下循环 3 000 次后电容保持率超过 90%。

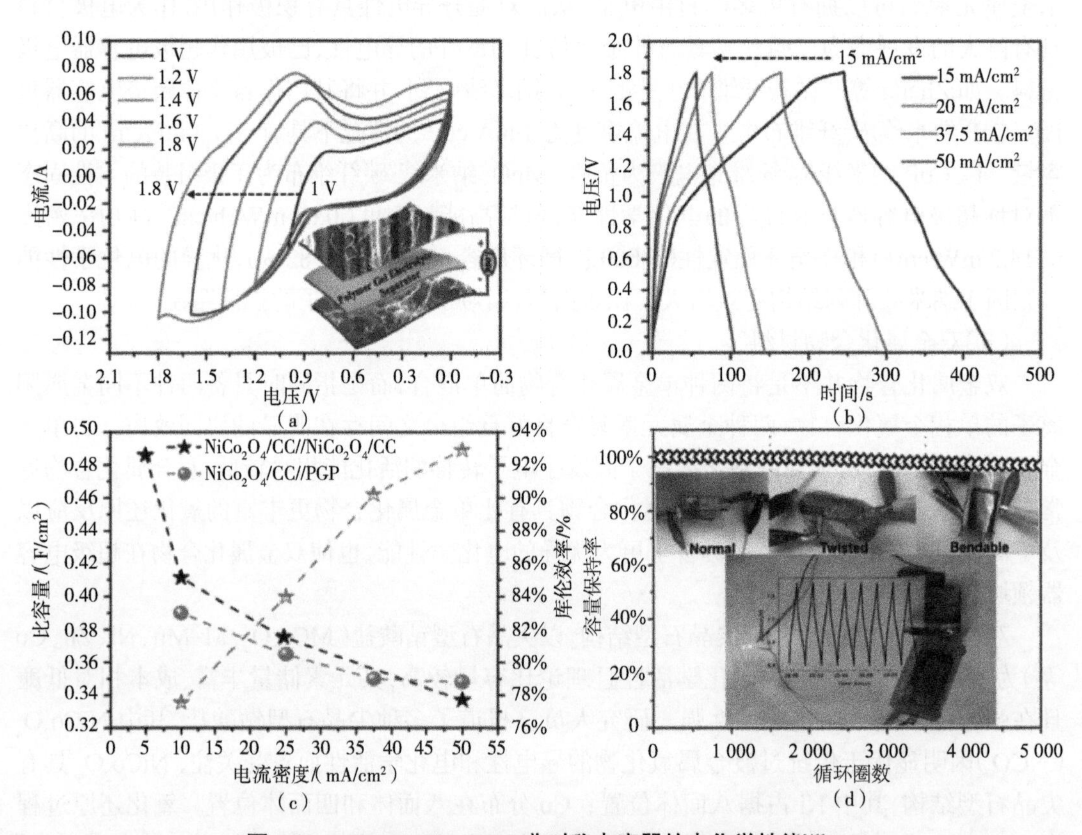

图 6.10 $NiCo_2O_4$/CC//PGP 非对称电容器的电化学性能[42]

（a）循环伏安曲线 （b）充放电曲线 （c）倍率性能 （d）弯曲条件下的循环性能

金属氧化物与导电聚合物的复合是提高传统金属氧化物的电子传输和离子扩散性能的另一种途径。例如，Kong 等[44]制备了三维分级结构的 $NiCo_2O_4$@PPy 纳米线阵列复合碳纤维布的电极材料。其中介孔 $NiCo_2O_4$ 纳米线作为电极高电化学活性的“核心”，有效改善了离子的传输动力学；均匀的 PPy 纳米球作为导电“外壳”，提高了纳米线内的导电性。此外，独特的核壳设计使电解质渗透到每根纳米线中，以便 $NiCo_2O_4$ 和 PPy 都能参与氧化还原反应，从而有利于能量的存储。以活性炭为对电极组装的非对称超级电容器可实现高能量密度（365 W/kg 时为 58.8 W·h/kg）、高功率密度（28.4 W·h/kg 时为 10.2 kW/kg）以及出色的循环稳定性（5 000 次循环后容量保持率为 89.2%），并且具有良好的柔韧性。

其他尖晶石型钴酸盐，如 $ZnCo_2O_4$、$FeCo_2O_4$ 和 $MnCo_2O_4$ 与 $NiCo_2O_4$ 具有相同的结构，但 X（X=Zn、Fe 或 Mn）取代了 Co_3O_4 四面体中 Co^{2+}的位置，也可用作超级电容器的电极材料。其缺点与金属氧化物的缺点类似，电导率较低，因此必须与导电碳或聚合物材料复合。

具有优异氧化还原活性的金属钼酸盐（$MMoO_4$，其中 M=Ni、Co 等）也引起了广泛的研究关注。具有多种氧化态的 $NiMoO_4$ 在合适的电解质中具有较高的氧化还原活性，可作为超级电容器的电极材料。Gao 等[45]制备了包覆导电聚合物聚苯胺的 $NiMoO_4$ 纳米棒，复合材料有效结合了两者的优势，提高了电化学稳定性和比容量，具有良好机械稳定性的聚苯胺还可以防止 $NiMoO_4$ 在充放电过程中可能会出现的结构坍塌。$NiMoO_4$/PANI 复合电极在三电极体系中测试时，可表现出 1 214 F/g 的高比容量。此外，以活性炭为对电极组装的非对称超级电容器可在 240 W/kg 时表现出 33.07 W · h/kg 的能量密度，循环 5 000 次后容量保持率为 98.6%。

参考文献

[1] WINTER M, BRODD R. What are batteries, fuel cells and supercapacitors?[J]. Chemical reviews, 2004, 104:4245-4269.

[2] ZHANG L, ZHAO X. Carbon-based materials as supercapacitor electrodes[J]. Chemical society reviews, 2009, 38: 2520-2531.

[3] HUANG J, SUMPTER B, MEUNIER V. A universal model for nanoporous carbon supercapacitors applicable to diverse pore regimes, carbon materials, and electrolytes[J]. Chemistry-A European Journal, 2008, 14:6614-6626.

[4] PANDOLFE A, HOLLENKAMP A. Carbon properties and their role in supercapacitors[J]. Journal of power sources, 2006, 157:11-27.

[5] TRASATTI S, BUZZANCA G. Ruthenium dioxide: A new interesting electrode material. Solid state structure and electrochemical behaviour[J]. Journal of electroanalytical chemistry and interfacial electrochemistry, 1971, 29: A1-A5.

[6] HUANG M, LI F, DONG F, et al. MnO_2-based nanostructures for high-performance supercapacitors[J]. Journal of materials chemistry A, 2015, 3:21380-21423.

[7] AUGUSTYN V, SIMON P, DUNN B. Pseudocapacitive oxide materials for high-rate electrochemical energy storage[J]. Energy & environmental science, 2014, 7:1597-1614.

[8] SIMON P, GOGOTSI Y, DUNN B. Where do batteries end and supercapacitors begin? [J]. Science, 2014, 343:1210-1211.

[9] CHODANKAR N, PHAM H, NANJUNDAN A, et al. True meaning of pseudocapacitors and their performance metrics: asymmetric versus hybrid supercapacitors[J]. Small, 2020, 16(37):2002806.

[10] KIERZEK K, FRACKOWIAK E, LOTA G, et al. Electrochemical capacitors based on highly porous carbons prepared by KOH activation[J]. Electrochimica acta, 2004, 49(4): 515-523.

[11] BA, H, WANG W, PRONKIN S, et al. Biosourced foam-like activated carbon materials as high-performance supercapacitors[J]. Advanced sustainable systems, 2018, 2: 1700123.

[12] NIU C, SICHEL E K, HOCH R, et al. High power electrochemical capacitors based on carbon nanotube electrodes[J]. Applied physics letters, 1997, 70:1480-1482.

[13] FRACKOWIAK E, METENIER K, BERTAGNA V, et al. Supercapacitor electrodes from multiwalled carbon nanotubes[J]. Applied physics letters, 2000, 77(15): 2421-2423.

[14] WANG G, LIANG R, LIU L, et al. Improving the specific capacitance of carbon nanotubes-based supercapacitors by combining introducing functional groups on carbon nanotubes with using redox-active electrolyte[J]. Electrochimica acta, 2014, 115:183-188.

[15] YOON B, JEONG S, LEE K, et al. Electrical properties of electrical double layer capacitors with integrated carbon nanotube electrodes[J]. Chemical physics letters, 2004, 388(1-3): 170-174.

[16] FRACKOWIAK E, DELPEUX S, JUREWICZ K, et al. Enhanced capacitance of carbon nanotubes through chemical activation[J]. Chemical physics letters, 2002, 361(1-2): 35-41.

[17] KIM J, NAM K, MA S, et al. Fabrication and electrochemical properties of carbon nanotube film electrodes[J]. Carbon, 2006, 44(10):1963-1968.

[18] HSU Y, CHEN Y, LIN Y, et al. High-cell-voltage supercapacitor of carbon nanotube/carbon cloth operating in neutral aqueous solution[J]. Journal of materials chemistry, 2012, 22(8): 3383-3387.

[19] STOLLER M, PARK S, ZHU Y, et al. Graphene-based ultracapacitors[J]. Nano letters, 2008, 8(10): 498-502.

[20] ZHANG K, MAO L, ZHANG L, et al. Surfactant-intercalated, chemically reduced graphene oxide for high performance supercapacitor electrodes[J]. Journal of materials chemistry, 2011, 21(20):7302-7307.

[21] YANG S, CHANG K, TIEN H, et al. Design and tailoring of a hierarchical graphene-carbon nanotube architecture for supercapacitors[J]. Journal of materials chemistry, 2011, 21(7): 2374-2380.

[22] XU Y, LIN Z, ZHONG X, et al. Holey graphene frameworks for highly efficient capacitive energy storage[J]. Nature communications, 2014, 5: 4554.

[23] JUNG S, MAFRA D, LIN C, et al. Controlled porous structures of graphene aerogels and their effect on supercapacitor performance[J]. Nanoscale, 2015, 7(10):4386-4393.

[24] FUERTES A, LOTA G, CENTENO T, et al. Templated mesoporous carbons for supercapacitor application[J]. Electrochimica acta, 2005, 50(14): 2799-2805.

[25] XU H, GAO Q, GUO H, et al. Hierarchical porous carbon obtained using the template of NaOH-treated zeolite beta and its high performance as supercapacitor[J]. Microporous and mesoporous materials, 2010, 133(1-3): 106-114.

[26] ZHENG J, JOW T. A new charge storage mechanism for electrochemical capacitors[J]. Journal of the electrochemical society, 1995, 142(1): L6.

[27] HU C C, TSOU T W. Ideal capacitive behavior of hydrous manganese oxide prepared by anodic deposition[J]. Electrochemistry communications, 2002, 4(2):105-109.

[28] ZHANG X, MIAO W, LI C, et al. Microwave-assisted rapid synthesis of birnessite-type MnO_2 nanoparticles for high performance supercapacitor applications[J]. Materials research bulletin, 2015, 71: 111-115.

[29] WANG G, ZHANG L, ZHANG J J. A review of electrode materials for electrochemical supercapacitors[J]. Chemical society reviews, 2012, 41:797-828.

[30] CHO S I, LEE S B. Fast electrochemistry of conductive polymer nanotubes: synthesis, mechanism, and application[J]. Accounts of chemical research, 2008, 41(6):699-707.

[31] MIAO Y E, FAN W, Chen D, et al. High-performance supercapacitors based on hollow polyaniline nanofibers by electrospinning[J]. ACS applied materials & interfaces, 2013, 5 (10):4423-4428.

[32] CATHERINE D C. Template-free one-step electrochemical formation of polypyrrole nanowire array[J]. Electrochemistry communications, 2009, 11: 298-301.

[33] ZHANG H, CAO G, WANG Z, et al. Tube-covering-tube nanostructured polyaniline/carbon nanotube array composite electrode with high capacitance and superior rate performance as well as good cycling stability[J]. Electrochemistry communications, 2008, 10(7): 1056-1059.

[34] FENG J X, YE S H, LU X F, et al. Asymmetric paper supercapacitor based on amorphous porous Mn_3O_4 negative electrode and $Ni(OH)_2$ positive electrode: A novel and high-performance flexible electrochemical energy storage device[J]. ACS applied materials & interfaces, 2015, 7:11444-11451.

[35] JIAO Y, HONG W, LI P, et al. Metal-organic framework derived Ni/NiO micro-particles with subtle lattice distortions for high-performance electrocatalyst and supercapacitor[J]. Applied catalysis B: environmental, 2019, 244:732-739.

[36] YANG H, XU H, LI M, et al. Assembly of NiO/$Ni(OH)_2$/PEDOT nanocomposites on contra wires for fiber-shaped flexible asymmetric supercapacitors[J]. ACS applied materials & interfaces, 2016, 8:1774-1779.

[37] CHEN Z, JIN L, HAO W, et al. Synthesis and applications of three-dimensional graphene

network structures[J]. Materials today nano, 2019, 5:100027.

[38] PANG H, LI X R, ZHAO Q X, et al. One-pot synthesis of heterogeneous Co_3O_4-nanocube/ $Co(OH)_2$-nanosheet hybrids for high-performance flexible asymmetric all-solid-state supercapacitors[J]. Nano energy, 2017, 35:138-145.

[39] XU J, WANG Q F, WANG X W, et al. Flexible asymmetric supercapacitors based upon Co_9S_8 nanorod// Co_3O_4@RuO_2 nanosheet arrays on carbon cloth[J]. ACS nano, 2013, 7 (6): 5453-5462.

[40] YU N, ZHU M Q, CHEN D. Flexible all-solid-state asymmetric supercapacitors with three-dimensional $CoSe_2$/carbon cloth electrodes[J]. Journal of materials chemistry A, 2015, 3: 7910-7918.

[41] ZHENG Z, RETANA M, HU X B, et al. Three-dimensional cobalt phosphide nanowire arrays as negative electrode material for flexible solid-state asymmetric supercapacitors[J]. ACS applied materials & interfaces, 2017, 9(20): 16986-16994.

[42] GAO Z, YANG W L, WANG J, et al. Flexible all-solid-state hierarchical $NiCo_2O_4$/porous graphene paper asymmetric supercapacitors with an exceptional combination of electrochemical properties[J]. Nano energy, 2015, 13: 306-317.

[43] WANG X N, SUN J, ZHAO J X, et al. All-solid-state fiber-shaped asymmetric supercapacitors with ultrahigh energy density based on porous vanadium nitride nanowires and ultrathin $Ni(OH)_2$ nanosheet wrapped $NiCo_2O_4$ nanowires arrays electrode[J]. The journal of physical chemistry C, 2019, 123(2):985–993.

[44] KONG D Z, REN W N, CHENG C W, et al. Three-dimensional $NiCo_2O_4$@polypyrrole coaxial nanowire arrays on carbon textiles for high-performance flexible asymmetric solid-state supercapacitor[J]. ACS applied materials & interfaces, 2015, 7(38): 21334-21346.

[45] GAO H W, WU F S, WANG X H, et al. Preparation of $NiMoO_4$-PANI core-shell nanocomposite for the high-performance all-solid-state asymmetric supercapacitor[J]. International journal of hydrogen energy, 2018, 43(39): 18349-18362.

第 7 章　太阳能电池材料

太阳能一般指太阳光的辐射能量，是人类所用所有能源的来源。太阳能是取之不尽、用之不竭的可再生、清洁能源，其主要利用方式有太阳能的光热转换、光电转换和光化学转换三种。太阳能光电利用，即光伏发电发展最快，应用非常广泛，只要有太阳光就可以应用光伏发电，在能源更替中具有不可取代的地位，太阳能被认为是 21 世纪最重要的新能源。本章简要介绍太阳能电池的发展历程和太阳能电池的理论基础，着重介绍几种已经产业化的太阳能电池和目前处于研发前沿的钙钛矿太阳能电池。

7.1　太阳能光伏发电概述

太阳能光伏发电系统简称为光伏系统，是将太阳光辐射能直接转换为电能的一种发电系统。光伏系统有多种类型：按光伏电站的类型分为集中式和分布式；按供电方式分为并网型和离网型；按太阳能采集方式分为固定型、单轴跟踪型和双轴跟踪型；按建筑应用方式分为无建筑型、建筑结合型和光伏建筑一体化型；等等[1]。

集中式光伏发电系统是指利用荒漠地区相对丰富的太阳能资源建设的大型地面光伏电站，由大量光伏组件、汇流箱与逆变器组合后输出交流电，再通过升压变压器升压后接入高压电网。集中式光伏并网发电系统规模大、输出相对稳定、发电效率较高，在白天用电高峰期正好是光伏发电能力强的时候，可缓解高峰用电需求。

分布式光伏系统是指安装在用户侧的小型光伏电站，主要是为了解决就近用户用电问题，减少对电网供电的依赖。分布式光伏电站一般建在屋顶、厂房顶以及车棚和蔬菜大棚等建筑物表面，不占用地面空间，节约了土地资源。分布式光伏电站发电有自发自用、余电上网和全额上网三种形式。

随着分布式光伏电站的发展，光伏发电与建筑的结合越来越受到重视，2022 年 7 月，住建部联合国家发展改革委发布《城乡建设领域碳达峰实施方案》，提出推进建筑太阳能光伏一体化建设，到 2025 年新建公共机构建筑和新建厂房屋顶光伏覆盖率力争达到 50%，推动既有公共建筑屋顶加装太阳能光伏系统。光伏与建筑物的结合形式分为两种类型：一是将光伏组件附着于建筑物上，称为 BAPV（Building Attached Photovoltaic），一般在现有建筑物上安装光伏系统时采用这种形式；另一种是将太阳能光伏系统与现代建筑完美结合，称为光伏建筑一体化（Building Integrated Photovoltaic，BIPV），BIPV 中光伏建材是建筑材料和光伏发电组件融合而成的产品，既有建筑构件的功能，又能发电，BIPV 将是实现“零碳建筑”的主要途径。

并网型光伏系统主要由光伏组件、汇流箱、逆变器、变压器、负载或电网等组成，图 7.1 为并网型光伏系统的构成。离网型光伏系统主要由太阳能电池组件、蓄电池组、太阳能控制器、变换器和监控系统等组成。

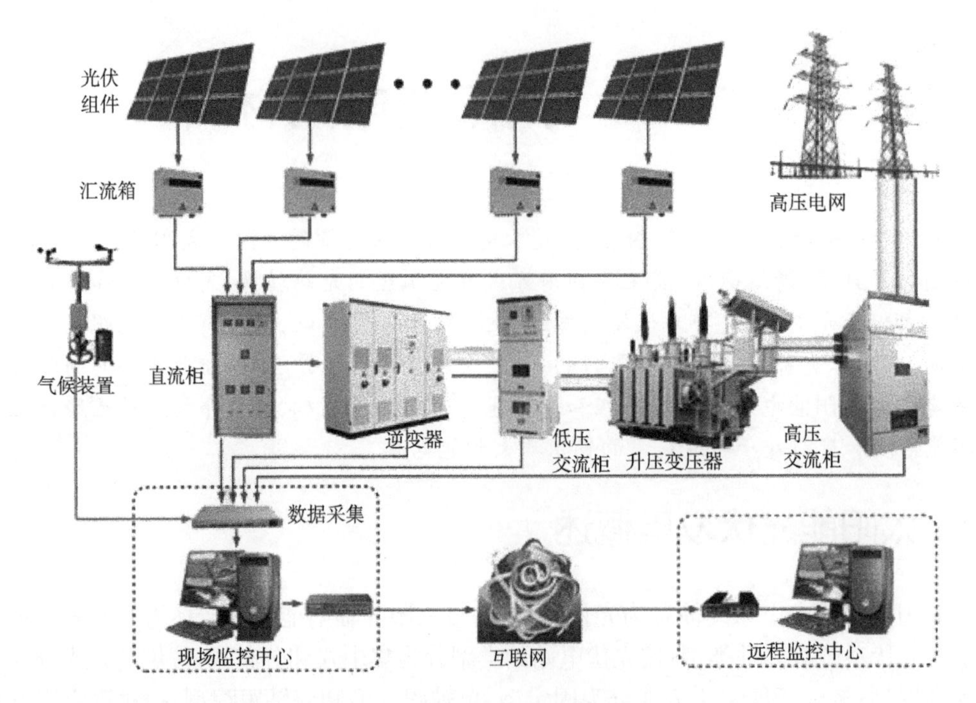

图 7.1 并网型光伏系统的构成

7.1.1 太阳能电池的种类

太阳能必须借助于能量转换器才能变成电能,把太阳能(或其他光能)转换成电能的能量转换器,称为太阳能电池,即太阳能电池是将光能转换成电能的元件。它是收集太阳光并将其转变为电的基本单元,是太阳能发电系统中最重要的部分。

半导体材料有很多种,但由于一些限制,用于制备太阳能电池的并不多。基于太阳能光谱,对太阳能电池所用半导体材料提出如下要求:半导体材料的禁带不能太宽,要能充分利用太阳能辐射;要有较高的光电转换效率;材料本身对环境不造成污染;材料便于工业化生产,且材料的性能要稳定;材料的储量丰富,生产成本低。1961 年, Shockley 等[2]从理论上计算出理想太阳能电池的极限转换效率,经过几十年的发展,太阳能电池的实验室转化效率和产业化效率不断提升,逐渐接近理论效率。

高效率、低成本始终是光伏产业追求的目标,也是太阳能发电领先其他新能源技术的关键,因此高品质、低成本的太阳能半导体材料极其重要。迄今为止,已规模化应用的太阳能半导体材料主要有晶体硅材料,非晶硅(Amorphous silicon, a-Si)材料以及砷化镓(GaAs)、碲化镉(CdTe)、铜铟镓硒(CIGS)等化合物薄膜材料,主要的太阳能电池材料及其效率和应用规模如表 7.1 所示。目前单晶硅太阳能电池的实验室转换效率为 26.7%,产业化平均转换效率已超过 23%。晶体硅太阳能电池一直是应用最多、市场份额占比最大的太阳能电池产品,主要应用于大型地面光伏电站和分布式光伏电站。在薄膜太阳能电池方面,国外公司处于优势地位,特别是美国第一太阳能(First Solar)公司,一直位列全球光伏企业前十强,在碲化镉薄膜太阳能电池领域处于全球领先地位,掌握先进的、低成本的制备技术,保持着实验室效率纪录和产业化效率纪录。砷化镓薄膜太阳能电池主要用于航天航空和聚光光伏,其他类型薄膜太阳能电池主要应用于光伏建筑一体化及电子类消费品等。

尚未规模化应用的有机太阳能电池和处于实验室研发阶段的钙钛矿太阳能电池、量子点太阳能电池等新型电池技术发展迅速,特别是钙钛矿太阳能电池,由于成本低、效率提升快成为目前的研发热点,也是各国重点发展的下一代光伏技术。

表 7.1　主要的太阳能电池材料及实验室效率[3]

太阳能电池种类	太阳能电池材料	实验室效率	产业化情况
硅基太阳能电池	晶体硅	26.7%	产业化
	非晶硅	16.3%	产业化
薄膜太阳能电池	砷化镓	39.5%	产业化
	铜铟镓硒	23.35%	产业化
	碲化镉	22.1%	产业化
有机太阳能电池	有机半导体	18.86%	小规模
	染料敏化材料	15%	研发阶段
钙钛矿太阳能电池	有机金属卤化物	25.5%	研发阶段

7.1.2　太阳能电池的发展历程

太阳能电池的起源可追溯到 1839 年,法国物理学家亚历山大 · 埃德蒙 · 贝克勒尔首次在液体中发现了光伏效应,他观察到浸入电解液中的两电极间的电压随光照强度变化发生变化的现象。随后,科学家们在不同材料、不同方式下也观察到了光伏效应。1883 年,科学家们又在半导体硒和金属接触界面发现了固体光伏效应。但直到 1954 年,世界上第一个具有实用价值的单晶硅太阳能电池才由美国贝尔实验室制造出来,这成为光伏发电的里程碑。迄今为止,太阳能电池的发展经历了 180 多年,其发展历程可分为以下几个阶段。

第一阶段(1954—1973 年):1954 年美国贝尔实验室首次制备出实用的单晶硅太阳能电池,效率为 6%,自此直到 1973 年,太阳能电池开始了缓慢的发展。这一时期,太阳能电池成功地应用于各种人造卫星上,1972 年科学家们开始探讨建设民用光伏发电站的可能性。

第二阶段(1973—1980 年):1973 年爆发了中东战争,引起了第一次石油危机,致使许多国家,特别是工业发达国家,加强了对太阳能及其他可再生能源技术发展的支持,在全世界范围内兴起了开发利用太阳能的热潮。

这一阶段主要的标志性事件有:1973 年美国制定了政府级阳光发电计划,太阳能研究经费大幅增长,成立了太阳能开发银行,促进太阳能产品的商业化;1978 年美国建成了 100 kW 的地面光伏发电站;1974 年日本公布了政府制定的“阳光计划”。

第三阶段(1980—1992 年):进入 20 世纪 80 年代,石油价格大幅回落,而太阳能产品价格居高不下,缺乏竞争力,太阳能技术也没有取得重大突破,提高效率和降低成本的目标未实现,所以动摇了一些人开发利用太阳能的信心。世界上很多国家相继大幅消减太阳能研发经费,太阳能的开发利用进入低谷期。但在这一时期,光伏应用进一步得到发展,德国率先推出"十万户太阳能屋顶计划",1990 年太阳电池并网技术正式开始发展。

第四阶段(1992—2000 年):世界经济发展带动了能源消耗,由于大量燃烧矿物能源,造成了全球性的环境污染和生态破坏,对人类的生存和发展构成了威胁。在这样的背景下,1992 年联合国在巴西召开了"世界环境和发展大会",会议通过了《里约热内卢环境与发展宣言》《21 世纪议程》《联合国气候变化框架条约》等一系列重要决议。这次会议首次把环境与发展纳入统一的框架,确立了可持续发展的模式。之后,世界各国加强了清洁能源技术的开发,将利用太阳能和环境保护结合在一起。太阳能电池转换效率不断提升,太阳能领域的国际合作更加活跃,规模不断扩大,使太阳能技术进入了一个新的发展时期。2000 年,光伏建筑一体化技术开始发展。

这一阶段的标志性事件有:1993 年日本重新制定"阳光计划",1995 年推行"七万户太阳屋顶计划";1997 年美国提出"克林顿总统百万太阳能屋顶计划";1998 年澳大利亚新南威尔士大学创造了单晶硅太阳能电池 25%的世界效率纪录。

第五阶段(2000 年—至今):进入 21 世纪,随着全球经济的迅猛发展,原油价格疯狂上涨,世界各国再次认识到不可再生能源的稀缺性,更加激发了利用新能源的愿望。另外,新型结构的太阳能电池不断涌现,产业化转换效率不断提高,光伏产业得到了迅猛发展,许多发达国家加强了政府对新能源应用的支持补贴力度。近年来,光伏发电已实现"平价上网",太阳能光伏发电装机容量迅猛增长,并极大地扩大了光伏发电的应用范围。

7.1.3 光伏产业发展概况

早期硅材料及太阳能电池制造技术落后,导致太阳能电池价格高,因此太阳能电池极少在地面应用,而主要是为各种用途的卫星提供电能。随着光伏产业链上各工艺环节生产技术的不断成熟和太阳能电池光电转换效率的不断提升,太阳能电池实现地面应用。1999 年,全球光伏累计装机容量达到 1 000 MW;进入 21 世纪以来,在能源短缺和环境污染双重压力下,全球光伏装机容量以每年 30%左右的速度高速增长,光伏产业已成为 21 世纪新能源产业中最受关注的朝阳产业。至 2021 年底,全球光伏累计装机达到 942 GW,新增装机容量达到 175 GW,如图 7.2 所示。预计到 2050 年,全球光伏累计装机量将占到总电力装机量的 50%。

太阳能是最清洁、安全和可靠的能源,发达国家正在把太阳能的开发利用作为能源革命的主要内容进行长期规划,密集出台重大规划政策,从研发投入、市场培育、法律制度等方面给予大力支持,努力抢占未来发展先机。

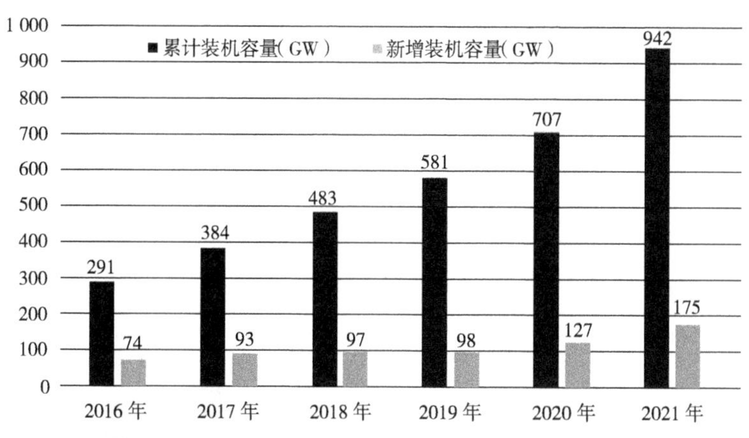

图 7.2　2016—2021 年全球光伏新增及累计装机容量

我国1958年开始太阳能电池的研究，1971年首次将太阳能电池应用于我国发射的人造卫星上，1973年开始地面应用。20世纪80—90年代，我国开始引进国外太阳能电池设备、成套生产线及技术。1999年，3 MW多晶硅太阳能电池及应用系统示范项目建设，我国陆续引进了多晶硅铸锭、多线切割硅片、太阳能电池制造等生产设备和技术。2003年，我国成立了第一批光伏企业，初步形成了我国的光伏产业。受益于全球太阳能发电需求的猛烈增长，我国在2007年一跃成为世界上第一大太阳能电池生产国，一批光伏企业驰名海内外。全球前十大太阳能电池生产厂商中我国占绝大多数，我国太阳能电池组件产量占据全球总产量的70%以上，且具有独立自主的品牌。

我国的晶体硅太阳能电池呈全产业链发展态势，并兼有CIGS、CdTe、非晶硅薄膜太阳能电池的生产。目前晶体硅材料生产设备、主辅材料等已实现了国产化，如晶体生长设备、破锭机、多线切割机、太阳电池生产线设备及检测设备等。

在技术创新方面，我国光伏企业的自主创新能力不断增强，太阳能电池效率屡屡打破世界纪录，晶体硅太阳能电池技术位居全球领先地位。太阳能级高纯多晶硅原料也不再受制于人。2011年起，我国太阳能级高纯多晶硅产量位居世界第一。光伏产业链上下游协同持续降本增效，近十年间光伏发电的成本下降了90%以上，为全球光伏产业的发展做出了巨大贡献。

我国是全球光伏应用的最大市场。2013年起，我国新增光伏装机容量位列全球第一；2015年起，我国累计光伏装机容量位列全球第一。图7.3为2016—2021年我国光伏新增及累计装机容量。近年来分布式光伏系统也得到了极大发展，光伏发电现已成为我国的第三大电力来源。

化石燃料的过度使用导致全球气候问题，二氧化碳大量排放，温室气体猛增，严重影响到全球生态系统。在这一背景下，世界各国以全球协约的方式减排温室气体。2020年9月22日，习近平总书记在第七十五届联合国大会上提出我国力争在2030年前二氧化碳排放达到峰值，努力争取2060年前实现碳中和目标，彰显了我国在国际社会中大国担当的精神，实现"碳达峰、碳中和"的双碳目标成为了我国的国家战略。在"碳达峰、碳中和"的战略目标下，我国光伏产业将进入下一个快速发展期。我国高度重视光伏产业，不断出台多项政策促进光伏产业健康发展，“十三五”规划和“十四五”规划均将光伏产业列为重点发展的产业。“十四五”期间，我国年均光伏新增装机规模将达 100~150 GW。另外，光伏制氢为光伏产业创造了一个新的应用场景与广阔的市场需求。随着能源战略持续推进，我国光伏装机容量将大幅增长。

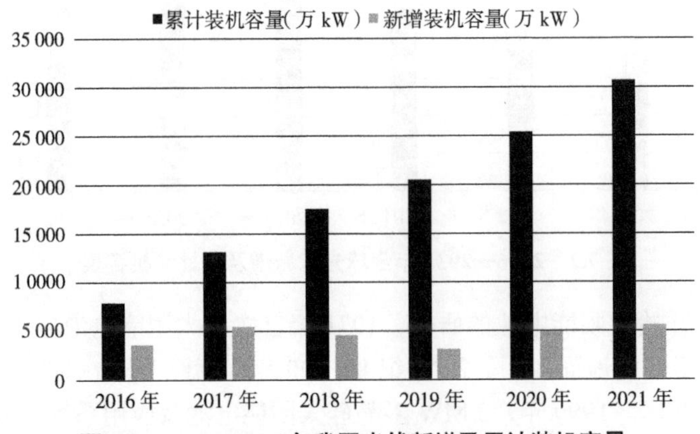

图 7.3 2016—2021 年我国光伏新增及累计装机容量

7.2 太阳能电池理论基础

太阳能电池工作依据的物理效应是半导体材料的光生伏特效应。当用适当波长的光照射不均匀半导体（如 p-n 结）时，由于内建电场的作用（不加外电场），半导体内部产生电动势（光生电压）；如将 p-n 结短路，则会出现电流（光生电流）。这种由内建电场引起的光电效应，称为光生伏特效应。

限于篇幅，本节只介绍太阳能电池用半导体材料的基础理论知识，不注重公式的推导，大多也是结论性的知识，详细的理论知识可参考介绍半导体物理知识的书籍。

7.2.1 半导体材料基础知识

半导体材料是指导电性能介于导体和绝缘体之间的一类材料。定量上，以电阻率进行划分，一般来说，半导体的电阻率介于 10^{-4}~10^{10} Ω · cm。半导体材料具有三个基本特性。①负温度系数，即对于没有杂质和缺陷的本征半导体材料来说，其电阻率随温度的升高而呈指数式下降。②半导体材料对外界作用（如光照、磁场、电场）非常敏感，在外界作用下，其导电能力会发生巨大变化。如光照硅半导体材料，其电导率增加，导电能力增强，这就是光电导效应。③半导体中掺入其他元素（杂质）能显著改善半导体的导电能力，即可以通过人为掺入杂质，实现半导体导电性能的可控。

（1）半导体的能带

绝大多数半导体材料是晶体，由于晶体中电子的共有化运动，晶体的能量状态呈现为能带。能带中的能级是准连续的，电子可以在能带中运动，称为允带，不同允带之间由禁带隔开。在温度很低时，通常在能量低的能带中都填满了电子，这些能带称为满带；而在所有能带中能量最高的能带，往往是全空或半满的，这样的能带称为导带；在导带下那个满带中的电子获得能量可跃迁到导带，此能带称为价带。在半导体中起作用的往往是价带顶部或导带底部的电子，导带最低点称为导带底，价带的最高点称为价带顶。导带和价带之间被禁带隔开，导带最低点和价带最高点之间的能量差称为禁带宽度（E_g）。

利用能带理论可以区分导体、半导体和绝缘体，图 7.4 为三类材料的能带示意图。金属材料的导带中有大量的自由电子，因此导电能力很强。对于绝缘体材料，价带是满的，导带是空的，禁带宽度大，一般不会有电子跃迁到导带中，因此导电能力差。而对于半导体材料，禁带较窄，绝对零度时，价带是满的，导带是空的，但是在升高温度或其他外界作用下，价带电子很容易跃迁到导带中，并在价带中留下空的能量状态，称为空穴。空穴是个假想的粒子，是为了描述价带中大量电子的运动状态而人为引入的。在半导体中，导带电子和价带空穴都可以参与导电，统称为载流子。

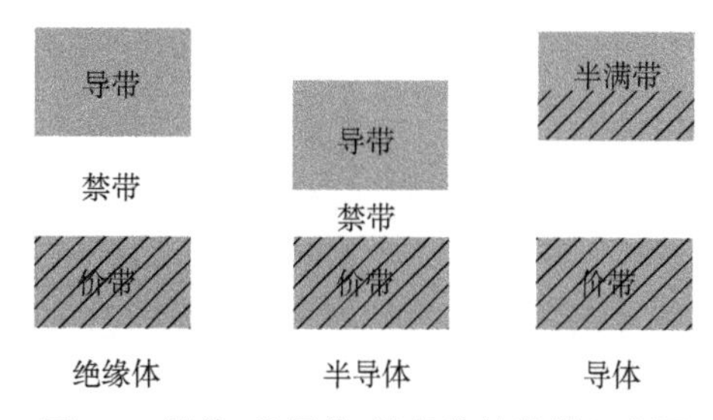

图 7.4　导体、半导体、绝缘体的能带示意图

根据固体能带理论，可以计算出半导体材料的能带。在 k 空间，如果导带底和价带顶对应同一波矢，则称这样的半导体为直接带隙半导体；若不对应同一波矢，则称为间接带隙半导体。电子的带间跃迁须满足能量守恒和动量守恒，对直接带隙半导体，电子跃迁为直接跃迁，而间接带隙半导体的电子跃迁是间接的，需要声子参与。

禁带宽度是决定半导体电学和光学性能的主要参数，表 7.2 给出了重要太阳能电池材料的禁带宽度。

表 7.2　重要太阳能电池材料的禁带宽度

半导体材料	禁带宽度 E_g/eV	带隙类型
晶体硅	1.12	间接带隙
非晶硅	1.7	直接带隙
碲化镉	1.45	直接带隙
铜铟镓硒	1.02~1.67	直接带隙
砷化镓	1.43	直接带隙

(2)本征半导体

没有杂质和晶格缺陷的纯净半导体称为本征半导体。在绝对温度为零度时，本征半导体的价带是充满电子的，是满带，而导带是空的，与绝缘体类似，导电性很差。当温度升高时，电子由价带被热激发至导带，同时在价带中留下了空穴，导带电子和价带空穴成对产生，把这种产生载流子的方式称为本征激发。此时，导带中有了电子，价带因缺少了一部分电子也成为不满的，导电电子和价带空穴都参与导电，图 7.5 为本征半导体中载流子产生的示意图。

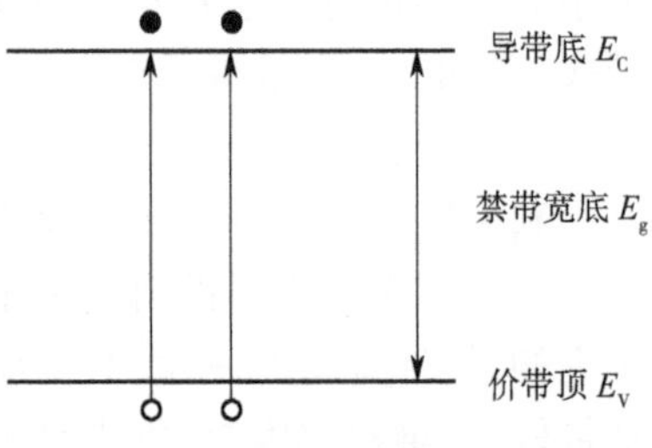

图 7.5 本征半导体中载流子的产生

显然，对于纯净半导体，其在一定温度下也是导电的。在热平衡状态，由本征激发产生的载流子浓度称为本征载流子浓度(n_i)，它与材料本身的性质和温度有关。对一定的半导体材料，随着温度升高，本征载流子浓度增大；当温度一定时，半导体材料的禁带宽度越大，本征载流子浓度越小。

(3)杂质半导体

半导体最重要的特征是在半导体中掺入其他杂质能显著改善半导体的导电能力，这样可以通过人为控制掺杂元素的类型和掺杂浓度，获得不同导电能力的半导体，进而制备出千变万化的半导体器件，为人类社会服务。

半导体中掺入了杂质，在半导体禁带中会产生杂质能级(E_D)。人为掺杂的杂质，电离能很低，在室温下即可全部电离。杂质电离后，在半导体导带中引入电子，或在价带中引入空穴，半导体的载流子浓度大大增加，显著改善了半导体的导电能力，这类半导体称为杂质半导体，一般将掺入的杂质称为掺杂剂。

如果在半导体中掺入杂质，杂质电离后增加了导带中电子的浓度，称该种杂质为施主杂质或 n 型杂质，此时电子浓度远远大于空穴浓度，这种主要依靠电子导电的杂质半导体称为 n 型半导体或电子型半导体。类似地，如果在半导体中掺入的杂质电离后增加了价带中空穴的浓度，则称该种杂质为受主杂质或 p 型杂质，相应的杂质半导体称为 p 型半导体或空穴型半导体，此时空穴浓度远远大于电子浓度，主要依靠空穴导电。杂质电离是杂质半导体中载流子产生的主要方式，如图 7.6 所示。

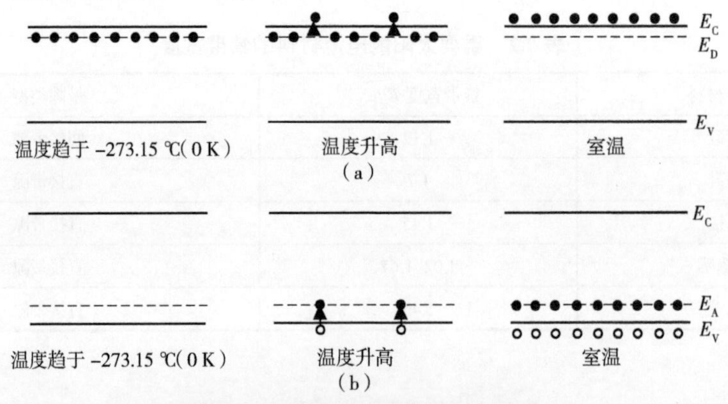

图 7.6 杂质半导体中载流子的产生

(a)n 型半导体 (b)p 型半导体

本征半导体中电子浓度和空穴浓度相等，但在杂质半导体中，电子和空穴的浓度是不同的。数目较多的载流子称为多数载流子，简称多子；数目较少的载流子称为少数载流子，简称少子。可见，n型半导体中，电子为多子，空穴为少子；p型半导体中则相反。杂质半导体中多子浓度取决于掺杂杂质的浓度，在杂质全部电离的情况下，多子浓度等于掺杂浓度。

例如，在第Ⅳ族的高纯半导体硅晶体中，掺入施主杂质第Ⅴ族元素磷（或砷、锑）时，磷原子作为替位杂质占据硅晶格位置。磷原子有五个价电子，其中四个与邻近的四个硅原子的价电子组成共价键，另外一个价电子被库仑力束缚在原子核周围。磷原子的电离能很小，一旦接受能量，这个价电子很容易脱离原子核的束缚，而在整个晶体中运动，成为自由电子，即施主杂质能级上的电子接受能量后，跃迁到导带中，因此形成了电子为多子的n型晶体硅。类似地，在第Ⅳ族的高纯半导体硅晶体中，掺入受主杂质第Ⅲ族元素硼（或镓）时，硼原子作为替位杂质占据硅晶格位置，硼原子有三个价电子，与邻近的三个硅原子的价电子组成共价键，还缺少一个价电子，需从别处的硅原子中夺取一个价电子，于是在硅晶格的共价键中产生了空穴，空穴作为载流子可以在整个晶体中运动，即价带中的电子接受能量后，跃迁到受主杂质能级上，因此形成了空穴为多子的p型晶体硅。

如果半导体中既有施主杂质，又有受主杂质，当杂质电离时，施主杂质上的电子会首先跃迁到能量低的受主杂质能级上，产生杂质补偿，此时半导体的导电类型和载流子浓度取决于施主杂质浓度和受主杂质浓度之差。在杂质全部电离的情况下，如果半导体中施主杂质浓度大于受主，施主杂质补偿完受主杂质后，仍然有多余的施主杂质可以电离，使电子跃迁到导带，则是n型半导体，多子（电子）浓度为施主杂质和受主杂质浓度之差。反之，如果受主杂质多于施主杂质则为p型半导体，多子（空穴）浓度为受主杂质和施主杂质浓度之差。在杂质全部电离的情况下，杂质补偿作用是制备半导体器件的基础。

（4）非平衡载流子

处于热平衡状态的半导体，在一定温度下载流子的浓度是一定的，这种载流子称为平衡载流子，用n_0、p_0分别表示平衡状态时的电子浓度和空穴浓度，此时电子浓度和空穴浓度的乘积等于本征载流子浓度的平方。然而，半导体的物理效应都是外界对半导体作用的结果，半导体元器件都不是工作在平衡状态的。如用光或电的方式对半导体施加外界作用，即破坏了热平衡条件，使半导体处于与热平衡状态相偏离的状态，称为非平衡状态。太阳能电池是半导体材料在非平衡状态下的典型应用。处于非平衡状态的半导体，其载流子浓度也不再是热平衡状态下的载流子浓度，而是比平衡时要多一部分。把比平衡状态时多出来的那一部分载流子（Δn和Δp）称为非平衡载流子。图7.7给出光照下非平衡载流子的产生过程。

在小注入情况下，非平衡载流子浓度与多数载流子浓度相比很小，因此非平衡状态下的多数载流子浓度近似等于平衡时多子浓度。但是，非平衡载流子浓度比平衡状态下的少子浓度要高几个数量级，导致非平衡状态下少子浓度变化很大，这是影响器件性能的主要因素。因此，在器件工作时主要考虑非平衡少数载流子的运动，一般所谓的非平衡载流子指的是非平衡少数载流子。

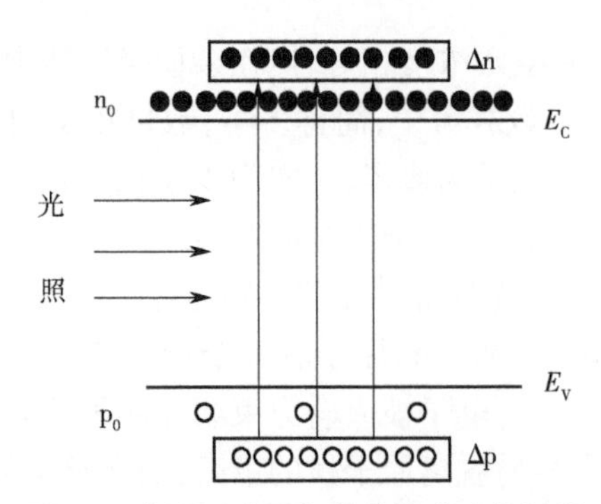

图 7.7 光照下非平衡载流子产生的过程

产生非平衡载流子的外部作用撤销后，由于半导体的内部作用，半导体由非平衡状态恢复到平衡态，非平衡载流子逐渐消失，这一过程称为非平衡载流子的复合的。实际上，热平衡也不是载流子绝对静止的状态，在任何时候，电子和空穴总是不断产生和复合的。热平衡状态下，载流子的产生与复合处于相对平衡，从而保持载流子浓度不变。当外界作用于半导体时，打破了产生与复合的相对平衡，产生超过了复合，在半导体中产生了非平衡载流子，半导体处于非平衡状态。外界作用撤销后，半导体中仍然存在非平衡载流子，但电子和空穴相遇复合的几率增大，复合超过了产生，非平衡载流子逐渐消失，半导体又回到了平衡状态。

外界作用撤销后，半导体中的非平衡少数载流子并不是立刻全部消失，而是有一个生存时间。将非平衡少数载流子的平均生存时间称为非平衡少数载流子的寿命，简称少子寿命（τ）。实验表明，非平衡少子浓度随时间按指数规律减少，少子寿命值为非平衡少子浓度降低到原值的 $1/e$ 所经历的时间，标志着非平衡少数载流子衰减的快慢。少子寿命与晶体中的杂质、缺陷和表面状态等因素有关，是"结构灵敏"的参数。

（5）载流子的运动

在一定温度下，半导体中的两种载流子（电子和空穴）不是静止不动的，而是永不停息地做着无规则的热运动，因此不产生定向运动，也不形成电流。半导体中载流子有两种定向运动。一种是载流子在电场作用下的运动，称为漂移运动，即在外加电场下，半导体中的电子逆电场方向做漂移运动，而空穴沿电场方向运动，定向运动的速度称为漂移速度，载流子漂移运动产生的电流称为漂移电流。用迁移率这一物理量来描述载流子在电场力作用下做漂移运动的难易程度，迁移率定义为单位场强下载流子的平均漂移速度。另一种定向运动是载流子存在浓度梯度时，则会从浓度高的区域向浓度低的区域运动，称为扩散运动，载流子做扩散运动形成的电流称为扩散电流。用扩散系数描述载流子的扩散能力。扩散系数与迁移率都是描述载流子运动的物理量，它们之间的关系由爱因斯坦关系式给出。

对于非平衡状态下的半导体，在外加电场作用下，除了平衡载流子外，非平衡载流子也做漂移运动，对产生漂移电流也有贡献。若半导体中非平衡载流子浓度不均匀，非平衡载流子也做扩散运动形成扩散电流。半导体的总电流由载流子的漂移电流和扩散电流叠加构成。

（6）p-n 结的形成及其电流-电压特性

p-n 结是构成各种半导体器件的基础元件，了解 p-n 结的形成及其电流-电压特性，是理解太阳能电池工作原理及太阳能电池制备的基础。当 p 型半导体和 n 型半导体接触时，两种半导体交界面的 p 型一侧空穴是多数载流子，n 型一侧电子是多数载流子，出现了浓度梯度，致使多数载流子发生扩散运动，n 区的电子扩散到 p 区，p 区的空穴扩散到 n 区。由于载流子的扩散作用，在交界面附近留下了不可动的带正电荷的电离施主（n 区侧）和带负电荷的电离受主（p 区侧），称为空间电荷，所在的区域称为空间电荷区。由此可见，空间电荷区中的电荷形成了一个由 n 区指向 p 区的电场，称为内建电场（或自建电场）。在内建电场作用下，载流子又做漂移运动，使 p 区的电子漂移到 n 区，n 区的空穴漂移到 p 区，电子和空穴的漂移运动方向和各自的扩散运动方向相反，从而阻止扩散进行。载流子的扩散和漂移最终达到平衡，此时空间电荷数量一定，空间电荷区宽度一定，内建电场一定，这时形成的结称为平衡 p-n 结，如图 7.8 所示。平衡 p-n 结空间电荷区两端间的电势差称为 p-n 结的接触电势差或内建电势差，它与结两边半导体材料的掺杂浓度、禁带宽度和温度有关。

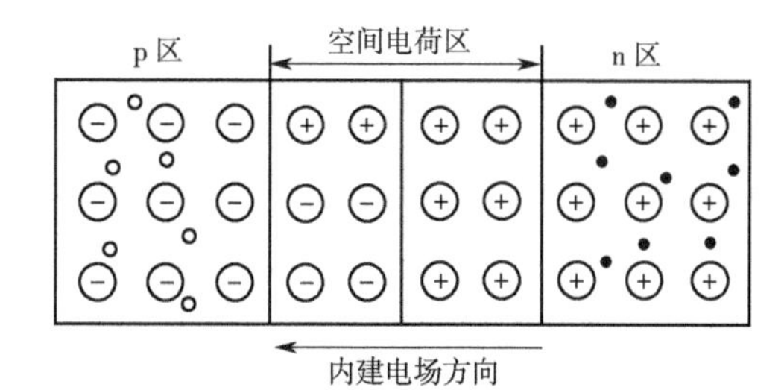

图 7.8　p-n 结空间电荷区

对 p-n 结施加外加电压时，p-n 结处于非平衡状态，流过 p-n 结的电流随外加电压发生变化，其变化关系称为 p-n 结的电流-电压特性，又称为伏安特性。肖克莱（Shockley）推导出了理想 p-n 结的电流-电压方程式，即肖克莱方程式：

$$J = J_s \left[\exp\left(\frac{qV}{K_0 T} \right) - 1 \right] \tag{7-1}$$

$$J_s = \frac{qD_p p_{n0}}{L_p} + \frac{qD_n n_{p0}}{L_n} \tag{7-2}$$

式中，J 为电流密度；V 为外加电压；L_p、L_n 分别为空穴和电子的扩散长度。

由式（7-1）可知，在 p-n 结两端加上正向偏压，即 p 区接外加电压的正极，n 区接负极时，电流随电压增大而指数升高，形成正向电流，p-n 结是导通的；而在反向偏压下，即 n 区接外加电压的正极，p 区接负极，电流很小，且为常量，与电压无关，称为反向饱和电流，此时电路基本处于断路状态，是不导通的。这就是 p-n 结的单向导电性。当反向电压大于一定数值时，电流突然迅速增大，p-n 结发生击穿现象，此时的反向电压称为击穿电压。p-n 结的伏安特性曲线如图 7.9 所示。

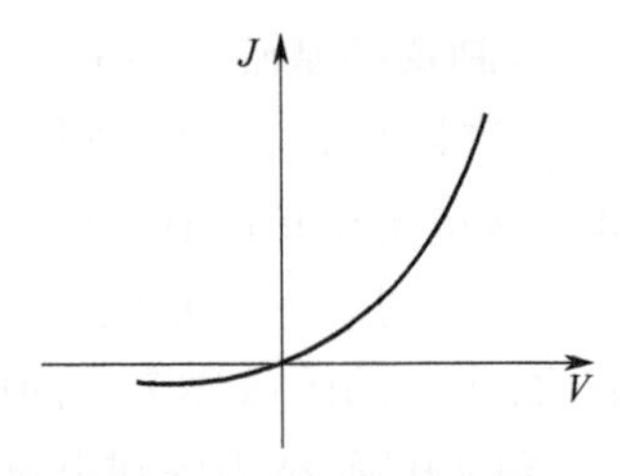

图 7.9 p-n 结的伏安特性曲线

由同一种半导体材料构成的 p-n 结称为同质结，由不同的半导体材料构成的 p-n 结称为异质结。同质结和异质结均可应用于太阳能电池。

制备 p-n 结的方法主要有合金法、扩散法、离子注入法和外延法，其中扩散法和离子注入法是目前晶体硅太阳能电池产业中 p-n 结制备的主流技术。

7.2.2 太阳能电池工作原理

（1）半导体材料的光吸收

如图 7.10 所示，当一束光入射到半导体材料中，会发生光吸收现象，进入半导体中的光强度呈如下指数规律衰减：

$$I=I_0\exp(-\alpha x) \tag{7-3}$$

式中，I_0 为入射光强；α 为半导体材料的光吸收系数，反映半导体对光的吸收能力，表示光强衰减到入射光强的 $1/e$ 时光传播的距离。

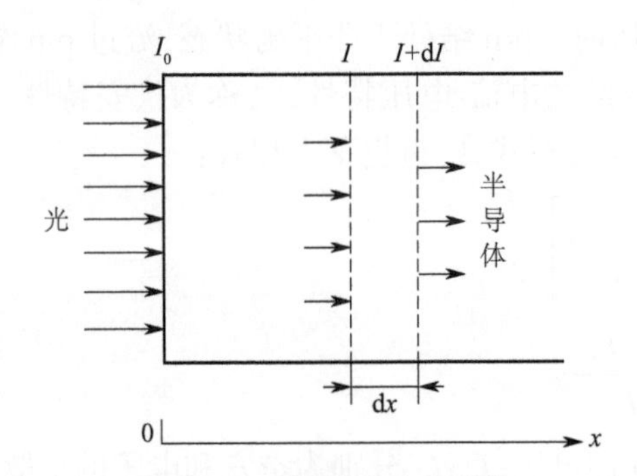

图 7.10 半导体中的光吸收

半导体材料对太阳光的吸收系数较大，如果入射光子的能量大于半导体材料的禁带宽度，价带中的电子就会跃迁到导带，产生电子-空穴对，这种吸收称为本征吸收。发生本征吸收的光子能量必须大于或等于禁带宽度，即

$$\frac{hc}{\lambda}=h\nu\geqslant E_{\mathrm{g}} \tag{7-4}$$

式中，h 为普朗克常数；c 为光速；ν 为入射光的频率；λ 为入射光的波长。光子能量等于禁带宽度时对应的波长 λ_0 称为半导体的本征吸收限。根据式（7-2），可得

$$\lambda_0=\frac{1.24}{E_{\mathrm{g}}}eV \tag{7-5}$$

对于晶体硅，E_g=1.12 eV,则 λ_0=1.1 μm,即入射光波长小于 1.1 μm 时才能发生本征吸收。对于禁带宽度为 1.43 eV 的砷化镓,本征吸收限为 0.867 μm,吸收波段比晶体硅的窄。

与光吸收伴随的电子跃迁类型由半导体的能带结构和动量守恒、能量守恒准则确定。对于直接带隙半导体,电子的跃迁是直接跃迁;而对于间接带隙半导体,电子的跃迁需要声子的参与,是间接跃迁。

一般来说,直接带隙半导体的吸收系数比间接带隙半导体的吸收系数高 2~3 个数量级,因而不需要较厚的材料就可以吸收同样的光的能量。比如,晶体硅是间接带隙半导体,需要数百微米的厚度才能全部吸收太阳光中大于其禁带宽度的光的能量;而对于直接带隙半导体砷化镓,仅几个微米的厚度就可以几乎全部吸收太阳光中大于其禁带宽度的光的能量。

除了本征吸收外,半导体中还存在其他吸收过程,包括激子吸收、载流子吸收、杂质吸收和晶格振动吸收等。

(2)太阳能电池工作原理

半导体材料在光激发下,只要光子能量大于或等于半导体的禁带宽度,光子就能把价带电子激发到导带上去,产生电子-空穴对,这些由光照产生的非平衡载流子称为光生载流子。一般来说,多数载流子浓度改变很小,而少数载流子浓度变化很大,对器件性能影响大,因此主要关注光生少数载流子的运动情况。

太阳能电池是一个大面积的 p-n 结,当用适当波长的光照射 p-n 结时,结两边的光生少数载流子受到 p-n 结内建电场的作用,各自向相反的方向运动,即 p 区的光生电子穿过 p-n 结进入 n 区, n 区的光生空穴进入 p 区,这样就使 p 端电势升高, n 端电势降低,在 p-n 结两端形成了电势差,称为光生电压。光生载流子在内建电场作用下各自向相反的方向运动,从而在 p-n 结内部产生由 n 区向 p 区的光生电流。光生电压相当于在 p-n 结两端加正向偏压。只要光照存在,就会有电流流过电路,这样 p-n 结就起到了电源的作用,这就是太阳能电池的工作原理。太阳能电池的基本结构及工作原理(以晶体硅太阳能电池为例)如图 7.11 所示。

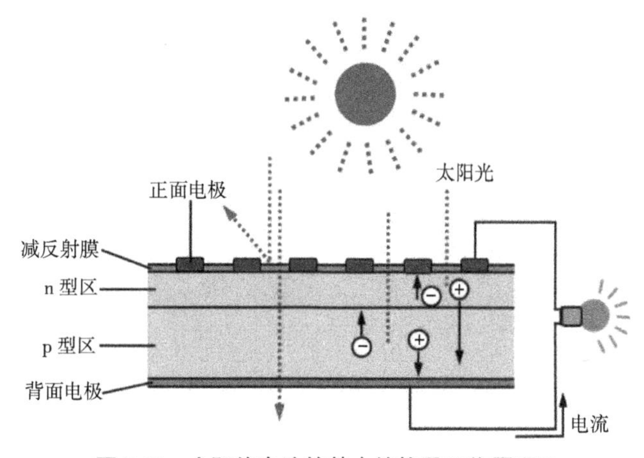

图 7.11　太阳能电池的基本结构及工作原理[4]

电极是与电池 p-n 结两端形成良好欧姆接触的导电材料,与 n 型区接触的电极是正面电极，也称为前电极或上电极，是电流输出的负极；与 p 型区接触的电极是电流输出的正极，也称背电极或下电极。

为了描述太阳能电池的工作状态，往往将电池及负载系统用等效电路来模拟。在实际情况下，太阳能电池材料本身、正面和背面的电极、半导体材料与电极之间的接触都不可避免地引入附加电阻，电流流过时必然产生损耗。在等效电路中，这部分电阻用串联电阻 R_S 来表示。另外，太阳能电池材料并不是完美无缺的，其中的杂质缺陷都会造成损耗，电池边缘的漏电也会造成损耗，这部分损耗用并联电阻 R_{SH} 来表示。理想太阳能电池的等效电路是 R_S 为零、R_{SH} 无穷大的情况，而实际太阳能电池的等效电路如图 7.12 所示。

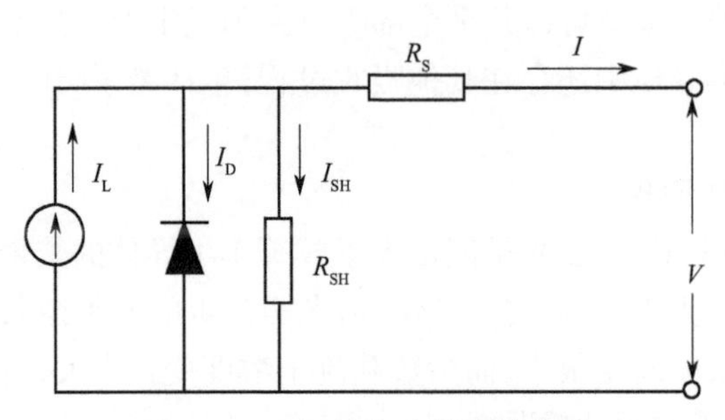

图 7.12 太阳能电池的等效电路

7.2.3 太阳能电池的特性

（1）太阳能电池的电流-电压特性

根据 p-n 结的电流-电压方程式，即肖克莱方程式，可推导出太阳能电池的电流电压特性为

$$I = I_L - I_S \exp\left(\frac{qV}{k_0 T} - 1\right) \tag{7-6}$$

式中，I_L 为光生电流，它与 p-n 结的面积、光照强度、吸收系数、扩散长度等有关；V 为光生电压；I_S 为反向饱和电流。

由太阳能电池的电流-电压方程式，可绘出太阳能电池的伏安特性曲线，如图 7.13 所示。

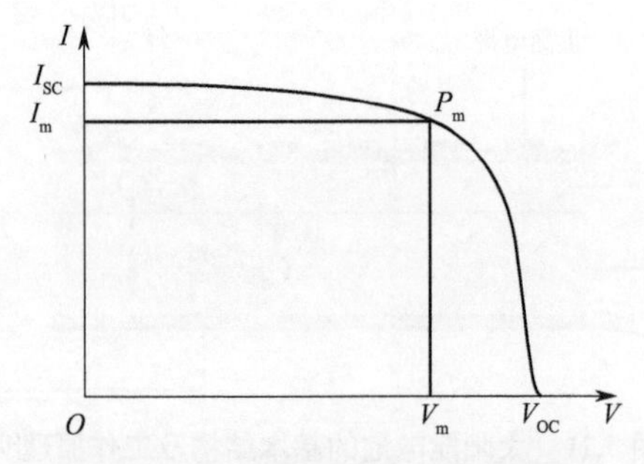

图 7.13 太阳电池的伏安特性曲线

太阳能电池伏安特性曲线上的点称为工作点，对应的电流和电压分别为工作电压和工

作电流，对应的功率 $P=IV$。曲线上必有一点对应的功率最大，当功率为最大值 P_m 时，对应的 V_m、I_m 分别称为最佳工作电压、最佳工作电流，该点称为最佳工作点；短路时，$V=0$，$I=I_{SC}$，I_{SC} 称为短路电流，即伏安特性曲线与纵轴的交点；开路时，$I=0$，$V=V_{OC}$，V_{OC} 称为开路电压，即伏安特性曲线与横轴的交点。

由太阳能电池的伏安特性曲线可得到以下五个描述太阳能电池性能的基本特性参数。

①开路电压（V_{OC}）：在开路情况下，负载 $R=\infty$，流经外电路的电流 $I=0$，由太阳能电池的电流-电压特性方程式（7-6）可得

$$V_{OC}=\frac{k_0T}{q}\left(\ln\frac{I_L}{I_S}+1\right) \tag{7-7}$$

由此可见，开路电压与 I_L 成正比，随光照强度增加而增大。

②短路电流（I_{SC}）：将 p-n 结短路，即 $V=0$，则有

$$I_{SC}=I_L \tag{7-8}$$

由此可见，短路电流随光照强度的增加而线性增大。

③填充因子（FF）：

$$FF=\frac{P_m}{V_{OC}\times I_{SC}}=\frac{V_m\times I_m}{V_{OC}\times I_{SC}} \tag{7-9}$$

填充因子表征太阳能电池伏安特性曲线“方形”的程度，是衡量太阳能电池输出特性的重要指标之一。在一定的光谱辐照度下，填充因子愈大，伏安特性曲线愈“方”，输出功率愈高，表明太阳能电池对光的利用率愈高。填充因子取决于光照强度、太阳能电池材料的禁带宽度、串联电阻、并联电阻等。

④最大输出功率（P_m）：

$$P_m=V_m\times I_m=FF\times V_{OC}\times I_{SC} \tag{7-10}$$

在一定的光照下，为了有尽量大的输出功率，就要有尽量大的填充因子、开路电压和短路电流。

⑤光电转换效率（η）：光电转换效率是太阳能电池性能最重要的指标，表示照射在太阳能电池上的光能量转换成电能的多少。定义为太阳能电池的最大输出功率 P_m 与照射到太阳能电池的光能 P_{in} 的比值，即

$$\eta=\frac{P_m}{P_{in}}\times 100\%=\frac{FF\times V_{OC}\times I_{SC}}{P_{in}}\times 100\% \tag{7-11}$$

太阳能电池的转换效率是有理论上限的。对于晶体硅太阳能电池，其禁带宽度为 1.12 eV。在太阳光谱中，能量小于 1.12 eV 的光子占有约 23%的能量。其次，吸收一个光子一般只能产生一个电子-空穴对，因而光子能量超过禁带宽度的部分将被浪费掉，对晶体硅太阳能电池而言，在其可吸收的光谱内，大约有 43%的能量因此而损失。仅此两项损失，一个硅电池可利用的光能只有 44%左右。同时，电池表面的反射、光生载流子的复合、串并联电阻的影响等，也会导致损失部分能量。实际硅电池的效率会大大小于其理论极限效率。

（2）太阳能电池的光谱特性

不同波长的光照射时太阳能电池将光能转换成电能的能力是不同的，亦即太阳能电池

并不能把任何一种波长的光能都同样地转换成电能。例如，通常红光转变为电能的比例与蓝光转变为电能的比例是不同的。光的颜色（波长）不同，转变为电能的比例也不同，这种特性称为光谱特性（光谱响应），表示太阳能电池把不同波长入射光能转换成电能的能力。

如果每一波长以一定等量的辐射光能或等光子数入射到太阳能电池上，所产生的短路电流与其中最大短路电流相比，按波长的分布求得其比值变化曲线，这就是该太阳能电池的相对光谱响应。光谱响应曲线峰值越高、越平坦，对应太阳能电池的效率也越高。

（3）太阳能电池的温度特性

太阳能电池的转换效率随温度的变化而变化。对于大部分太阳能电池，随着温度的上升，短路电流上升，开路电压减小，转换效率降低。

太阳能电池的温度特性用温度系数来表示，分为电流温度系数和电压温度系数。电流温度系数是指在规定的试验条件下，被测太阳能电池温度每变化 1 ℃，太阳能电池短路电流的变化值。电压温度系数是指在规定的试验条件下，被测太阳能电池温度每变化 1 ℃，太阳能电池开路电压的变化值。

7.3 晶体硅太阳能电池材料

硅材料是半导体产业中最主要的半导体材料，性能优越且制备工艺技术成熟，广泛应用于各类电子器件，是现代电子工业和信息社会的基础，也是最主要的太阳能电池材料，目前，国际上 98%以上的太阳能电池是利用硅材料制备的。

硅是地壳中第二丰富的元素，约为 26%。在自然界中不存在单质硅，通常以氧化硅的形式存在。硅在元素周期表中是第ⅣA 族元素，晶体结构为金刚石型结构，熔点为 1 420 ℃。按材料的结晶形态，晶体硅分为单晶硅和多晶硅两类。晶体硅太阳能电池是指以晶体硅为衬底材料的太阳能电池，分为单晶硅太阳能电池和铸造多晶硅太阳能电池。铸造多晶硅具有高产率、低能耗、低成本等优势，2005—2018 年，其市场份额高于单晶硅。2017 年后，单晶硅片金刚线切割技术的引入和单晶硅生长技术的不断进步，使单晶硅太阳能电池的度电成本逐渐降低。因此，2019 年，单晶硅市场份额首次超过铸造多晶硅，目前成为市场上的主流产品，2021 年单晶硅的市场份额达到 95%。

晶体硅太阳能电池有单晶硅和铸造多晶硅两条技术路线，主要产业链如图 7.14 所示。产业链上游包括：从硅矿石中还原出单质硅，再经化学提纯至高纯多晶硅，达到生长晶体硅的纯度要求；利用直拉法制备出单晶硅棒，利用定向凝固法制备出铸造多晶硅锭；将硅晶体切割成硅片。产业链中游包括电池片和组件的制备。产业链下游是光伏发电系统及其应用。

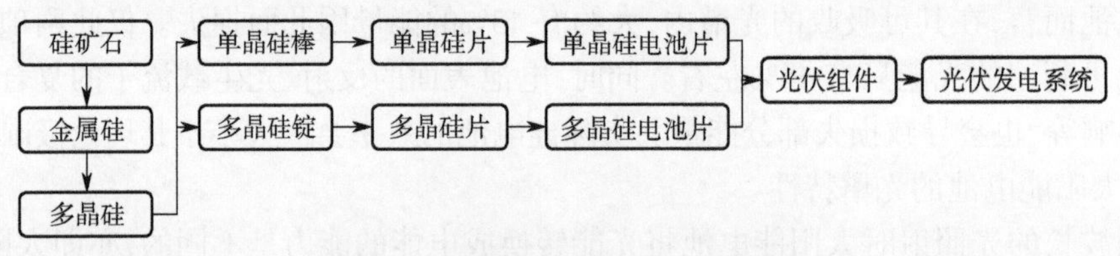

图 7.14 晶体硅太阳能电池产业链

7.3.1　晶体硅材料的制备

晶体硅材料处于整个光伏产业链的上游，其品质是影响太阳能电池性能的主要因素。太阳能用晶体硅要满足以下基本要求。

1）导电类型：一般为 p 型，但高效太阳能电池需要 n 型单晶硅为衬底。

2）电阻率：由太阳能电池原理可知，在一定范围内，电池的开路电压随着硅基体电阻率的下降而增加，材料电阻率较低时，能得到较高的开路电压，而短路电流则略低，总的转换效率较高。但电阻率太低，反而使开路电压降低，并且导致填充因子下降。因此，地面应用倾向于电阻率为 0.005~0.03 Ω·m 的材料。

3）晶向、少子寿命：<111>和<100>晶向均可。绒面电池有较高的吸光性能，因而较多采用<100>晶向的硅衬底材料。少子寿命越高越好，一般单晶硅少子寿命在几十微秒以上，可高达 1 ms。铸造多晶硅少子寿命已近 10 μs。

4）氧和碳是晶体硅中非故意掺杂的杂质，其含量越低越好。目前氧含量要低于 1×10^{18} atoms/cm^3，碳含量低于 5×10^{16} atoms/cm^3。

（1）高纯多晶硅原材料的制备

多晶硅是全球电子工业及光伏产业的基石，多晶硅是晶体硅生产的基本原料，主要用于制造半导体器件和光伏器件。按照硅的纯度，多晶硅分为两个等级：一是太阳能级硅（Solar Grade Silicon，SGSi），其纯度大于 99.999 9%（6N），主要用于太阳能电池的制造；二是电子级硅（Electron Grade Silicon，EGSi），其纯度大于 99.999 999 9%（9N），主要用于半导体器件的制造。

从硅矿石提纯到高纯多晶硅材料分两步完成，首先是从硅矿石提纯至金属硅（Metallurgical Grade Silicon，MGSi）。金属硅是工业提纯的单质硅，又称结晶硅或工业硅，硅的纯度为 98.5%~99.5%。

硅矿石的主要成分是二氧化硅，将二氧化硅和碳（可以用煤、焦炭和木屑等）一起放在矿热炉中加热至 2 100 ℃左右，碳就会将硅还原出来，反应式为

$$SiO_2 + 2C = Si + 2CO \tag{7-12}$$

为了进一步去除金属杂质，从矿热炉出来的金属硅要进行炉外精炼，目前普遍采用氧化精炼法，即杂质通过氧化反应生成氧化物而去除。主要有两种途径：一是合成渣氧化精炼，即在硅包中加入合成渣（造渣剂），杂质氧化后浮于液硅上部或沉于底部，易于去除且不与硅反应；二是吹气氧化精炼，即将工业氧气和压缩空气从硅包底部吹入（氧气底吹），杂质发生氧化反应形成氧化物挥发或浮于液硅表面或沉于底部然后将其去除。

从金属硅提纯至太阳能级多晶硅，主要方法有改良西门子法和硅烷法。

1）改良西门子法。1954 年德国西门子公司发明了生产多晶硅的方法并申请了专利，1965 年运用这种方法生产多晶硅实现了工业化，这是超纯硅制备道路上的大变革。

西门子法的原理是采用 H_2 还原 $SiHCl_3$ 生产高纯多晶硅，即在 1 100 ℃左右，在高纯硅芯上用高纯 H_2 还原高纯 $SiHCl_3$，生成的多晶硅沉积在硅芯上，主要反应式为

$$SiHCl_3 + H_2 = Si + 3HCl \tag{7-13}$$

其中 $SiHCl_3$ 由金属硅和氯化氢反应生成。

改良西门子法在传统西门子工艺的基础上，增加了还原尾气回收系统，$SiCl_4$ 氢化工艺，实现了闭路循环。图 7.15 为还原炉结构示意图。

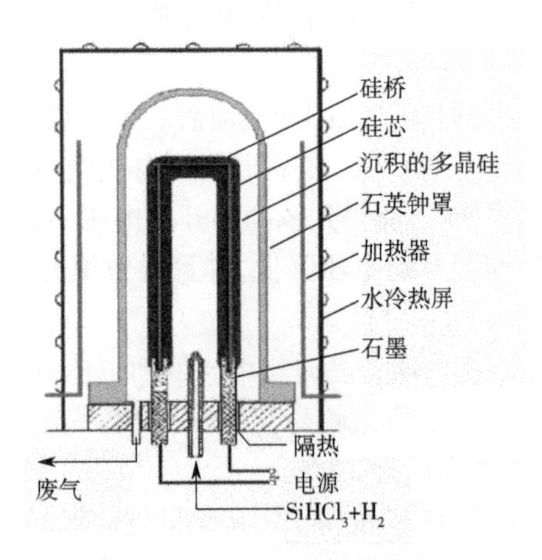

图 7.15 还原炉结构示意图

近年来，改良西门子法采用多对棒、大直径还原炉，有效降低了还原炉的单位能耗，并将尾气中的各种组分全部进行回收利用，这样就可以大大降低原料的消耗。由于改良西门子法是一个闭路循环系统，多晶硅生产中的各种物料得到充分利用，排出的废料极少，相对传统西门子法而言，污染得到了控制，达到了环保要求，是目前生产太阳能级多晶硅的主流技术。

2）硅烷法。硅烷法可分为热分解法和流化床法。1956 年英国标准电讯实验所研发出了由硅烷热分解制备多晶硅的方法，即通常所说的硅烷法。1959 年，日本也同样开发出了此方法。硅烷热分解法是硅烷在热分解炉中生产棒状多晶硅的方法。硅烷热分解法温度较低，SiH_4 容易提纯，反应充分，尾气无需回收，转换率高，产品纯度高，但硅烷易燃易爆，保存难度大，沉积速率慢。

美国联合碳化物公司采用歧化法制备硅烷，并对上述工艺进行改进整合，开发出流化床法，也称为新硅烷法。该方法以 $SiCl_4$、H_2 和金属 Si 为原料在流化床反应器内在高温高压下生成 $SiHCl_3$，将 $SiHCl_3$ 再进一步歧化加氢生成 SiH_2Cl_2，继而生成硅烷气。主要反应式为

$$Si + 2H_2 + 3SiCl_4 = 4SiHCl_3 \quad (7\text{-}14)$$

$$2SiHCl_3 = SiH_2Cl_2 + SiCl_4 \quad (7\text{-}15)$$

$$3SiH_2Cl_2 = SiH_4 + 2SiHCl_3 \quad (7\text{-}16)$$

将制得的硅烷气通入加有小颗粒硅粉的流化床反应器内进行连续热分解反应，反应式为

$$SiH_4 = Si + 2H_2 \quad (7\text{-}17)$$

生成颗粒状多晶硅产品，硅烷流化床反应器如图 7.16 所示。

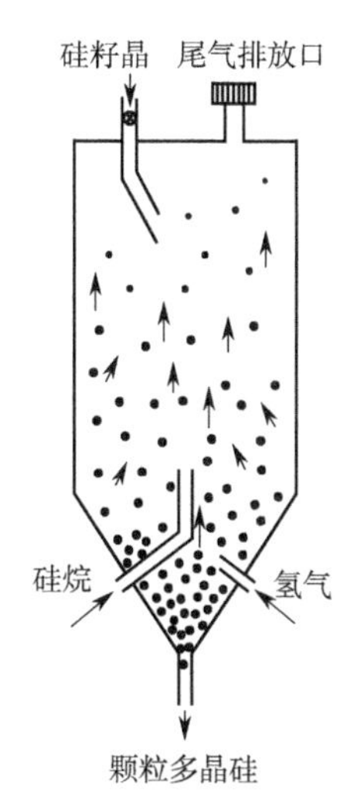

图 7.16　硅烷流化床反应器[5]

流化床法中参与反应的硅表面积大、生产效率高、电耗低、成本比改良西门子法低，适用于大规模生产太阳能级多晶硅，但安全性较差，产品纯度仍需提升。目前流化床法生产的颗粒硅产品市场占有率在 3%左右。

(2)单晶硅制备技术

单晶硅是制备半导体器件和太阳能电池的重要材料，单晶硅的生长方法主要有直拉法和区熔法。限于篇幅，本书只介绍单晶硅的直拉法生长技术。直拉法设备和工艺简单，容易实现自动控制，易于制备大直径无位错单晶硅，生产效率高。目前，直拉法是太阳能电池用单晶硅的主要制备方法。

直拉法由波兰科学家 J. Czochralski 于 1916 年发明，又称切氏法。1950 年，Teal 等首次用该法成功拉制出锗单晶和硅单晶。1958 年，Dash 提出了直拉单晶硅生长的“缩颈”技术，G. Ziegler 提出了快速引颈生长细颈的技术，构成了现代制备大直径无位错直拉单晶硅的基本方法。

直拉法生长单晶硅在直拉单晶炉中进行，单晶炉的基本结构及热场如图 7.17 所示。

单晶炉内的传热、传质、流体力学、化学反应等过程都直接影响到单晶的生长及生长成的单晶的质量，因此合理的热场是成功拉制单晶硅的关键。用电流流过石墨加热器后所产生的热量来熔化坩埚中的多晶硅原料，并通过保温部件来保持热场内部热量，并形成一定的温度梯度。经过引晶、放肩、转肩、等径生长、收尾步骤，完成一颗单晶硅的拉制，工艺过程如图 7.18 所示。拉晶过程中控制的参数有温度场、籽晶的晶向、坩埚和晶体的旋转速度、晶体提升速率(拉晶速率)及炉内保护气体的种类、流向、流速、压力等。

直拉单晶硅的工艺过程如下。

①装炉：将符合要求的多晶硅原料、掺杂剂放入石英坩埚内。

②化料：加大加热器功率，使坩埚内的多晶硅熔化。

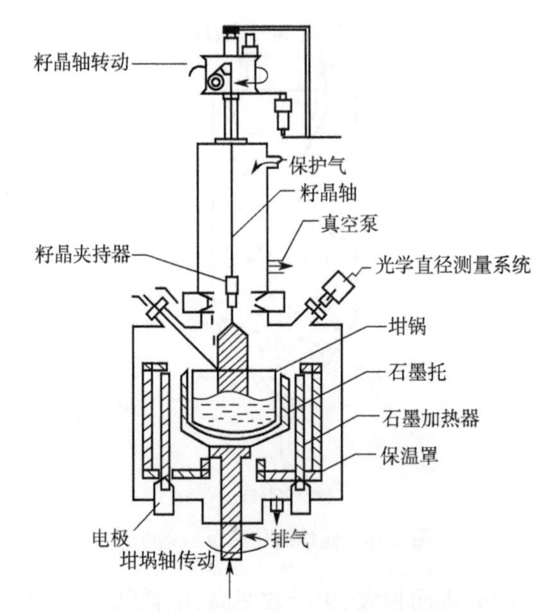

图 7.17　直拉单晶炉的结构及热场[6]

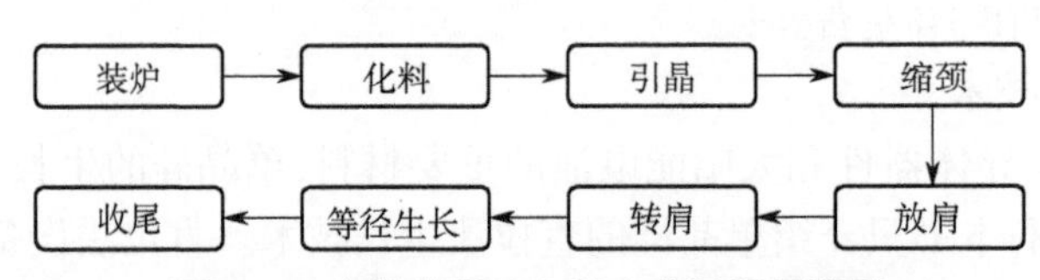

图 7.18　直拉单晶硅生长工艺过程示意图

③引晶:晶体生长时要用籽晶进行引晶。硅料熔化完后,将加热功率降至引晶位置,坩埚也置于引晶位置,稳定之后将籽晶降至与熔硅接触并充分熔接。籽晶必须是单晶,且是具有与所生长晶体相同晶向的小晶体,是生长单晶的种子,也称为晶种。按横截面形状划分主要有片状籽晶、方籽晶、圆籽晶、锥籽晶、半锥籽晶。直拉单晶专用籽晶为方籽晶、圆籽晶、锥籽晶和半锥籽晶。根据单晶的投料量,选用不同尺寸的籽晶。作为籽晶用的单晶硅应是无位错的,这样有利于生长无位错单晶硅;切籽晶用的单晶硅电阻率与产品单晶硅的电阻率相似,或高于产品单晶硅的电阻率;切割好的籽晶表面不应有严重的机械损伤,也不宜过分粗糙;籽晶的晶向要满足产品的要求,晶向偏离度应符合拉晶的要求。

④缩颈:缩颈是生长无位错单晶硅的关键步骤。籽晶与熔硅熔接后,拉制细颈。因籽晶在加工过程中不可避免地会有损伤,这些损伤在晶体中就会产生位错,在晶种熔接时也会产生位错,拉制细颈就是要让籽晶中的位错从细颈的表面滑移出去而加以消除,从而使单晶体无位错。

⑤放肩:在缩颈完成后,降低拉速,使晶体硅的直径迅速增大,直至达到预定的晶体直径。

⑥转肩:放肩完成后提高拉速,使晶体纵向生长。

⑦等径生长:当放肩达到预定直径时,提升拉速,并保持一定拉速不变,使晶体保持固定的直径生长。

⑧收尾：坩埚内熔体快尽时，再次提升拉速，同时升高硅熔体的温度，使晶体硅的直径不断缩小，最终离开液面，形成一个圆锥形的晶体尾部，单晶生长完成。

在太阳能电池用硅单晶制备技术方面，也有很多改进措施，重新加料（Recharged CZ，RCZ）和连续加料（Continuous CZ，CCZ）是两种重要的技术。

RCZ技术也称多次装料拉晶技术，在CZ法的基础上增加了加料装置，在每根单晶拉制完成后，通过加料装置将颗粒多晶硅加入坩埚内，与剩余的埚底料一起熔化，进行再次拉晶，这样一炉可连续生长多根单晶硅棒。

CCZ技术是在拉制单晶的同时进行加料，加料方式可分为连续固态加料、连续液态加料和双坩埚液态加料三种方式。固态加料是将颗粒多晶硅通过给料器直接加入坩埚内。液态加料设备分为熔料炉和生长炉，熔料炉专门熔化多晶硅原料，并通过给料器连续加料，而生长炉专门拉制单晶，两炉之间有输送管道，根据两侧压力不同实现生长炉补料，使坩埚内液面高度不变。双坩埚技术是在内层坩埚拉制单晶，外层坩埚加料熔化，两层之间用石英挡板隔绝以避免因加料引起的熔体扰动，这样加料不会对内层坩埚拉制单晶产生明显的影响。CCZ技术提高了生产效率，随着硅烷流化床法生产颗粒多晶硅技术的不断成熟，颗粒多晶硅产量增大，CCZ技术将是生长单晶硅的主流技术。

在直拉法单晶硅生长过程中，由于长寿命、大坩埚的使用，投料量可增加至每炉次3 000 kg；在保证晶体品质的同时拉速可提升至1.5 mm/min以上；设备实现自动化与智能化，使生产车间实现"无人化"操作；新材料的使用，如非硅原辅材料（碳-碳复合材料、新型热场保温材料）等，提高了生产效率，降低了生产成本。

（3）铸造多晶硅制备技术

利用铸造技术制备的多晶硅，称为铸造多晶硅（Multi-Crystalline Silicon，MC-Si），是专门为太阳能电池开发的硅晶体生长技术。1976年，德国Wacker公司制造出第一片多晶硅太阳能电池（100 mm × 100 mm，转换效率约为10%）。20世纪80年代，铸造多晶硅开始应用于太阳能电池。20世纪90年代，太阳能光伏产业还是主要建立在单晶硅基础上的。铸造多晶硅曾于2005—2018年是主要的晶体硅太阳能电池材料。

铸造多晶硅的生长原理为定向凝固，也称可控凝固、约束凝固；即在结晶过程中，通过控制温度场，形成单方向热流（生长方向与热流方向相反），控制固-液界面处的纵向温度梯度，使横向无温度梯度，从而形成定向生长的柱状晶。铸造多晶硅的定向凝固生长存在杂质分凝现象，也是硅的提纯过程。

铸造多晶硅的生长方法主要有浇注法、布里奇曼法、直熔法和电磁铸造法。目前光伏产业采用的方法是直接熔融定向凝固法，简称直熔法，即在坩埚内直接将多晶硅熔化，然后通过坩埚底部的热交换方式，使熔体冷却，采用定向凝固技术制造多晶硅，这种方法也被称为热交换法（Heat Exchange Method，HEM）。直熔法生长的铸造多晶硅质量较好，它可以通过控制垂直方向的温度梯度，使固-液界面尽量平直，有利于生长取向性较好的柱状多晶硅晶锭。

生产铸造多晶硅的设备称为铸锭炉，坩埚装料后送入铸锭炉，设置生长参数，自动完成各步骤程序。铸锭使用方形的石英陶瓷坩埚，其尺寸受限于铸锭炉的尺寸。加热器和保温板称为绝热笼，可以向上提升，使固-液界面从下向上移动，直熔法生长铸造多晶硅的装置如

图 7.19 所示。

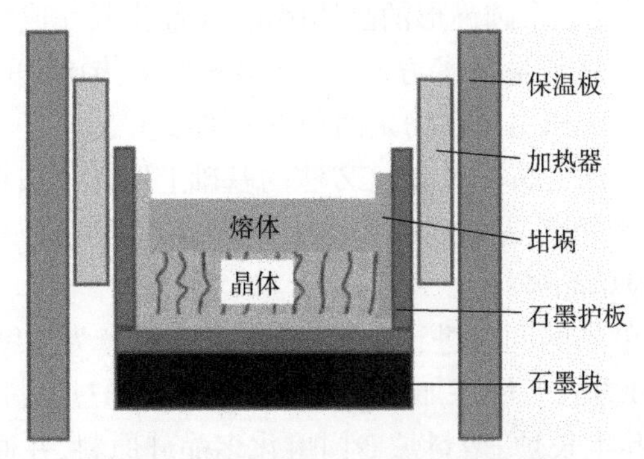

图 7.19 直熔法生长铸造多晶硅装置

铸造多晶硅生产工序包括备料工序、坩埚喷涂工序和铸锭工序。备料工序主要是原料及掺杂剂的准备。与直拉法相比,铸锭工艺对硅原料中的杂质容忍度高,因而原料来源广泛,价格低。由于硅、坩埚两种材料的热膨胀系数不同,如果硅材料和坩埚壁凝固在一起,在晶体冷却时很可能造成晶体硅或坩埚破裂,硅熔体和坩埚的长时间接触还会造成陶瓷坩埚的腐蚀,使多晶硅中的氧浓度升高,在晶体生长后会出现晶体和坩埚的粘连现象。为了解决这些问题,增加了坩埚喷涂工序,工艺上一般采用氮化硅等材料作为涂层喷涂在坩埚的内壁,避免了硅熔体和坩埚的直接接触。铸造多晶硅生长工艺主要包括装炉、加热、熔化、晶体生长、退火和冷却这六个基本步骤,其工艺流程如图 7.20 所示。

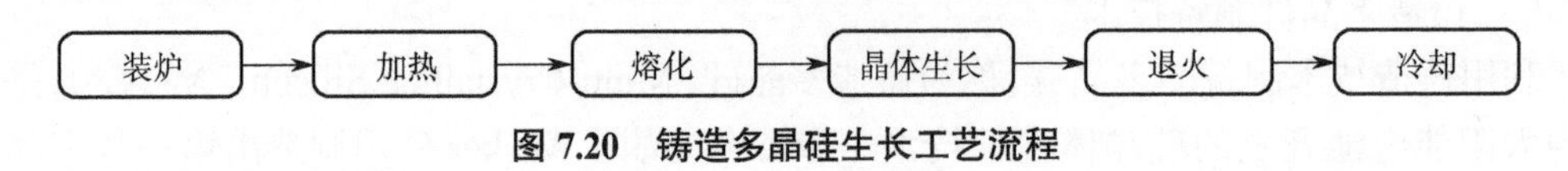

图 7.20 铸造多晶硅生长工艺流程

①装炉:按照装料工艺操作规则,将硅原料和掺杂剂装入带有涂层的坩埚内,并安装好石墨护板,然后用专用叉车将坩埚放入铸锭炉中,合拢上下炉罩。炉内抽真空,并充入氩气作为保护气氛,使炉内压力保持在要求之内。

②加热:利用石墨加热器给炉体加热,缓慢升温达到指定温度。

③熔化:将固体硅原料全部转变为液态硅,该程序段的最高温度可达 1 560 ℃,是整个铸锭程序运行温度最高的程序段。

④晶体生长:提升绝热笼,通过坩埚底部石墨块的热交换作用,使熔化的硅熔体自下向上定向凝固,由熔融态生长成为晶体。即在程序进入生长阶段时,绝热笼逐渐上升,石墨块向下辐射热量,形成一个纵向温度梯度,硅熔体开始凝固,至生长结束。

⑤退火:晶体生长完成后,晶体底部和上部存在较大的温度梯度,致使晶锭中存在较大的热应力,容易引起晶体隐裂,在硅片加工和电池制备过程中容易造成硅片碎裂。因此,增加了退火步骤,其目的就是在晶体生长完成后,在低于硅熔点的高温保持一段时间,对多晶硅晶体进行“原位”热处理,使晶锭温度均匀,降低晶体内的热应力,最终使晶体内的位错密度降低。

⑥冷却:逐渐停止加热,通过氩气和冷却水持续带走热量而达到降温效果,耗时十几个

小时，温度降到 400 ℃以下可出锭，整个铸锭循环结束。

与单晶硅相比，铸造多晶硅是在方形坩埚中制备的，其生长简便，易于大尺寸晶体生长，也易于自动化控制，可直接切成方形硅片，利用率高，单位能耗低。但是铸造多晶硅晶体质量较差，具有晶界、位错、微缺陷和相对较高的杂质浓度，相对单晶硅，铸造多晶硅太阳能电池的光电转换效率较低。

随着平面固液相技术和氮化硅涂层技术的应用，坩埚尺寸不断加大，目前投料量可达每炉 1 600 kg。在电池技术方面，减反射层技术、氢钝化技术、吸杂技术等的开发和应用，使铸造多晶硅材料的电学性能有了明显改善，其太阳能电池的光电转换率也得到了提高。

通过铸锭的方法还可获得外观和电学性能均类似于单晶硅的晶体硅，称为类单晶硅或准单晶硅。铸造准单晶硅中的缺陷密度比直拉单晶硅的大，但比铸造多晶硅的小，制作的太阳能电池转化效率高于铸造多晶硅太阳能电池。2012 年前后，铸造准单晶硅产品在市场上短暂应用过，曾占有 10%~20%的市场份额，但后来由于单晶率低而逐渐退出市场。2017 年，通过扩大坩埚尺寸、设计新的热场等技术提高单晶的比例，铸造准单晶硅产品。铸造准单晶硅技术是太阳能电池晶体硅技术的发展趋势之一。

（4）硅片加工技术

太阳能电池用硅片是采用线切割技术制备的，其工作原理是通过一根高速运动的粘有金刚石颗粒的钢线——金刚线对硅棒进行磨削，从而将硅棒一次同时切割为数千片薄片。金刚线切割具有切割效率高、材料损耗小、硅片表面质量高、边缘破损率低、可切割大尺寸材料、环保等优点，2019 年起成为太阳能级硅片切割加工的主要方式。图 7.21 为金刚线切割示意图。

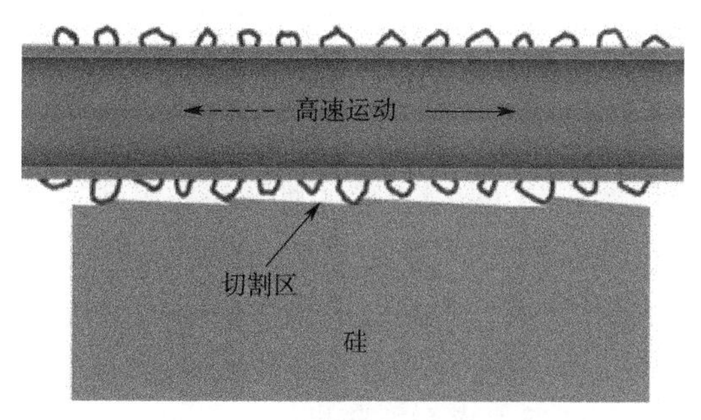

图 7.21　金刚线切割示意图

金刚线切割技术的发展趋势是大切速、低线耗和细线化，目前产业上金刚线线径降至 40 μm 以下。金刚线有电镀金刚线和树脂金刚线两种，其中电镀金刚线已实现国产化。高碳钢金刚线线径已接近极限，而生产技术不断成熟的钨丝金刚线产品正在逐步走向市场。

太阳能电池硅片向大尺寸、薄片化方向发展，目前 166 mm、182 mm 和 210 mm 三种尺寸的硅片为主要产品，其中 182 mm 尺寸的硅片份额最大；硅片的厚度也从 2019 年的 180 μm 降至目前的 155 μm。

（5）晶体硅太阳能电池制备工艺

晶体硅太阳能电池分为单晶硅太阳能电池和铸造多晶硅太阳能电池两类。2018 年前，主流技术为常规的铝背场（Al-BSF）电池，2019 年起，Al-BSF 电池逐步退出市场，而钝化发射极及背面局域接触电池（Passivated Emitter and Rear Cell，PERC）成为光伏市场上的主流技术，2021 年市场占比达到 91.2%。PERC 由澳大利亚新南威尔士大学于 1989 年首次报道[7]，目前其器件结构如图 7.22 所示，为了大大降低表面复合，提高光利用率，在常规 Al-BSF 电池基础上，PERC 正面增加了选择性发射极（SE）和 SiN_x 钝化层，背面采用了双层膜钝化和局域接触，其制备工艺流程如图 7.23 所示。

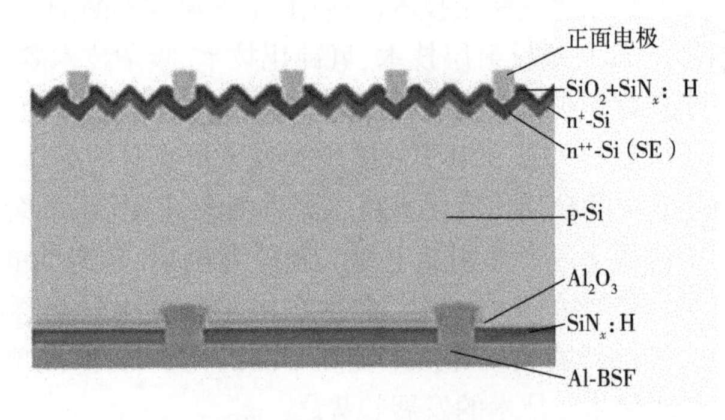

图 7.22 PERC 结构示意

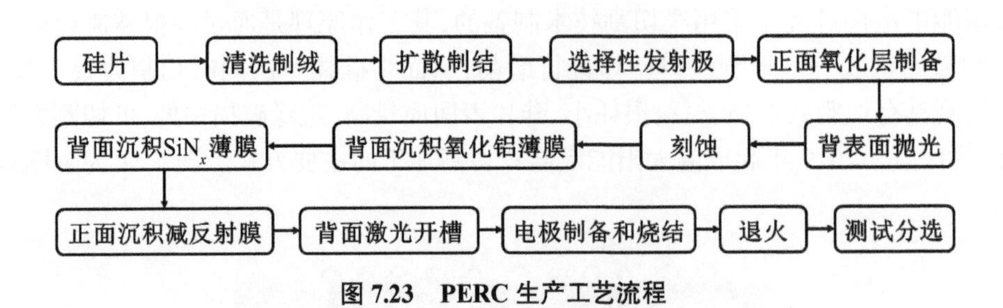

图 7.23 PERC 生产工艺流程

①清洗制绒。清洗制绒是晶体硅太阳能电池生产过程中的第一道工序，目的是减少硅片表面对太阳光的反射，去除硅片切割时表面的机械损伤层和表面污染物。硅片对太阳光的反射率通常在 30%以上，为了充分利用太阳光，减少反射，已开发出成熟的表面制绒技术，又称为表面织构化技术，形成具有陷光效果的绒面表面，增加光的吸收，陷光原理如图 7.24 所示。产业上普遍采用化学腐蚀法来完成绒面制备，形成的绒面形貌如图 7.25 所示。该工艺的主要监测指标是硅片的反射率和减薄量。

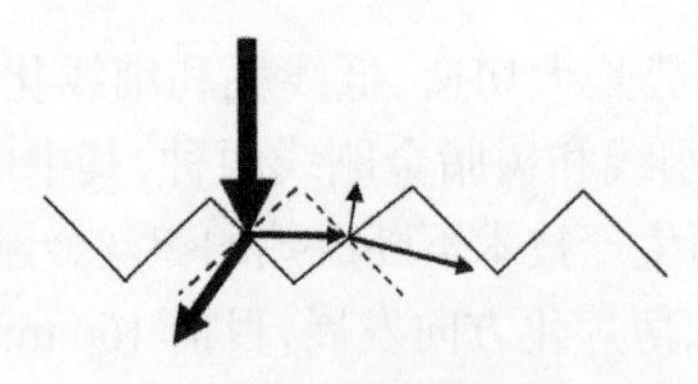

图 7.24 陷光原理

对单晶硅，采用碱性腐蚀液进行制绒，属于各向异性腐蚀，在硅片表面形成金字塔状的绒面结构。反应式如下：

$$Si + 2NaOH + H_2O = Na_2SiO_3 + 2H_2 \quad (7-18)$$

对多晶硅，采用酸性腐蚀液进行制绒，是各向同性腐蚀，在硅片表面形成“蠕虫”状的绒面结构。反应式如下：

$$Si + 4HNO_3 = SiO_2 + 4NO_2 + 2H_2O \tag{7-19}$$

$$SiO_2 + 4HF = SiF_4 + 2H_2O \tag{7-20}$$

$$SiF_4 + 2HF = H_2SiF_6 \tag{7-21}$$

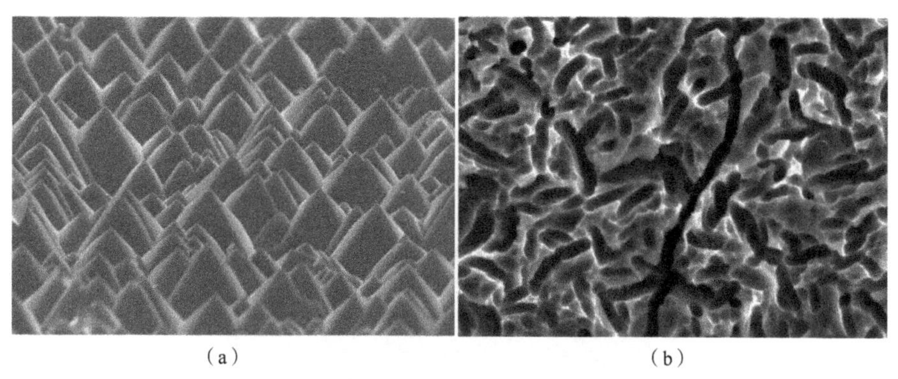

（a） （b）

图 7.25 晶体硅化学腐蚀法制备的绒面形貌

（a）单晶硅绒面 （b）多晶硅绒面

随着产业技术的不断进步，新的制绒技术也在不断开发，如反应等离子刻蚀法、激光刻蚀法等。

②扩散制结。一般的太阳能电池使用 p 型硅片做衬底，因此采用磷扩散法，即在高温条件下，以石英容器为载体，向硅片体内掺入定量的磷元素，形成太阳能电池的核心器件——p-n 结，所使用的设备称为扩散炉。按扩散源类型分为固态源扩散、液态源扩散和气态源扩散。三氯氧磷（$POCl_3$）液态源扩散具有生产效率较高，得到的 p-n 结均匀、平整和扩散层良好等优点，是目前制备大面积 p-n 结的主流技术。

$POCl_3$ 在高温下（>600 ℃）分解生成五氯化磷（PCl_5）和五氧化二磷（P_2O_5），其反应式如下：

$$5POCl_3 = 3PCl_5 + P_2O_5 \tag{7-22}$$

生成的 P_2O_5 在扩散温度下与硅反应，生成二氧化硅（SiO_2）和磷原子，其反应式如下：

$$2P_2O_5 + 5Si = 5SiO_2 + 4P \tag{7-23}$$

$POCl_3$ 热分解时，生成的 PCl_5 不易分解，并且对设备和硅片有腐蚀作用，破坏硅片的表面状态。但在有外来氧气的情况下，PCl_5 会进一步分解成 P_2O_5 并放出氯气（Cl_2），其反应式如下：

$$4PCl_5 + 5O_2 = 2P_2O_5 + 10Cl_2 \tag{7-24}$$

生成的 P_2O_5 又进一步与硅反应，生成 SiO_2 和磷原子，磷原子向硅中扩散，同时，在硅片表面形成一层含有 SiO_2 和磷原子的磷硅玻璃（Phosphorous Silicate Glass，PSG）。由此可见，在磷扩散时，为了促使 $POCl_3$ 充分分解和避免 PCl_5 对硅片表面和设备的腐蚀，必须通入一定量的氧气。$POCl_3$ 由氮气携带进入扩散炉，另外，为了维持炉内气流分布均匀还要通入一股氮气作为保护气氛。影响扩散质量的主要因素有扩散时间、扩散温度、$POCl_3$ 源瓶的温度、气体的流量等。该工艺的主要监测指标为扩散层的方块电阻。

③选择性发射极(Selective Emitter，SE)。选择性发射极是指在电池前表面金属电极与硅片接触部位进行高浓度掺杂，而在电极以外的区域进行低浓度掺杂。这种掺杂方式既降低了电池前表面硅片和电极之间的接触电阻，又降低了表面的复合，提高了少子寿命，进而提高电池性能。产业中多采用激光掺杂技术，以磷扩散后形成的 PSG 为掺杂源，进行激光扫描掺杂，在电极下面硅片部位形成 n^{++}的重掺杂区域，从而实现选择性发射极[8]，如图 7.26 所示。该方法实现简单，已成为 PERC 光伏组件生产线的标配工艺。

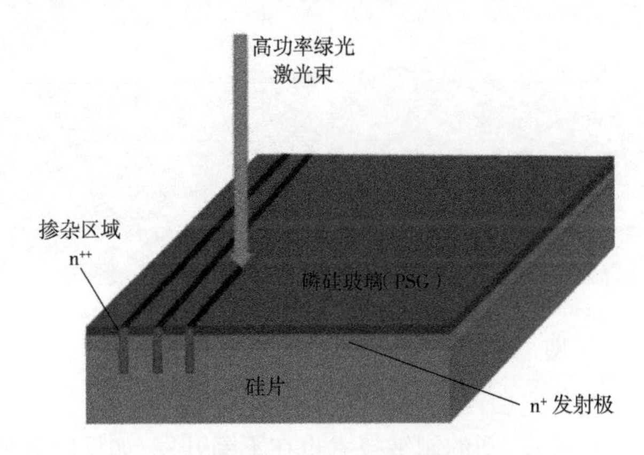

图 7.26　磷硅玻璃(PSG)激光掺杂示意图[9]

离子注入法制备 p-n 结也在光伏产业得到应用[10]，其基本原理是用能量为千电子伏量级的离子束入射到材料中，离子束与材料中的原子或分子发生一系列物理和化学的相互作用，入射离子逐渐损失能量，最后停留在材料中，达到掺杂的目的。

④正面氧化层制备。在制备背面钝化膜之前先在电池正面生长一层薄氧化层，钝化效果会更好。氧原子与硅表面未饱和的硅原子结合形成 SiO_2 薄膜，从而降低硅片表面悬挂键密度，很好地控制界面陷阱和固定电荷，起到对电池表面进行钝化的目的，在背表面抛光时也可保护已激光掺杂的区域。氧化膜的制备方法主要有湿法氧化(在制绒的最后阶段使用硝酸或双氧水氧化)、气体氧化(在制绒的最后阶段使用臭氧气体氧化)和热氧化(采用氧化炉在高温状态下进行氧化)。

⑤背表面抛光。该工艺可使入射到硅片背表面的光更多地返回硅片内，提高光的利用率，该工艺的主要监测指标为背面反射率。常用的有两种抛光剂：一种是诸如四甲基氢氧化铵(TMAH)之类的有机碱，经 TMAH 化学抛光后的单晶硅片背表面的反射率一般达到 35%左右；一种是酸性抛光剂，其可使背表面反射率上升到 45%左右。

⑥刻蚀。刻蚀是指去除扩散后硅片周边的 n 型硅，防止漏电。刻蚀方法分为干法刻蚀和湿法刻蚀两种。干法刻蚀是采用高频辉光放电反应，将反应气体激活成活性粒子，如原子或游离基，这些活性粒子扩散到需刻蚀的部位，在那里与被刻蚀材料进行反应，形成挥发性生成物而被去除。湿法刻蚀利用溶液与硅片的化学反应来去除，目前多采用 HNO_3-HF 混酸体系。利用 HNO_3 的强氧化作用，将硅氧化成二氧化硅，再利用 HF 去除硅片表面的二氧化硅，从而获得良好的刻蚀效果。另外，也可去除硅片在扩散过程中形成的 PSG。PSG 的主

要成分是二氧化硅,采用 HF 去除 PSG。如果采用湿法刻蚀,产业上刻蚀和去 PSG 这两个步骤则是在同一台设备中完成的。

⑦背面沉积氧化铝薄膜。目前产业上采用等离子体增强化学气相沉积(Plasma Enhanced Chemical Vapor Deposition，PECVD)或原子层沉积(Atomic Layer Deposition，ALD)技术,在碱抛光后的硅片背面沉积 Al_2O_3 薄膜,厚度为几个微米。Al_2O_3 薄膜的作用是钝化背表面,减少载流子的复合。通常以三甲基铝($Al(CH_3)_3$，TMA)作为铝源[11]，PECVD 借助微波或射频等方法,工艺基本反应如式(7-25)所示。ALD 采用加热辅助或等离子体辅助方式,工艺基本反应如式(7-26)所示。该工艺的主要监测指标为厚度、折射率和沉积前后硅片的少子寿命。

$$4Al(CH_3)_3 + N_2O \rightarrow 2Al_2O_3 + CO_2 + CH_4 + 2NO_2 \tag{7-25}$$

$$2Al(CH_3)_3 + 3H_2O = Al_2O_3 + 6CH_4 \tag{7-26}$$

⑧背面沉积 SiN_x 薄膜。在电池背面沉积 Al_2O_3 薄膜后,接着采用 PECVD 技术,沉积一层 SiN_x,称为 H 薄膜,其作用一是将透过硅片的光反射回硅片内部被再次吸收,增加光的利用率;二是薄膜中的氢对背表面悬挂键进行钝化,减少表面复合速率;三是将 Al_2O_3 膜与背面印刷的铝浆隔开,防止 Al 在烧结步骤破坏 Al_2O_3 薄膜。该工艺的主要监测指标为薄膜的厚度和折射率。

PECVD 技术以氨气和硅烷作为反应气体,通过电磁场将其激发成等离子体,反应式如下:

$$SiH_4 + NH_3 \rightarrow SiN_x + H_2 \tag{7-27}$$

⑨正面减反射膜。利用 PECVD 技术,以氨气和硅烷作为反应气体,在硅片表面形成一层 SiN_x,称为 H 减反射膜,利用光的干涉原理,进一步降低硅片表面对太阳光的反射。同时,薄膜中的氢离子可与悬挂键结合,减少正表面复合中心,增加电池本身的钝化效果。另外,利用反射膜本身的物理特性对硅片绒面表面进行保护,最终提高电池稳定性。该工艺的主要监测指标为薄膜的厚度和折射率。

⑩背面激光开槽。使用激光开槽方法[12],采用波长为 532 nm 的皮秒激光对电池的背面钝化膜开槽,以使背电极与硅片背面形成良好的欧姆接触,顺利引出电流。开槽图案和开槽方式可视生产实际情况而定。

⑪电极制备和烧结。在电池的正、背面印上特定图案的金属栅线,作为电池的正、负极,金属与硅形成欧姆接触,最大化收集光照生成的电流。目前产业采用丝网印刷技术,包括印刷金属浆料(主要是银浆和铝浆)和烧结两个步骤。前电极形状要考虑金属栅线对太阳光的遮挡、金属栅线自身电阻以及金属与硅片的接触电阻,尽量减少光学损失和电学损失。丝网印刷后要对电池进行烧结,目的是燃尽浆料的有机组分,前电极的银、氮化硅及硅经烧结后形成共晶,背电场经烧结后形成铝硅合金,从而使电极与硅形成良好的欧姆接触,顺利导出电流。

⑫退火。1973 年发现了掺硼直拉单晶硅太阳能电池的光致衰减(Light Induced Degradation，LID)现象,研究发现掺硼硅单晶经过光照后产生了 B-O 复合体,成为载流子复合中心,从而造成少子寿命降低。随着 PERC 生成线效率的持续提升和产能的迅速扩大,其光致衰减偏高的问题引起了业界的高度重视。为了降低或消除光衰问题,在电池制备完成后再

进行光注入退火或电注入退火，抑制或减少了 PERC 中的光致衰减问题[13-14]。

⑬测试分选。测试分选是晶体硅太阳能电池生产的最后一道工序，包括电池性能检测和外观检测，目前生产线上均配备了相应的自动化检测设备。在标准测试条件下，通过氙灯模拟太阳光照射到电池片表面来测试太阳电池的电性能参数，并根据标准进行电池分档。

制备成的单体电池脆而薄，非常容易破碎，其电极在空气中容易被腐蚀，工作电压一般为零点几伏，输出功率为几瓦，远不能满足一般用电设备的电压要求，因此，要把多片电池片组合在一起。具有内部连接及封装的、能单独提供直流电输出的最小不可分割的太阳能电池组合装置称为太阳能电池组件，即多个单体太阳能电池互连封装后成为组件。地面用晶体硅太阳能组件一般需满足以下要求：工作寿命应在 25 年以上，具有良好的封装和电绝缘性，机械强度高，能经受运输和使用中的振动、冲击和热应力，紫外辐射下稳定性好，因组合引起的效率损失小，封装成本低。

为了进一步减少光电转换过程中的光学损失和电学损失，人们发展了多种太阳能电池新技术，如隧穿氧化层钝化接触电池（Tunnel Oxide Passivating Contact，TOPCon）、叉指背接触电池（Interdigitated Back Contact，IBC）、异质结电池（Heterojunction with Intrinsic Thin Layer，HJT）及 HBC（HJT 和 IBC 的结合）。其中，TOPCon 和 HJT 电池产业技术已成熟，极具大规模生产的潜力。

近年来，晶体硅太阳能电池一直占据太阳能电池 95%以上的市场份额，是光伏产业最成熟的电池技术。作为主要的太阳能半导体材料，单晶硅的生长技术不断提升，制造成本大大下降，另外高效太阳能电池对高品质的单晶硅衬底材料有需求，从 2019 年开始，单晶硅太阳能电池的市场占比超过了多晶硅，预计铸造多晶硅太阳能电池会逐步退出光伏市场。另外，以 n 型硅单晶为衬底的高效电池市场份额将逐年增大。制备大尺寸、高品质、低成本的单晶硅材料是晶体硅太阳能电池材料发展的必然趋势。

7.4 薄膜太阳能电池材料

很多半导体材料对太阳光的吸收系数高，仅几个微米的厚度就可吸收大部分的太阳光，以这类薄膜半导体材料制作的太阳能电池很薄，故称为薄膜太阳能电池。通常采用薄膜生长技术将半导体材料沉积在玻璃、不锈钢、陶瓷、聚酰亚胺等衬底上。与晶体硅太阳能电池相比，薄膜太阳能电池具有衬底多样、弱光性能好、可弯曲、产业链短、成本低、易于实现大面积化等特点，在光伏建筑一体化和消费类产品如计算器、手表等方面应用更有优势。目前已产业化的薄膜太阳能电池材料主要有非晶硅、碲化镉、铜铟镓硒和砷化镓。与晶体硅太阳能电池相比，薄膜太阳能电池的市场份额一直很低。

7.4.1 非晶硅薄膜太阳能电池材料

1974 年，研究人员通过辉光放电技术分解硅烷，获得了可控掺杂的非晶硅薄膜，自此人们就意识到它在太阳能电池上的应用前景，并开始了对非晶硅太阳能电池的研究工作。1976 年，美国 RCA 公司采用金属-半导体和 p-i-n 两种器件结构，制备了世界上第一个非晶硅太阳能电池，但转换效率不到 1%。1980 年，ECD 公司采用金属-绝缘体-半导体（MIS）结构制成了转换效率达 6.3%的非晶硅太阳能电池。同年，日本三洋公司推出了装有面积为 5 cm^2 非晶硅太阳能电池的袖珍计算器。1982 年，市场上开始出现装有非晶硅太阳能电池的手表、充电器、收音机等商品。1984 年，作为独立电源用的非晶硅太阳能电池组件面世。1988 年，与建筑材料相结合的非晶硅太阳能电池投入应用。目前，三结非晶硅电池效率达到 16.3%[3]，产业化效率为 9%~13%。

非晶硅属于直接带隙材料，光吸收系数高，只需要 1 μm 厚的薄膜就可以吸收 90%的阳光，非晶硅禁带宽度随制备条件的不同在 1.5~2.0 eV 范围内变化。非晶硅薄膜几乎可以沉积在任何衬底上，如廉价的玻璃衬底、不锈钢、陶瓷、塑料（聚酰亚胺）。非晶硅薄膜太阳能电池沉积温度低、开路电压高、弱光性能好、温度系数小、成本低，易于实现大面积、大批量生产，在光伏幕墙、光伏建筑一体化及小型消费类产品等应用方面比晶体硅太阳能电池更有优势。

（1）非晶硅薄膜的制备技术

非晶硅是一种无定形半导体，原子排列遵循连续无规网络（CRN）模型，即在任一硅原子周围，仍有四个硅原子与其键合，与晶体硅类似，但其共价键的键角和键长发生了变化，因此在较大范围内，非晶硅不存在原子的周期性排列，是长程无序的。

制备非晶硅薄膜的技术主要有 PECVD、热丝 CVD（Hot Wire CVD，HWCVD）和光诱导 CVD（Photo Induced CVD，PICVD），其中 PECVD 是目前非晶硅薄膜产业化的制备技术。

PECVD 技术是利用辉光放电原理，产生等离子体，在衬底表面沉积形成薄膜的技术，其结构如图 7.27 所示。PECVD 按耦合方式，分为电容耦合和电感耦合；按等离子体的激发方式分为直流激发和交流激发（射频）；按功率源所采用的频率分为射频（RF13.56 MHz）和甚高频技术（VHF，一般大于 30 MHz）。VHF-PECVD 因增强了等离子有效温度，降低了电子轰击能量，沉积速率高，薄膜质量好，因此受到广泛关注。

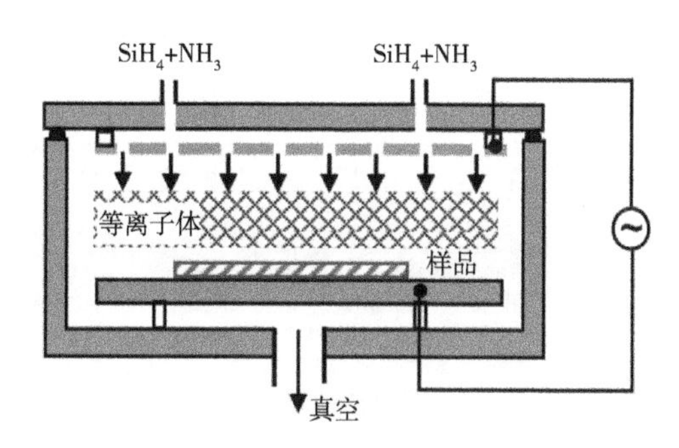

图 7.27　PECVD 结构[15]

利用 PECVD 法制备非晶硅薄膜时，主要采用高纯硅烷（SiH_4）气体的热分解生成硅原子，沉积在衬底材料上形成薄膜硅。首先将反应室抽真空，然后将 SiH_4 气体通入反应室；在正、负极之间加上电压，由阴极发射出电子并在电场作用下得到能量后与反应室内的气体分子或原子发生碰撞，使它们分解、激发或电离，形成等离子体，最终分解的硅原子在衬底上沉积，形成非晶硅薄膜。实际工艺中，为了利用氢钝化薄膜硅中的悬挂键，在反应时，常常通以氢气。影响薄膜质量的主要因素有 SiH_4 气体的浓度（即与氢气的比例）、气体的流量和压力、衬底的温度、功率等因素。

非晶硅的掺杂是在反应室中直接通入掺杂气体，形成薄膜硅的同时掺入杂质原子。实际生产中，采用磷烷（PH_3）和硼烷（B_2H_6）作为掺杂气体来沉积 n 型和 p 型非晶硅层。

制备 p 型薄膜硅时，因 p 型是受光面，掺杂时一方面要考虑掺杂浓度对费米能级的影响，另一方面要有较高的透过率；同时还要考虑到满足势垒的需要。主要技术途径一是将太阳能电池窗口层 p 层改变为带隙更宽的材料，如 p 型 SiC 薄膜材料，以减少光线在表面层的吸收；二是利用多层不同的宽带隙材料的叠层替代单一的 p 型薄膜硅，尽量减少短波长光线的损失。

制备 n 型薄膜硅时，其掺杂浓度首先要考虑费米能级的控制，其次要考虑能够与本征层接触形成较高的势垒，另外还要求它能与金属电极接触形成良好的欧姆接触。主要技术途径一是将太阳能电池的 n 型薄膜改变为带隙更窄的材料，如微晶薄膜硅、多晶硅薄膜、硅锗薄膜材料，可以增加长波光线的吸收；二是利用多层不同的窄带隙材料的叠层替代单一的 n 型薄膜硅，尽量增加长波长光线的吸收，使得薄膜硅太阳能电池的吸收光谱最大程度地接近太阳光光谱。

（2）非晶硅薄膜太阳能电池

由于非晶硅材料内部含有较多的晶体缺陷，若直接制成 p-n 结，则光生载流子复合快，几乎不能对光生载流子形成有效的收集。因此，根据非晶硅材料的特点，在 p 型非晶硅层和 n 型非晶硅层之间插入一个本征非晶硅层，形成 p-i-n 结构，这样将太阳能电池的不同功能区分离开来，可最大限度地发挥非晶硅材料的优势来提高电池的性能。单结非晶硅薄膜太阳能电池的基本结构如图 7.28 所示，其中本征层（i 层）为有源层或光吸收层，光生载流子产生于该层中；掺杂层为重掺杂，用来建立内建电场，光生载流子产生后能立即被扫向 n 侧或 p 侧；透明导电氧化物薄膜（Transparent Conductive Oxide，TCO）作为正电极。

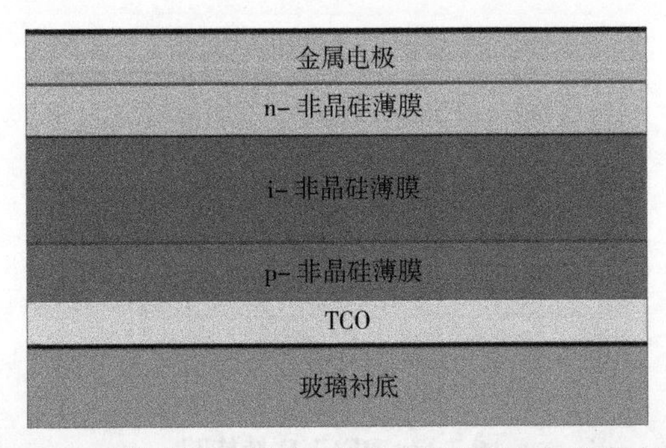

图 7.28　单结非晶硅薄膜太阳能电池的结构（玻璃衬底）

非晶硅薄膜太阳能电池是由共用一块衬底的若干个分立小电池组成的，类似于晶体硅太阳能电池组件，称为集成型电池，工艺上是采用激光刻划技术完成子电池的分割和连接的。非晶硅薄膜太阳能电池的制备工艺流程如图 7.29 所示。①第一道激光刻划，采用波长为 1 064 nm 的红外激光对 TCO 进行刻划，将 TCO 电极进行分割；②生长 p 层、i 层和 n 层非晶硅；③第二道激光刻划，采用绿色激光对非晶硅薄膜进行分割；④制备背电极，采用磁控溅射法，制备 TCO+Al 或 Al 电极；⑤第三道激光刻划，将背电极进行刻划，实现子电池的连接;⑥封装和测试。

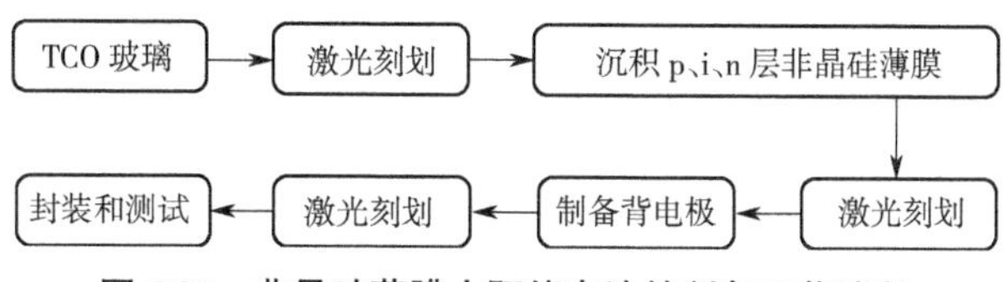

图 7.29　非晶硅薄膜太阳能电池的制备工艺流程

非晶硅薄膜太阳能电池是几个薄膜电池中最早实现产业化的,生产技术相对成熟,成本也比较低。与非晶硅、非晶硅锗、微晶硅、碳化硅、纳米硅等薄膜材料相结合,研发了多结叠层结构的非晶硅薄膜太阳能电池,转换效率也在不断提升。但非晶硅电池存在两大弱点:一是效率低,这是由非晶硅材料本身的特性决定的;二是 Staebler-Wronski(S-W)效应造成组件的快速衰退。随着高效太阳能电池的不断引入,非晶硅薄膜太阳能电池面临巨大挑战。

多元化光管理设计、柔性和半透明电池、应用的多元化(如生物、物联网等)是非晶硅薄膜太阳能电池的发展方向。

7.4.2　碲化镉(CdTe)薄膜太阳能电池材料

碲化镉太阳能电池是薄膜太阳能电池中历史最悠久的电池之一。早在 1956 年研究人员就开始进行 CdTe 单晶的研发工作。20 世纪 80 年代末,有人预言 CdTe 多晶薄膜太阳能电池更有发展前景。经过多年努力,人们研发了多种制备碲化镉薄膜的方法,电池效率不断提升。美国国家可再生能源实验室(NREL)的 Wu(吴选之)采用低阻/高阻复合透明导电膜,在 1999 年获得 15.8%的转化效率后,于 2001 年,又创造了 16.4%的转化效率的世界纪录。美国第一太阳能公司于 2004 年开始产业化 CdTe 薄膜太阳能电池,并很快扩大了生产规模,降低了生产成本。目前 CdTe 太阳能电池的效率纪录为 22.1%,大面积(2.357 3 m^2)组件效率纪录为 19.0%,由美国第一太阳能公司创造[17]。

CdTe 属于第ⅡB-ⅥA 族二元化合物,具有闪锌矿型晶体结构为直接带隙半导体,室温下禁带宽度为 1.45 eV,与太阳辐射光谱适配,光吸收系数高($>10^5$ cm^{-1}),仅 2 μm 厚就可吸收 99%的太阳光。CdTe 薄膜太阳能电池高效稳定、温度系数低、弱光性能好、生产成本低。该种电池中镉用量很少,且碲化镉是稳定的化合物,是环境友好的产品。

(1)碲化镉薄膜的制备技术

高质量 CdTe 多晶薄膜的制备技术主要有物理气相沉积法(Physical Vapour Deposition, PVD)、近空间升华法(Close-Space Sublimation, CSS)、气相传输沉积法(Vapour Transport Deposition, VTD)、溅镀法(Sputtering Deposition)、电解沉积法(Electro-deposition)、喷涂沉积法(Spray Deposition)、有机金属化学气相沉积法(MOCVD)、丝网印刷沉积法(Screen-print Deposition)、分子束外延法(Molecular Beam Epitaxy, MBE)等。目前产业中制备高效 CdTe 电池的主流技术是近空间升华法,其生长反应室如图 7.30 所示。

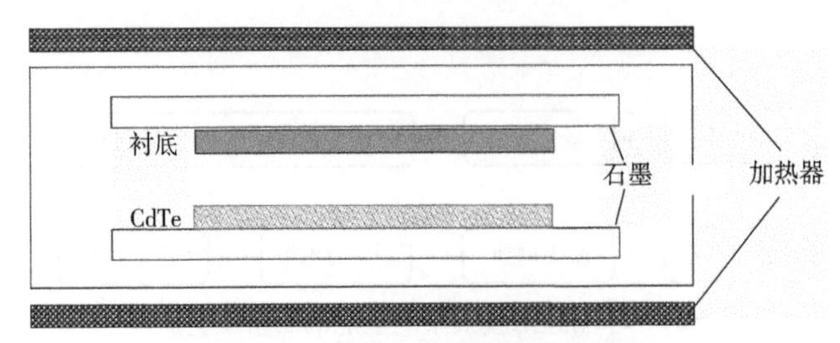

图 7.30 近空间升华法生长反应室

近空间升华法设备反应室设置于高纯石英管内，两个石墨部件作为支撑体，在下石墨片上放置高纯的 CdTe 薄片或粉体作为源材料，在上石墨片上倒置放置衬底，通过控制上下石墨部件处的加热器来调节衬底和源材料的温度。源材料与衬底面积相同，距离较小，因此可使薄膜生长尽可能接近理想平衡状态。衬底温度通常为 550~650 ℃，源材料温度略高于衬底温度。CdTe 在温度高于 460 ℃时升华为 Te 和 Cd，在低温时可以由 Te 和 Cd 蒸汽凝结成 CdTe 多晶薄膜。沉积速率主要与源材料温度和反应室气压有关，薄膜的微结构取决于衬底温度、源材料与衬底的温度梯度和衬底的晶化状况。

（2）碲化镉薄膜太阳能电池

CdTe 薄膜太阳能电池通常采用异质结结构，p-n 结由 p-CdTe 与 n-CdS 构成，如图 7-31 所示。该结构电池制备工艺简单，背电极易于制备。

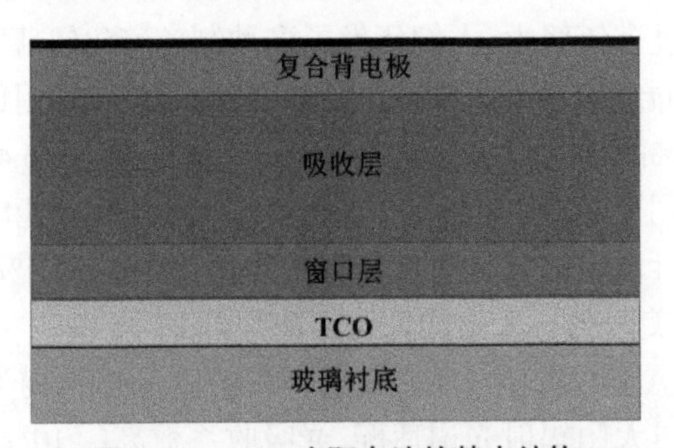

图 7.31 CdTe 太阳电池的基本结构

1）玻璃衬底。通常采用高透过率和耐高温的玻璃，保护 CdTe 电池免受外部环境侵蚀，并提供电池的机械支撑。

2）TCO。作为太阳能电池的前电极，要求其具有很高的电导率，在可见光和近红外波段有较高的透过率和良好的化学稳定性。TCO 材料主要有 SnO_2: F（FTO）、ZnO: Al（ZAO）、In_2O_3: Sn（ITO）、Cd_2SnO_4（CTO）等。目前，研究者已开发出电导率和透过率更高且容易制备的新型前电极体系，如 Cd_2SnO_4/Zn_2SnO_4 复合前电极。

3）窗口层。CdS 属于第ⅡB-ⅥA 族化合物半导体材料为直接带隙材料，禁带宽度约为 2.42 eV，不吸收波长大于 515 nm 的太阳光，故称为窗口层。CdS 是 n 型半导体材料，六方相纤锌矿结构的 CdS 与 CdTe 晶格失配小，与 p 型的 CdTe 构成 p-n 结。CdS 薄膜的生长方法主要有近空间升华法、磁控溅射法、真空蒸发法和化学水浴法。CdS 窗口层是影响 CdTe 太阳能电池的关键因素，通常采用化学浴方法制备，厚度约为 100 nm。

4）吸收层。CdTe 具有高光吸收性能，厚度一般控制在 2~6 μm，p-n 结在 CdTe 内。在沉积 CdTe 薄膜或沉积后处理的高温过程中，CdTe 与 CdS 会发生相互扩散，这样的扩散反应一方面可降低界面缺陷态密度，改善 p-n 结的电学性能；另一方面如果生长工艺不合理会减少 CdS 层的厚度，从而影响电池效率。为了改善 CdTe 薄膜的质量，几乎所有沉积技术所得到的 CdTe 薄膜，都必须再经过含氯气氛（如 $CdCl_2$）后处理。这样可使 CdTe 薄膜再次晶化，促进晶粒长大，提高结晶质量；还可钝化缺陷、提高吸收层的载流子寿命，进一步提高 CdTe/CdS 异质结太阳能电池的转换效率。

5）复合背电极。由于 CdTe 为宽带隙低掺杂的 p 型半导体，功函数很高，直接淀积金属膜形成的背电极效果不好，不易形成良好的欧姆接触。通常采用三步法制备复合背电极，首先采用适合的方法刻蚀 CdTe，产生富 Te 表面，形成积累层；其次沉积一种具有化学惰性的 p 型窄带隙半导体或者半金属，形成过渡层；最后沉积金属膜。在 CdTe 太阳能电池中，CdS、CdTe、复合背电极薄膜的沉积和含氯气氛后处理是获得高效率电池的关键技术。

CdTe 薄膜太阳能电池的制备工艺流程中的主要工序为激光刻划 TCO 玻璃、生长 CdS 层、生长 CdTe 层、含氯气氛处理、激光刻划、制备背接触层、、制备背电极、激光刻划、封装和测试，如图 7.32 所示。

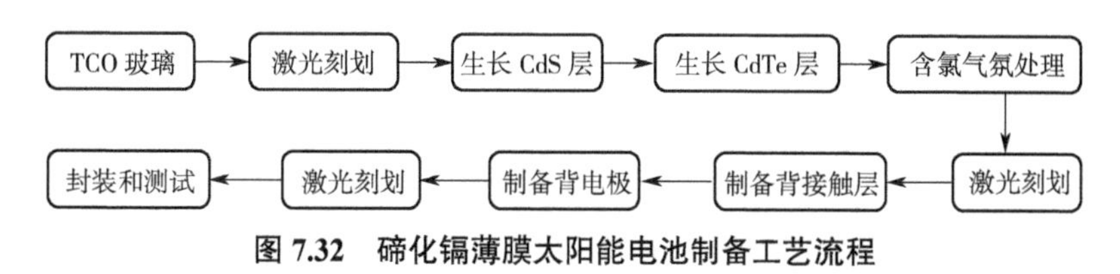

图 7.32　碲化镉薄膜太阳能电池制备工艺流程

CdTe 太阳能电池是几种产业化薄膜电池中市场占比最大、性能良好且成本低的电池类型，在历年全球排名前十的企业中，美国第一太阳能公司均占有一席之地。但是 CdTe 太阳能电池的发展会受到资源的限制，碲是稀有元素，地球上的储藏量十分有限。另外，镉是重金属，碲化镉太阳能电池在生产和使用过程中若有排放和污染，会影响环境，为此，美国第一太阳能公司提出了创新的回收模式，并成立了专项基金，通过封装、防漏等工序，保证每一块电池组件在到达使用寿命后能够由专业人员进行回收处理。

进一步提升电池效率和组件稳定性，降低成本，开发叠层电池技术，开拓多场景应用（如分布式发电、光伏建筑一体化、半透明产品）等是 CdTe 薄膜太阳能电池的发展方向。

7.4.3　铜铟镓硒太阳能电池材料

1970 年，美国贝尔实验室系统研究了三元黄铜矿半导体材料铜铟硒（CIS）的生长机理、电学性质及其在光电探测方面的应用。1974 年，Wagner 利用单晶 CIS 研制出太阳能电池，效率为 5%，但制备困难制约单晶 ClS 电池发展。1976 年报道了首个 CIS/CdS 多晶薄膜太阳能电池，效率为 4%~5%。20 世纪 80 年代初，美国波音（Boeing）公司研发出转换效率高达 9.4%的 CIS 薄膜电池。1988 年，美国大西洋里奇菲尔德公司（ARCO）公司开发出两步（金属预置层后硒化）工艺，转换效率超过 14.1%。20 世纪 90 年代后期，美国国家可再生能源室验室一直保持着 CIS 电池的最高效率纪录，并于 1999 年用 Ga 替代部分 In 制备了铜铟镓硒（CIGS）太阳能电池，效率达到了 18.8%，2008 年提高到 19.9%。2010 年，德国太阳能和氢研究中心基于蒸发法，将效率提升至 20.3%。目前 CIGS 太阳能电池效率纪录为 23.35%，是 2019 年日本 Solar Frontier 创造的[17]。2021 年，瑞士联邦材料科学与技术研究所创造了 21.40%的柔性电池效率纪录[18]，德国 Avancis 公司创造了 19.64%的组件效率纪录[19]。

CIGS 四元化合物为直接带隙材料，光吸收系数高（$>10^5\ cm^{-1}$），通过调整 In/Ga 比可使 CIGS 材料的带隙在 1.04（CIS）~1.67（CGS）eV 范围内变化。CIGS 太阳能电池效率高、稳定性好、抗辐射能力强、弱光性能好，具有独特的 Na 效应，若在钠钙玻璃上沉积，衬底中的微量钠可以大幅改善 CIGS 薄膜的结晶形貌和传输性能，进而提高电池性能。CIGS 薄膜还可采用不锈钢或聚酰亚胺等柔性衬底，进行卷对卷（Roll-to-roll）沉积，提高大面积电池组件的生产效率。

（1）CIGS 薄膜的制备技术

高沉积速率、低成本、大面积、均匀的 CIGS 薄膜是制备高效 CIGS 太阳能电池的基础。制备 CIGS 薄膜的技术分为真空法和非真空法两大类。真空法中的共蒸发法（Co-evaporation）和硒化法（Selenization）是目前公认的高效 CIGS 薄膜太阳能电池制备方法。非真空法主要有电沉积法、喷墨热解法、微粒沉积法、涂敷法等。

1）共蒸发法。共蒸发法又称为同步蒸镀法，是最高效率的实验室制造方法，其原理是在高真空度下的反应室中分别设置 Cu、In、Ga、Se 四个独立的蒸镀源，通过调整各个蒸镀源的温度，使四种元素同时蒸发到衬底上，并发生化合反应生成 CIGS 四元化合物多晶薄膜。蒸镀过程如图 7.33 所示，系统中配备了对薄膜组分及蒸发源的蒸发速率等参数进行实时监测的设备来精确控制薄膜生长。

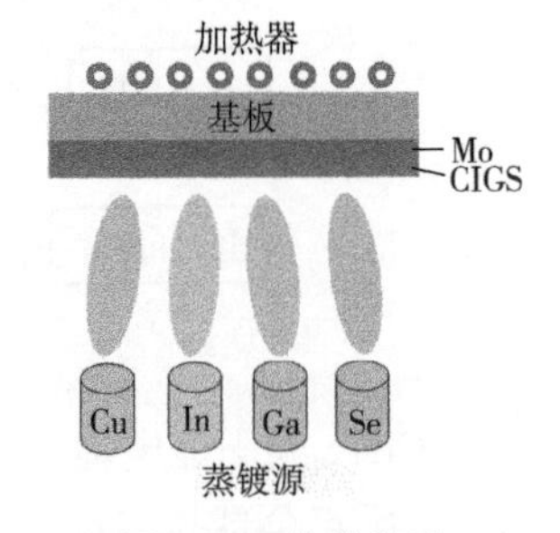

图 7.33 共蒸发法蒸镀过程

根据蒸发源蒸发速率的变化过程，共蒸发法形成了一步法、两步法、三步法和在线连续蒸发法四种典型工艺[21]，其中三步法制备的薄膜质量最好，因此这里只对三步法进行简要介绍。三步法中的三个步骤均在 Se 蒸气环境中进行。第一步，当衬底温度为 350 ℃左右时，共蒸发 In、Ga 和 Se，形成$(In_{0.7}Ga_{0.3})Se_3$预制层；第二步，将衬底温度升高至 560 ℃左右，同时蒸发 Cu 和 Se，形成 $Cu_{2-x}Se$ 相，$Cu_{2-x}Se$ 与第一步得到的预制层反应，形成富 Cu 的 CIGS 薄膜；第三步，保持衬底温度不变，蒸发少量的 In、Ga 和 Se，并控制 Cu/（In+Ga）比例，在薄膜表面形成富 In 的薄层，并在硒气氛下，得到近化学计量比的 CIGS 薄膜。在三步蒸镀法生产线上增加在线监测设备，进行原位监测，能够精确控制各元素的蒸发速率，所制备的薄膜表面光滑、致密、晶粒尺寸较大，可形成 Ga 的梯度带隙，这种工艺是目前制备高效 CIGS 电池最有效的工艺，已应用于大面积 CIGS 薄膜太阳能电池的商业化生产。

2）硒化法。硒化法又称为金属预制层后硒化法，分为预制层的制备和后硒化处理两个步骤。通常采用磁控溅射法、蒸发法、电化学沉积法等方法制备预制层，其中磁控溅射法易于控制和产业化，是最常用的方法。具体工艺过程是首先采用 Cu、In 和 Ga 纯金属或合金靶材，溅射沉积 Cu-In-Ga 预制层，然后采用快速热处理（RTP）方式，在硒蒸汽中对预制层进行硒化处理，即可得到符合化学计量比的 CIGS 薄膜，其制备过程如图 7.34 所示。

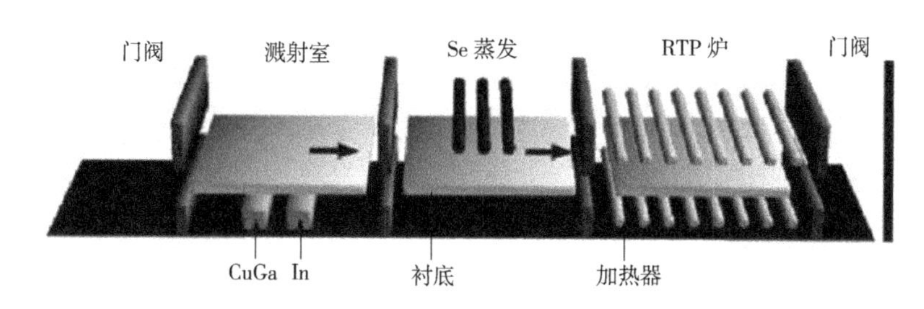

图 7.34 硒化法制备过程[20]

硒化法中硒源分为气态源、固态源和有机源三类。气态硒源为硒化氢(H_2Se),载气为 Ar 或 N_2,硒化过程中,H_2Se 分解为活性大的原子态 Se,与预制层反应得到高质量 CIGS 薄膜。但 H_2Se 有毒,易挥发,易燃易爆,危险性大。固态硒源为 Se 粉,一般将 Se 粉放入蒸发舟,采用蒸发方法产生 Se 蒸汽对预制层进行硒化,Se 粉安全无毒且廉价,但 Se 蒸气气压难以控制,易于造成 In 和 Ga 元素的损失。有机硒源为二乙基硒($(C_2H_5)Se_2$,DESe),为液态硒化物,可在常压不锈钢容器中存储,泄漏危险低,有望成为取代剧毒 H_2Se 的替代硒化物,但成本较高。

(2)CIGS 薄膜太阳能电池

CIGS 薄膜太阳能电池采用异质结结构,p-n 结由 p-CIGS 与 n-CdS 构成,如图 7.35 所示。

1)玻璃衬底。衬底可采用多种材料,钠钙玻璃、不锈钢或塑料等均可作为沉积 CIGS 薄膜的衬底。

2)Mo 电极:金属钼(Mo)可与 CIGS 形成良好的欧姆接触,Mo 层有较好的反光性能,可以将太阳光反射回吸收层中,通常采用直流溅镀法制备。

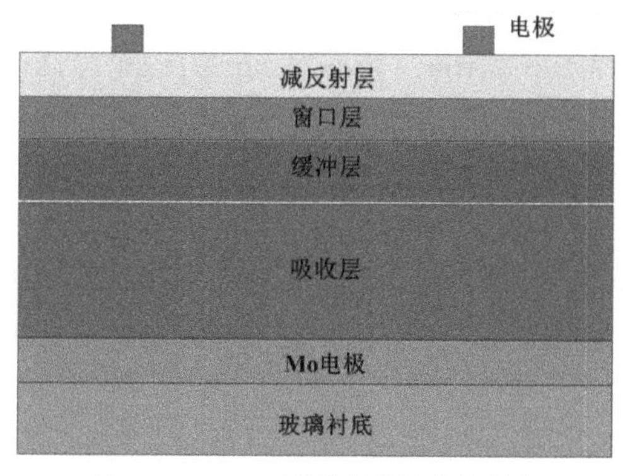

图 7.35 CIGS 薄膜太阳能电池结构

3)吸收层。吸收层为 p-CIGS 材料,其光吸收系数高,厚度仅为 1.5~2 μm 即可吸收 90%以上的太阳光。调节 In、Ga 含量可改变 CIGS 禁带宽度。要求 CIGS 薄膜为单一相,结晶质量好,表面平整性好,与金属 Mo 有良好的欧姆接触。

4)缓冲层。缓冲层为 n 型 CdS 材料,与 p-CIGS 形成 p-n 结,起到缓冲保护作用,防止溅射窗口层时,溅射离子对吸收层的损伤,降低窗口层与吸收层的异质结界面失配。

5)窗口层。为 ZnO 或 ZnO:Al(AZO)等 TCO 材料,与正面电极形成欧姆接触,与 p 型 CIGS 构成异质结。窗口层采用磁控溅射法或 MOCVD 法制备,厚度为 300~500 nm。窗口层要求具有较低的横向电阻率、良好的欧姆接触和高的光透过率。

6)减反射层。减反射层为氟化镁(MgF_2)薄膜,其具有较高的光透过率、良好的附着力和机械性能、较小的温度系数和稳定的化学性质,一般采用蒸发法或溅射法制备。

7)正面电极。正面电极为 Ni-Al 栅状,面积尽可能小,以最大化利用太阳光。采用真空蒸发法,首先蒸镀 Ni(厚度约为 0.05 μm),然后在 Ni 上蒸镀 Al,这样有利于改善 Al 与窗口层的欧姆接触,防止 Al 向窗口层扩散。电极总厚度为 1~2 μm。

CIGS 薄膜太阳能电池制备工艺流程中的主要工序为衬底清洗、制备 Mo 电极、激光刻划、制备 CIGS 吸收层、制备 CdS 缓冲层、机械刻划、窗口层制备(ZnO 层、TCO 层)、机械刻划、制备减反射膜、制备正面电极、封装测试。制备工艺流程如图 7.36 所示。

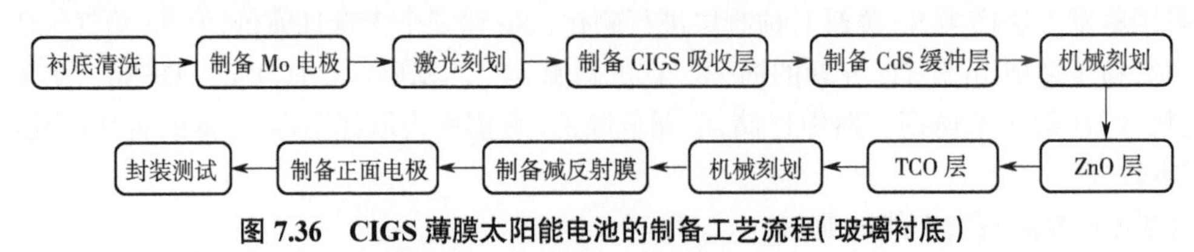

图 7.36 CIGS 薄膜太阳能电池的制备工艺流程(玻璃衬底)

卷对卷生产柔性 CIGS 太阳能电池、无 Cd 缓冲层工艺、全干法制备技术、基于非真空技术的高效率 CI GS 太阳能电池及叠层电池技术是 CIGS 薄膜太阳能电池的发展方向。

7.4.4 Ⅲ-Ⅴ族化合物太阳能电池材料

第ⅢA-ⅤA 族化合物半导体材料中 GaAs 材料是最具代表性的,GaAs 太阳能电池是众多第ⅢA-ⅤA 族化合物太阳能电池中研究最深入、技术最成熟和应用最广泛的一种电池。1954 年首次发现 GaAs 材料具有光伏效应; 20 世纪 60 年代,第一个掺锌 GaAs 太阳能电池被开发出来,但转换效率仅为 9%~10%; 20 世纪 70 年代,采用液相外延(Liquid Phase Epitaxy, LPE)技术,在 GaAs 表面生长一层宽禁带的 $Al_xGa_{1-x}As$ 窗口层,大大减少了表面复合,转换效率提高至 16%; 自 20 世纪 80 年代以来,GaAs 太阳能电池技术经历了从 LPE 到 MOCVD、从同质外延到异质外延、从单结到多结叠层电池的发展历程,效率逐步提升,并大量应用于空间电源。2021 年,美国 NREL 创造了 39.5%的非聚光砷化镓电池效率纪录[21]。

GaAs 属于闪锌矿型晶体结构,为直接带隙半导体,室温下禁带宽度为 1.43 eV,与太阳光谱匹配好,光吸收系数高。虽然 GaAs 单晶通过扩散 S、Zn 等杂质,可以形成 p-n 结,制备单晶体的 GaAs 太阳能电池,但其成本太高,另外,GaAs 比较脆,加工时易碎裂,因此一般制备 GaAs 薄膜,以提高太阳能电池效率,相对降低生产成本。

与硅太阳能电池相比,GaAs 薄膜太阳能电池光电转换效率高、温度系数小、耐高温、抗辐射性能好,是空间电源和地面聚光光伏的重要组成部分。GaAs 可制成超薄型太阳能电池和效率超过 50%的多结叠层太阳能电池。

(1)GaAs 薄膜的制备技术

GaAs 薄膜一般采用外延方法制备,主要有 LPE、MOCVD 和 MBE 三类。MOCVD 是

1968 年由 Manasevit 提出，在气相外延（Vapor Phase Epitaxy，VPE）基础上发展起来的，用来制备化合物薄层单晶材料，20 世纪 70 年代末开始应用于太阳能电池。MOCVD 可精确控制晶体生长、重复性好、产量大，适合工业化生产，20 世纪 90 年代起取代 LPE 技术成为目前 GaAs 太阳能电池外延生长的主流技术。原理是在真空反应室内，以 H_2 或 N_2 为携带气体，采用第ⅢA 族元素的金属有机化合物三甲基镓（$Ga(CH_3)_3$，TMGa）、三甲基铝（$Al(CH_3)_3$，TMAl）、三甲基铟（$In(CH_3)_3$，TMIn）等和第 VA 族元素的氢化物，如磷烷（PH_3）、砷烷（AsH_3）作为晶体生长的源材料，以硅烷（SiH_4）、二硅乙烷（Si_2H_6）、H_2Se、二乙基锌（$Zn(C_2H_5)_2$，DEZn）等作为掺杂源，在适当的温度下，这些气体分子进行扩散、热解等多种化学反应，在衬底上进行气相沉积（气相外延），生成 GaAs、GaInP、AlGaAs 等第ⅢA-VA 族化合物半导体及其多元化合物半导体薄膜单晶，薄膜的生长速率主要由反应气体的流量来控制。

（2）GaAs 薄膜太阳能电池

早期单结 GaAs 太阳能电池为 GaAs/GaAs 同质结构，为了克服 GaAs 机械强度较差、易碎的缺点，1983 年起开始使用单晶锗（Ge）衬底。单结 GaAs 太阳能电池结构如图 7.37 所示。

为了扩展吸收太阳光光谱的波段，以多种不同禁带宽度的材料制成子电池，按照子电池禁带宽度从大到小的顺序，通过隧穿结串接起来，形成多结 GaAs 叠层太阳能电池。每个子电池吸收和转换太阳光光谱中不同波段的光，叠层电池对太阳光的吸收和转换等于各子电池的吸收和转换之和，比单结电池更多地利用了太阳光，从而提高电池的转换效率。多结电池主要有 GaInP/GaAs（Ge）双结太阳能电池、GaInP/GaAs/Ge 三结叠层电池，目前已开发出六结叠层电池。

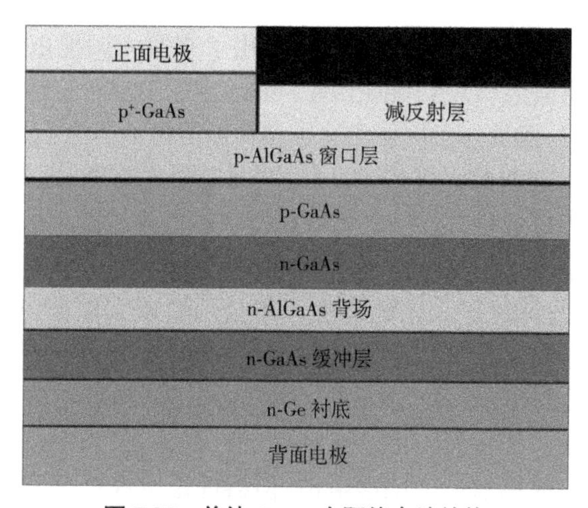

图 7.37　单结 GaAs 太阳能电池结构

以 GaInP/GaAs/Ge 三结叠层电池为例来说明，它是由 GaInP、GaAs 和 Ge 三个子电池串联在一起构成的，如图 7.38 所示。利用 MOCVD 技术，在同一 Ge 单晶衬底上逐层生长这些不同成分的薄膜。GaInP、GaAs 和 Ge 三种材料的禁带宽度依次为 1.85 eV、1.43 eV 和 0.67 eV，因此 GaInP 子电池作为顶电池，Ge 子电池作为底电池，GaAs 子电池作为中间电池，子电池之间以隧道结连接。三种半导体材料具有非常接近的晶格常数，晶格失配小，使得异质外延的生长相对比较容易。三种材料的光吸收系数不同，因而材料厚度也要相应调整，以保证每个子电池吸收足够的太阳光。Ge 的光吸收系数最低，因此 Ge 单晶片比较厚，常用的厚度为 150 μm 左右。

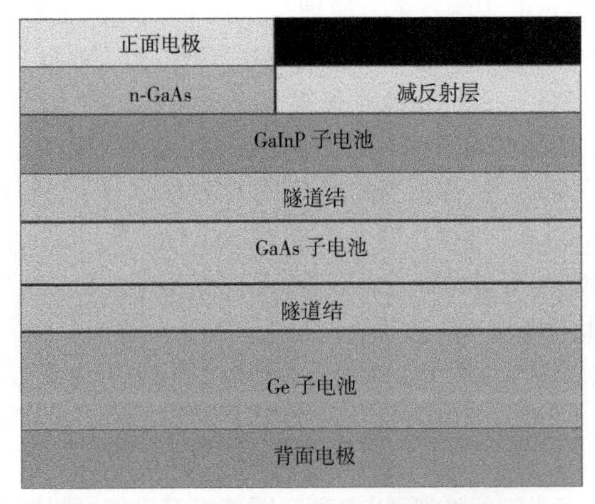

图 7.38 GaInP/GaAs/Ge 三结叠层电池结构

多结叠层技术、新型光吸收材料（GaAs 量子点、量子阱、上下转换材料）、柔性 GaAs 电池、超薄型电池和钙钛矿/GaAs 叠层电池等是 GaAs 太阳能电池的发展方向。

7.5 钙钛矿太阳能电池材料

除了已产业化的太阳能电池外，人们也研发出了有机太阳能电池（Organic Solar Cell, OSC）、染料敏化太阳能电池（Dye-Sensitized Solar Cell, DSSC）、钙钛矿太阳能电池（Perovskite Solar Cell, PSC）、量子点太阳能电池等多种新型电池。它们通常是在衬底上制备的薄膜太阳能电池，与已产业化的太阳能电池相比，具有衬底多样、原料丰富、制备工艺简单、成本低廉等优点，且呈现轻量化、透光性、可弯折及多彩色等特点。另外，它们容易与硅基太阳能电池相结合，制备叠层太阳能电池，进一步提升转换效率。本节只介绍目前转换效率提升快、处于产业化前沿的钙钛矿太阳能电池。单结钙钛矿太阳能电池的理论转换效率为 33%，双结钙钛矿基叠层电池的理论转换效率可达 40%以上，目前其转换效率已接近硅基太阳能电池，极具应用潜力。

2009 年日本科学家首次将 $MAPbI_3$ 和 $MAPbBr_3$ 作为光吸收层附着在介孔 TiO_2 表面，制备出转换效率为 3.8%的钙钛矿太阳能电池，但器件稳定性很差[22]，自此引发了钙钛矿太阳能电池的研究热潮。2013 年，牛津大学首次制备出平面结构的钙钛矿太阳能电池，转换效率达到 15.4%[23]，并被 *Science*（《科学》）期刊评选为 2013 年十大科学突破之一。目前，钙钛矿太阳能电池获得美国 NREL 认证的转换效率为 25.7%，钙钛矿/钙钛矿叠层太阳能电池的最高认证转换效率为 26.4%，钙钛矿/硅叠层太阳能电池的最高认证转换效率为 29.8%[15]。经过十几年的发展，钙钛矿太阳能电池已成为一种独特的光伏器件，被认为是最具应用潜力的新一代光伏技术。

7.5.1　钙钛矿的晶体结构

1839 年，俄罗斯科学家首先发现了 $CaTiO_3$ 这种矿物，并以俄罗斯地质学家 Perovski 的名字命名。1956 年人们在 $BaTiO_3$ 材料中发现光伏效应，1980 年发现 $KPbI_3$ 等无机钙钛矿可作为光伏材料。具有光敏性质的钙钛矿材料的晶体结构为八面体对称结构，如图 7.39 所示。钙钛矿的化学通式为 ABX_3，其中 A 为阳离子（如 $CH_3NH_3^+$（Methylamine，MA^+）、$CH(NH_2)_2^+$（Formamidine，FA^+）、Cs^+、Rb^+等），B 为金属阳离子（Pb^{2+}、Sn^{2+}等），X 为卤素阴离子（Cl^-、Br^-、I^-）。通常，A 位为有机阳离子的钙钛矿材料具有更显著的光电响应，该类材料又称为有机-无机杂化钙钛矿材料。

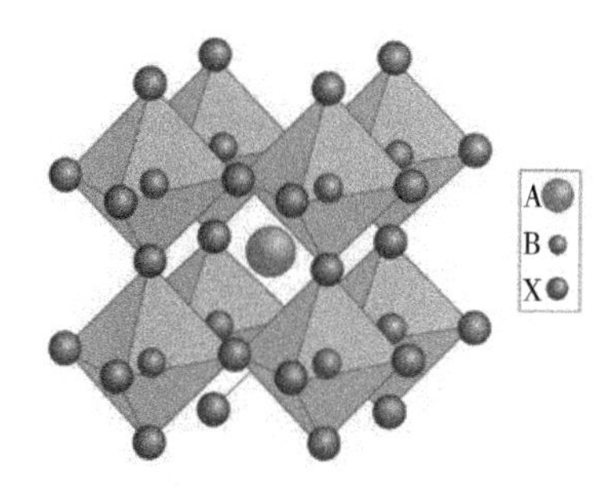

图 7.39　钙钛矿材料的八面体结构[24]

7.5.2　钙钛矿材料的制备方法

随着对钙钛矿结晶动力学的深入理解，钙钛矿材料的沉积技术不断改进，钙钛矿薄膜的形貌及其光电性能不断改善。目前制备钙钛矿薄膜的方法主要有溶液法、蒸汽辅助溶液法、气相沉积法、静电纺丝法、超声喷雾法、激光脉冲沉积法、喷涂法、电沉积法等，其中溶液法原料利用率高、成本低、制备过程简单方便，且容易产业化，是制备钙钛矿薄膜的常用方法，本节只对 $CH_3NH_3PbI_3$ 的溶液法制备方法进行简要介绍。

溶液法分为一步法和两步法两大类，图 7.40 为溶液法制备钙钛矿薄膜的工艺过程。

一步溶液法中，钙钛矿薄膜是由混合所有成分的前驱体溶液制备的，主要经历过量溶剂的蒸发和固体钙钛矿的结晶两个过程，它们通常在旋涂和后续退火中同时发生。影响薄膜质量的因素主要是前驱体薄膜的体积收缩和钙钛矿晶体的成核速率。

两步溶液法中，$MAPbI_3$ 是通过旋涂 PbI_2 和 MAI 的化学反应得到的。第一步通过旋涂 PbI_2 溶液制备出 PbI_2 薄膜，第二步在 PbI_2 薄膜上滴涂一定浓度的 MAI，使 MAI 的旋涂和扩散同时进行，进一步提高钙钛矿薄膜制备的重复性和晶体质量。获得高质量薄膜的关键是控制形成钙钛矿薄膜过程中各个中间体的体积收缩和成核速率。

钙钛矿光吸收材料不同于高纯度化工产品，材料中含有的杂质可分为有害杂质、无害杂质或有益杂质三类，通过掺入有益杂质可使其性能得到进一步优化提高。

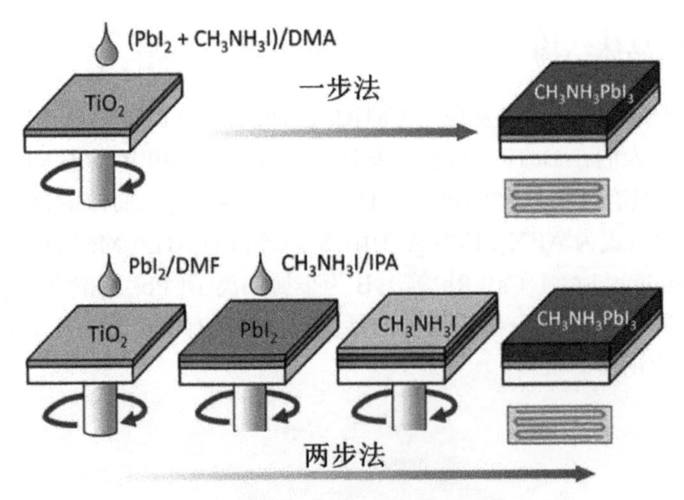

图 7.40 溶液法制备钙钛矿薄膜的工艺过程[25]

7.5.3 钙钛矿太阳能电池

钙钛矿太阳能电池一般由衬底（带有透明导电电极）、电子传输层（ETL）、钙钛矿光吸收层、空穴传输层（HTL）和金属电极组成，其结构如图 7.41 所示。当入射光照射时，钙钛矿吸收层吸收光子产生电子和空穴，其中电子进入电子传输层，空穴进入空穴传输层，并传输到电极处被电极收集，形成电流到外电路，完成光电转换过程，工作原理如图 7.42 所示。

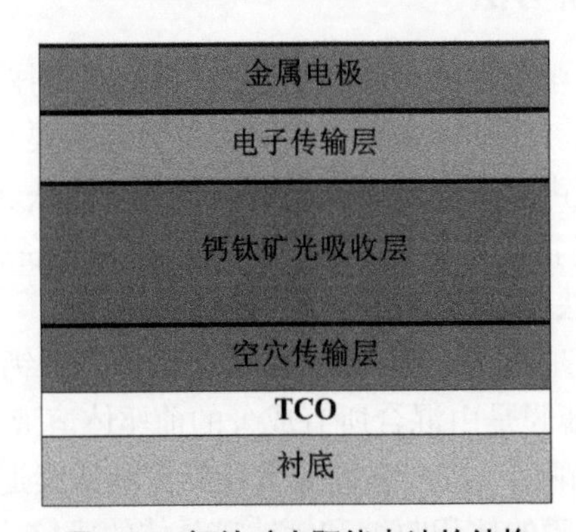

图 7.41 钙钛矿太阳能电池的结构

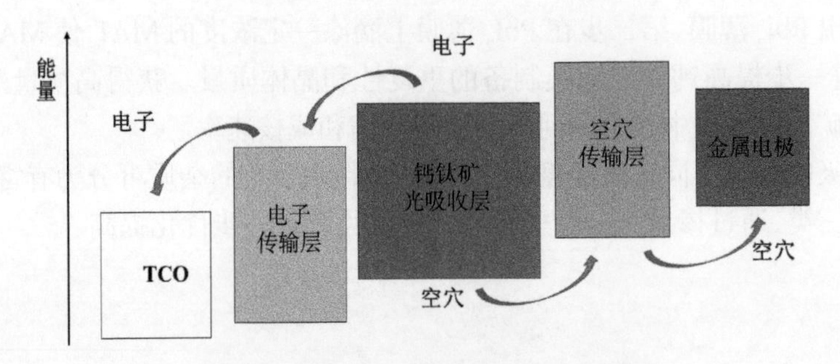

图 7.42 钙钛矿太阳能电池的工作原理

最常用的钙钛矿光吸收层材料 $CH_3NH_3PbI_3$ 为直接带隙半导体，禁带宽度约为 1.5 eV，光吸收系数高，几百纳米厚的薄膜就可以充分吸收太阳光。$CH_3NH_3PbI_3$ 不仅可以实现对可见光和部分近红外光的吸收，而且所产生的光生载流子不易复合，能量损失小，这是钙钛矿太阳能电池能够实现高效率的根本原因。

近年来，有机-无机杂化钙钛矿太阳能电池相关材料的设计与低成本制备方法、器件结构的优化等均在不断完善和发展，研究热点不断涌现。但是钙钛矿太阳能电池稳定性差，寿命短，与商用标准还相差甚远。稳定性好、大面积的钙钛矿太阳能电池的制备是实现产业化的关键。随着钙钛矿太阳能电池技术的发展，其优势日益凸显，发展路线逐渐清晰，国内多家企业正在积极推动钙钛矿太阳能电池的产业布局，并开展产业化技术研究。在国内能源结构转型和“双碳”目标驱动下，钙钛矿太阳能电池迎来了历史发展机遇。

参考文献

[1] 朴政国，周京华. 光伏发电原理、技术及其应用[M]. 北京：机械工业出版社，2020.

[2] SHOCKLEY W，QUEISSER H J. Detailed balance limit of efficiency of p-n junction solar cells[J]. Journal of applied physics，1961，32（3）：510-519.

[3] 赵颖，王一波，李海玲，等. 中国光伏技术发展报告[R]. 中国可再生能源学会，中国可再生能源学会光伏专业委员会，2022.

[4] 黄海宾，周浪，岳之浩，等. 光伏物理与太阳电池技术[M]. 北京：科学出版社，2019.

[5] 林明献. 太阳能电池新技术[M]. 北京：科学出版社，2012.

[6] 阙端麟，陈修治. 硅材料科学与技术[M]. 杭州：浙江大学出版社，2001.

[7] BLAKERS A W，WANG A，MILNE A M，et al. 22.8% efficient silicon solar cell[J]. Applied physics letters，1989，55：1363.

[8] TJAHJONO B，GUO J，HAMEIRI Z，et al. High efficiency solar cell structures through the use of laser doping[C]. Proceedings of the 22nd EPVSEC，Milan，Italy，2007：966-969.

[9] 丁建宁. 高效晶体硅太阳能电池技术[M]. 北京：化学工业出版社，2019.

[10] JEON M，LEE J，KIM S，et al. Ion implanted crystalline silicon solar cells with blanket and selective emitter[J]. Materials science and engineering B，2011，176（16）：1285-1290.

[11] MIYAJIM S，IRIKAWA J，YAMADA A，et al. High quality aluminum oxide passivation layer for crystalline silicon solar cells deposited by parallel-plate plasma-enhanced chemical vapor deposition[J]. Applied physics express，2010，3：012301.

[12] NECKERMANN K，CORREIA S A G D，ANDRA G. Local structuring of dielectric layers on silicon for improved solar cell metallization[C]. Proceedings of the 22nd EPVSEC，Milan，Italy，2007.

[13] FRANZISKA W，TORSTEN W，MATTHIAS M，et al. Light induced degradation and regeneration of high efficiency Cz PERC cells with varying base resistivity [J]. Energy Procedia，2013，38：523-530.

[14] XIE M，REN C，FU L，et al. An industrial solution to light-induced degradation of crystal-

line silicon solar cells[J]. Frontiers in energy, 2017, 11(1):67-71.
[15] 杨德仁. 太阳电池材料[M]. 北京:化学工业出版社, 2017.
[16] GREEN M A, DUNLOP E D, HOHL-EBINGER J, et al. Solar cell efficiency tables(version 57)[J]. Progress in photovoltaics: research and applications, 2021, 29:3-15.
[17] NAKAMURA M, YAMAGUCHI K, KIMOTO Y, et al. Cd-free Cu(In, Ga)(Se, S)$_2$ thin-film solar cell with record efficiency of 23.35%[J]. IEEE journal of photovoltaics, 2019, 9(6):1863-1867.
[18] NICK L. New efficiency record edges flexible solar cells closer to the mainstream [N/OL]. Newatlas, 2021-09-07[2023-01-02]. https://newatlas.com/energy/efficiency-record-flexible-cigs-solar-cells-empa/.
[19] AVANCIS D R. Atlas renewable energy signs PPA for 902 MW of solar in Brazil [N/OL]. PV Magazine International, 2021-03-04[2023-01-02]. https://www.pv-magazine.com/2021/03/04/avancis-claims-19-64-efficiency-for cigs-module/.
[20] 侯海虹, 张磊, 钱斌, 等. 薄膜太阳能电池基础教程 [M]. 北京: 科学出版社, 2016.
[21] GREEN M A, DUNLOP E D, HOHL-EBINGER J, et al. Solar cell efficiency tables(version 57)[J]. Progress in photovoltaics: research and applications, 2022, 30(1):3-15.
[22] KOJIMA A, TESHIMA K, SHIRAI Y, et al. Organometal halide perovskites as visible-light sensitizers for photovoltaic cells[J]. Journal of the American Chemical Society, 2009, 131(17):6050-6051.
[23] LIU M, JOHNSTON M B, SMAITH H J. Efficient planar heterojunction perovskite solar cells by vapour deposition[J]. Nature, 2013, 501(7467):395-398.
[24] STOUMPOS C C, KANATZIDIS M G. The renaissance of halide perovskites and their evolution as emerging semiconductors[J]. Accounts of chemical research, 2015, 48(10):2791-2801.
[25] JUNG H S, PARK N G. Perovskite solar cells: from materials to devices[J]. Small, 2015, 11(1): 10-25.

第 8 章　储氢材料

能源是人类生存和发展的基础。随着人口的增长以及社会的发展，煤炭、石油、天然气等化石能源的消耗量也急剧增加，这种不可再生资源的大量消耗不仅带来了资源枯竭问题，而且其燃烧产生的 CO_2、SO_2、可吸入颗粒物等污染物，造成了温室效应、酸雨、雾霾等一系列十分严重的环境污染，给生态系统和人类生存带来了严峻的考验。针对这一问题，太阳能、风能、潮汐能和地热能等可再生的清洁能源受到了广泛关注。但是这些一次能源存在区域局限性、时间局限性、能源输出不稳定、能源转换率低等问题，需要利用适当的二次能源和相应装置与之配合，才能实现稳定的储存和运输。因此，氢能作为一种理想的二次能源，引起了社会广泛的研究兴趣。

8.1　氢能概述

8.1.1　氢的性质

早在 16 世纪，就有人注意到了氢气的存在，但是由于当时人们将所有接触到的气体统称为“空气”，因而氢气并没有引起人们的关注。1766 年，英国物理学家和化学家卡文迪什(Cavendish)将铁、锌、锡等六种金属与盐酸或稀硫酸反应制出了氢气，但他不认为这是一种新的气体，而是金属中含有的“燃素”溶于酸后形成的“可燃空气”。直到 1785 年，法国化学家拉瓦锡(Antoine Laurentdede Lavoisier)首次明确提出“氢是一种元素”，并将其命名为“Hydrogen(氢)”。

氢位于元素周期表之首，是最轻的元素，其在地球中的储量丰富。氢气(H_2)是一种无色、无味和无毒的可燃性气体，由于其具有燃烧性能好、燃烧热值高、燃烧产物对环境无污染等优点，被认为是十分理想的清洁能源。与传统的化石燃料相比，H_2 具有更高的单位能量密度，约为汽油的 3 倍、焦炭的 4.5 倍。此外，H_2 的化学活性、渗透性和扩散性强，因而在 H_2 的生产、储运和使用过程中很容易发生泄漏。因此如何安全和高效地制取、储存和运输 H_2，是实现“氢经济”所面临的关键技术问题。

8.1.2　氢能与氢的储存

(1)氢能

当氢气与氧气(O_2)反应生成水时会释放出能量，这种能量就是氢能。氢能作为一种清洁的新能源和可再生能源，具有如下特点[1]。

1)氢资源丰富。氢在地球上主要以化合物的形式存在，如水、甲烷、氨、烃类等。而水是地球的主要资源，地球表面 70%以上被水覆盖；即使是陆地，也有丰富的地表水和地下水。

2）氢的来源具有多样性。可以通过各种一次能源（天然气、煤和煤层气等化石燃料）和其他可再生能源（如太阳能、风能、生物质能、海洋能、地热能）来制备氢，也可以通过二次能源（如电力）来获取氢。

3）燃烧热值高。氢气的热值高于所有化石燃料和生物质燃料，表 8.1 为几种物质的燃烧值。

表 8.1　几种物质的燃烧值

名称	燃烧值（MJ/kg）
氢气	121.1
甲烷	50.2
汽油	43.9
乙醇	27.0
甲醇	20.3

4）燃烧稳定性好。氢容易实现完全燃烧，燃烧效率很高，这是化石燃料和生物质燃料很难与之相比的。

5）氢是最环保的能源载体。利用低温燃料电池，可将氢气转化为电能和水，且不排放二氧化碳和氮氧化物等有害物质，可以显著减少污染物排放。

6）氢气具有可存储性，易于实现大规模存储。

7）氢具有可再生性。氢气可以与氧气反应生成水，而水又可以进行电解转化成氢气和氧气，如此周而复始，进行循环。

氢能作为一种清洁能源，具有非常广阔的发展前景。因此，如何实现能量密度大、安全性高和能耗少的储运氢气方式，是推动氢能经济所要解决的重要问题。

（2）氢的储存

氢气的密度小且容易溢出，这就给氢气的储存和运输带来了极大的困难。目前，常用的储氢方式主要有三类，分别为气态储氢、液态储氢和固态储氢[2,3]。

1）气态储氢。气态储氢是利用高压对氢气进行压缩，然后将其储存在高压容器中的一种方法，这就要求储氢容器具有较高的耐压强度。目前，国际上已经有 35 MPa 的高压储氢罐，我国常用容积为 40 L、气压为 15 MPa 的高压钢瓶储存氢气，钢瓶外部涂以绿色漆。该方法有技术成熟、简易便行等优点，而且它的成本较低，充放气速度快，在常温下就可以进行。然而高压气态储氢的缺点是效率较低、耗能较大且需要厚重的耐压容器。另外加大氢压来提高储氢量将有可能导致氢气分子从容器壁逸出或产生氢脆现象，甚至引起爆炸。所以，高压气态储氢对储氢钢瓶材料和密封性有高度要求。

2）液态储氢。液态储氢是利用低温将 H_2 转化为液态，并在绝热容器中储存的一种方法。当 H_2 由气态转变成液态时，其体积会有大幅度缩小，因此从体积和质量上考虑，液化储存是一种相对理想的储氢方式。但是氢气液化需要消耗大量的能量，且液氢的储存也需要专门的容器，是以对成本和技术都有很高的要求。另外，目前的技术水平仍不能保证能量的零损失，因此低温液态储存氢气过程中都会伴有氢气和能量的损失，导致氢利用率降低。目前低温液态储氢技术主要应用于航空航天等领域。

3）固态储氢。固态储氢是将氢储存到固体材料中，以固态的方式实现氢存储的一种技术。储存氢的固态材料就是通常所说的储氢材料。在储氢材料中，氢以分子、离子、原子等状态存在。对氢以分子态与材料结合的储氢材料而言，氢分子吸附在材料的表面。基于这种物理吸附机制的储氢材料有大的比表面积才能获得高的储氢密度。碳纳米管、各种介孔材料和金属有机框架材料都具有这一特点，是重要的物理吸附储氢材料。另一类固态储氢方式利用的是基于化学吸附机制的储氢材料。这种储氢材料中，氢以金属键、离子键、共价键与各种元素或化合物结合，生成金属氢化物、配位氢化物或化学氢化物，实现对氢的固态存储。上述基于物理或化学机制用于储存氢的物质都属于储氢材料。总体上看，利用储氢材料有可能获得高的体积储氢密度和质量储氢密度。同时，固态储氢还具有安全性好等优点。当然，固态储氢还存在许多有待解决的问题，因此还需要对其进行更进一步的研究。

一般而言，无论采用哪种储氢方式，储氢装置应满足以下基本要求：①储氢密度大（包括质量储氢密度和体积储氢密度）；②能够满足使用要求的吸/放氢压力和温度；③具有良好的动力学特性，能较迅速并可控地吸氢、放氢，满足使用装置的功率输出特性要求；④寿命长，在吸/放氢的反复循环中保持稳定的性能；⑤经济环保，在成本上与现有的能源装置相比具有经济竞争力，同时在全过程中是对环境友好的。

8.1.3　氢能的制备技术

氢气能够用来储存能量，氢能是一种重要的高效清洁二次能源。为了开发利用清洁的氢能，必须首先开发氢源。制氢技术多种多样，主要可分为两类[4]：一是可再生资源制氢，即利用太阳能、地热、核能或电能将水分解，获得氢气与氧气；二是化石燃料制氢，即以天然气、石油或煤为原料，将烃分解气化而获得氢。从目前来看，可再生能源或可再生资源制氢所占的份额仍然很小，化石燃料制氢在将来很长一段时间内将占主导地位。下面对各种制氢方法进行简单介绍。

（1）化石燃料制氢

到目前为止，以煤、石油及天然气为原料制取氢气是制氢的主要方法。煤气化制氢是煤制氢的主要方式，包括造气反应、水煤气变换反应、氢的提纯与压缩三个过程。煤气化是一个吸热过程，反应所需的热量由氧气与碳的氧化反应提供。气化反应如下：

$$C(s)+H_2O(g)\rightarrow CO(g)+H_2(g) \tag{8-1}$$

$$CO(g)+H_2O(g)\rightarrow CO_2(g)+H_2(g) \tag{8-2}$$

我国煤炭资源丰富，因此煤制氢是一条符合我国实际的制氢路线。但是煤制氢的生产装置成本昂贵，且在制氢过程中会产生大量的温室气体。

天然气的主要成分是甲烷，天然气制氢的过程如下：

$$CH_4+H_2O\rightarrow CO+3H_2-206\ \text{kJ（转化反应）} \tag{8-3}$$

$$CO+H_2O\rightarrow CO_2+H_2+41\ \text{kJ（变换反应）} \tag{8-4}$$

$$CH_4+2H_2O\rightarrow CO_2+4H_2-165\ \text{kJ（总反应式）} \tag{8-5}$$

在一定的压力和一定的高温及催化剂作用下，天然气中的烷烃和水蒸气发生化学反应；

转化气经过沸锅换热、进入变换炉使 CO 变换成 H_2 和 CO_2；再经过换热、冷凝、汽水分离，通过程序控制将气体依序通过装有三种特定吸附剂的吸附塔，由变压吸附（PSA）升压吸附 N_2、CO、CH_4、CO_2，提取产品 H_2，提纯后 H_2 的纯度高达 99.999%。天然气-水蒸气重整制氢反应是强吸热反应，因此该过程具有能耗高的缺点，且该过程反应速率慢，还需要使用耐高温材料，因此该方法具有初投资高的缺点。

（2）电解水制氢

电解水制氢工业历史较长，是目前应用较广且比较成熟的方法之一。电解水制氢的过程如图 8.1 所示[5-7]。电极反应式如下：

阳极反应：

$$2e^- + H_2O \rightarrow H_2 + 2OH^- \tag{8-6}$$

阴极反应：

$$4OH^- \rightarrow O_2 + H_2O + 4e^- \tag{8-7}$$

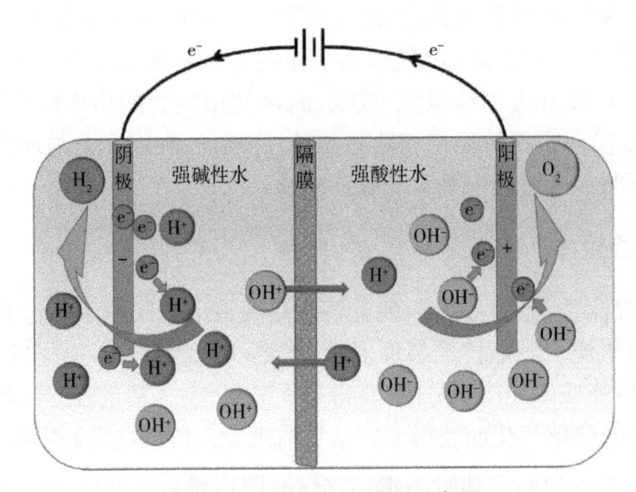

图 8.1　电解水制氢过程示意图

电解水制氢装置一般由水电解槽、气液分离器、气体洗涤器、电解液循环泵、电解液过滤器、压力调整器、测量及控制仪表和电源设备等单体设备组成。水电解槽是电解水制氢装置中的主体设备，由若干个电解池组成，每个电解池由阴极、阳极、隔膜及电解液构成，其中隔膜将阴极与阳极分开，分成阴极室和阳极室。在通入电流后，水在电解池中被分解，阴极和阳极分别产生氢气和氧气。

目前常用的电解槽一般采用压滤式复极结构或箱式单极结构，每对电解槽电压为 1.8~2.0 V，制取 1 m^3 H_2 的能耗为 4.0~4.5 kW·h。箱式结构的优点是装备简单、易于维修、投资少，缺点是占地面积大、时空产率低；压滤式结构较为复杂，优点是紧凑、占地面积小、时空产率高，缺点是难维修、投资大。随着科学技术的发展，出现了固体聚合物电解质（SPE）电解槽。SPE 电解槽材料易得，适合大批量生产，而且使用相同数量的阴阳极进行 H_2、O_2 的分离，其效率比常规碱式电解槽高。另外，SPE 电解槽的液相流量是常规碱式电解槽的 1/10，使用寿命约为 300 天。SPE 电解槽的缺点是水电解的能耗仍然非常高。目前，我国水电解工业仍停留在压滤式复极结构电解槽或箱式单级电解槽的水平上，与国外工业和研究水平的差距还很大。

（3）生物质制氢

生物质资源丰富，生物质能是重要的可再生能源。生物质制氢有气化制氢和微生物转换制氢两种方要方式。生物质制氢技术具有清洁、节能和不消耗矿物质资源等突出优点。作为一种可再生资源，生物体又能进行自我复制、繁殖，还可以通过光合作用进行物质和能量的转换，这种转换系统可在常温常压下通过酶的催化作用获得氢气[8]。

在生物质气化制氢方面，可将薪柴、麦秸、稻草等生物质原料压制成型，在气化炉中进行气化或裂解反应制得含氢的燃料气。生物质水蒸气气化反应每千克生物质的最大产氢量约为 165 g，其反应方程式可以表示为

$$CH_{1.5}O_{0.7} + 0.3H_2O \rightarrow CO + 1.05H_2 - 74\ kJ/mol \tag{8-8}$$

$$CO + H_2O \rightarrow CO_2 + 4H_2 - 42\ kJ \tag{8-9}$$

生物质气化制氢技术具有工艺流程和设备简单、能源转换效率高、原料适应性广等优点，适于大规模连续生产。

微生物转换制氢是利用微生物在常温常压下进行酶催化反应制取氢气的方法。该技术可分为厌氧发酵有机物制氢和光合微生物制氢两类。厌氧发酵有机物制氢是在厌氧条件下，通过厌氧微生物（细菌），利用多种底物，在氮化酶或氢化酶的作用下，将其分解制取氢气的过程。这些微生物又被称为化学转化细菌，底物是各种碳水化合物、蛋白质等。目前已有利用碳水化合物发酵制氢的专利，并可利用所产生的氢气作为发电的能源。光合微生物制氢是利用微生物（细菌或藻类）通过光合作用将底物分解产生氢气的方法。在藻类光合制氢中，首先是微藻通过光合作用分解水，产生质子和电子并释放氧气，然后藻类通过特有的产氢酶系的电子还原质子释放氢气。微生物光照产氢的过程中，水分解制氢的同时也产生氧气。但是在有氧的环境下，固氮酶和可逆产氢酶的活性都受到抑制，产氢能力下降甚至停止。因此，利用光合细菌制氢提高光能转化率是未来研究的一个重要方向。

8.2 储氢材料

由于高压气储运及液态氢储运方式存在不安全、能耗高、储量小、经济性差等缺陷，最有前景、安全经济的氢气储运方式是用储氢材料进行储氢。采用储氢材料吸/放氢并保存氢，一个更重要的优点就是当释放氢气时，氢气的纯度可达 99.999 9%，与传统高压氢气和液态包相比，此技术具有如下优点：①设备紧凑，便于储存和运输；②储氢不需要高压或绝热设备，易操作；③储氢条件容易实施、安全；④能长期保存；⑤可释放高纯度氢[9]。

作为有应用价值的储氢材料应具备的基本条件是：储氢量大；吸/放氢速度快，有较好的动力学行为；有较理想的吸/放氢等温线，吸/放氢平台平且宽，在室温附近，平台压力在 10 kg/cm^2 左右。此外，材料易得、价格便宜、性能稳定、经长期吸/放氢循环运作储氢能力不明显下降也是应必备的条件。

8.2.1 储氢材料的发展概况

早在 1866 年，苏格兰科学家 T.Graham 就发现金属 Pd 可以大量吸氢。20 世纪 60 年

代，荷兰飞利浦公司的科学家在对 $SmCo_5$ 磁性合金进行氢处理时，发现该合金能大量吸氢。在此基础上，他们进一步发展了 $LaNi_5$ 型储氢材料，该储氢材料可逆质量储氢密度约为1.4%（质量分数），且在温和条件下吸/放氢。在同一时期，美国布鲁克海文国家实验室的 J. J. Reilly 等发现了 Mg_2Ni 储氢合金。这些发现掀起了以合金为主的储氢材料研究热潮，TiFe、TiCr、V 基固溶体等一系列储氢合金相继被发现。特别是科学家发现 $LaNi_5$ 储氢合金具有不错的电极电化学性能，便将 $LaNi_5$ 合金作为负极材料，开发了镍氢可充电电池。与过去广泛使用的镍镉可充电电池相比，镍氢电池具有容量高、寿命长、无毒性组元等优势，在20世纪80年代得到广泛应用。我国科学家根据我国稀土资源存在优势的特点，发展了多种混合稀土储氢合金，极大地推动了我国镍氢电池产业的发展。目前，我国稀土储氢合金的年产量约2万t，镍氢电池产量约10亿只。AB_5 型储氢合金电极材料的电化学容量约为330 mA·h/g，为提高储氢合金电极的电化学容量，又相继开发了 Ti-Zr 系 AB_2 型合金和 AB_3 型混合稀土系合金，其电化学容量分别可达到约360 mA·h/g 和400 mA·h/g。目前，AB_3 型混合稀土系合金已应用于混合动力汽车的动力电池。

在迄今为止已知的合金储氢材料体系中，除 Mg 的理论质量储氢密度达到7.6%（质量分数）外，其他储氢合金的质量储氢密度都偏低，达不到车载移动储氢的要求。而 Mg 的放氢温度又太高，其在一个标准大气压条件下的放氢温度为289 ℃。为此，研究人员积极探索新的储氢材料。20世纪90年代初，随着碳纳米管的发现，研究人员注意到碳纳米管的储氢特性。碳纳米管储氢是基于其具有大的比表面积，利用物理吸附机制使氢分子吸附在碳纳米管表面。基于此机制，随后又发展了其他比表面积大的储氢材料，如沸石介孔材料等。2003年，O.M.Yaghi 等发现金属有机框架材料在195.2 ℃、中等压力下的质量储氢密度达到4.5%（质量分数），开启了对这类储氢材料的广泛研究。配位氢化物也是一类具有较高理论氢含量的化合物，1997年德国科学家 B. Bogdanovic 等发现采用添加 Ti 基催化剂的方法可显著改善配位金属氢化物 $NaAlH_4$ 的可逆吸/放氢性能，配位氢化物遂成为一类重要的储氢材料并得到广泛研究。2001年，陈萍等利用氨硼烷（NH_3BH_3）实现了在温和条件下高达13.4%（质量分数）的放氢，其后他们又发展了金属氨基硼烷化合物，为储氢材料增添了一个新体系。

8.2.2 储氢材料的分类

（1）基于化学吸附机制的储氢材料

1）金属氢化物。在金属氢化物中，氢以金属键与金属结合，其中金属的形式既可以是纯金属，也可以是金属间化合物。通常来说，实际的金属储氢材料是金属间化合物和多元合金，因此也称为储氢合金。金属氢化物储氢是用储氢合金与氢气反应生成可逆金属氢化物来储存氢气。通俗地说，金属储氢材料就是金属在一定的温度和压力下，表面对氢起催化作用，促使氢元素由分子态转变为原子态而能够钻进金属的内部，而金属就像海绵吸水那样吸取大量的氢；需要使用氢时，氢被从金属中"挤"出来。利用金属氢化物的形式储存氢气，比压缩氢气和液化氢气两种方法方便得多。需要用氢时，加热金属氢化物即可放出氢。

储氢合金的分类方式有很多种。按储氢合金材料的主要金属元素区分，可分为稀土系、镁系、钛系、锆系等；按组成储氢合金金属成分的数目区分，可分为二元系、三元系和多元系；

如果把构成储氢合金的金属分为吸氢类（用A表示）和不吸氢类（用B表示），可将储氢合金分为AB_5型、AB_2型、AB型、A_2B型。

①稀土系储氢合金。稀土系储氢合金以$LaNi_5$为代表，其晶体结构为$CaCu_5$型六方结构，吸氢时氢原子进入其晶格间隙形成$LaNi_5H_6$金属氢化物相。稀土系储氢合金的优点是活化容易，平台压力适中且平坦，吸/放氢平衡压差小，动力学性能优良，不易中毒，吸/放氢纯度高（>99.9%）；其缺点为抗粉化、抗氧化性能较差，且由于含有稀土元素La，价格偏高。该类型合金目前主要应用于Ni-MH电池中作为负极材料，其电化学容量约330 mA·h/g。

②镁系储氢合金。镁系储氢合金以Mg_2Ni为代表，其相的结构为六方晶格；在约200 ℃、1.4 MPa条件下，能与氢快速反应生成四方晶格的Mg_2NiH_4其储氢量为3.6%（质量分数）。镁系储氢合金具有成本低、质量轻、储氢量大（MgH_2储氢量达7.6%（质量分数））等优点，因此被认为是最具潜力的合金材料；其缺点为吸/放氢速度慢，且放氢温度高，放氢动力学性能差以及抗腐蚀性能差。因此，如何改善镁系储氢材料的吸/放氢气的性能，是目前研究的重点问题。

③钛系储氢合金。钛系储氢合金的典型代表是TiFe，其相的结构为CsCl型结构。钛系储氢合金具有储氢性能良好（储氢量为（1.8%~4.0%（质量分数），与稀土系相近）、放氢温度低（可在-30 ℃时放氢）、成本适中等优点；其缺点是不易活化，易中毒（特别易受CO气体毒化），室温平衡压太低致使氢化物不稳定。为此，很多学者采用Ni等金属取代部分Fe，从而形成三元合金以实现常温活化，使其具备更高的实用价值。例如，日本金属材料技术研究所成功研制了具有吸氢量大、氢化速度快、活化容易等优点的钛-铁-氧化物储氢体系。

④锆系储氢合金。锆系储氢合金的典型代表是$ZrMn_2$。该合金具有吸/放氢量大（如$ZrMn_2$的理论容量为482 mA·h/g）、循环寿命长、易于活化、热效应小（为稀土系合金$LaNi_5$的1/4~1/3）等优点；但同时存在初期活化困难、氢化物生成热较大、高倍率放电性能较差以及合金的原材料价格偏高等问题。为提高其综合性能，人们通过置换以提高其吸/放氢平台压力并保持较高的吸氢能力，如用Ti代替部分Zr，同时用Fe、Co、Ni等代替部分Mn等，研制成的多元锆系储氢合金具有较好的综合性能。

2）配位氢化物。配位氢化物是由第ⅢA或第ⅤA主族元素（如Al、B、N）与氢原子以共价键结合，再与金属离子以离子键结合所形成的氢化物。按照配位体的种类，配位氢化物可大致划分成三大类：第一类是含有$[AlH_4]^-$配位体的金属铝氢化物，如$LiAlH_4$、$NaAlH_4$、$Mg(AlH_4)_2$等；第二类是含有$[BH_4]^-$配位体的金属硼氢化物，如$LiBH_4$、$NaBH_4$、$Mg(BH_4)_2$等；第三类是含有$[NH_2]^-$配位体的金属氮氢化物，如$LiNH_2$、$Mg(NH_2)_2$等。

与传统的金属氢化物相比，配位氢化物具有较高的氢含量，理论上能够满足车载储氢材料的能量密度要求。配位氢化物的放氢可以通过水解或热解两种方式来实现。水解放氢方式的特点是氢气生成速率容易控制、纯度高，可直接作为质子交换膜燃料电池的氢源。例如$NaBH_4$、KBH_4、$NaAlH_4$等络合物通过加水分解反应可产生比其自身含氢量还多的氢气，但水解放氢反应是“一次性”的不可逆过程，不能实现氢气的可逆储存。与之相似，热解放氢方式的生成产物在一般条件下也难以实现逆向的吸氢反应。由于这两种方式都存在吸/放氢反应不可逆的问题，过去一直没有考虑将配位氢化物作为储氢材料来应用的可能性。1997年，德国的Bogdanovica等发现掺杂少量含Ti有机金属物后，在相对温和条件下可实

现 $NaAlH_4$ 放氢产物的逆向吸氢反应。这一重要发现为配位氢化物作为储氢材料的应用带来了希望,并很快掀起了世界范围内的研究热潮。

配位氢化物是以强的离子键和共价键结合的,具有很高的热稳定性。这样的化学键性质也决定了将配位氢化物直接作为储氢材料来使用,存在以下不足之处:①放氢反应需要的温度过高,一般在 200 ℃以上放氢反应才能发生,吸氢反应则需要更加苛刻的温度或压力条件;②多数情形是多步反应,且各步反应的温度和压力条件相差较大;③反应物和生成物有相分离和团聚的现象发生,导致吸/放氢反应较难或不能完全进行,实际质量储氢密度低于理论值;④除氢气外,在金属硼氢化物和金属氮氢化物的吸放氢反应中会有副产物生成或杂质气体放出。只有在克服这些不足之后,配位氢化物才有可能用作储氢材料。

3)可控化学制氢。硼氢化钠、氨硼烷、水合肼、甲酸等化学储氢材料与水(或在少量稳定剂存在时)构成的体系可在一定环境条件下稳定保存,引入催化剂或促进剂则可快速发生水解或分解反应,如此即可实现可控放氢。

①硼氢化钠。硼氢化钠($NaBH_4$)在室温下为一种白色或灰白色的固体粉末,易吸潮,能溶于水、甲醇和有机胺等溶剂。$NaBH_4$ 的含氢量高达 10.6%(质量分数),且可以通过热解、水解、醇解等多种方式释放氢气。它的水解反应体系条件最温和、性能也最好,因此成为研究的热点。$NaBH_4$ 在室温下即可与水自发地发生水解反应,但是这种反应的速率极低。研究发现,引入合适的催化剂能够显著提高 $NaBH_4$ 的水解反应速率。

Twist 等早期时提出了一种 $NaBH_4$ 催化水解制氢的机理[2]:首先,在两个金属活性位点 M 上发生 BH_4^-的解吸,分别形成 M-BH_3 和 M-H;然后 BH_3^-向 M 转移电子,并与 M 断开;随后 BH_3^-与 OH^-迅速结合,形成相对稳定的中间物 $BH_3(OH)^-$,通过重复图 8.2 中的步骤 1~3,瞬态 $BH_3(OH)^-$提供其他 3 个氢原子,最终生成 $B(OH)_4^-$;同时,M 位点向邻近的 H_2O 分子转移一个电子,形成一个氢原子;它与其他来自 BH_4^-的氢原子一起形成 H_2。一般来说,$NaBH_4$ 的水解方程式可表示为

$$NaBH_4 + 2H_2O = NaBO_2 + 4H_2$$

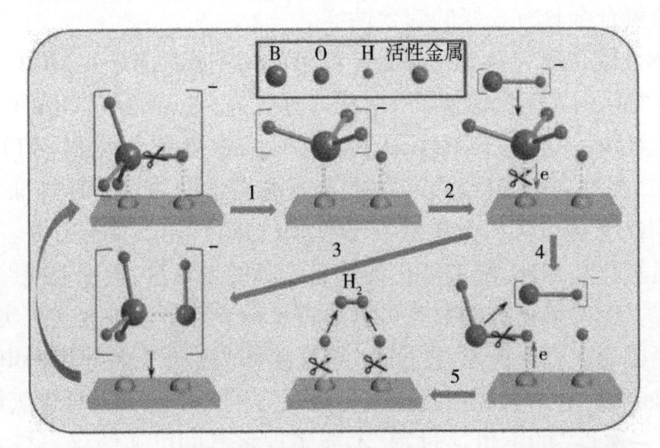

图 8.2 $NaBH_4$ 在金属催化剂作用下生成 H_2 的机理示意图[2]

Pt、Ru 等贵金属由于自身稳定性好且对催化 $NaBH_4$ 的水解反应具有非常优异的效果,常用作高效催化剂的主要材料。但是由于贵金属的价格昂贵,因此不太适合于大规模的实

际应用。为了进一步降低催化成本,非贵金属催化剂引起了广泛的研究兴趣。研究表明,在众多的非贵金属元素中,Co 具有最好的催化效果,因此科学家们研究了一系列含 Co 的催化剂,并用来催化 $NaBH_4$ 的水解制氢反应。

目前,多种 $NaBH_4$ 可控水解制氢系统被研究出来,扩展了 $NaBH_4$ 水解制氢技术在多种领域内的实际应用。美国千年电池公司成功研制出 $NaBH_4$ 即时按需制氢系统,并将其在戴姆勒-克莱斯勒公司推出的钠型燃料电池概念车上进行示范。此外,日本丰田公司成功制备出可与 10 kW 燃料电池配套使用的 $NaBH_4$ 可控制氢系统[10];朝鲜大学的研究人员将 $NaBH_4$ 可控水解制氢系统成功应用于无人机,其表现出优异的续航能力。$NaBH_4$ 催化水解制氢体系已示范应用于军用、医用、民用便携式等领域,而其规模化实际应用前景将主要依赖于再生技术发展。

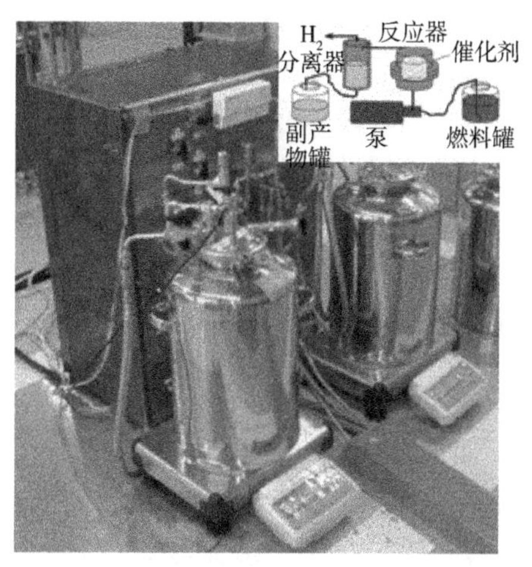

图 8.3　$NaBH_4$ 可控水解制氢系统示意图[10]

②氨硼烷。氨硼烷(NH_3BH_3)在常温常压下为稳定的固体,其理论储氢量可达 19.6%(质量分数),且具有稳定性好、无毒等优点。NH_3BH_3 在水中具有适中的溶解度,而且它的水溶液在空气中也很稳定。在合适催化剂的作用下,NH_3BH_3 可在室温下与水发生反应,制得氢气,反应方程式为

$$NH_3BH_3 + 2H_2O = NH_4^+ + BO_2^- + 3H_2$$

2006 年,徐强团队首先报道了金属催化 NH_3BH_3 的相关研究工作,他们发现贵金属 Pt、Ru、Rh 具有较好的催化活性,而 Au、Pd 的活性则相对差一些。随后,为了降低催化剂的成本,科学家们陆续制备了一系列低成本、高效的非贵金属催化剂,并研究了这些催化剂的性能。2010 年,徐强、鄢俊敏团队发现采用 NH_3BH_3 和 $NaBH_4$ 原位还原制得的非晶 Fe 催化剂对 NH_3BH_3 的水解反应具有非常好的催化性能。研究表明,通过合金化或结构调控等手段,可以进一步提高催化剂的催化活性。鄢俊敏团队在室温下通过一步自催化法成功制备出石墨烯负载的 CuCo 纳米催化剂,其对 NH_3BH_3 水解制氢反应具有优异的催化效果[11]。

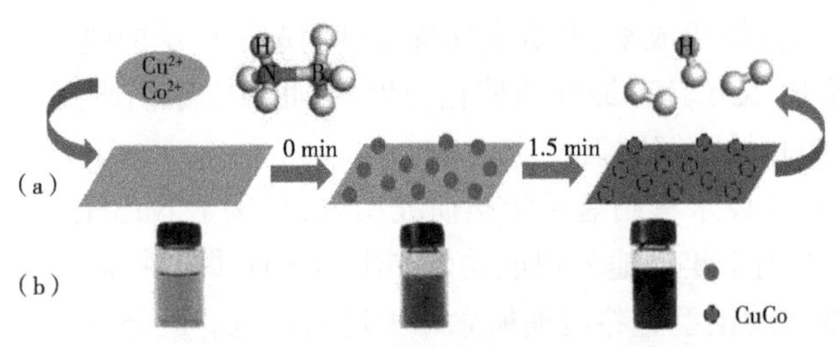

图 8.4 石墨烯-CuCo 制备示意图及溶液颜色变化过程[11]

目前，NH_3BH_3 水解制氢用的催化剂的性能已有了很大程度的提高，但是由于 NH_3BH_3 成本较高，且其水解制氢的副产物再生技术不够成熟，NH_3BH_3 水解制氢的发展受到限制。

③水合肼。水合肼（$N_2H_4 \cdot H_2O$）在常温常压下为无色透明的油状液体，具有较高的含氢量（8.0%（质量分数））、较低的成本和良好的稳定性，且其分解不产生固体副产物，作为氢载体易于储存和运输。N_2H_4 是 $N_2H_4 \cdot H_2O$ 的有效储氢组分，在不同催化剂的作用下，N_2H_4 可能有两种分解路径，如图 8.5 所示。一种是期望得到的 $N_2H_4 \rightarrow N_2 + 2H_2$；另一种是不被期望的 $3N_2H_4 \rightarrow 4NH_3 + N_2$。因此，研发高催化活性和高氢气选择性的催化剂是发展 $N_2H_4 \cdot H_2O$ 制氢技术的关键。

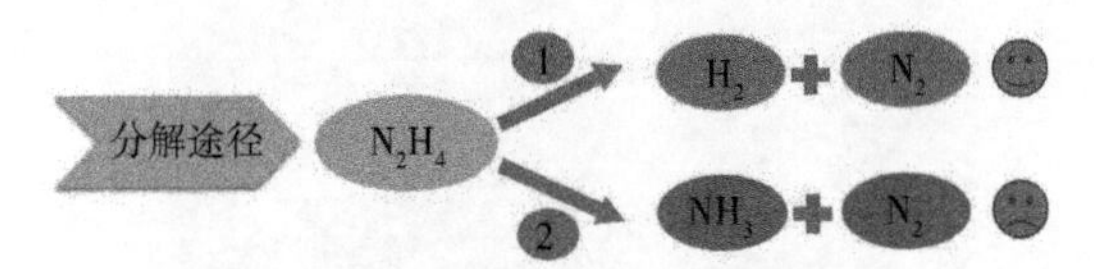

图 8.5 水合肼制氢的分解路径图

研究发现，Ir、Rh 等贵金属对 $N_2H_4 \cdot H_2O$ 分解反应具有较高的催化活性，但其氢气选择性较差；非贵金属 Ni 的活性较低，但是它的制氢选择性较高。因此，研究人员以 Ni 基催化剂为研究重点，通过结合运用成分合金化、结构纳米化、引入碱性氧化物载体等方法，大幅度地提高了催化剂的活性与氢气选择性。徐强团队制备的 Rh_4Ni 合金催化剂对 $N_2H_4 \cdot H_2O$ 室温分解制氢的催化性能比单金属 Rh 提高了 1 倍以上，且具有 100%的氢气选择性。

目前，催化 $N_2H_4 \cdot H_2O$ 分解制氢仍处于基础研究的阶段，为了满足实际应用的需求，还需要进一步提高其催化性能，并完善其催化机理的相关研究。

④甲酸。甲酸（HCOOH）具有无毒、稳定、含氢量高等优点，在催化剂的作用下，甲酸有两种可能的分解路径：一种是发生脱氢反应，产物为 H_2 和 CO_2；另一种是发生脱水反应，产物为 H_2O 和 CO，其中 CO 有毒且容易使催化剂失活，因此要抑制这一过程的发生[12]。

在合适催化剂的作用下，甲酸通过脱氢反应产生 H_2 和 CO_2 后，H_2 可作为能源供燃料电池使用，而产生的 CO_2 可通过催化加氢反应再生成 HCOOH。因此，HCOOH/CO_2 循环体系可构建储氢系统见图 8.6（a），而高效催化剂的研制就成为解决这一问题的关键。如图 8.6（b），Hull 等研究人员制备出一种水溶性 Ir 配合物催化剂，通过调节溶液的 pH 值，可在酸性水溶液中高效催化 HCOOH 分解制氢，在碱性水溶液中高效催化 CO_2 和 H_2 生成 HCOOH，进而实现 HCOOH 催化放氢与储氢循环。

催化剂的性能与它的分散性、颗粒尺寸、形貌等因素有关，选用合适的载体材料可期望获得分散均匀、粒径可控、形貌可调的复合材料。石墨烯(Graphene, rGO),作为一种片状的二维材料,具有比表面积大、稳定性好、电子迁移能力强等优点,是非常好的催化剂载体。吉林大学鄢俊敏教授团队以石墨烯为载体,制备了一系列金属纳米催化剂。这些催化剂虽然能够催化甲酸完全分解,但是其水溶性和催化活性仍有很大的提升空间。为了进一步改善石墨烯载体的亲水性,鄢俊敏教授团队对石墨烯材料进行掺杂,所制得的 NH_2-N-rGO 负载的 NiPd 和 AuPd 纳米催化剂不仅水溶性好、颗粒尺寸小且分散均匀,并且对甲酸分解制氢表现出优异的催化性能,如图 8.7 所示。

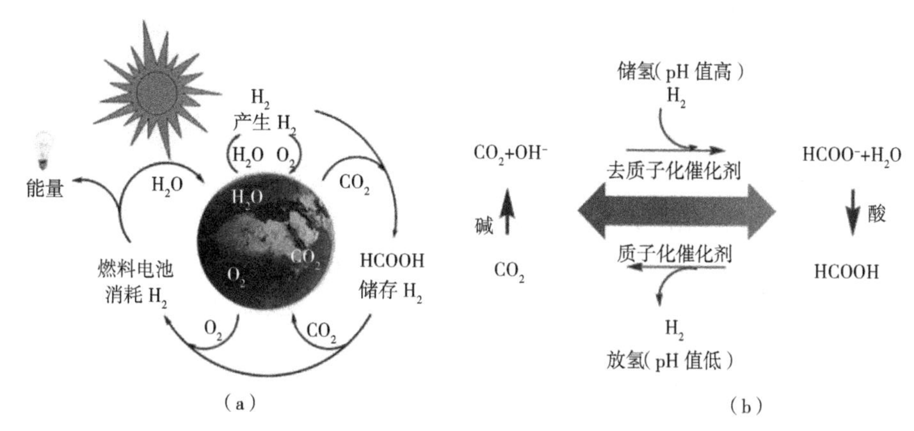

图 8.6　甲酸脱氢反应[12]

(a)$HCOOH/CO_2$ 循环储氢系统示意图　(b)通过新型 Ir 配合物催化剂实现 HCOOH 催化放氢与储氢循环

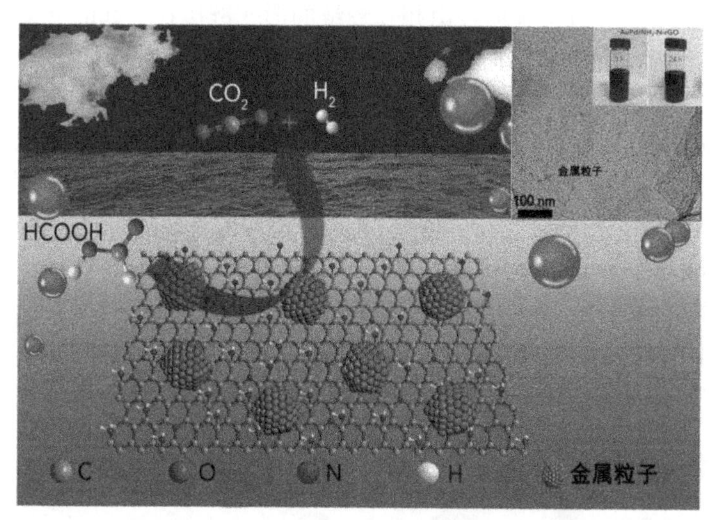

图 8.7　AuPd/NH_2-N-rGO 催化甲酸分解制氢示意(附图为样品的透射电镜图片和样品水溶液静置 24 h 未分层的照片)[13]

目前,$HCOOH/CO_2$ 循环储氢系统的可行性已得到验证,但是制氢反应的选择性与稳定性有待提高及 CO_2 难收集、能源效率低等问题,仍然制约着其大规模的实际应用。

(2)基于物理吸附机制的储氢材料

基于物理吸附机制的储氢材料常见的有碳材料、金属有机框架材料、介孔材料等,其中氢以分子状态吸附在材料的表面，实现储氢。

1）碳材料。碳质储氢材料主要有大比表面积活性炭（AC）、石墨纳米纤维（GNF）、碳纳米纤维（CNF）和碳纳米管（CNT）等。其中对大比表面积活性炭和碳纳米管的研究比较广泛。

活性炭储氢是利用大比表面积的活性炭作为吸附剂的吸附储氢技术。活性炭储氢具有经济、储氢量高、表面活性快（即解吸快）、循环使用寿命长、易实现规模化生产等优点，是一种很具潜力的储氢方法。其缺点是活性炭在较高吸氢量下对应的吸附温度较低，从而使其应用范围受到限制。

碳纳米管是目前人们研究最多的碳质储氢材料，具有储氢量大、释氢速度快、常温下释氢等优点，因此被认为是一种有广阔发展前景的吸附储氢材料，它分为单壁碳纳米管（SWNT）和多壁碳纳米管（MWNT）。1997 年，美国学者 A. C. Dillon 等首次报道电弧法制备的未经提纯的单壁碳纳米管具有储氢特性，并推算出单壁碳纳米管的储氢容量达 5%~10%（质量分数），这一发现引发了碳纳米管储氢研究的热潮。碳纳米管的表面结构和状态影响其对氢分子的吸附，也即储氢性能。可以通过缀饰等方法改变碳纳米管的表面状态，从而改变其吸氢的热力学和动力学，提高吸氢温度。例如，通过掺杂异质原子或引入点电荷可以增强 H_2 的吸附，从而提高吸附温度和质量储氢密度；Zeng 等认为掺杂 Ni 可以增加 H_2 在 Ni 周围的吸附；有报道称通过控制碳纳米管的堆垛方式可以提高储氢性能。尽管针对这方面进行了大量的研究，碳纳米管的储氢仍需在较低温度进行，距室温储氢还有很大的距离。

2）金属有机框架材料。金属有机框架（Metal-Organic Frameworks，MOFs）材料是一种将无机金属离子或团簇与有机配体经由相互铰链的形式链接在一起的支架结构，这种结构不仅具有高孔体积、大比表面积，而且还有丰富的晶体结构，其结构如图 8.8 所示。其孔结构易于控制，比表面积大，基于这样的结构特点，MOFs 有广泛的应用前景，如用于气体的吸附和分离，用作催化剂、磁性材料和光学材料等。另外，MOFs 作为一种超低密度多孔材料，在存储甲烷和氢气等燃料方面有很大的潜力。与碳纳米管类似，这种大比表面积的材料可以吸附氢气，但 MOFs 结构的空隙易于调整，其表面特性也更容易通过控制其所含离子的种类进行调控。因此，通过合成控制孔的结构和表面特性可提高配合物与氢气分子之间的作用力，从而提高其储氢性能。2003 年，O. M.Yaghi 团队合成了一种 MOF-5，在-195.2 ℃、中等压力的条件下的质量储氢密度达到 4.5%（质量分数）；随后该团队研究的 MOF-177，在-196.15 ℃（77 K）下实现了 7.5%（质量分数）的储氢量。

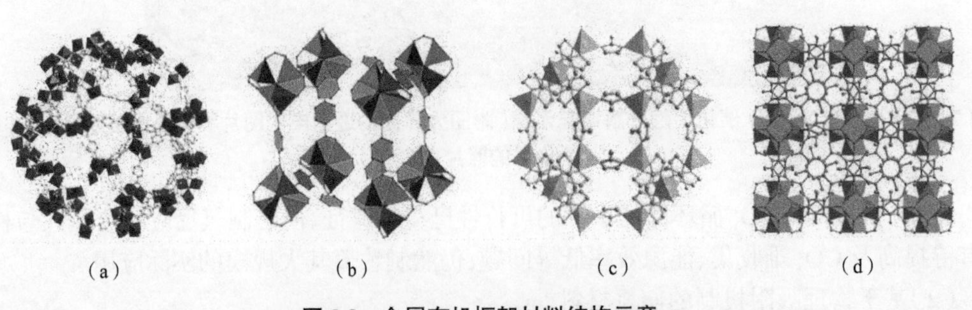

（a） （b） （c） （d）

图 8.8 金属有机框架材料结构示意

（a）MIL-101 （b）MOF-5 （c）ZIF-67 （d）UiO-66

8.2.3　储氢材料的应用

（1）直接燃烧

液氢可作为火箭、导弹、汽车、飞机等的燃料。火箭推进器利用液氢和液氧在火箭发动机燃烧室内燃烧，产生 2 726.85~3 726.85℃（3 000~4 000 K）高温和几十个大气压的蒸汽，以超音速通过火箭尾部喷管喷出，产生巨大的推力。美国的阿波罗宇宙飞船、欧洲的阿利亚娜火箭、日本的 H1 火箭及我国的“长征”系列运载火箭，均以液氢为燃料。

氢也可以作为燃气轮机的燃料来源。燃气轮机是一种外燃机，它包括三个主要部件：压气机、燃烧室和燃气涡轮。根据布雷顿（Brayton）循环原理，空气进入压气机，被压缩升压后进入燃烧室，喷入燃料即进行恒压燃烧，燃烧所形成的高温燃气与燃烧室中的剩余空气混合后进入燃气轮机的喷管。膨胀加速而冲击叶轮对外做功，做功后的废气排入大气。

目前氢主要以富氢燃气（富氢天然气或合成气）的形式应用于燃气轮机发电系统，关于纯氢作为燃料气的报道很少。以富氢天然气作为燃料气可以很好地保证火焰稳定性，同时氢含量为 10%~20%（体积分数）时，可改善排放性能，降低 NO_x 的排放量。

氢内燃机是以 H_2 为燃料，将 H_2 存储的化学能通过燃烧过程转化成机械能的新型内燃机。氢内燃机可作为燃氢汽车的动力装置。氢内燃机的基本原理与普通的汽油内燃机一样，属于气缸-活塞往复式内燃机。按点火顺序可将内燃机分为四冲程发动机和两冲程发动机。

氢作为内燃机燃料，与汽油、柴油相比，有以下优点。

1）易燃。氢燃料具有非常宽的可燃范围，有利于实现更加安全和更经济的燃烧。

2）低点火能量。氢气具有非常低的点火能，比一般烃类小一个数量级以上。这既有利于发动机在部分负荷下工作，又使得氢发动机可以点燃稀混合物，确保及时点火。

3）高自燃温度。压缩过程温度的上升与压缩比相关，自燃温度对压缩比而言是一个非常重要的因素，氢的自燃温度高，可使用更大的压缩比，提高内燃机效率。

4）小熄火距离。H_2 火焰的熄灭距离比汽油更短，故 H_2 火焰熄灭前距离汽缸壁更近，因而与汽油相比，H_2 火焰更难熄灭。

（2）燃料电池

燃料电池（Fuel Cell，FC）是通过燃料与氧化剂的电化学反应，将燃料内储存的化学能转化为电能的一种装置。与传统的热机发电相比，燃料电池在能量转换过程中不涉及燃烧，转化效率更高，同时应用更加方便，对环境更为友好，因此通过燃料电池能实现对能源更为有效的利用。燃料电池是氢能利用的最重要的形式，通过燃料电池这种先进的能量转化方式，氢能源能真正成为人类社会高效清洁的能源动力。

燃料电池一般由阴极、阳极和电解质这三个单元构成。电解质一般介于阴极和阳极之间，具有传导离子、组织燃料和氧化剂直接接触的双重作用。根据所用电解质类型的不同，燃料电池可分为碱性燃料电池（Alkaline Fuel Cell，AFC）、磷酸燃料电池（Phosphoric Acid Fuel Cell，PAFC）、熔融碳酸盐燃料电池（Molten Carbonate Fuel Cell，MCFC）、固体氧化物燃料电池（Solid Oxide Fuel Cell，SOFC）和质子交换膜燃料电池（Proton Exchange Membrane Fuel Cell，PEMFC）五种。燃料电池的工作原理为：氢气由燃料电池的阳极进入，氧气（或空气)则由阴极进入燃料电池。经由催化剂的作用,使得阳极的氢分子分解成两个质子(proton)与两个电子(electron),其中质子被氧“吸引”到薄膜的另一边,电子则经由外电路形成电流后,到达阴极。在阴极催化剂的作用下,质子、氧及电子发生反应形成水分子,因此水可以说是燃料电池唯一的排放物。燃料电池所使用的“氢”燃料可以来自水的电解所产生的氢气及任何的碳氢化合物,例如天然气、甲醇、乙醇(酒精)、沼气等。燃料电池是利用氢及氧的化学反应产生电流及水,不但完全无污染,也避免了传统电池充电耗时的问题,是目前最具发展前景的新能源方式,如能普及并应用在车辆及其他高污染的发电工具上,将能显著减轻空气污染及温室效应。

(3)镍氢电池

镍氢电池是储氢材料商业化最成功的代表。1989 年,日本松下公司将 AB_5 型稀土储氢材料成功应用于镍氢电池,使得镍氢电池进入了实用化阶段,其主要应用为电子信息领域迫切需求的小型移动电源。此外,镍氢电池具有的高能量密度和长寿命等特点可满足车用动力电池的要求,因此未来电动车辆领域也将为镍氢动力电池提供巨大的应用市场。

镍氢电池的正极活性物质为氢氧化镍($Ni(OH)_2$),负极活性物质为储氢合金,电解液为碱性水溶液(如氢氧化钾溶液)。储氢合金一般是由易生成稳定氢化物的元素 A(La、Ti、Mg、V 等)和其他元素 B(Mn、Fe、Co、Ni 等)组成的金属化合物,主要包括稀土-镍系(AB_5)型、稀土-镁系(A_2B)型、稀土-镍系(AB_2)型和稀土-钛铁系(AB)型四种类型,其中 AB_5 系列和 AB_2 系列储氢合金目前市场的占有率最高。镍氢电池充放电过程中各电极反应如下。

充电时,正极反应:

$$Ni(OH)_2 + OH^- \rightleftharpoons NiOOH + H_2O + e^-$$

负极反应:

$$M + H_2O + e^- \rightleftharpoons MH + OH^-$$

电池总反应:

$$Ni(OH)_2 + M \rightleftharpoons NiOOH + MH$$

放电时,正极反应:

$$4OH^- \rightleftharpoons 2H_2O + O_2 + 4e^-$$

负极反应:

$$4MH + O_2^- \rightleftharpoons 4M + 2H_2O$$

电池总反应:

$$OH^- + MH \rightleftharpoons H_2O + M + e^-$$

(4)其他应用

储氢合金的吸/放氢压力随温度的升高成对数关系升高。在常温下吸入较低压力的普通氢气,在较高温度下则可释放出高压高纯度氢气。根据这一原理,可制成兼有净化与压缩双重功能的无运动件高压高纯氢压缩器。

此外,根据储氢材料吸氢时放出大量热量,放氢时则吸收等量热量的原理,将两种吸氢压力不同的储氢合金分别置于低温侧(冷源)和高温侧(热源),以氢气为工质,进行吸/放氢循环,可制成空调机或热泵。用太阳能或工业废热作为高温热源,不用电力即可在夏季降温，而在冬季加热。

每种储氢合金都有其恒定的温度-压力关系，温度的变化可以通过与其成对数关系的氢化物压力的变化而进行检侧，因此可以将其制作成热传感器。这种热-压传感器敏感度高，探头容积很小，可用较长导管而不影响测量精度，亦无重力效应，已在一些国外飞机上采用。

8.3　氢能的发展前景

在优化能源系统方面，氢能作为一种二次能源，可实现多异质能源跨地域和跨季节的优化配置，形成可持续高弹性的创新型多能互补系统；在提高能源安全方面，发展氢能源配合燃料电池技术，有助于大幅度降低交通运输业的石油与天然气等的消费总量，降低二者的对外依赖度；氢作为能源互联媒介，可通过可再生能源电力制取，通过 H_2 的存储或气体管网的运输，实现大规模的储能及调峰，实现电网和气网的耦合，增加电力系统的灵活性[5,14]。

2019 年 3 月，氢能首次被写入我国政府工作报告，并先后出台多个配套规划和政策，推动氢能研发、制备、储运和应用链条不断完善。2020 年 9 月，国家发展改革委、科技部、工业和信息化部、财政部等四部委联合发布的《关于扩大战略性新兴产业投资　培育壮大新增长点增长极的指导意见》指出，加快新能源发展，加快制氢加氢设施建设。2020 年 12 月，《新时代的中国能源发展》白皮书指出，支持新技术新模式新业态发展，加速发展绿氢制取、储运和应用等氢能产业链技术装备，促进氢能燃料电池技术链、氢燃料电池汽车产业链发展。2021 年 2 月 22 日，国务院发布的《关于加快建立健全绿色低碳循环发展经济体系的指导意见》指出，大力发展氢能，加大加氢等配套设施建设。随着与氢能有关的政策的制定与完善，大批氢能示范项目也陆续开展，我国氢能开发与应用已具备产业化基础，目前需要进一步将氢能纳入能源生产和消费结构中，制定立足长远的国家氢能产业发展顶层设计、政策保障体系与实施路线图，在核心技术、装备、技术标准方面缩小与国外发达国家的差距，进一步完善基础应用设施建设。

参考文献

[1]　袁吉仁. 新能源材料[M]. 北京：科学出版社，2020.

[2]　朱敏. 先进储氢材料导论[M]. 北京：科学出版社，2015.

[3]　杨天华. 新能源概论[M]. 北京：化学工业出版社，2018.

[4]　ZHANG L，WU W，JIANG Z，et al. A review on liquid-phase heterogeneous dehydrogenation of formic acid：recent advances and perspectives[J]. Chemical papers，2018，72：2121-2135.

[5]　LI S J，ZHOU Y T，KANG X，et al. A simple while effective principle for a rational design of heterogeneous catalysts for dehydrogenation of formic acid[J]. Advanced materials，2019，31：1806781.

[6]　郭博文，罗聃，周红军. 可再生能源电解制氢技术及催化剂的研究进展[J]. 化工进展，2021，40(6)：2933-2951.

[7] 孙培峰，吴守城，卢海勇，等. 新能源制氢及氢能应用浅述[J]. 能源研究与信息，2021，37(4):207-213.

[8] YU Z Y，DUAN Y，FENG X Y，et al. Clean and affordable hydrogen fuel from alkaline water splitting：past，recent progress，and future prospects[J]. Advanced materials，2021，33(31):2007100.

[9] LIU K H，ZHONG H X，LI S J，et al. Advanced catalysts for sustainable hydrogen generation and storage via hydrogen evolution and carbon dioxide/nitrogen reduction reactions[J]. Progress in materials science，2018，92:64-111.

[10] 李建林，李光辉，郭丽军. “十四五”规划下氢能应用技术现状综述及前景展望[J]. 电气应用，2021，40:10-16.

[11] 岳国君，林海龙，彭元亭，等. 以生物质为原料的未来绿色氢能[J]. 化工进展，2021，40:4678-4684.

[12] 黄亚继，张旭. 氢能开发和利用的研究[J]. 能源与环境，2003，2:33-36.

[13] 李璐伶，樊栓狮，陈秋雄，等. 储氢技术研究现状及展望[J]. 储能科学与技术，2018，7:586-594.

[14] 姚若军，高啸天. 氢能产业链及氢能发电利用技术现状及展望[J]. 南方能源建设，2021，8(4):9-15.

第9章　燃料电池材料

燃料电池是一种将存在于燃料与氧化剂中的化学能直接转化为电能的发电装置,又称电化学发电器。燃料和空气分别送进燃料电池,电就被生产出来。它从外表上看有正负极和电解质等,像一个蓄电池。但实质上,它不能“储电”,而是一个“发电厂”。它是一种电池,但不需用昂贵的金属而只用便宜的燃料来进行化学反应。它是继水力发电、热能发电和原子能发电之后的第四种发电技术。燃料电池是通过电化学反应把燃料的化学能中的吉布斯自由能部分转换成电能,而不受卡诺循环效率的限制,因此效率高;另外,燃料电池用燃料和氧气作为原料,同时没有机械传动部件,故排放出的有害气体极少,使用寿命长。由此可见,从节约能源和保护生态环境的角度来看,燃料电池是最有发展前途的发电技术。

燃料电池的开发历史相当悠久,1839年,格罗夫(Grove)通过将水的电解过程逆转发现了燃料电池的原理。他用铂作为电极,以氢气为燃料、氧气为氧化剂,从氢气和氧气中获取电能,自此拉开了燃料电池发展的序幕。

现代对燃料电池的研究和开发始于20世纪50年代。60年代美国将燃料电池成功地应用到载人航天飞行器,标志着燃料电池在这一特殊领域步入实用化阶段。80年代以后,燃料电池从空间运用转入民用领域。进入90年代,由于全球性能源紧缺问题日趋突出以及环境保护和可持续发展的迫切要求,燃料电池因其突出的优越性得到了蓬勃发展,洁净电站、便携式电源即将进入商业化阶段,燃料电池动力汽车进入实验阶段。发达国家将大型燃料电池的开发作为重点研究项目,企业界也纷纷斥以巨资,从事燃料电池技术的研究与开发,现在已取得了许多重要成果,使得燃料电池即将取代传统发电机及内燃机广泛应用于发电及汽车生产上。如今,在日本、北美和欧洲等国家和地区,燃料电池发电已快步进入工业化规模应用国家阶段,将成为21世纪的第四代发电方式。在美国,普拉格能源(Plug Power)公司是最大的质子交换膜燃料电池开发公司,他们的目标是开发、制造适用居民和汽车的经济型燃料电池系统。2001年,Plug Power公司开发出它的专利产品Plug Power 7000居民家用分散型电源系统,此产品可提供7 kW的持续电力。家用燃料电池的推出将使核电站、燃气发电站面临挑战。

我国在20世纪50年代就开展了燃料电池方面的研究,在燃料电池关键材料、关键技术的创新方面取得了许多突破。政府十分注重燃料电池的研究开发,陆续开发出30 kW级氢氧燃料电极、燃料电池电动汽车等。燃料电池技术特别是质子交换膜燃料电池技术也得到了迅速发展,相继开发出60 kW、75 kW等多种规格的质子交换膜燃料电池组;开发出电动轿车用净输出40 kW、城市客车用净输出100 kW燃料电池发动机。这些技术的问世与应用使中国的燃料电池技术跨入世界先进行列。

9.1 燃料电池的结构、分类和原理

作为一种新型化学电源,燃料电池与火力发电相比,关键的区别在于燃料电池的能量转变过程是直接的,如图 9.1 所示。

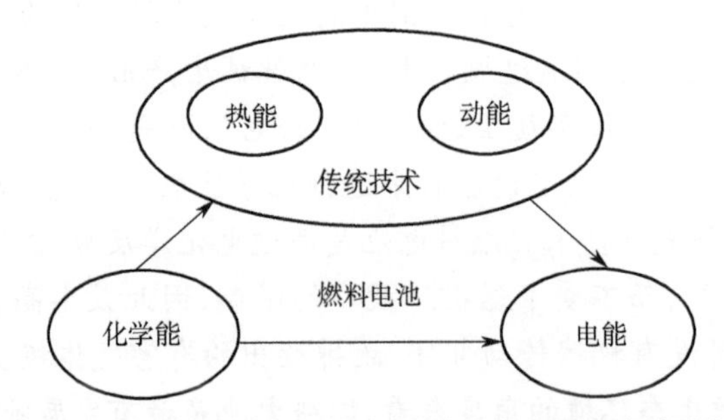

图 9.1 燃料电池直接发电与传统技术间接发电的比较

9.1.1 燃料电池的结构

燃料电池的主要构成组件为电极(Electrode)、电解质隔膜(Electrolyte Membrane)与集电器(Current Collector)等。

(1)电极

燃料电池的电极是燃料发生氧化反应与氧化剂发生还原反应的电化学反应场所,影响其性能的关键因素是触媒的性能、电极的材料与电极的制程等。

电极主要可分为两部分,其一为阳极(Anode),另一为阴极(Cathode),厚度一般为200~500 mm;燃料电池电极的结构与一般电池的平板电极的不同之处是燃料电池的电极为多孔结构,设计成多孔结构的主要原因是燃料电池所使用的燃料及氧化剂大多为气体(例如氧气、氢气等),而气体在电解质中的溶解度并不高,为了提高燃料电池的实际工作电流密度与降低极化作用,故发展出多孔结构的电极,以增加参与反应的电极表面积,而这也是燃料电池能从理论研究阶段步入实用化阶段的重要关键原因之一。

目前高温燃料电池的电极主要是由触媒材料制成,例如固体氧化物燃料电池(SOFC)的 Y_2O_3-stabilized-ZrO_2(YSZ)及熔融碳酸盐燃料电池(MCFC)的氧化镍电极等。低温燃料电池则主要由气体扩散层支撑一薄层触媒材料构成,例如磷酸燃料电池(PAFC)与质子交换膜燃料电池(PEMFC)的白金电极等。

(2)电解质隔膜

电解质隔膜的主要功能是分隔氧化剂与还原剂,并传导离子,故电解质隔膜越薄越好,但亦需顾及强度,就现阶段的技术而言,其一般厚度为数十毫米至数百毫米;至于材质,目前主要朝两个方向发展,其一是先以石棉(Asbestos)膜、碳化硅(SiC)膜、铝酸锂($LiAlO_3$)膜等绝缘材料制成多孔隔膜,再浸入熔融锂-钾碳酸盐、氢氧化钾与磷酸等,使其附着在隔膜孔内,另一个则是采用全氟磺酸树脂(例如 PEMFC)及 YSZ(例如 SOFC)。

（3）集电器

集电器又称作双极板（Bipolar Plate），具有收集电流、分隔氧化剂与还原剂、疏导反应气体等功能，集电器的性能主要取决于材料特性、流场设计及加工技术。

9.1.2　燃料电池的分类

1）按燃料电池的运行机理，燃烧电池可分为酸性燃料电池和碱性燃料电池。

2）按电解质（碱性、酸性、熔融盐类、固体电解质等），燃料电池可分为碱性燃料电池、磷酸燃料电池、熔融碳酸盐燃料电池、固体氧化物燃料电池、质子交换膜燃料电池等。在燃料电池中，磷酸燃料电池、质子交换膜燃料电池可以冷启动和快启动，可以作为移动电源，适应燃料电池汽车（FCEV）使用的要求，更加具有竞争力。这几种不同类型燃料电池的特性对比如表 9.1 所示。

表 9.1　不同类型燃料电池的特性对比

燃料电池	典型电解质	工作温度/℃	优点	缺点	效率
碱性燃料电池	$KOH\text{-}H_2O$	80	（1）启动快； （2）室温常压下工作	（1）需要纯氧作为氧化剂； （2）成本高	70%
磷酸燃料电池	H_3PO_4	200	对 CO_2 不敏感	（1）对 CO 敏感； （2）工作温度较高； （3）低于峰值功率输出时性能下降	40%
熔融碳酸盐燃料电池	Na_2CO_3	650	（1）可用空气作为氧化剂； （2）可用天然气或甲烷作为燃料	工作温度高	>60%
固体氧化物燃料电池	$ZrO_2\text{-}Y_2O_3$	1 000	（1）可用空气作为氧化剂； （2）可用天然气或甲烷作为燃料	工作温度高	>60%
质子交换膜燃料电池	含氟质子交换膜	80~100	（1）寿命长； （2）可用空气作为氧化剂； （3）工作温度低； （4）启动迅速	（1）对 CO 敏感； （2）反应物需要加湿； （3）成本高	>60%

3）按燃料类型，燃料电池分为氢气、甲醇、甲烷、乙烷、甲苯、丁烯、丁烷等有机燃料电池，汽油、柴油和天然气等气体燃料电池，有机燃料和气体燃料必须经过重整器"重整"为氢气后，才能成为燃料电池的燃料。

4）按工作温度，燃料电池分为低温型（温度低于 200 ℃）、中温型（温度为 200~750 ℃）、高温型（温度高于 750 ℃）。在常温下工作的燃料电池，例如 PEMFC，需要采用贵金属作为催化剂。燃料的化学能绝大部分都能转化为电能，只产生少量的废热和水，不产生污染大气环境的 NO_x；不需要废热能量回收装置，体积较小，质量较小。但催化剂 Pt 会与工作介质中的 CO 发生作用，出现"中毒"现象而失效，这会降低燃料电池的效率或完全损坏燃料电池。而且 Pt 的价格很高，增加了燃料电池的成本。在高温（600~1 000 ℃）下工作的燃料电池，例如 MCFC 和 SOFC，不需要采用贵金属作为催化剂，但由于工作温度高，需要配备复合废热回收装置来利用废热，体积大，质量大，只适合用在大功率的发电厂中。

最实用的燃料电池是以氢或含富氢的气体作业燃料的电池，但是在自然界是不能直接获得氢的，燃料电池氢的来源通常是对石油燃料、甲醇、乙醇、沼气、天然气、石脑油和煤气进行重整、裂解等化学处理后制取的含富氢的气体燃料。氧化剂则采用氧气或空气，最常见的是用空气作为氧化剂。燃料电池十分复杂，涉及化学热力学、电化学、电催化、材料科学、电力系统及自动控制等学科的有关理论，其具有发电效率高、环境污染少等优点。

9.1.3 燃料电池的原理

燃料电池是一种电化学装置，其组成与一般电池相同。其单体电池由正、负两个电极（正极即氧化剂电极，负极即燃料电极）和电解质组成。不同的是一般电池的活性物质储存在电池内部，因此限制了电池容量，而燃料电池的正、负极本身不包含活性物质，只是个催化转换元件。燃料电池是名符其实地把化学能转化为电能的能量转换机器。电池工作时，燃料和氧化剂由外部供给，进行反应。原则上只要反应物不断输入，反应产物不断排除，燃料电池就能连续发电。典型燃料电池的构造如图 9.2 所示。

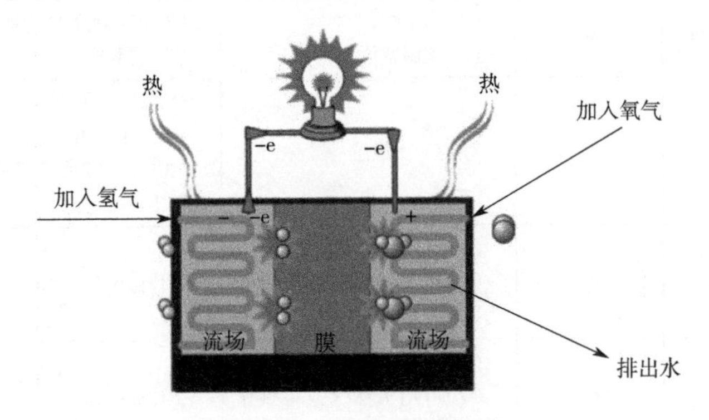

图 9.2 燃料电池的构造

这里以氢氧燃料电池为例来说明燃料电池的反应原理，这个反应是电解水的逆过程。

氢气作为燃料被通入燃料电池的阳极，发生如下氧化电极反应：

$$H_2+2OH^- \rightarrow 2H_2O+2e^-$$

氢气在催化剂上被氧化成质子，与水结合成水合质子，同时释放出两个自由电子。

正极：

$$1/2O_2+H_2O+2e^- \rightarrow 2OH^-$$

电池反应：

$$H_2+1/2O_2=H_2O$$

另外，只有燃料电池本体还不能工作，必须有一套相应的辅助系统，包括反应剂供给系统、排热系统、排水系统、电性能控制系统及安全装置等。

燃料电池通常由形成离子导电体的电解质板和其两侧配置的燃料极（阳极）和空气极（阴极）以及两侧的气体流路构成。气体流路的作用是使燃料气体和空气（氧化剂气体）能在流路中通过。

在实用的燃料电池中，因工作的电解质不同，经过电解质与反应相关的离子种类也不同。PAFC 和 PEMFC 中发生的反应与氢离子（H^+）相关，发生的反应为

燃料极：

$$H_2 = 2H^+ + 2e^- \tag{9-1}$$

空气极：

$$2H^+ + 1/2O_2 + 2e^- = H_2O \tag{9-2}$$

整体：

$$H_2 + 1/2O_2 = H_2O \tag{9-3}$$

在燃料极中，供给的燃料气体中的 H_2 分解成 H^+和 e^-，H^+移动到电解质中与空气极侧供给的 O_2 发生反应。e^-经由外部的负荷回路，再返回到空气极侧，参与空气极侧的反应。一系列的反应促成了 e^-不间断地流经外部回路，因而就进行了发电。从上式（9-3）可以看出，H_2 和 O_2 生成 H_2O，除此以外没有其他的反应产物，H_2 所具有的化学能转变成了电能。但实际上，伴随着电极的反应存在一定的电阻，会引起部分热能产生，由此减少了转换成电能的比例。引起这些反应的一组电池称为组件，产生的电压通常低于 1 V。因此，为了获得大的出力需采用多层组件叠加的办法获得高电压堆。组件间的电气连接以及燃料气体和空气之间的分离，采用了称为隔板的、上下两面中备有气体流路的部件，PAFC 和 PEMFC 的隔板均由碳材料组成。堆的出力由总的电压和电流的乘积决定，电流与电池中的反应面积成正比。

PAFC 的电解质为浓磷酸水溶液，而 PEMFC 的电解质为质子导电性聚合物系的膜。电极均采用碳的多孔体，为了促进反应，以 Pt 作为触媒，燃料气体中的 CO 将造成 Pt 中毒，降低电极性能。为此，在 PAFC 和 PEMFC 的应用中必须限制燃料气体中含有的 CO 的量，特别是对于低温工作的 PEMFC 更应严格限制 CO 的量。

磷酸燃料电池的基本组成和反应原理是：燃料气体或城市煤气添加水蒸气后送到改质器，把燃料转化成 H_2、CO 和水蒸气的混合物，CO 和水进一步在移位反应器中经触媒剂转化成 H_2 和 CO_2。经过如此处理后的燃料气体进入燃料堆的负极（燃料极），同时将 O_2 输送到燃料堆的正极（空气极）进行化学反应，借助触媒剂的作用迅速产生电能和热能。

相比 PAFC 和 PEMFC，高温型燃料电池 MCFC 和 SOFC 则不需要触媒，以 CO 为主要成份的煤气化气体可以直接作为燃料应用，而且 MCFC 和 SOFC 还具有易于利用高质量排气构成联合循环发电等特点。

MCFC 的主要构成部件如下：含有电极反应相关的电解质（通常是为 Li 与 K 混合的碳酸盐）和上下与其相接的两块电极板（燃料极与空气极），以及两电极各自外侧流通燃料气体和氧化剂气体的气室、电极夹等。电解质在 600~700 ℃的工作温度下呈熔融状态的液体，形成了离子导电体。电极为镍系的多孔质体，气室采用抗蚀金属制成。

MCFC 的工作原理为：空气极的 O_2（空气）和 CO_2 与电子相结合，生成 CO_3^{2-}，电解质将 CO_3^{2-}移到燃料极侧，与作为燃料供给的 H^+相结合，放出 e^-，同时生成 H_2O 和 CO_2。化学反应式如下。

燃料极：

$$H_2 + CO_3^{2-} = H_2O + CO_2 + 2e^- \tag{9-4}$$

空气极：

$$CO_2+1/2O_2+2e^-=CO_3^{2-} \tag{9-5}$$

全体：

$$H_2+1/2O_2=H_2O \tag{9-6}$$

在这一反应中，e^-同在 PAFC 中的情况一样，它从燃料极被放出，通过外部的回路返回空气极，e^-在外部回路中不间断地流动实现了燃料电池发电。另外，MCFC 的最大特点是，必须要有有助于反应的 CO_3^{2-}，因此供给的氧化剂气体中必须含有碳酸气体。并且，在电池内部充填触媒，从而将作为天然气主成分的 CH_4 在电池内部改质，在电池内部直接生成 H_2 的方法也已开发出来了。而在燃料是煤气的情况下，其主成分 CO 和 H_2O 反应生成 H_2，因此可以等价地将 CO 作为燃料来利用。为了获得更大的出力，隔板通常采用 Ni 和不锈钢来制作。

SOFC 是以陶瓷材料为主构成的，电解质通常采用 ZrO_2，它构成了 O^{2-}的导电体，Y_2O_3 作为稳定化的 YSZ（稳定化氧化锆）而采用。电极中燃料极采用 Ni 与 YSZ 复合多孔体构成金属陶瓷，空气极采用 $LaMnO_3$。隔板采用 $LaCrO_3$。为了避免因电池的形状不同，电解质之间出现热膨胀差造成裂纹产生等，开发了在较低温度下工作的 SOFC。电池形状除了有同其他燃料电池一样的平板型外，还开发出了为避免应力集中的圆筒型。SOFC 的反应式如下：

燃料极：

$$H_2+O^{2-}=H_2O+2e^- \tag{9-7}$$

空气极：

$$1/2O_2+2e^-=O^{2-} \tag{9-8}$$

整体：

$$H_2+1/2O_2=H_2O \tag{9-9}$$

如式（9-7）所示，燃料极中，H_2 经电解质而移动，与 O^{2-}反应生成 H_2O 和 e^-。如式（9-8）所示，在空气极中，O_2 和 e^-生成 O^{2-}。如式（9-9）所示，电池整体同其他燃料电池一样由 H_2 和 O_2 生成 H_2O。SOFC 中属于高温工作型，因此在无其他触媒作用的情况下可直接在内部将天然气的主成分 CH_4 改质成 H_2 加以利用，并且煤气的主要成分 CO 可以直接作为燃料使用。

9.2 燃料电池的特性

（1）效率高

在燃料电池中，燃料不是被燃烧变为热能，而是直接发电，不受卡诺循环效率的限制。理论上讲，燃料电池可将燃料能量的 90%转化为可利用的电和热，实际效率有望在 80%以上。这样的高效率是史无前例的。

燃料电池的效率与其规模无关，因而在保持高燃料效率时，燃料电池可在其半额定功率下运行。

封闭体系蓄电池与外界没有物质交换，比能量不会随时间变化，但是燃料电池由于不断补充燃料，随着时间延长，其输出的能量也变多。

燃料电池发电厂可设在用户附近，这样可大大减少传输费用及传输损失。燃料电池的另一个特点是在其发电的同时可产生热和水蒸气。其电热输出比约为 1.0，而汽轮机为 0.5。这表明在相同的电负荷下，燃料电池的热载为燃烧发动机的 2 倍。

（2）可靠性高

与燃烧涡轮机循环系统或内燃机相比，燃料电池的转动部件很少，因而系统更加安全可靠；电池组合是模块结构，维修方便；处于额定功率以上过载运行时，它也能承受，并且效率变化不大；当负载变化时，它的响应速度也很快。

（3）环境效益良好

当今世界的环境问题已经威胁到了人类的生存和发展。据统计，20 世纪经历了两次世界大战，但是环境污染造成的死亡人数却超过了战争的死亡人数。而环境污染的发生，大多数是由于燃料的使用，尤其是各种燃料的燃烧。因而，解决环境问题的关键是要从根本上解决能源结构问题，研究开发清洁能源技术。而燃料电池正是符合这一环境需求的高效洁净能源。

燃料电池发电厂排放的气体污染物仅为最严格的环境标准的十分之一，温室气体 CO_2 的排放量也远小于火力发电厂。燃料电池中燃料的电化学反应副产物是水，其量极少，而且比一般火力发电厂的排放物要清洁得多。因而，燃料电池不仅消除或减少了水污染，也无需设置废气控制系统。

燃料电池发电厂没有火力发电厂那样的噪声源，工作环境非常安静；不产生大量废弃物，占地面积也小。

燃料电池是各种能量转换装置中危险性最小的。这是因为它规模小，无燃烧循环系统，污染物排放量极少。燃料电池的环境友好性是其具有极强生命力和长远发展潜力的主要原因。

（4）操作性能良好

燃料电池具有其他技术无可比拟的优良的操作性能，节省了运行费用。其发电系统对负载变动的响应速度快，无论处于额定功率以上过载运行或低于额定功率低载运行，它都能承受，并且发电效率波动不大，供电稳定性高。

（5）灵活性强

燃料电池发电厂可在 2 年内建成投产，其效率与规模无关，可根据用户需求而增减发电容量，这对电力公司和用户来说是最关键的因素及经济利益所在。

燃料电池发电系统是全自动运行的，机械运动部件很少，并且维护简单，费用低，适合作为偏远地区、环境恶劣以及特殊场合（如太空空间站和航天飞机）的电源。

燃料电池电站采用模块结构，由工厂生产各种模块，在电站现场集成、安装，施工简单，可靠性高，并且模块容易更换，维修方便。

（6）燃料来源广泛

燃料电池可以使用多种初级燃料，如天然气、煤气、甲醇、乙醇、汽油，也可以使用发电厂不宜使用的低质燃料，如褐煤、废木、废纸，甚至城市垃圾，当然这些燃料需经过重整处理后才能使用。

(7)发展潜力大

燃料电池在效率上的突破,使其可与所有的传统发电技术竞争。作为正在发展的技术,磷酸燃料电池已有了令人鼓舞的进展。熔盐碳酸盐燃料电池和固体氧化物燃料电池,将在未来15~20年内产生飞跃性进步。而其他传统的发电技术,如汽轮机、内燃机等,由于价格、污染等问题,其发展似乎走到了尽头。

尽管燃料电池有很多优点,但它也存在很多缺点,比如市场价格昂贵,高温时寿命及稳定性不理想,燃料电池技术不够普及,没有完善的燃料供应体系等。

9.3 五种燃料电池介绍

9.3.1 质子交换膜燃料电池(PEMFC)

不同类型的氢燃料电池有各自的优势与用途,PEMFC具有在常温甚至低温下工作、可用空气作为反应物、使用固体电解质以及启动迅速等优势,因此可应用在交通工具能源、电站、移动电源等领域,是当下前景最为广阔的氢能应用之一。比如,现阶段PEMFC已经开始大量使用在汽车(特别是重型卡车)上,成为除内燃机、锂电池以及天然气外汽车的另一个重要动力源。

图9.3所示为质子交换膜燃料电池的示意图[1]。可以看出,质子交换膜燃料电池在结构上是以质子交换膜为中心的对称结构。燃料电池的最外侧是集流体,集流体的外侧没有结构上的设计,内侧则是有流场设计的。流场板内侧是气体扩散层电极,气体扩散层是一种多孔的电极。气体扩散层内侧是催化层,催化层是燃料电池中将化学能转换为电能的位置,是催化反应发生的位置。催化层内侧是质子交换膜,质子交换膜作为一种固态的电解质,起到隔绝两侧反应以及传递质子的作用。在质子交换膜的另外一侧、向电池外侧的方向是与上述结构顺序一样的另一侧的电池结构。燃料电池的这种结构被形象地称为“三明治”结构。

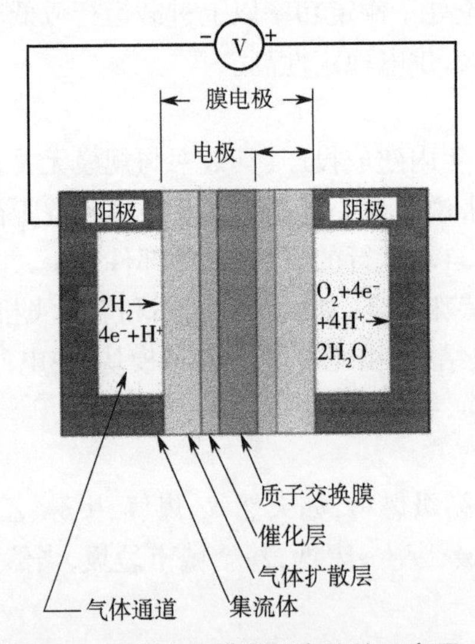

图9.3 质子交换膜燃料电池的示意图

在燃料电池的所有组成部件中，上述“三明治”结构是燃料电池中最重要的位置。该位置是燃料电池将化学能转换为电能的核心位置，是整个电池化学反应发生的位置。由这几个部件构成的集合体，称为膜电极集合体（Membrane Electrode Assembly，MEA）。构成膜电极的材料以及膜电极的组成与电池的性能和寿命密切相关，因此在这里对膜电极中的组成进行进一步详细说明。图 9.4 所示为质子交换膜膜电极集合体半侧的示意图。可以看出，膜电极集合体的核心部件催化层的组成并不单一。一般的催化层是由催化剂、质子导体组成的。催化剂一般是由贵金属（Pt 或者 Pt 的合金）负载在大比面积的碳材料（Vulcan-X-72R、CNT、C_3N_4、Graphene 等）上构成的。质子导体一般是指全氟磺酸树脂（Nafion）。有一些催化层中还含有起到黏结作用的疏水剂，一般是聚四氟乙烯树脂（PTFE）。

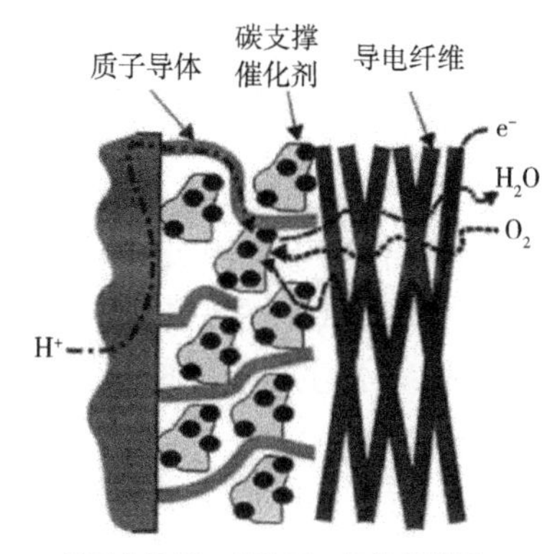

图 9.4　质子交换膜膜电极集合体半侧的示意图

虽然，氢气作为燃料时电池的功率密度较高（500~1 000 mW/cm²）。但是对于那些不需要这么高能量密度的用电器而言，一些液态的燃料（甲醇、乙醇、乙酸）也可以作为质子交换膜燃料电池的反应物。其中，最为大家熟知的应该是直接甲醇燃料电池（Direct Methanol Fuel Cell，DMFC）[2-4]。直接甲醇燃料电池作为一种潜在的、便携式的、小功率的能源装置而引起了广泛关注。氢气-氧气（空气）质子交换膜燃料电池和直接甲醇燃料电池的区别可以大致概括为以下三点。

1）氢气-氧气（空气）燃料电池在阳极侧的催化剂一般是 Pt，而直接甲醇燃料电池的阳极催化剂则是 PtM（一般是 PtRu）。直接甲醇燃料电池阳极侧的催化剂为 PtRu 的主要原因是防止甲醇氧化过程中中间产物 CO 对催化剂的毒化作用。

2）两者在阳极侧的反应物不同，一个是氢气，而另外一个是甲醇。由于阳极侧反应物的不同，整个电池的反应也不同，其中一个是氢气和氧气反应生成水，另外一个是甲醇和氧气反应生成水和二氧化碳。

3）两者的功率密度不同。其中氢气-氧气（空气）燃料电池的功率密度较高（500~1 000 mW/cm²），而直接甲醇燃料电池的功率密度只有 100 mW/cm² 左右。

9.3.2　碱性燃料电池（AFC）

AFC 是所有燃料电池中发展最早的，是所有燃料电池的原型[5]。图 9.5 所示的是碱性燃料电池和质子交换膜燃料电池结构的对比。碱性燃料电池的电解质是氢氧化钾水溶液。因此，不同于质子交换膜燃料电池的反应，碱性燃料电池的半反应反应式如下：

阳极侧：

$$H_2+2OH^-=2H_2O+2e^- \tag{9-10}$$

阴极侧：

$$0.5O_2+2e^-+H_2O=2OH^- \tag{9-11}$$

从式（9-10）和式（9-11）可以看出，碱性燃料电池的阳极侧为 H_2 氧化 OH^- 生成 H_2O，而阴极是 O_2 还原且消耗 H_2O。因此，不同于质子交换膜燃料电池中水主要生成并存在于阴极侧，碱性燃料电池生成的水多存在于阳极一侧。所以，如果电池中产生的多余的水没有及时排出，阳极侧电解质的浓度会在一定程度上被稀释，进而会造成电池性能的衰减。

另外，由于碱性燃料电池在工作时整个电池的环境是碱性的，因此碱性燃料电池阴极侧氧还原（ORR）反应的缓慢的动力学特征得到了明显的改善[6]。同时，由于阴极侧反应动力学的改善，碱性燃料电池的工作电压可以高达 0.8 V 以上。高的工作电压使得碱性燃料电池能够获得更高的转换效率。虽然碱性燃料电池阴极侧的反应动力学特征相比质子交换膜燃料电池得以改善。但是，不可忽视的是，碱性燃料电池阳极侧的反应要比质子交换膜燃料电池阳极侧的反应困难得多。因为 H_2 氧化生成质子的反应比 H_2 氧化并与 OH^- 结合生成水的反应复杂一些[7]。

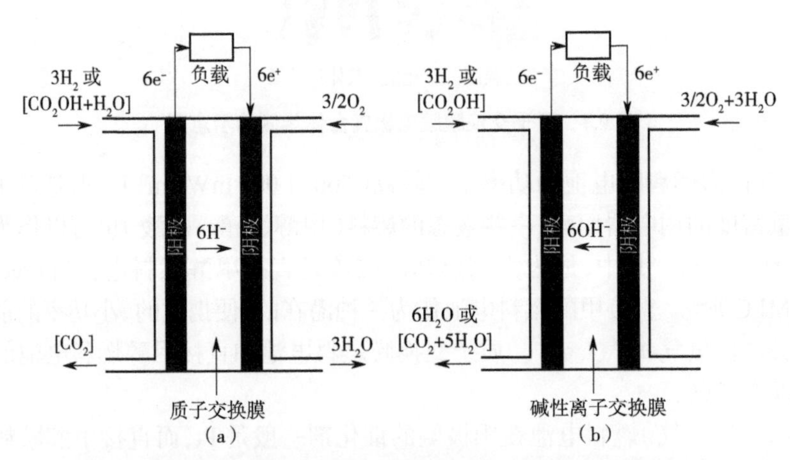

图 9.5 碱性燃料电池和质子交换膜燃料电池结构示意图的对比图

（a）质子交换膜燃料电池 （b）碱性燃料电池

综上，碱性燃料电池的优点可以总结为两个方面：阴极侧缓慢的动力学特征得以改善，存在廉价的贵金属催化剂的替代品。

碱性燃料电池的缺点可以概括为三个方面：对 H_2 或者 O_2 的纯度要求高，必须不间断地持续通入新鲜的 KOH 溶液，阳极侧的水必须及时排出。

此外，由于碱性燃料电池是以碱性的 KOH 溶液作为电解质的，因此 H_2 和 O_2 中的 CO_2 的浓度会对电池的性能产生比较大的影响。因为 CO_2 和 KOH 很容易反应生成 K_2CO_3，进而电解质溶液中的 OH^- 的浓度会受到很大的影响。而且由于 K_2CO_3 的溶解度比较低，因此 K_2CO_3 很容易析出。使用 CO_2 净化装置或者不断通入新鲜的 KOH 电解液在某种程度上能缓解上述弊端，但不可能从根本上解决。然而，由于碱性燃料电池高的能量密度和高的转换效率，其很长时间内在航空工业等领域具有重要的应用前景。

9.3.3　磷酸燃料电池（PAFC）

图 9.6 为磷酸燃料电池的结构。磷酸燃料电池中阴极和阳极发生的反应如下：

阳极侧：

$$H_2 = 2H^+ + 2e^- \tag{9-12}$$

阴极侧：

$$0.5O_2 + 2e^- + 2H^+ = H_2O \tag{9-13}$$

在磷酸燃料电池结构中，碳化硅基体位于两个涂覆有催化剂的多孔石墨化电极中间，同时 H_3PO_4 被包含在碳化硅基体里面。高纯度的 H_3PO_4 作为电解质存在，负责将阳极侧的质子传递到阴极侧。而阳极侧产生的电子从外电路传递到阴极侧。此外，磷酸燃料电池的工作温度一般为 150~200 ℃。

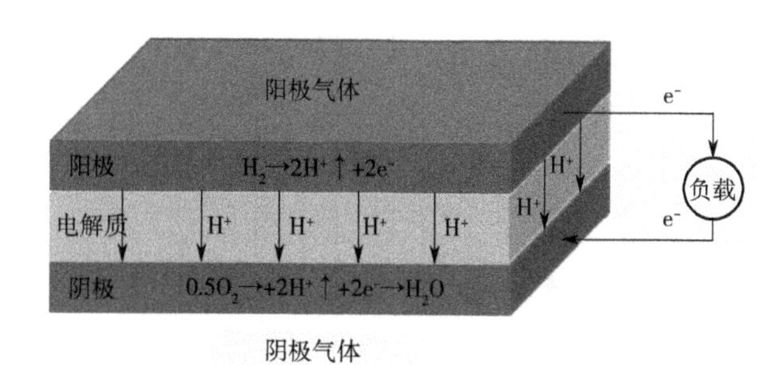

图 9.6　磷酸燃料电池的结构

选择磷酸作为电解液是因为磷酸是一种热稳定性、化学稳定性和电化学稳定性都比较好的一种无机酸。在早期的 PAFC 系统中，为了避免相关材料的腐蚀，H_3PO_4 电解质需要进行一定的稀释。但是，高浓度的 H_3PO_4 现在已经可以被用于 PAFC 中。高浓度 H_3PO_4 的使用可以提高电池的性能，同时减少了电解液的更换频率。

电解质 H_3PO_4 保留在 SiC 基体（厚度一般为 0.1~0.2 mm）中。由于 SiC 基体的厚度较小，因此欧姆电阻非常低。但是，较低的厚度对 SiC 基体的机械强度有一定的限制。因此，在实际工作中，电池阴极和阳极的最大压差不能过大。

此外，PAFC 中的阳极和阴极电极需要具有一定的气体扩散性。与此同时，电极中的一侧朝向气体通道，另外一侧朝向电解液。在电解液的一侧需要存在催化层促进反应速率。由于电解液是液态的，因此需要电极是疏水的，便于水的排除。为了提高电极的疏水性，一般用 PTFE 乳液浸泽，之后进行一定的热处理。不同载量的 PTFE 带来不同的疏水程度。此外，电极需要有良好的导电性，以降低电池在放电过程中的电压降，提升 PAFC 的性能。

与碱性燃料电池相比，酸性燃料电池的发展存在两个比较大的劣势。

1）在酸性环境下，阴极侧的 O_2 发生氧还原的反应动力学比较缓慢。因此，为了减少阴极的极化，提高氧还原的速率，不仅需要贵金属（一般是 Pt 基催化剂），还需要提高反应温度。因此，已开发的 PAFC 的工作温度一般为 190~210 ℃。

2)酸的腐蚀远强于碱的腐蚀,这对双极板的稳定性提出了较大的挑战。

9.3.4 熔融碳酸盐燃料电池(MCFC)

熔融碳酸盐燃料电池的结构如图 9.7 所示。MCFC 阳极和阴极的半反应分别为

阳极侧:

$$H_2+CO_3^{2-}=CO_2+H_2O+2e^- \quad (9\text{-}14)$$

阴极侧:

$$0.5O_2+CO_2+2e^-=CO_3^{2-} \quad (9\text{-}15)$$

可以看出,在熔融碳酸盐燃料电池的阳极侧, H_2 与 CO_3^{2-}反应生成 CO_2 和 H_2O,同时释放出 2 个电子;在阴极侧,O_2 与 CO_2 以及从外电路传递过来的 2 个电子反应生成 CO_3^{2-}[8-9]。

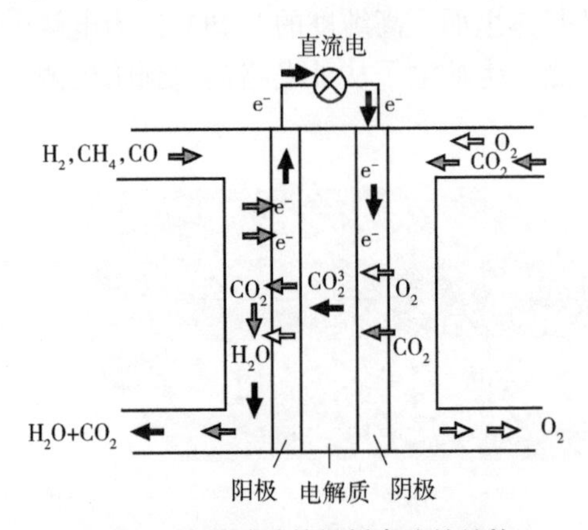

图 9.7 熔融碳酸盐燃料电池的结构

组成熔融碳酸盐燃料电池的关键材料与部件为阴阳极电极、隔膜、双极板。典型的 MCFC 的电极是 Ni 基的,阳极通常由 Ni 和 Cr 的合金组成,而阴极由经过 Li 化的 Ni 的氧化物组成[10-12]。在阴阳两个电极中, Ni 的主要作用是提供催化活性和较高的导电性。在阳极添加 Cr 是为了提高电极的孔隙率,增大电极的比表面积。这有利于反应气体的扩散,同时为催化剂的负载提供较大的比表面积,有利于提高催化剂的利用率,获得更好的电池性能。在阴极一侧对 Ni 的氧化物进行 Li 化处理是为了降低 Li 在电池运行过程中的溶解,防止对电池性能产生影响。

熔融碳酸盐燃料电池的核心部件为隔膜[13]。隔膜需要具有较高的机械强度,耐高温熔融盐的腐蚀,浸入熔融盐电解质之后有较强的气体阻隔性,同时还应该具有良好的离子电导能力。目前熔融碳酸盐燃料电池的电解质大部分是固定在 $LiOAlO_3$ 基体上的碱性碳酸盐,是 $LiCO_3$ 和 KCO_3 的熔融盐混合物[14]。

参照式(9-14)和式(9-15),可以看出, CO_3^{2-}在电池中的作用是作为电荷移动的载体。由于熔融碳酸盐燃料电池在阳极生成 CO_2,在阴极消耗 CO_2,因此必须及时把阳极产生的 CO_2 及时排除并循环到阴极侧[15]。这种循环在实际应用中主要是将阳极产生的废气通入燃烧炉中,经过燃烧,多余的氢气被消耗掉,最终产生 CO_2 和 H_2O。进一步地,产生的 CO_2、H_2O 和新鲜的空气直接混合通入阴极。燃烧器释放的热量提高了燃料电池的温度,同时也

提高了 MCFC 的效率[16]。

双极板一般是由不锈钢或者 Ni 基合金通过加工制备而成的。需要注意的是双极板的耐腐蚀性能。因为,一旦双极板被腐蚀,双极板的电阻会大幅度提升,这会降低电池的性能。因此,需要在双极板上进行镀层处理。

MCFC 相对高的运行温度(650 ℃)为燃料电池的燃料选择提供了较高的容忍度。MCFC 阳极侧的燃料可以使用纯度较低的 H_2,因为 CO 不会对 MCFC 产生毒化作用,反而可以作为一种燃料。由于 MCFC 的工作温度较高,因此结合热力装置和动力装置, MCFC 的效率可以达到 80%~90%[17]。

综上, MCFC 的优点可以概述为三个方面:①燃料的来源比较广,同时对燃料内杂质的容忍度较高;②不需要使用贵金属作为催化剂,降低了燃料电池的成本;③温度较高,热力和动力的连用能够进一步提高电池的效率。

MCFC 的缺点可以总结为以下三个方面:①CO_2 必须从阳极循环到阴极;②电解液是具有腐蚀性和熔融性的,需要考虑电池以及各部件的衰减和寿命;③隔膜等某些关键材料价格比较昂贵,增加了电池的成本。

9.3.5　固体氧化物燃料电池(SOFC)

固体氧化物燃料电池的结构如图 9.8 所示。SOFC 采用固体氧化物作为电解质,在高温状态下固体氧化物有传递 O^{2-}的能力,同时隔绝阴阳极的反应物。因此, SOFC 阳极和阴极的反应式如下

阳极侧:

$$H_2+O^{2-}=H_2O+2e^- \tag{9-16}$$

阴极侧:

$$0.5O_2+2e^-=O^{2-} \tag{9-17}$$

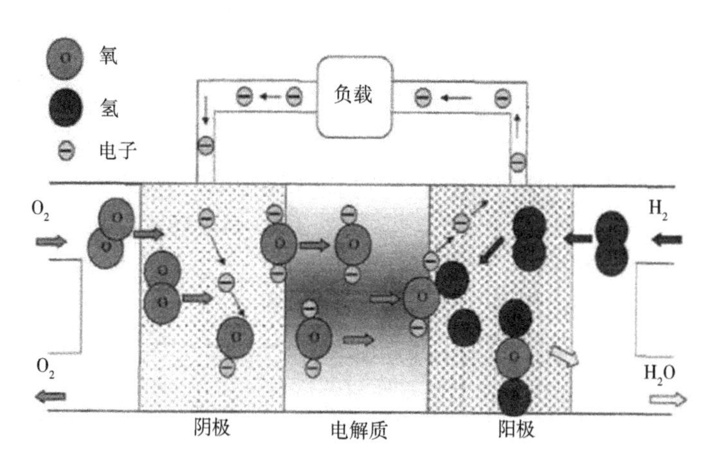

图 9.8　固体氧化物燃料电池的结构

SOFC 最为常见的结构主要有两种:一种是管式的,一种是平板式的。这两种形式的 SOFC 在结构和应用场景上也略有不同。管式结构的 SOFC 如图 9.9(a)所示。单电池从内

到外的组成部件包括：多孔的支撑管和空气电极、固体电解质薄膜、金属陶瓷阳极。多孔支撑管的主要作用有两个：支撑整个电池和允许空气通过空气支撑管扩散到空气电极。

管式 SOFC 在阴极侧串并联，通过廉价的、高导电性的金属进行串并联组装成电池组。这种组装方式的优势在于当某一个电池失效时，可以避免电池组的整体失效。管式 SOFC 一般在较高温度（900~1 000 ℃）下运行，因此经常被作为固定的发电站来使用。管式 SOFC 的缺点是电流收集过程中电子传递路径较长，这降低了电池的性能。

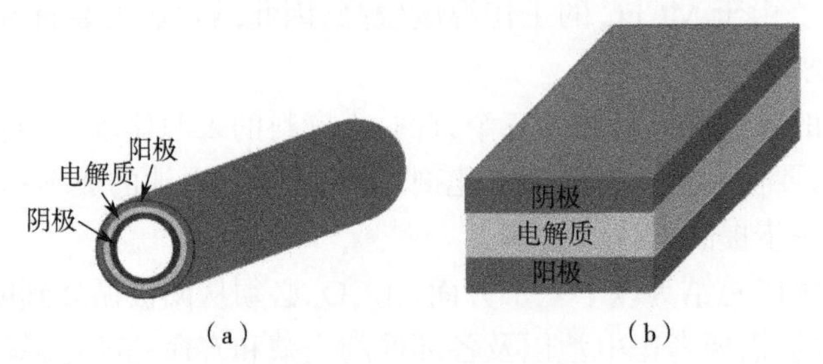

图 9.9 SOFC 的两种结构

（a）管式 （b）平板工

平板式 SOFC 的结构如图 9.9（b）所示。平板式 SOFC 是由阴极电极、固体电解质、阳极电极制备成的“三合一”结构。这种“三合一”电极结构的外侧是有流场结构的双极板。平板式 SOFC 的优点是制备工艺简单，造价比较低。另外，负责集流作用的双极板使电流收集过程中电子的传递路径减小，有利于电池性能的提升以及电流分布均匀性的提高。平板式 SOFC 的主要缺点是高温（900~1 000 ℃）下密封难度较大，电池运行过程中密封的可靠性比较差，难以组装成较大功率的电堆。当 SOFC 的运行温度降低到 600~800 ℃时，上述提及的 900~1 000 ℃的弊端会在一定程度上得到缓解。

目前，关于 SOFC 的研究多集中在优异性能固态电解质的筛选和研究上[18]。固态电解质的主要作用是隔绝阴极和阳极的反应物，同时能够快速地传递 O^{2-}。因此，SOFC 的固态电解质需要满足以下几个方面的要求：①固态电解质在氧化和还原环境中都可以稳定存在；②电解质隔膜能够有效隔绝空气和氢气；③固态电解质材料需要和 SOFC 的其他组件在化学上具有较高的相容性，热膨胀系数也需要有较高的匹配度；④具有较高的离子电导率。

SOFC 阳极侧最常用的电极材料是 Ni-YSZ 金属陶瓷[19-20]，其中，金属 Ni 提供了导电性和催化活性，YSZ 增加了离子传导性、热膨胀兼容性、机械稳定性，同时还保证了阳极电极结构较大的空隙率和比表面积。阴极电极通常使用一种能够传递离子和电子的混合陶瓷材料。

比较常见的阴极材料包括掺杂 Sr 的亚锰酸镧盐、锶镧铁酸盐、锶镧钴酸盐，这些材料在阴极环境下都有较好的稳定性和较高的催化活性。

综上所述，SOFC 的优点可以总结为以下三点：①工作温度高，因此燃料的选择范围比较广；②可使用非贵金属催化剂，极大程度地降低了 SOFC 的造价；③可利用高质量的废热，有利于进一步提高能量转换效率。

SOFC 的缺点可以概述为以下三点：①温度较高，材料稳定性的挑战比较大；②高温下，密封效果的稳定性较差；③部分组件较为昂贵，提高了 SOFC 的成本。

9.4　燃料电池的未来发展

我国燃料电池的技术创新平台不断完善,鼓励开发应用质子交换膜燃料电池、直接甲醇燃料电池等小型实用燃料电池;支持低成本制氢技术与高容量储氢技术的研究与示范应用,发展燃料电池本体与材料技术以及燃料电池电动汽车动力系统技术,降低燃料电池应用成本;拓宽小型燃料电池系统的应用领域,推动燃料电池在电动车上的示范运营,形成完整的应用产业链。

9.4.1　发展目标与重点任务

(1)2025 年的发展目标与重点任务

1)发展目标。2025 年,实现加氢站现场制氢、储氢模式的标准化和推广应用;突破燃料电池关键技术,初步建立起燃料电池材料、部件和系统的产业链。2025 年铂基电催化剂产能达到 3 t/a,满足 10 万套车用 PEMFC 系统的需要;酸性离子交换膜产能为 2×10^6 m²;碳纸产能为 4×10^6 m²,膜电极产能达到 2×10^6 m²。

2)重点发展任务。立足于我国燃料电池产业现状,重点突破低铂燃料电池技术、超薄酸性离子交换膜技术、高性能碳纸制备技术、廉价金属双极板技术以及高性能长寿命膜电极制备技术。从基础材料出发,一方面在催化方面创新理论,从合金到核壳再到单原子催化,不断提高铂有效利用率,降低铂载量;另一方面升级技术,对超薄复合膜的单体制备、基膜合成及超薄复合膜成型工艺进行深入研究,并扩大生产。对碳纸的制备理论、工艺、质量控制等利用跨学科的综合优势进行协力攻关;开发电极制备新工艺,在静电喷涂、纺丝等工艺基础上,开发稳定可靠的薄层有序高性能膜电极的规模放大工艺。以燃料电池关键核心材料的突破为基础,突破燃料电池全产业链需要的技术和设备,包括空压机、回流泵、先进控制器设计集成、轻质化系统、抗震性以及低温环境适应设备设施等,完善辅助系统与燃料电池电堆的一体化设计,从关键材料、核心部件与辅助系统全方位降低成本、提高使用寿命,强化系统耐久性、可靠性和适应性。

(2)2035 年的发展目标与重点任务

1)发展目标。2035 年,实现大规模制氢、储氢、运氢、用氢一体化,实现加氢站现场储氢、制氢模式的标准化和推广应用;自主掌握燃料电池核心技术,建立完备的燃料电池产业链,大规模推广应用氢能和燃料电池,创造突破万亿元人民币的市场价值,氢能汽车占动力车辆总量的 10%~15%,并承担 10%以上的能源需求。2035 年扩产后的低铂催化剂能够保障 500 万套燃料电池系统对电催化剂的需要,产能达到 50 t/a,同时非铂催化剂能够行车试验;离子交换膜能够保障 500 万套燃料电池系统的需要,年产能达到 7.5×10^7 m²,膜电极年产能达到 7.5×10^7 m²。

2)重点发展任务。瞄准国际前沿,继续保持我国在低成本碱性膜燃料电池研究方面的优势。在基础材料方面重点开发新型、高活性密度、长寿命的非贵金属催化剂,以过渡金属铁、钴及氮杂碳为立足点,创新催化理论,提出高体积活性密度的新型非贵金属催化剂结构,并加速放大及推向市场;继续保持在碱性离子交换膜上的理论、设计和工艺创新,提出绿色环保的高性能、长寿命碱性膜制备新工艺。在制备工艺以及燃料电池过程机理研究方面,借鉴酸性膜电极制备经验研制碱性膜电极,重点开发碱性膜电极的环境空气适应性和水管理过程控制,为发展下一代廉价材料体系的高性能、长寿命燃料电池奠定基础。

9.4.2 对策建议

(1)顶层布局,加大政策支持力度

完善顶层设计和规划,加强科技支撑,完善相关体系标准规范,加强能力建设,实现战略协同发展。充分发挥企业和科研院所的作用,建立创新良性的协作模式,提高研究成果对企业生产技术提升的推动作用,加强核心技术的专利布局。引导行业建立产品标准,规范市场,营造良好的发展环境。同时,在国家层面上持续加强对立项科研项目的资助,支持新能源材料相关技术的发展,重点关注关键技术薄弱环节,出台相关政策措施,激励材料企业加大研发投入弥补技术短板,积极面对国际市场的竞争。

(2)实施创新驱动,培育优势企业

实施创新驱动,集中行业优势资源协同攻关,发挥材料企业主体作用,加大先进材料的技术研发,持续提升材料性能,增加材料设备研发投入,提高生产工艺的精度、一致性和可靠性,进一步降低成本,提高产业全球竞争优势。同时,加快新能源材料产业结构调整、组织结构设计、技术结构优化,培育一批技术雄厚、品质优良、行业引领的新能源材料企业,持续推进产融结合,实现跨越发展。

(3)协同联动,开展示范平台建设

加强对科技创新的金融支持力度,通过各类产业投资基金等渠道,加速建设创新中心;通过国家科技计划(专项、基金等)鼓励前沿技术、共性核心技术的攻关;加大海外技术合作与引进。另外,在国家重点领域开展生产应用示范平台建设,有序推进产业转型升级,重点完善应用开发软硬件条件,突破关键领域共性应用技术,实现新能源材料与终端产品同设计、系统验证、批量应用等的协同联动。

(4)柔性用才,加强人才队伍建设

凝聚产业高端人才,强化人才梯队建设;加强科技领军人才、紧缺人才培养,鼓励企业加大相关投入;实施海外人才引进政策,促进人才开展国际交流活动。通过柔性用才汇聚创新发展动力,激发人才发展活力,提高国际竞争力,形成国际化、人才集聚规模化的人才格局。

参考文献

[1] TURAN C, CORA O N, KOC M. Contact resistance characteristics of coated metallic bipolarplates for PEM fuel cells-investigations on the effect of manufacturing[J]. International journal of hydrogen energy, 2012, 37:18187-18204.

[2] WU J, YUAN X Z, MARTIN J J, et al. A review of PEM fuel cell durability: degradation mechanisms and mitigation strategies[J]. Journal of power source, 2008, 184:104-119.

[3] LI M, LUO S, ZENG C, et al. Corrosion behavior of TiN coated type 316 stainless steel in simulated PEMFC environments[J]. Corrosion science, 2004, 46:1369-1380.

[4] ORSI A, KONGSTEIN O E, HAMILTON P J, et al. An investigation of the typical corrosion parameters used to test polymer electrolyte fuel cell bipolar plate coatings with titanium nitride coated stainless steel as a case study[J]. Journal of power source, 2015, 285: 530-537.

[5] POZIO A, ZAZA F, MASCI A, et al. Bipolar plate materials for PEMFCs: a conductivity and stability study[J]. Journal of power source, 2008, 179:631-639.

[6] KUMAR A, REDDY R G. Polymer electrolyte membrane fuel cell with metal foam in the gas flow-field of bipolar/end plates[J]. Journal of new materials for electrochemical systems, 2003, 6:231-236.

[7] POURRAHMANI H, MOGHIMI M, SIAVASHI M. Thermal management in PEMFCs: the respective effects of porous media in the gas flow channel[J]. International journal of hydrogen energy, 2019, 44:3121-3137.

[8] YU H N, LIM J W, SUH J D, et al. A graphite-coated carbon fiber epoxy composite bipolar plate for polymer electrolyte membrane fuel cell[J]. Journal of power source, 2011, 196:9868-9875.

[9] ADLOO A, SAEDGHI M, MASOOMI M, et al. High performance polymeric bipolar plate based on polypropylene/graphite/graphene/nano-carbon black composites for PEM fuel cells[J]. Renewable energy, 2016, 99:867-874.

[10] SUERMAN H, SAHARI J, SULONG A B. Effect of small-sized conductive filler on the properties of an epoxy composite for a bipolar plate in a PEMFC[J]. Ceramics international, 2013, 39:7159-7166.

[11] RADHAKRISHNAN S, RAMANUJAM B T S, ADHIKARI A, et al. High-temperature, polymer-graphite hybrid composites for bipolar plates: effect of processing conditions on electrical properties[J]. Journal of power source, 2007, 163:702-707.

[12] LENG Y, MING P, YANG D, et al. Stainless steel bipolar plates for proton exchange membrane fuel cells: materials, flow channel design and forming processes[J]. Journal of power source, 2020, 451:22783.

[13] KARIMI S, FRASER N, ROBERTS B, et al. A review of metallic bipolar plates for proton exchange membrane fuel cells: materials and fabrication methods[J]. Advances in materials science and engineering, 2012, 2012:828070.

[14] MAHESHWARI P H, MATHUR R B, DHAMI T L, Fabrication of high strength and a low weight composite bipolar plate for fuel cell applications[J]. Journal of power source, 2007, 173:394-403.

[15] WANG S H, PENG J, LUI W B, et al. Performance of the gold-plated titanium bipolar plates for the light weight PEM fuel cells[J]. Journal of power source, 2006, 162:486-491.

[16] REN Y J, ZENG C L. Effect of conducting composite polypyrrole/polyaniline coatings on the corrosion resistance of type 304 stainless steel for bipolar plates of proton-exchange membrane fuel cells[J]. Journal of power source, 2008, 182: 524-530.

[17] XU J, ZHANG Y, ZHANG D, et al. Electrosynthesis of PAni/PPy coatings doped by phosphotungstate on mild steel and their corrosion resistances[J]. Progress in organic coatings, 2015, 88:84-91.

[18] FENG K, GUO X, LI Z, et al. Investigation of multi-coating process treated magnesium alloy as bipolar plate in polymer electrolyte membrane fuel cell[J]. International journal of hydrogen energy, 2016, 41:6020-6028.

[19] YOON W, HUANG X Y, FAZZINO P, et al. Evaluation of coated metallic bipolar plates for polymer electrolyte membrane fuel cells[J]. Journal of power source, 2008, 179: 265-273.

[20] WANG L, SUN J, KANG B, et al. Electrochemical behaviour and surface conductivity of niobium carbide-modified austenitic stainless steel bipolar plate[J]. Journal of power source, 2014, 246:775-782.

第 10 章　核能材料

核能(Nuclear Energy)是通过核反应从原子核释放的能量,是最具希望的未来能源之一。核能作为一种清洁低碳、安全高效的能源,在保障能源安全、实现双碳目标、构建新发展格局等方面发挥着不可或缺的作用。同时,发展核能也有利于缓解我国能源紧缺的问题,有利于减少污染排放,同时可有效带动相关高新技术产业发展,提升自主创新能力,为建设美丽中国做出贡献。核能开发的途径主要有两个:一是重元素的裂变,如铀和钚等元素的原子核发生分裂时释放出能量;二是轻元素的聚变,如氚和锂等元素的原子核发生聚合反应时可释放出能量。

核能俗称原子能,它是原子核里的核子、中子或质子重新分配和组合时释放出来的能量。核能分为两类:一类叫裂变能,一类叫聚变能。核能有巨大的威力,1 kg 铀原子核全部裂变释放出来的能量,约等于 2 700 t 标准煤燃烧时所放出的化学能。一座 100 万 kW 的核电站,每年只需 25~30 t 低浓度铀核燃料,运送这些核燃料只需 10 辆卡车;而相同功率的煤电站,每年则需要 300 多万吨原煤,运输这些煤需要 1 000 列火车。核聚变反应释放的能量则更巨大。据测算,1 kg 煤只能使一列火车行驶 8 m;1 kg 核裂变原料可使一列火车行驶 4 万 km;而 1 kg 核聚变原料可以使一列火车行驶 40 万 km,相当于地球到月球的距离。

地球上蕴藏着数量可观的铀、钍等裂变资源,如果把它们的裂变能充分利用,可以满足人类上千年的能源需求。在大海里,还蕴藏着不少于 20 万亿 t 核聚变资源——氢的同位元素氘,如果可控核聚变在 21 世纪前期变为现实,这些氘的聚变能将可代替几万亿亿吨煤,能满足人类百亿年的能源需求。更可贵的是,核聚变反应中几乎不存在放射性污染。聚变能称得上是未来的理想能源。

10.1　核能材料的产业背景及重要地位

核能是人类的重大发现,西方科学家早期的探索和攻坚克难为核能的应用奠定了坚实的基础。1942 年,世界上第一座核反应堆在芝加哥大学亮相。1954 年,苏联建成了世界上第一座核电站。从此,人类打开了核能利用的大门。各个国家纷纷加入核能研究,并将核能广泛运用于军事筹备、能源利用、工业发展、航空等领域。由于石油、天然气和煤炭的储量有限以及温室气体的排放等问题,世界各国掀起核电站建设热潮。

目前,世界核能的发展格局仍以西方发达国家占主导地位。为了抢占核能市场,世界各国相继出台了核能发展规划和振兴计划。由于各国对核能发展采取不同的政策和态度,核能竞争的格局正悄然发生变化,竞争优势正逐步从欧美转向亚洲。国际原子能机构(IAEA)2020 年年度报告中指出,就中长期而言,亚洲是未来全球核电装机增量的主要集中地。除此之外,因受日本福岛核事故的影响,全球核电业在低迷状态徘徊。从国际原子能机构 2020 年年度报告中可以看出,2019 年,全球有 13 个核反应堆彻底关闭。2019 年以来,全球核电装机容量出现大幅下滑。

世界采矿大会的数据显示，目前世界已探明煤炭储量可供世界各国开采 112 年。其中，美国可开采 240 年，俄罗斯则将近 470 年，而中国只有 33 年。如何制定科学可持续发展的能源战略，优化能源结构，减少污染排放，实现建设美丽中国的目标，是中国能源建设的重要课题。可喜的是，分析国家统计局公布的近年来我国清洁能源的占比结构数据（见图 10.1）发现，清洁能源占比逐年上升。

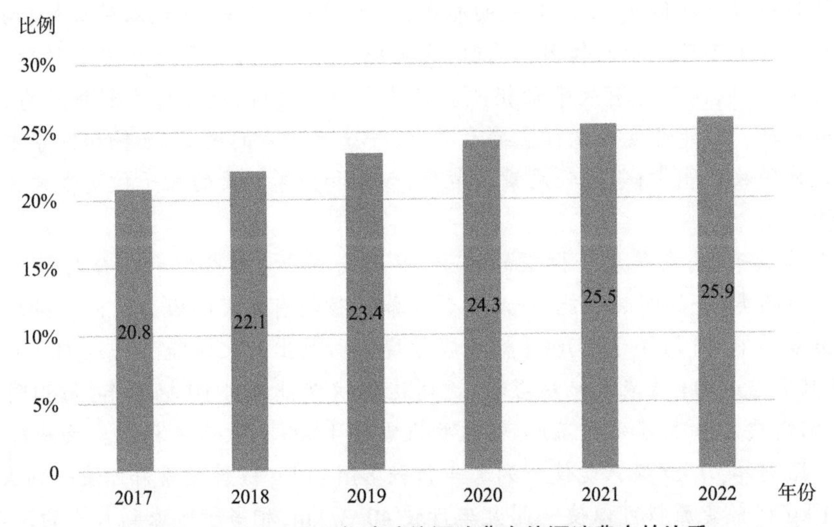

图 10.1　2017—2022 年清洁能源消费在能源消费中的比重

煤是一种化石燃料，储量有限，不可再生，且燃煤发电过程产生大量的 CO_2、SO_2、NO_x，污染环境，提高火电机组运行参数是实现节能减排的最重要手段之一。水电是一种清洁型能源，但适合于水力发电的资源是有限的，过度的水电开发可能会导致生态上甚至是地质上的灾难。除水电外，从技术成熟度和经济性角度看，可大规模利用的清洁型能源就是核电。鉴于以上情况，现阶段我国能源发展的基本战略是优先开发水电，积极发展核电，优化发展火电。未来 20~30 年我国能源工业的整体形势和发展趋势就是在火电领域研制和建设一批先进、高效率的大型超超临界火电机组。在核电领域通过引进、消化、吸收和创新，研制和建设一批大型先进压水堆核电站，同时，推进快中子增殖堆的研制，积极参与国际热核聚变实验堆（International Thermonuclear Experimental Reactor，ITER）计划。

1933 年世界上第一台加速器运行后不久，人们便发现了氚的聚变反应，1938 年又发现了铀的裂变反应。核裂变和核聚变的发现为人类打开了一扇利用新能源的大门。受控核裂变的研究进展比较顺利，1942 年便建成了可输出功率的实验型反应堆；20 世纪 50 年代就建成了商用核电站。发展到今天，受控核裂变相对而言是比较成熟的技术，商用堆型已发展了四代。但是，地球上的裂变资源并不丰富，不能满足人类对能源的长期需求（尤其是我国核裂变原料储量非常有限），因此发展快堆技术并商业化推广是必要的。而地球上的核聚变资源蕴藏丰富，可以说是取之不竭、用之不尽，仅海水中的氚就足够人类使用几百亿年。然而，受控核聚变在工程技术上实现的难度很大，即使是在技术高度发展的今天，亦需要集中各国的优势力量和资金，需要相当长的时间才有可能实现商业化。目前，世界上运行的绝大部分商用反应堆属于二代或二代改进型的压水堆。三代压水堆刚开始进入商用市场，还没有展开。四代压水堆的概念正处于形成和逐步定型阶段。而国际热核聚变实验堆正处于实验堆型设计和建造阶段。

目前，我国已有 11 个核反应堆在进行商业运行，装机容量为 912 万 kW·h。为优化我国电源结构和实现温室气体减排目标，国家已制定了大规模发展核电的中长期规划，计划分"压水堆—快堆—聚变堆"三步走。世界范围内，21 世纪的核电站技术发展路线图也将按"压水堆—快堆—聚变堆"发展。

核电站的主要结构件基本上是由钢铁材料制造的。由于核安全的要求，电厂建设在选材决策上是趋于保守的，基本上选用的都是有使用经验的、相对成熟的钢铁材料生产技术。这里所说的钢铁材料生产技术至少包含以下几层含义：①具有稳定的材料内控成分范围和生产方案；②材料的工业现场生产；③材料服役过程性能演变已有评估。只有上述内容都成熟才可能认为这个钢铁材料生产技术成熟了。钢铁材料生产技术涉及发电机组的自主化设计和制造，如果我国没有自己掌握的关键材料生产技术，关键材料基本依靠进口解决，我国就难以实现百万千瓦级超临界火电和核电机组的自主化设计和制造。

百万千瓦级核电机组用的关键钢件用于横跨核、冶金、机械和电力行业，为迎接核电建设高潮，我国的冶金和机械骨干企业进行了大规模、高水平的技术改造。企业的核电生产装备水平已居世界领先水平。但是，在消化吸收和制造 AP1000 大型压水堆核电机组大锻件时，我国骨干企业却遇到了巨大的技术障碍，遭受了巨大经济损失，不能在短期内制造出满足设计要求的大锻件，严重制约了我国核电装备的国产化和设计的自主化，同时也影响了核电站建设的工期。究其根本原因是我国对 508-3、316LN、Inconel 690 等关键钢铁材料及其大型构件的制造工艺技术还没有完全掌握。

材料技术是核电站建设的最重要的核心技术之一。要使我国自行设计和制造核电站的能力，形成自主知识产权，形成自主品牌和核心竞争力，必须首先解决关键钢铁材料技术问题。另一方面，核电站用钢铁材料技术非常复杂，研究周期长，而且必须与现场实践相结合。因此，核用钢铁材料技术的研究是个系统工程，需要先期制定中长期发展战略，预先开展系统研究。这一点对压水堆、快堆和聚变堆都适用。我国目前正在建设的 AP1000 三代核电站，由于启动前没有时间开展系统的材料技术研究，没有掌握关键钢铁材料技术，国内企业短期内制造不出满足技术要求的产品，不得不从国外高价抢购大锻件，核电站建设周期难以保障。

10.2　我国核能材料产业现状及存在问题

我国是核电站技术发展及应用的后起国家。通过引进、消化和吸收，我国目前已基本掌握了二代加 CPR1000 压水堆核电站的设计、制造、安装和运行技术，结合引进 AP1000 核电站技术，正在引进、消化、吸收第三代压水堆核电站技术，并力争在此基础上实现自主创新，研制具有我国自主知识产权的 CAP1400 和 CAP1700 大型先进压水堆核电站，实现批量建设。我国在高温气冷堆方面已进行了卓有成效的研究，在某些方面已走在世界的前列，并正在建设 20 万千瓦级工程供热示范堆。上述情况清晰地表明，我国核电设计和应用已全面进入21世纪核电站技术的三个发展阶段。从技术上讲,快堆和核聚变堆还处于概念设计和工程示范阶段,尽管材料技术应先行研发,但在未来的一段时间内还谈不上材料的产业化问题。未来20年我国核能材料的产业化问题将主要集中在大型先进压水堆核电站,因此本章将主要阐述我国压水堆核电站材料产业的现状和存在的问题。

10.2.1 压力容器大锻件材料产业

压力容器是核电厂最重要的设备,在核电厂整个寿期内不可更换。图10.2示意了AP1000核电站核岛关键设备情况,其中压力容器、蒸汽发生器、稳压器可统称为核压力容器。第三代压水堆核电站设计要求服役寿命从40年提高到60年,这对压力容器材料产业提出了更大的技术挑战。

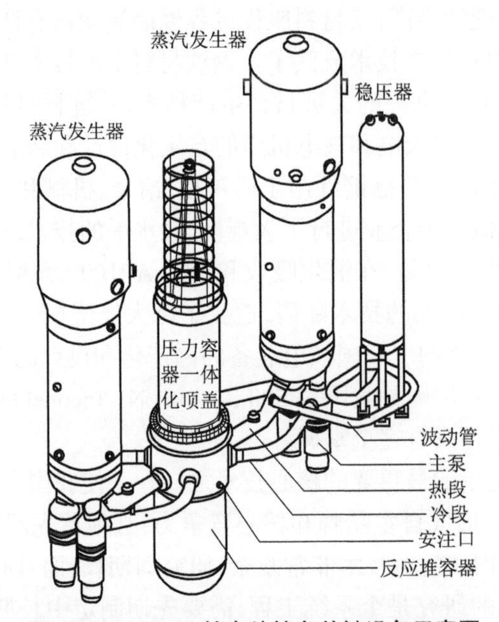

图10.2 AP1000核电站核岛关键设备示意图

在核电建设历史上,压力容器用材料历经演变,从C-Mn钢、含Mo钢、508-2钢发展到508-3系列钢。目前508-3系列钢已成为各国(除俄罗斯外)核电站压力容器的通用选材。随着核电站大型化和设计技术要求的不断提升,508-4N钢将很可能取代508-3系列钢成为核电压力容器的首选材料。研究和实践表明,508-4N钢无论是在强韧性方面还是淬透性方面均比508-3钢优越。

为迎接我国核电站建设的高潮,近年来中国先后进行了旨在生产核电压力容器大锻件的大规模技术改造,已分别建成大型电弧炉、炉外精炼和真空浇注冶炼设备,真空浇注设备具备一次性浇铸500 t以上级钢锭的能力。我国已分别在富拉尔基、德阳和上海建成了15 000 t和16 000 t级水压机。同时,我国也分别建成了具有世界领先水平的大型锻件热处理装置。从核电压力容器大锻件生产装备水平看,我国完全具备生产制造核电站压力容器大锻件的设备条件。

由于我国核电站建设来势迅猛,近年来中国一重集团有限公司、中国第二重型机械集团公司、上海电气重工集团公司均接到了大批核电锻件产品的订单，三大重机厂也分别投料开展了试制工作。我国三大重机厂在核电锻件产品试制过程中积累了宝贵的经验，在技术能力上获得了很大的提升，尤其是吸取了足够经验和教训后的中国一重集团有限公司已经具备了向世界先进水平发起冲击的基础和能力。但是，目前阶段必须看到的是，我国三大重机厂试制和生产的核电锻件产品存在质量不稳定、废品率高和某些关键锻件性能不能达到技术条件指标要求等问题。这些情况说明，我国并没有完全摸清 508-3 系列钢大锻件（如蒸汽发生器用 $508Gr_3Cl_2$ 钢）的最佳化学成分配比、冶金质量精细控制技术、最佳热加工工艺和最佳的热处理工艺等关键技术，这是造成锻件产品质量波动或达不到技术指标要求的根本原因。

核电大锻件技术是核电站设计、建设和安全运行的前提和基础，是核电技术的核心之一。核电大锻件技术是国家技术水平和能力的重要标志。掌握这项技术的日本、法国和韩国对我国进行技术封锁。我国只能依靠自己，通过艰苦奋斗，逐步掌握这项技术。核电大锻件技术的突破是一个长期的过程，不可能在短期内完全掌握核电大锻件技术。部分产品的试制成功不能代表我国已掌握了产品生产技术，要做到知其然和知其所以然，这需要时间，甚至是很长一段时间，这是符合客观规律的。

10.2.2　AP1000 主管道材料产业

CPR1000 核电站主管道采用离心铸造方式制造，我国已经积累了研究和制造经验，一些企业也具备生产离心铸造主管道的能力。而 AP1000 主管道设计要求采用整体锻造方式制造，选用的材料牌号为控氮奥氏体不锈钢 316LN。AP1000 反应堆冷却剂系统配置了 2 个同样的冷却剂环路，各由 2 根冷管和 1 根热管组成，即构成“4 进 2 出”结构（见图 10.3）。核电站工作时，冷管处冷却剂的温度为 280 ℃，热管处冷却剂的温度为 321 ℃，冷却剂工作压力为 15.5~15.9 MPa。冷管内径为 559 mm，壁厚为 65 mm，热管内径为 787 mm，壁厚为 83 mm。AP1000 锻造主管道（整体管嘴）成形工艺复杂，属国内外首创，而且冶炼 100 t 级的控氮奥氏体不锈钢 316LN 钢锭在世界上也是一项技术挑战。虽然钢铁研究总院等单位对 304NG 和 316LN 的研究已历时 20 多年。但在此之前，我国工业试制 300 系控氮奥氏体不锈钢锻件只有 20 t 级的水平。钢铁研究总院的研究和实践表明，合理控制氧、氮含量是保证 316LN 大锻件可锻性的关键。如果不能合理控制氧、氮含量，锻造时的开裂倾向将很难避免。目前，制造控氮奥氏体不锈钢的最佳冶金工艺路线为 AOD+ESR，通过氩氧脱碳和电渣重熔既保证了氧、氮含量的控制，又对夹杂物形态、铸态组织和偏析等缺陷有所控制，这对钢锭的后续加工非常重要。

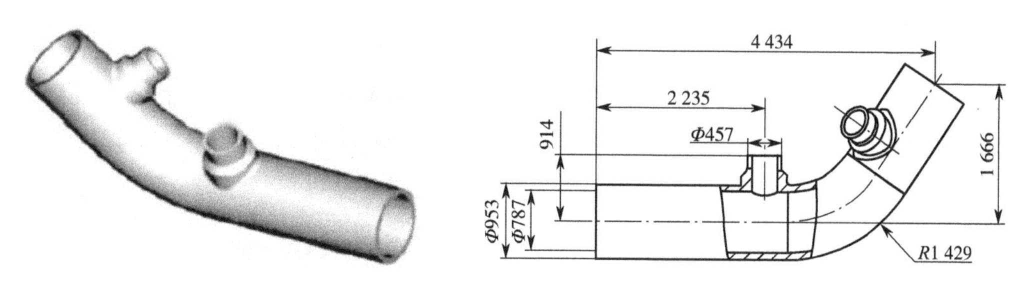

图 10.3　AP1000 主管道及其测试取样部位示意

我国决定引进AP1000三代核电站技术后,国家核电技术公司2008年春迅速组织国内骨干企业开展AP1000整体锻造主管道研制工作。国内有四个团队正在同时分头研制316LN整体锻造主管道。

为确保百吨级316LN大钢锭锻造不开裂,关键技术之一就是严格控制好氧、氮含量。采用氩氧脱碳和电渣重熔工艺路线是适合的,而仅靠采用VOD或LF二次精炼的工艺难以满足316LN大钢锭控制氧、氮含量的要求,因为通过添加含氮铁矿石很难同时控制氧含量和氮含量,而氮含量过高将严重影响大锻件的锻造性能。由于钢锭大,最佳锻造温区范围窄,控氮奥氏体不锈钢变形抗力相对较大,最后火次的变形量及应变均匀性均受到很大制约,上述原因致使锻造316LN主管道的晶粒度难以达到美国西屋公司最初的设计要求。

为了保证安全服役,对首件试制316LN钢管需进行全面解剖试验以评定其综合性能,为安全设计和安全生产提供数据和依据,为国产化提供支持性资料。试制件形貌及截取试验环位置见图10.3。根据美国西屋公司技术规格书的要求,钢铁研究总院已经制订了整体锻造316LN主管道检验的试验内容和评定依据。

随着我国三代核电站建设计划的实施和美国核电建设的复苏,整体锻造316LN主管道有一定的市场容量,但应充分认识到整体锻造316LN主管道的高技术难度、长流程、低成功率和高风险。

10.2.3 蒸发器传热管材料产业

蒸发器传热管是核电站的重要部件之一,核电站运行过程中出现问题最多的设备即是蒸发器传热管。常用的蒸发器传热管材料有Inconel 600、Incology 800H、Inconel 690和300系不锈钢。近年来的核电厂运行实践证明,相对而言,Inconel 690因具有较好的抗应力腐蚀性能,是目前最适合用于制造压水堆核电机组蒸汽发生器的传热管材料。我国目前不能进行这种钢管的工业规模生产,以往核电厂建设用蒸发器传热管全部依靠进口。

目前世界上只有瑞典的Sandvick、法国的Valinox和日本的Sumitomo Metals能供应Inconel 690传热管,其产能合计为2 500 t/年。按每个百万千瓦核电站需要150 t Inconel 690传热管计算,这三家制造商每年可以满足50个百万千瓦核电站建设的需求。然而这三家制造商难以保证每年能满负荷地提供2 500 t Inconel 690钢管,导致Inconel 690钢管供应短缺、价格昂贵。

我国宝银特种钢管有限责任公司,通过全套引进国外最先进的Inconel 690传热管生产线,旨在使我国在生产装备上快速具备生产核用高质量Inconel 690钢管的能力,该生产线将在2009年底全面竣工,该生产线的设计能力是年产500 t Inconel 690钢管。但这只是迈出了核用高质量Inconel 690钢管国产化的关键一步,我国仍然需要组织各方科研力量,结合生产实际情况,解决现场制造中的诸多难题以及服役环境下可能出现的问题。钢铁研究总院与宝钢股份公司特殊钢事业部从事国防工程用传热管研制和供应40多年的经验表明,Inconel 690传热管国产化研制的关键技术问题在于现场制造过程,要解决这一关键技术问题需要时间。

10.2.4 堆内构件材料产业

堆内构件(Reactor Internal)是反应堆系统的重要组成部分,是反应堆压力容器内部支撑堆芯的结构部件,为冷却剂流过堆芯提供流道,为控制棒的运动提供导向,为堆芯测量装置提供支撑和保护等。堆内构件一般分为上、下两部分。图 10.4 示出了 AP1000 核电站堆内构件组成图,AP1000 反应堆堆内构件主要由一套上部堆内构件、一套下部堆内构件、一套仪表格架组件、8 块下径向支撑镶块、一个压紧弹簧、一个压力容器流体护板、24 个流量管嘴以及 6 个旋转锁嵌入件等组成。上部堆内构件外形尺寸:ϕ3 915 mm × 5 944 mm,总重:56 647 kg,下部堆内构件外形尺寸:ϕ3 915 mm × 9 816 mm,净重 93 240 kg,下径向支撑镶块共 8 块,外形尺寸约为 336 mm × 102 mm × 147 mm,单重 25 kg。压力容器流体护板是一个外径 3 403 mm,内径 3 327 mm,高度 404 mm 的圆环,重 921 kg,压紧弹簧是一个外径 3 651 mm,内径 3 412 mm,厚度 108 mm 的圆环,重 1 038 kg。

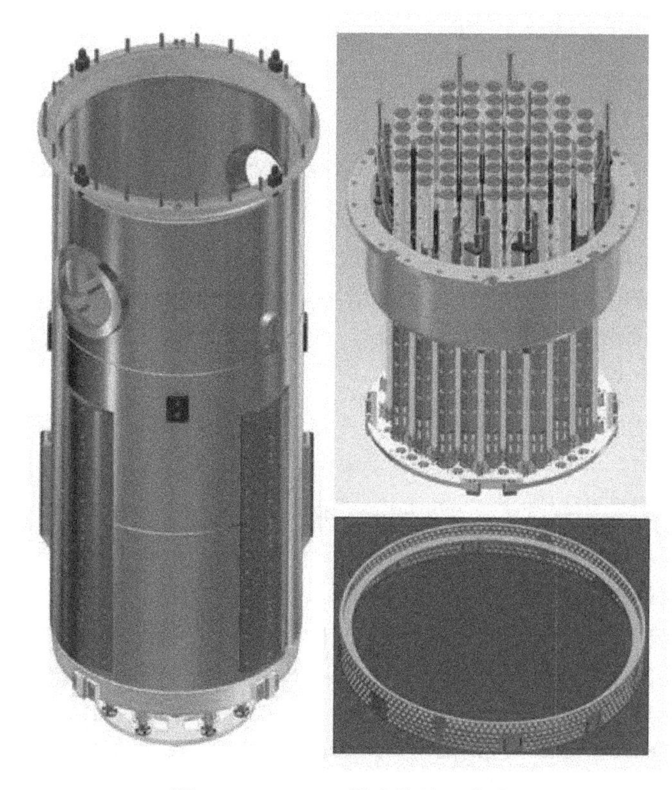

图 10..4 AP1000 堆内构件示意图

堆内构件的主要材料为 300 系列奥氏体不锈钢。马氏体不锈钢虽然强度高,但耐蚀性和焊接性能差。高铬铁素体不锈钢的耐蚀性一般比马氏体不锈钢好,但仍比奥氏体不锈钢差,更为突出的是铁素体不锈钢的脆化倾向较大。双相不锈钢综合了铁素体不锈钢和奥氏体不锈钢的很多优点,但其脆化倾向仍是问题。另外,在相同的辐照条件下,奥氏体不锈钢与铁素体不锈钢和马氏体不锈钢相比具有低的辐照敏感性。因此,核电厂反应堆多选用奥氏体不锈钢。奥氏体不锈钢在压水堆中的应用主要包括堆芯结构件、堆内元件、压力容器内壁堆焊层等。

目前国内主要承制压水堆堆内构件的企业是上海电气重工集团和东方电气武汉核设备公司(原武汉锅炉厂核电事业部)。堆内构件具有多品种、多规格、小批量的特性,同时试制过程存在一定的技术难度。就不锈钢的冶金技术水平而言,我国处于世界先进水平。但是,核用不锈钢的生产是个系统工程,从冶金企业出厂时品质优良并不意味着制成反应堆构件后的品质仍然优良。在工程应用中,奥氏体不锈钢构件易出现应力腐蚀、晶间腐蚀和疲劳腐蚀问题,这些问题与冶金、制造和使用都有关系,这些问题必须得到关注、控制和解决。与蒸发器所用的 508Gr3Cl2、316LN 和 Inconel 690 材料相比,堆内构件材料的技术问题在短期内是可以解决的,并可形成国内供货能力。为加速这一进程,堆内构件承制企业需联合国内的优势力量,组成联合体共同攻关,在攻关过程中逐步建立起我国自己的大型先进压水堆堆内构件选材、制造、检验、评价、标准体系,逐步实现国产化。

10.2.5 AP1000 屏蔽泵材料产业

核电站冷却剂回路循环泵是核蒸汽供应系统主回路中除控制棒驱动机构外的唯一能动部件。AP1000 的冷却剂回路循环泵采用屏蔽电机(Canned Motor)+无轴封泵(Sealless pump),即屏蔽电机泵。我国已从美国 EMD 公司全套引进了 AP1000 屏蔽电机泵技术,该泵由水力部件和电机部件两部分组成。为配合 AP1000 屏蔽电机泵技术的引进、消化和吸收,国家核电技术公司安排沈阳鼓风机集团股份有限公司和哈尔滨电机厂有限责任公司分别负责屏蔽泵和屏蔽电机的消化、吸收和研制任务,其中沈阳鼓风机集团股份有限公司为总负责单位。目前,沈阳鼓风机集团股份有限公司和哈尔滨电机厂有限责任公司已开展了有针对性的大规模技术改造。

AP1000 屏蔽电机泵的示意见图 10.5,其主泵轴材料为 AISI403 不锈耐热钢。为将电机的定子绕组和转子与一回路冷却剂完全隔离开,设置两个隔离屏蔽套,即定子屏蔽套和转子屏蔽套。屏蔽套材料选用耐蚀无磁 Hastelloy C276 合金。为保证反应堆冷却剂泵的惰走功能,电机飞轮材料选用了大比重的钨合金,以在有限空间内实现高转动惯量。而把 12 块大比重的钨合金飞轮拘束起来的外套环材料选用了超高强度钢 C250。

AP1000 屏蔽电机泵的制造和组装充满技术挑战,但从其构成的关键材料看,我国具有较好基础。AISI403 耐热钢广泛用于制造火电机组的叶片,钢铁研究总院等单位 1990 年曾对 AISI403 钢锻件的性能做过系统测试和研究。我国在与美国谈判 AP1000 屏蔽电机泵技术引进时,美方坚持大比重钨合金材料技术是第三方技术,不向我国转让。后来发现,美方的大比重钨合金材料是从钢铁研究总院下属的安泰科技股份公司订购的。C250 超高强度钢是 18Ni 系列超高强度钢之一,为 250ksi 级。钢铁研究总院和抚顺特殊钢股份有限公司等单位在 C250 超高强度钢及其产品研制方面积累了一定的经验。尽管我国对上述选用材料具有一定的研制基础,但是应该看到 AP1000 屏蔽电机泵部件的设计尺寸规格具有相当的挑战性,尤其是 C250 外套环和 Hastelloy C276 屏蔽套。

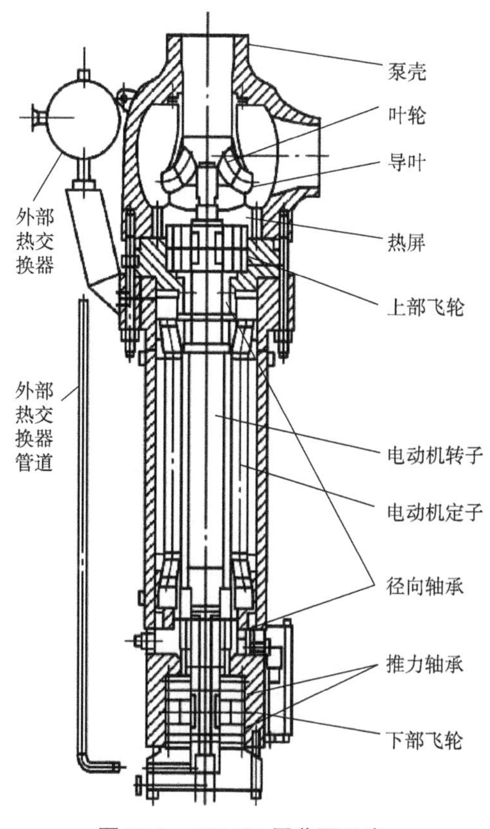

图 10.5　AP1000 屏蔽泵示意

10.2.6　焊接材料及技术

焊接材料与技术是核电厂建造最重要的技术之一，没有合理、完善和可行的焊接材料与工艺技术就无法完成核电厂的建造。在工程实践中出现的很多问题都直接或间接地与焊接有关。核电站建设焊接涉及大面积堆焊、多种规格异种金属焊、大尺寸构件对接焊等。焊接问题的复杂性之一在于其质量与现场施焊人员的操作和环境直接相关。目前我国在核电厂焊接材料研发和工艺技术方面与国外相比存在着明显的差距，需要组织力量攻关解决，其中包括自动化焊接方法的开发和应用等。

10.2.7　核燃料包壳材料

不锈钢作为燃料棒包壳材料早就因其热中子吸收截面较大而被 Zr-4 合金取代。采用锆合金代替不锈钢做燃料的包壳材料可以节约 1/2 左右的铀燃料。Zr-4 合金对高温水及蒸汽的耐蚀性和强度有很大改进，吸氢量比 Zr-2 合金小得多。Zr-4 合金的缺点是在高温蒸汽中的腐蚀氧化膜不致密，容易脱落，用于高燃耗燃料包壳则显得力不从心。为此，法国研制了 Zr-Nb 系 M5 合金，合金中的 Nb 对氧化膜脱落有自愈能力，在抗腐蚀、蠕变、辐照生长、吸氢等方面都比 Zr-4 合金优越。M5 合金可以在燃耗大于 65 GWd/tU 的条件下使用，在欧洲已应用于先进压水堆的燃料棒包壳。而中国核动力研究设计院也独立研制了核燃料棒包壳材料，并在试验堆中获得了一定的数据和经验，为我国燃料棒包壳材料的后续发展打下了基础。美国西屋公司开发的 Zirlo 合金则综合了 Zr-Sn、Zr-Nb 合金的优点。在 71 GWd/tU 燃耗条件下，Zirlo 合金的均匀腐蚀速率、辐照生长、蠕变等性能均优于 Zr-4 合金。AP1000 引进项目中包括对 Zirlo 合金技术的引进。为配合该技术引进、消化、吸收、国产化和超越创新，国家核电技术公司与国内有色金属骨干企业合资建立了国核宝钛锆业股份公司。

10.2.8 核电站材料腐蚀问题

腐蚀是核电厂设备结构失效的主要原因之一，从国内外核电厂的运行经验和相关的报道来看，腐蚀不仅对与海水、酸碱盐等腐蚀性介质接触的常规设备的正常运行造成严重的影响，也可能对核安全屏障相关部件产生影响而直接威胁核电厂的运行安全。压水堆核电机组一回路有反应堆压力容器、蒸汽发生器、稳压器、堆内构件、一回路管道、主泵等，这些设备的可靠性关系到整个核电机组的安全和运行。一回路的运行环境为高温高压硼酸水，二回路的运行环境为高温汽水，可能发生管道的流体加速腐蚀和汽轮机的冲蚀。海水是可造成核电厂设备腐蚀的另一介质，其可能发生的腐蚀模式有均匀腐蚀、缝隙腐蚀、电偶腐蚀、点蚀、应力腐蚀开裂和腐蚀疲劳等。腐蚀给核电厂安全运行带来的危害可归纳为以下几个方面：腐蚀使核电机组一回路、二回路或其他设备的完整性遭到破坏，腐蚀产物在回路的发热部位沉积，腐蚀产物受放射性辐照而活化，变成具有放射性的产物。目前，核电机组的预期设计寿命是 60 年，为保障核电机组能在整个寿命期内安全可靠运行，材料的腐蚀与防护问题是必须面对的长期问题。

10.3 发展核能材料的主要任务及国外经验

核能材料是核电站设计、建设和安全运行的基础。我国是核电站技术后起国家，在核电站设计尤其是创新性设计方面与发达国家存在较大差距。我国近年核电站建设的经验已表明我国在核能材料方面与国外先进水平存在比较大的差距，这种差距已成为制约我国核电发展的瓶颈问题。这些事实说明核能材料技术的掌握是实现核电设备国产化和核电设计自主化的前提和基础。

我国核电站建设规划和计划已经制订和启动，发展核能材料已经迫在眉睫。我国发展核能材料面临着非常艰巨的任务，发展核能关键材料的关键技术主要包括但不限于以下内容。

1)需要深入挖掘压力容器用 508Gr3Cl1 钢的淬透性极限和大锻件的性能稳定性。

2)需要系统研究蒸发器大锻件用 508Gr3Cl2 钢的最佳化学成分配比和最佳热处理工艺，需要对消应力处理微观组织演变过程对强韧性的影响机理进行半定量的研究，以上工作对提升我国核用大锻件的技术水平具有重要意义。

3)深入研究 AP1000 电站整体锻造 316LN 钢主管道的冶金质量控制技术和晶粒度控制技术，在试制过程中不断提高对 316LN 钢大型锻件的认知水平。

4)研究 Inconel 690 耐蚀合金钢管的现场制造技术及其服役环境中的组织和性能演变。

5)堆内构件主要是 300 系列的奥氏体不锈钢，也有马氏体耐热钢压紧弹簧。这些材料的应用有品种多、规格多、批量小、有特殊的技术指标要求的特点,需要逐个有针对性地研制。如果想彻底解决堆内构件的国产化供货问题,这个过程是不能省的。

6)我国具有一定的 AP1000 屏蔽泵用材料研制基础,但 AP1000 设计的屏蔽泵部件尺寸规格制造难度很大,需要结合设计的尺寸规格进行部件制造的材料工艺性研究,以期成功制造出设计所需的部件。

7)我国在核电站用焊接材料及技术方面,与国外先进水平相比存在很大差距,需要结合核电站材料的研发和核电站建设有计划、有步骤地开展研究。

8)虽然我国已引进了核燃料包壳材料 Zirlo 合金技术,但其国产化过程需要进行系统而深入的研究。同时,我国自行研制的核燃料包壳材料也应纳入国家研究计划中。

9)核电站材料的腐蚀问题也属于核电站材料研究的重要内容之一。

美、英、俄(苏联)在 20 世纪 50 年代开始商业化核电站研究,同期开展核电站用材料及其技术研制。后起的法国,在核电站材料技术研制方面投入了更大的力量。经过半个多世纪的发展,现在日本的 JSW 公司、法国的克鲁索公司和韩国的斗山公司(Doosan)在核电大锻件产品技术方面处于领先地位,其中日本 JSW 公司处于绝对领先地位。韩国的斗山公司也是后起者,近年进步迅速,其先进的经验值得我国企业学习。在蒸发器传热管产品技术方面,日本的住友金属公司、瑞典的 Sandvick 公司和法国的 Valinox 公司处于领先地位,三家公司基本上垄断了国际 Inconel 690 传热管产品的市场。

国外企业核电站关键产品技术开发的成功经验表明,材料研究要先行,要在产品研制前有计划、分阶段地安排材料的研究。材料研究分为:材料共性基础研究阶段、材料应用基础研究阶段、产业应用目标明确的专用材料研究阶段、材料工艺与制造技术研究阶段和材料服役性能研究阶段等。经过上述不同的研究阶段,材料技术逐步趋于成熟,为核电站设备的设计、制造和建成后的运行奠定了坚实的基础。在材料技术逐步成熟的周期中,尽管企业始终处于核心地位,但是高效率的产学研联合研发在材料技术进步过程中具有非常重要的作用。日本、韩国正是按上述材料研制周期,踏踏实实地做好了材料研制每个阶段的工作,最终在核电关键材料研制和产品技术领域后来居上,在技术上超越了欧美国家,走在世界的前列。日本和韩国在核电站关键材料技术上前进的轨迹值得我国思考和认真学习。

21 世纪核电站技术发展的基本路线图为压水堆—快堆—聚变堆。就压水堆而言,以 AP1000、EPR 等为代表的电站已进入商业化建设阶段,未来几十年将在世界各地大规模建设。为进一步提升核能利用效率和安全性,美、俄等核能技术先进国家倡导并成立了第四代核堆国际论坛组织,正在集中各国的资料和力量共同研发第四代核堆技术(如图 10.6 所示),计划在 21 世纪中叶建成商业化的第四代核堆电站。

聚变能的可控释放实现起来在技术上比裂变能要困难和复杂得多。尽管如此,经过半个多世纪的努力,人类已取得了重要进展。各种磁约束方法如环流器、仿星器、反场箍缩和激光或高能离子驱动的惯性约束概念都在研究之中。而以托克马克为代表的环流器是目前最受重视和最有希望首先实现受控热核反应的实验装置。我国受控核聚变研究始于 20 世纪 50 年代中期,核工业西南物理研究院和中国科学院等离子体物理所是从事磁约束核聚变研究的专业单位,目前我国在热核聚变堆研究领域与国际先进水平相比存在巨大差距。

国际热核实验堆(ITER)技术是 1985 年美苏首脑倡议、国际原子能机构(International

Atomic Energy Agency，IAEA）支持、用以验证磁约束核聚变能源科学可行性和工程技术可行性的超大型国际合作项目。1988 年欧、美、日、俄（苏联）四方开始进行工程设计，并不断改进于 2001 年定型为 ITER-FEAT（Fusion Energy Advanced Tokamak）。同期还开展了一系列原型部件的预研、工艺试验、制备和测试。

ITER 计划集成了半个世纪来世界核聚变研究的主要科技成就，装置建在法国卡迪拉奇中心，预计 2016 年建成投运。装置建设费用为 50 亿美元，设计聚变功率输出为 50~70 万 kW，等离子体放电脉冲为 500~1 000 s。目前参加 ITER 计划的七个成员是欧盟、中国、美国、日本、俄罗斯、韩国和印度七个国家和组织，根据协议 ITER 装置的部件将分别由各参与方研制和提供。如果 ITER 装置能达到预期目标，将大大加快根本性解决人类能源问题的进程。

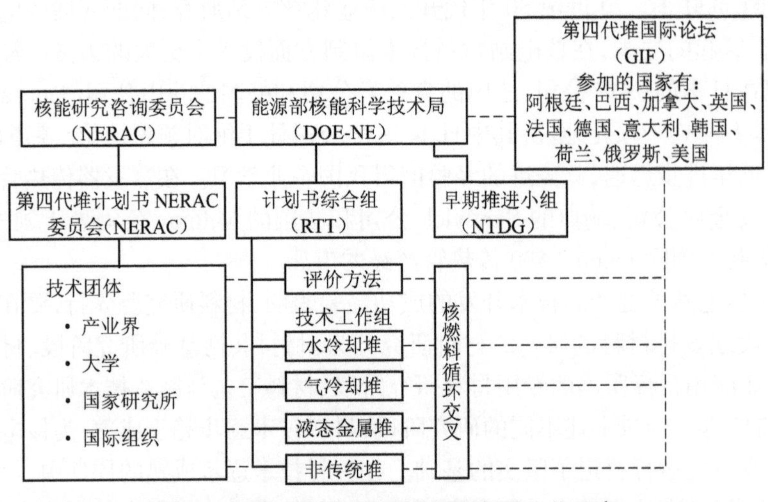

图 10.6　第四代核堆国际论坛组织及工作示意

人类目前面临最大的生存挑战就是资源和能源问题。火力发电和汽车尾气排放都是造成地球温室效应的主要原因。从今天人类掌握的技术水平看，水电、风电和以太阳能为代表的众多新能源只能是人类能源的一种补充。从长远的观点看，只有核聚变技术能从根本上解决人类的能源供应问题。人类掌握了核聚变技术，就意味着人类拥有了获得用之不竭的清洁能源的能力，而这些清洁能源将从根本上改变人类日常使用的动力系统。但是，核聚变技术难度巨大，充满挑战和风险，需要世界各国共同分担经费、分担风险、分享成功和共同进步。任何国家单独攻克核聚变技术都存在巨大风险，这也是发达国家经过探索后总结出的宝贵经验。

10.4 加速发展核能材料的对策和建议

核能材料是核电站设计、建设和安全运行的前提和基础。我国是核能技术研究的后起国家，与国外先进水平相比存在很大差距。为迎头赶上，我国必须加速发展核能材料技术。只有全面加速发展核能材料技术，才能支撑我国中长期核电发展规划的实施，才能支撑核电站的顺利建设和安全稳定运行。

核能是一种高科技密集型的国家战略性产业，推动核能发展有利于提高综合国力、提高自主创新能力以及带动区域经济发展。同时，对于转变传统工业发展方式具有重要意义。为又快又好地实现加速核能材料发展的目标，提出以下不成熟的对策和建议。

1）要制订核能材料发展的国家战略目标和国家总体发展规划。核电站用关键材料技术研究要紧密结合材料本身的固有特性、构件制造过程中材料的特性和设备服役之后的材料特性以及极端条件下材料的极限特性。

2）结合核能材料国家战略目标和国家总体发展规划，制订面向具体材料和产品制造企业的产业发展政策。同时结合具体材料和产品，明确阶段性研制目标，核电站用关键材料技术研究需要组织跨行业跨领域产-学-研-用联合研究团队，有组织、有计划、有步骤地开展长期研究。

3）在核能技术引进、消化、吸收和创新过程中，要认真分析、总结和学习日本和韩国的成功经验，同时发挥我国集中力量办大事的优势，快速完成引进技术的消化、吸收和仿制，尽快实现设备国产化和设计自主化，尽快形成自主创新能力。

4）要制订切实可行的国家核能材料技术人才培养计划。没有一支高水平的有献身精神的技术人才队伍，光有资金投入，也难以快速实现核能材料发展的国家战略目标。

10.5　未来核能发展展望

未来核能将继续发挥关键作用，但发展存在变数。国际能源署（IEA）2020 年发布的全球核能发展报告显示，受政策、技术、资金等多重因素的影响，新核电厂建设未达到可持续发展情景的目标值，新增核电装机容量大幅下滑。

《能源生产和消费革命战略（2016—2030 年）》提出，到 2030 年，能源消费“控制在 60 亿 t 标准煤以内”，“可再生能源、天然气和核能利用持续增长，高碳化石能源利用大幅减少”。非化石能源占能源消费总量的比重达到 20%左右，天然气占比达到 15%以上，即低碳能源联合占比达到 35%，新增能源需求主要依靠清洁低碳能源满足；推动化石能源清洁高效利用，二氧化碳排放到 2030 年左右达到峰值并争取尽早达峰；单位 GDP 能耗达到目前世界平均水平；能源科技水平位居世界前列；采用最新安全标准，安全高效发展核电，加强核电全产业链的协调配套发展。展望 2050 年，“能源消费总量基本稳定，非化石能源占比超过一半”。《能源技术革命创新行动计划（2016—2030 年》提出，在核能领域，要重点发展三代、四代核电，先进核燃料及循环利用，小型堆等技术，探索研发可控核聚变技术。在第三代压水堆技术全面处于国际领先水平的基础上，推进快堆及先进模块化小型堆示范工程建设，实现超高温气冷堆、熔盐堆等新一代先进堆型关键技术设备材料研发的重大突破。开展聚变堆芯燃烧等离子体的实验、控制技术和聚变示范堆 DEMO 的设计研究。在氢能领域，研究基于可再生能源和先进核能的低成本制氢技术。要完成上述目标，核能作为可规模替代非化石能源的优质基础能源，必须在未来能源发展中发挥更大作用，具体包括以下几点。

（1）稳步推进核能批量化规模化持续发展

中国能源总需求量大，各地区不平衡，能源转型的技术选择因地而异，核能应是重要技术选项。保持核电稳定建设节奏，基于我国核能发展已有基础和条件，充分考虑核安全和公众影响等问题，建议 2021—2035 年每年稳定开工三代核电机组 6~8 台，尽早启动内陆核电站的建设。核电机型选择以具有自主知识产权的华龙系列三代大型压水堆为主，对同一型号系列核电机型，批量化建设机组数不少于 30 台；同时依据市场需求，推动核能多用途利用项目落地。“十四五”期间启动华中地区核电建设，加强沿海与内陆核电厂址的开发与保护力度，优化国土空间布局，推动区域可持续发展，促进核能可持续健康发展。

（2）积极推动核能行业科技创新

核能是少数大国战略必争的高科技产业，代表国家核心技术竞争力和影响力。我国要坚定不移实施核能发展战略，引领全球能源变革的方向，打造世界范围内先进能源技术核心竞争力。构建新型举国体制，结合市场机制，整合相关资源组建具有世界先进水平的综合性国家核能实验室，形成以国家投入与企业投入相结合的核能技术创新机制。以国家重大专项的形式，重点资助具有基础性、前瞻性和新颖性的研究课题，实现关键核电技术、设备、材料达到国际领先水平；以“模块化、小型化、多功能化、智能化”为方向，加快核电技术创新，拓展核能技术的跨领域应用，提升未来核电产业经济性。

（3）完善天然铀产业发展配套政策

加大铀矿资源勘查投入力度，摸清家底，持续增加我国探明铀资源的储量。妥善解决铀矿勘查的探矿权问题，允许核地质系统在石油、天然气部门已登记的区块内取得铀矿的探矿权和采矿权，使得铀资源能够顺利得到勘探开发。构建利益共享、风险共担、多元投资、开放合作的铀矿开发体制，创新铀矿矿业权流转机制，允许按规定实行矿业权的有偿使用和流转。支持天然铀海外开发，利用多种方式参与国外铀资源开发，掌控更多的海外经济可采铀资源和铀产品份额，加大财政、金融、税收多领域的配套支持政策。

（4）推进核燃料循环后端产业协调发展

加快推进我国乏燃料后处理技术及专项实施，统筹国家核燃料循环后端及先进核能系统建设，强化顶层设计，确保有效落实。针对乏燃料后处理、MOX 燃料设计加工、放射性废物管理等方面完善标准体系。打造国家级的核燃料循环后端技术研发平台，建立产、学、研、用紧密结合的研究开发体系。注重培养核燃料循环产业后端的专业化人才队伍，满足国家对核能事业可持续发展的人才需求。积极制定顶层法律，明确各方责权利，完善乏燃料以及放射性废物管理体制机制，进一步完善乏燃料基金制度和管理方式。

参考文献

[1] 孙汉虹，程平东，缪鸿兴，等. 第三代核电技术 AP1000 [M]. 北京：中国电力出版社，2010.

[2] 谭馨怡. 浅析中国核能发展状况及展望[J]. 中国设备工程，2021，10:235-236.

[3] 苏明煜. 我国核产业的综述与展望[J]. 创新应用，2022，51（8）:304-305.

[4] 王玉荟，伍浩松，李颖函. IAEA 发布 2020 年版核电发展预测报告[R]. 北京：中核战略规划研究总院，2020.

[5] 李冠兴，周帮新，肖岷，等. 中国新一代核能核燃料总体发展战屡研究[J]. 中国发展战

略研究，2019，21(1):5-11.

[6] 刘正东，程世长，包汉生，等. 超临界火电机组用锅炉钢技术国产化问题[J]. 钢铁，2009，44(6):1-7.

[7] 刘正东. 钢铁材料技术国产化是实现核电产业自主化的基础[J]. 中国冶金，2008，18(11):1-3.

[8] 中国核学会. 2007—2008 核科学技术学科发展报告[R]. 北京:中国科学技术出版社，2008 .

[9] 郝嘉锟. 聚变堆材料[M]. 北京:化学工业出版社,2006.

[10] 刘正东. 核电站关键材料性能研究[R]. 北京:国家能源局,国家核电技术公司，2009.

[11] 林诚格，郁祖盛. 非能动安全先进核电厂 AP1000[M]. 原子能出版社，2008.

[12] 刘建章，赵文金，薛祥义,等. 核结构材料[M]. 北京:化学工业出版社,2007.

[13] 李林蔚. 核能在我国清洁低碳能源系统中的战略定位研究[J]. 产业与科技论坛，2022，21(15):12-15.

[14] 李林蔚，高彬，王茜. 碳中和目标下核能将发挥更大作用[J]. 中国核工业，2020，11:38-40.

[15] 张海军，李林蔚，高彬. 我国核能发展的机遇与挑战[J]. 中国核工业，2021，3:36-39.

[16] 中国核电发展中心，国网能源研究院有限公司. 我国核电发展规划研究[M]. 北京:中国原子能出版社，2019.

第 11 章　生物质能材料

在化石能源渐趋枯竭，保护环境、可持续发展和循环经济逐渐成为发展趋势时，可再生能源特别是生物质能源的开发和利用，受到了世界各国的关注。生物质能是人类赖以生存和发展的重要能源，是仅次于煤炭、石油和天然气而居于世界能源消费总量第四位的能源。目前，生物质能源在世界能源总消费量中占 14%，因而在整个能源系统中占有重要地位。

11.1　生物质能概述

11.1.1　生物质能的概念

生物质是指利用大气、水、土地等资源经光合作用而产生的各种有机体，一切有生命的可以生长的有机物质通称为生物质，它包括植物、动物和微生物[1-3]。从广义上讲，生物质包括所有的植物、微生物以及以植物、微生物为食物的动物及其产生的废弃物；有代表性的生物质有农作物、农作物废弃物、木材、木材废弃物和动物粪便。从狭义上讲，生物质主要是指农林业生产过程中除粮食、果实以外的秸秆、树木等木质纤维素（简称木质素），农产品加工业下脚料、农林废弃物及畜牧业生产过程中的禽畜粪便和废弃物等物质。

生物质能是太阳能以化学能的形式蕴藏在生物质中的一种能量形式，它直接或间接地来源于植物的光合作用，是以生物质为载体的能量。生物质能是一种可再生的绿色环保新能源，也是人类社会中使用最早的一种能源，与化石燃料相比，具有取之不尽、用之不竭、无污染等特点，成为继煤、石油、天然气之后的第四大能源。生物质能通常包括农业废弃物、林业废弃物、水生植物、油料植物、城市和工业有机废弃物以及动物粪便等蕴含的能量。目前，很多国家都在积极研究和开发利用生物质能。在全球能耗中，生物质能约占 14%。截至 2019 年底，全世界约 25 亿人的生活能源的 90%以上是生物质能，且主要利用方式为直接燃烧。地球上的生物质能资源较为丰富，而且生物质能是一种无害的能源。地球每年经光合作用产生的物质有 1 730 亿 t，其中蕴含的能量相当于全世界能源消耗总量的 10~20 倍，但目前作为生活用能的生物质直接燃烧热效率仅为 10%~30%，且污染严重。因此，开发高效、环境友好、低成本的生物质能源技术并研究相关的理论已成为全球关注的热点，也是亟待解决的国际性难题。

11.1.2　生物质能的特点

生物质由 C、H、O、N、S、P 等元素组成，是植物和部分微生物利用空气中的二氧化碳、水经光合作用生产的产物。相比于传统的化石能源，生物质能具有以下几方面的特点[4-6]。

（1）生物质能在燃烧过程中对环境污染很小

生物质能在燃烧时虽然也会产生 CO_2，但是这些 CO_2 可以被植物光合作用所吸收，这

就使得大气中 CO_2 的含量得到控制，进而能够将温室效应带来的危害降到最低。同时生物质能中 S、N 和灰分的含量都非常少，所以在燃烧后不会产生很多的 SO_x、NO_x 和灰尘，对环境的危害程度较低，因此生物质能是一种清洁的燃料。

（2）生物质能的含量十分巨大，而且属于可再生能源

生物质能与风能、太阳能等同属于清洁能源，资源丰富。据统计，全球清洁能源可转换为二次能源的约 185.55 亿 t，相当于全球石油、天然气和煤等化石燃料年消费量的 2 倍，其中生物质能占 35%，居首位。此外，只要在阳光和绿色植物同时存在的情况下，发生光合作用就会产生生物质能，所以生物质能是一种可再生资源。多种树和草不仅能够净化空气，还能够为人们生活提供源源不断的生物质能。

（3）生物质能具有普遍性、易取性的特点

生物质包括动植物和微生物，生物质能是一种到处都有的能源，取材容易，生产过程简单。在理想状况下，自然界的光合作用的效率可达 8%~15%，地球生成生物质的潜力可达到现实能源消费量的 180~200 倍。估计我国农林等有机废弃物每年的产生量为 29.20 亿 t，折合成标准煤为 3.82 亿 t。

（4）生物质能可储存和运输

虽然可再生能源有很多种，但生物质原料本身以及其液体或气体燃料产品均可存储，并且生物质能在加工和使用时也比较方便。但是，由于生物质的分布比较分散，收集运输和预处理的成本较高。

（5）生物质能挥发性组分含量高，炭活性高

易燃生物质由 C、H、O、N、S、P 等元素组成，其挥发性组分含量高，C 含量高，S、N 和灰分含量低（S 为 0.1%~1.5%，N 为 0.5%~3.0%，灰分为 0.1%~3.0%）。生物质在 400 ℃的温度下可以挥发的组分比较多，并且这些能源可以转化为气体燃料，方便储存。

（6）生物质能的来源具有多样性

生物质能的来源是各种动植物，其能源产品丰富多样，包括热与电、生物乙醇和生物柴油、成型燃料、沼气以及生物化工产品等。

综上所述，生物质能是一种符合能源利用发展趋势的可再生清洁能源，开发利用生物质能已成为解决全球能源问题和改善生态环境不可缺少的重要途径。

11.1.3　生物质能的分类

在生活中，生物质能有很多种，按照来源的不同，可以将适合于能源利用的生物质能分为五大类：林业资源、农业资源、生活污水和工业有机废水、城市固体废物、畜禽粪便[7-9]。

（1）林业资源

林业生物质资源是指森林生长和林业生产过程提供的生物质能源，包括：薪炭林，在森林抚育和间伐作业中的零散木材，残留的树枝、树叶和木屑等；木材采运和加工过程中的枝、锯末、木屑、梢头、板皮和截头等；林业副产品的废弃物，如果壳和果核等。

（2）农业资源

农业生物质资源包括：农业作物（包括能源作物）；农业生产过程中的废弃物，如农作物收获时残留在农田内的农作物秸秆（玉米秸、高粱秸、麦秸、稻草、豆秸和棉秆等）；农业加工

业的废弃物，如农业生产过程中剩余的稻壳等。能源植物泛指各种可提供能源的植物，通常包括草本能源作物、油料作物、制取烃类化合物植物和水生植物等几类。

（3）生活污水和工业有机废水

生活污水主要由城镇居民生活、商业和服务业的各种排水组成，如冷却水、洗浴排水、盥洗排水、洗衣排水、厨房排水、粪便污水等；工业有机废水主要是酿酒、制糖、食品、制药、造纸及屠宰等行业生产过程中排出的废水等。生活污水和工业有机废水中都富含有机物。

（4）城市固体废物

城市固体废物主要包括城镇居民生活垃圾，商业、服务业垃圾和少量建筑业垃圾等固体废物。其组成成分比较复杂，受当地居民的平均生活水平、能源消费结构、城镇建设状况、自然条件、传统习惯和季节变化等因素影响。

（5）畜禽粪便

畜禽粪便是畜禽排泄物的总称，它是其他形态生物质（主要是粮食、农作物秸秆和牧草等）的转化形式，包括禽畜排出的粪便、尿及其余垫草的混合物。

11.2 生物质能转化技术

一般来说，生物质能主要的转化利用途径可以分为物理转化、化学转化和生物转化，如图 11.1 所示[10-12]。

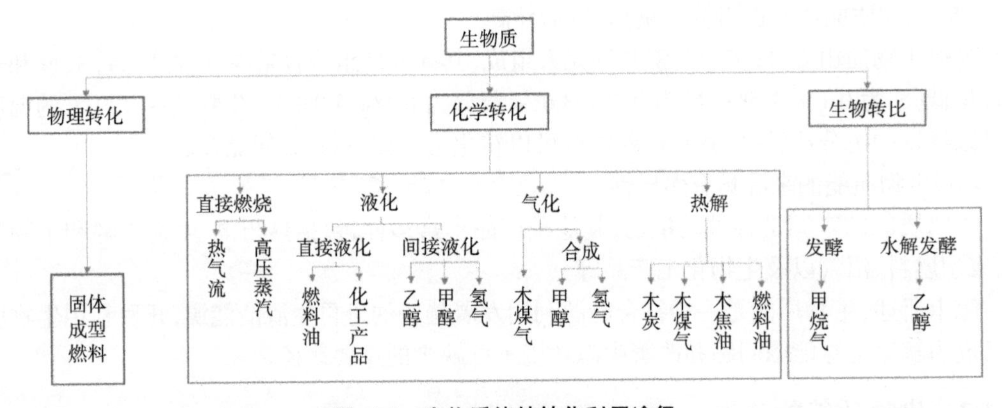

图 11.1 生物质能的转化利用途径

11.2.1 物理转化技术

物理转化技术主要是指生物质压缩成型技术，它是在一定的温度和压力下，利用木质素充当黏合剂，将各类分散的、无一定形状的农林废弃物压缩为棒状、粒状、块状等各种成型燃料，以提高其能量密度（相当于中等烟煤），改善燃烧特性，解决生物质形状各异、堆积密度小且较松散、难运输和难储存、使用不方便等问题的一种技术。生物质压缩成型的设备一般分为螺旋挤压成型、活塞冲压成型和环模滚压成型。生物质成型燃料技术可应用在林业资源丰富的地区、木材加工业、农作物秸秆资源量大的区域和生产活性炭的行业等，在农村有很大的推广价值。

11.2.2　化学转化技术

化学转化包括直接燃烧、热解、气化、液化等方法。

直接燃烧是最简单的利用方法。生物质燃烧技术是传统的能源转化形式，是人类对能源最早的利用方式。生物质通过燃烧这种特殊的化学反应形式，将储存在内部的生物质能转换为热能，被人们广泛应用于炊事、取暖、发电及工业生产等领域。直接燃烧方式可分为炉灶燃烧、锅炉燃烧、垃圾燃烧和固型燃料燃烧四种情况，燃烧过程中产生的能量可被用来生产电能或供热。

热解是指在无氧条件下加热或在缺氧条件下不完全燃烧，利用热能打断生物质大分子中的化学键，使之转化为小分子物质的热化学反应。热解的产物为气体（生物质燃气，如木煤气）、液体（生物质燃油，如樵油、燃料油）和固体（生物质炭，木炭）。生物质热解制取生物油是当前世界上生物质能研究开发的前沿技术，该技术能以连续的工艺和工业化的生产方式将生物质转化为高品位的易储存、易运输、能量密度高且使用方便的液体燃料——生物油，其不仅可以直接用于现有锅炉和燃气透平等设备的燃烧，而且可通过进一步加工改性为柴油或汽油而用作动力燃料，此外还可以从中提取具有商业价值的化工产品。同时生物油具有的低硫、低灰等特性，使之成为国际上非常受重视的清洁燃料。

气化是指将含碳的生物质原料经简单的破碎和压制成型后，通以一小部分 O_2（O_2 的含量是完全燃烧时所需 O_2 量的 35%）或者稳定的蒸汽、CO_2 等氧化物，使之转换成可燃性的气体（如 H_2、CO 和 CH_4 等）的热化学反应。气化可将生物质转换为高品质的气态燃料，直接作为锅炉燃料应用或发电，产出所需的热量或电力，且能量转换效率比固态生物质的直接燃烧有较大的提高，或者作为合成过程中的一步参与化学反应得到甲醇、二甲醚等液态燃料或化工产品。

液化是把固体状态的生物质经过一系列化学加工过程，转化成液体燃料（主要是汽油、柴油、液化石油气等液体烃类产品，有时也包括甲醇、乙醇等醇类燃料）的清洁利用技术。根据化学加工过程的技术路线不同，液化可分为直接液化和间接液化。直接液化通常是指让固体生物质在高压和一定温度下与氢气发生反应（加氢），直接转化为液体燃料的热学反应过程。与热解相比，直接液化可以生产出物理稳定性和化学稳定性都更好的液体。间接液化是指将由生物质气化得到的合成气（$CO+H_2$），经催化合成为液体燃料（醇类或二甲醚等）。合成气是指由不同比例的 CO 和 H_2 组成的气体混合物。生产合成气的燃料包括煤炭、石油、天然气、泥炭、木材、农作物秸秆及城市固体废物等。生物质间接液化主要有两个技术路线：一个是合成气制甲醇汽油（MTG）的 Mboil 工艺；另一个是费托（Fischer Tropsch）合成技术路线。

11.2.3　生物转化技术

生物转化是依靠微生物或酶的作用，对生物质能进行生物转化，生产出如乙醇、氢气、甲烷等液体或气体燃料的技术，通常分为发酵生产乙醇工艺和厌氧消化技术。生物转化技术主要针对农业生产加工过程产生的生物质，如农作物秸秆、畜禽粪便、生活污水、工业有机废水和其他农业弃物等。生产乙醇的发酵工艺依据原料的不同分为两类：一类是富含糖类的作物直接发酵转化为乙醇;另一类是以含纤维素的生物质原料作为发酵物,必须先经过酸解转化为可发酵成分,才能再经发酵生产乙醇。厌氧消化是指富含碳水化合物、蛋白质和脂肪的生物质在厌氧条件下,依靠厌氧微生物的协同作用被转化成甲烷、二氧化碳、氢气及其他产物的过程。整个转化过程可分成三个步骤:首先将不可溶复合有机物转化成可溶化合物;然后可溶化合物再转化成短链酸与乙醇;最后经各种厌氧菌作用转化成气体(沼气)。一般最后的产物中含有 50%~80%的甲烷,最典型产物为含 65%的甲烷与 35%的 CO_2 的混合气体,是一种优良的气体燃料。

11.3 生物质能的发展前景

我国拥有丰富的生物质能源,随着国家新能源发展战略的实施和应对气候变化措施的强化,中国在生物质能利用领域取得了重大进展。政府及有关部门对生物质能源的利用也越来越重视,已连续在四个国家五年计划中将生物质能利用技术的研究与应用列为重点科技攻关项目,开展了生物质能利用技术的研究与开发工作,如户用沼气池、生物质压块成型、气化与气化发电、生物质液体燃料等,取得了多项优秀成果,因此中国生物质能发展前景和投资前景极为广阔。

我国生物质应用技术将主要在以下几方面发展[13-15]。

(1)能源植物的开发

按照"不与民争粮,不与粮争地"的要求,根据我国土地资源和农林业生产特点,立足非粮原料,结合现代农林业发展和生态建设,在有条件的地区实施生物质能源作物和能源林种植工程,合理选育和科学种植能源作物,因地制宜地开发边际性土地,规模化种植各类非食用粮、糖、油类作物,建设生物质能原料供应基地。

(2)高效直接燃烧技术和设备的开发

我国人口众多,第七次全国人口普查结果表明,全国总人口超 14.4 亿人。绝大多数人居住在广大的乡村和小城镇,其生活用能的主要方式仍然是直接燃烧。剩余物秸秆、稻草等松散型物料是农村居民的主要能源来源,开发研究高效的燃烧炉,提高使用热效率,仍将是应予解决的重要问题。乡镇企业的快速兴起,不仅带动农村经济的发展,而且加速了化石能源尤其是煤的消费,因此开发改造乡镇企业用煤设备(如锅炉等),用生物质替代燃煤在今后的研究开发中应占有一席之地。把松散的农林剩余物进行粉碎分级处理后,加工成定型的家庭和暖房取暖用的颗粒成型燃料,结合专用技术和设备的开发及其推广应用,在我国将会有较好的市场前景。

(3)生物质气化和发电

国外生物质发电的利用占能源的比重很大,且已工业化推广,而我国的生物质发电开发尚属起步阶段。由于电能传输和使用方便,从发展的前景来看,其应有较好的市场,未来 10 年中将会有较大发展。国家发改委及能源局等在《"十四五"可再生能源发展规划》中指出,将稳定发展生物质发电技术,优化生物质发电开发布局。同时随着经济的发展,农村分散居民逐步向城镇集中,数以万计的小城镇将是农民的居住地,为集中供气和供热、提高能源利用率提供了现实的可能性。生活水平的提高,促使人们希望使用清洁方便的气体燃料。因此生物质能热解气化产生水煤气的技术及推广应用将具有较好的市场前景，但应注意研究解决气体中的焦油引起堵塞和酸性气体的腐蚀等问题。

（4）生物质的液化技术

由于液体产品便于储存、运输，可以取代化石能源产品，因此利用生物质经济高效地制取乙醇、甲醇、合成氨、液化油等液体产品，必将是今后研究的热点。例如水解、生物发酵、快速热解、高压液化等工艺技术研究，以及催化剂的研制、新型设备的开发等，都是科学家们关注的焦点，一旦研究获得突破性进展，将会大大促进生物质能的开发利用。

参考文献

[1] 邓祥元，王甫，李宁. 清洁能源概论[M]. 北京：化学工业出版社，2020.

[2] 张建安，刘德华. 生物质能源利用技术[M]. 北京：化学工业出版社，2009.

[3] 王革华，新能源概论[M]. 北京：化学工业出版社，2006.

[4] 袁振宏，吴创之，马隆龙. 生物质能利用原理与技术[M]. 北京：化学工业出版社，2016.

[5] 翟秀静，刘奎仁，韩庆. 新能源技术[M]. 北京：化学工业出版社，2017.

[6] 陈冠益，马隆龙，颜蓓蓓. 生物质能源技术与理论[M]. 北京：科学出版社，2017.

[7] 马隆龙，唐志华，汪丛伟，等. 生物质能研究现状及未来发展策略[J]. 中国科学院院刊，2019，34：434-441.

[8] KHAN M I，SHIN J H，KIM J D. The promising future of microalgae：current status，challenges，andoptimization of a sustainable and renewable industry for biofuels，feed，and other products[J]. Microbial cell factories，2018，17：36.

[9] 蒋建春. 生物质能源应用现状与发展前景[J]. 林业化学与工业，2002，22：75-80.

[10] 杜海凤，闫超. 生物质转化利用技术的研究进展[J]. 能源化工，2016，37：41-46.

[11] MAO G，HUANG N，CHEN L，et al. Research on biomass energy and environment from the past to the fu-ture：a bibliometric analysis[J]. Science of the total environment，2018，635：1081-1090.

[12] KUMAR M，OYEDUM A O，KUMAR A. A review on the current status of various hydrothermal technologies on biomass feedstock[J]. Renewable and sustainable energy reviews，2018，81：1742-1770.

[13] BERNDES G，HOOGWIJK M，BROEK R. The contribution of biomass in the future global energy supply：a review of 17 studies[J]. Biomass and bioenergy，2003，25：1-28.

[14] 佚名. 中国生物质发电行业市场现状及发展趋势分析[J]. 电器工业，2022，2：60-65.

[15] 杨帅，王昊毅，张杰，等. 生物质能开发利用的概括与展望[J]. 科技风，2020，8：193-194.

第12章 复合材料及其在新能源领域的应用

由两种或两种以上物理和化学性质不同的物质组合而成的一种具有新性能的多相固体材料便是复合材料,各种材料在性能上取长补短,产生协同效应,使得复合材料的综合性能优于原组成材料而满足各种不同的要求。复合材料是应现代科学技术的进步而发展出来的一类具有极大生命力的材料。其种类多种多样,可以从基体材料种类、材料作用、增强纤维种类、增强材料形态等方面进行分类。复合材料因较强的比强度和比模量和较好的材料抗疲劳性能、减震耐磨性能和耐热抗裂性能等,在锂离子电池、超级电容器、燃料电池、太阳能、风电、核电、天然气等新能源领域有着广泛的应用。现代高科技的发展离不开复合材料,复合材料对现代科学技术的发展有着十分重要的作用。复合材料的研究深度和应用广度及其生产发展的速度和规模,已成为衡量一个国家科学技术先进水平的重要标志之一。本章从复合材料简介、复合材料的分类以及复合材料在新能源领域的应用等方面对复合材料进行介绍。

12.1 复合材料简介

复合材料是由两种或两种以上物理和化学性质不同的物质组合而成的一种具有新性能的多相固体材料。复合材料中含量较多的那种物质被称为基体材料,含量较少却又能极大地提升基体材料性能的物质被称为增强材料。复合材料的基体材料一般为铝、镁、铜、钛等金属材料以及合成树脂、橡胶、陶瓷、石墨、碳等非金属材料。增强材料主要有玻璃纤维、碳纤维、硼纤维、芳纶纤维、碳化硅纤维、石棉纤维、晶须、金属丝和硬质细粒等。复合材料的命名方式一般是将增强材料的名称放在前面,基体材料的名称放在后面,再加上“复合材料”。

复合材料因为基体材料的不同,成型方法也各不相同。树脂基复合材料的成型方法较多,有手糊成型、喷射成型、纤维缠绕成型、模压成型、拉挤成型、热压罐成型、隔膜成型、迁移成型、反应注射成型、软膜膨胀成型、冲压成型等。金属基复合材料的成型方法分为固相成型法和液相成型法。前者在低于基体熔点温度下,通过施加压力实现成型,包括扩散焊接、粉末冶金、热轧、热拔、热等静压和爆炸焊接等。后者是将基体熔化后,将其充填到增强材料中,包括传统铸造、真空吸铸、真空反压铸造、挤压铸造及喷铸等。陶瓷基复合材料的成型方法主要有固相烧结、化学气相浸渗成型、化学气相沉积成型等。

复合材料的主要应用领域有以下几个。①航空航天领域。由于复合材料热稳定性好,比强度和比刚度高,可用于制造飞机机翼和前机身、卫星天线及其支撑结构、太阳能电池翼和外壳、大型运载火箭的壳体、发动机壳体、航天飞机结构件等。②汽车工业。复合材料具有特殊的振动阻尼特性,可减振和降低噪声,抗疲劳性能好,损伤后易修理,便于整体成形,故可用于制造汽车车身、受力构件、传动轴、发动机架及其内部构件。③化工、纺织和机械制造领域。由良好耐蚀性的碳纤维与树脂基体复合而成的材料,可用于制造化工设备、纺织机、造纸机、复印机、高速机床、精密仪器等。④医学领域。碳纤维复合材料具有优异的力学性能和不吸收 X 射线的特性,可用于制造医用 X 光机和矫形支架等。碳纤维复合材料还具有生物组织相容性和血液相容性,生物环境下稳定性好,也用作生物医学材料。此外,复合材料还用于制造体育运动器件和建筑材料等。⑤新能源领域。高性能碳纤维复合材料是先进复合材料的典型代表,作为结构与功能一体化的材料,碳纤维复合材料在电力产业、石油工业、天然气、电动汽车等新能源领域中扮演着非常重要的角色。相对于传统化石能源而言的新能源,以新材料和新技术作为基础,包括风能、海洋能、地热能、核能、太阳能等可再生能源以及对传统能源技术进行变革所形成的新的能源等。碳纤维复合材料在新能源产业的应用是符合时代发展的必然方向。

现代高科技的发展更紧密地依赖于新材料的发展,同时也对材料提出了更高、更苛刻的要求。很明显,传统的单一材料无法满足以上综合要求。当前,单一的金属、陶瓷、聚合物等材料虽然仍在不断日新月异地发展,但是以上这些材料由于其各自固有的局限性而不能满足现代科学技术发展的需要。复合材料,特别是先进复合材料就是为了满足以上高新技术发展的需求而开发的高性能先进材料。

12.2　复合材料的分类

复合材料是一种混合物,在很多领域都发挥了很大的作用,代替了很多传统的材料。可以从基体材料种类、材料作用、增强纤维种类、增强材料形态等方面对复合材料进行分类。

12.2.1　按基体材料种类分类

按基体材料种类可以将复合材料划分为聚合物基复合材料、金属基复合材料、无机非金属基复合材料。

聚合物基复合材料(PMC)是以有机聚合物为基体,以连续纤维为增强材料组合而成的复合材料。聚合物基体材料虽然强度低,但是其黏接性能好,能把纤维牢固地黏接起来,同时还能使载荷均匀分布,并传递到纤维上去,允许纤维承受压缩和剪切载荷。纤维高比强度、高比模量的特性使它成为理想的承载体。纤维和基体之间良好的结合充分展示了各自的优点,并能实现最佳结构设计,具有许多优良的特性。实用 PMC 通常按两种方式分类:一种按基体性质不同分为热固性树脂基复合材料和热塑性树脂基复合材料;另一种按增强剂类型及在复合材料中的分布状态分类,如玻璃纤维增强热固性塑料(俗称玻璃钢)、短切玻璃纤维增强热塑性塑料、碳纤维增强塑料、芳香族聚酰胺纤维增强塑料、碳化硅纤维增强塑料、矿物纤维增强塑料、石墨纤维增强塑料、木质纤维增强塑料等。这些聚合物基复合材料除具有上述共同的特点外,还有其本身的特殊性能。

金属基复合材料是指以金属及其合金为基体,以一种或几种金属或非金属为增强相,人工结合成的复合材料。组成复合材料的各种分材料称为组分材料,组分材料一般不发生作用,均保持各自的特性独立存在。金属基复合材料比传统的金属材料具有更优异的比强度与比刚度;与树脂基复合材料相比,它又具有优良的导电性与耐热性;与陶瓷基材料相比,它又具有高韧性和高冲击性能。常用的金属基体有铝、镁、铜、钛及其合金。

非金属基体主要有合成树脂、橡胶、陶瓷、石墨、碳等。无机非金属基复合材料包括陶瓷基复合材料（CMC）、碳/碳基复合材料、水泥基复合材料。陶瓷基复合材料按照其耐受温度一般分为高温陶瓷基复合材料（以多晶陶瓷为基体，耐受温度为 1 000~1 400 ℃）和低温陶瓷基复合材料（以玻璃及玻璃陶瓷为基体，耐受温度在 1 000 ℃以下）。碳/碳基复合材料的基体是碳，它是一种用碳纤维增强的复合材料。从光学显微镜尺度来看，碳/碳基复合材料由碳纤维、基体碳、碳纤维/基体碳界面层、纤维裂纹和孔隙四部分构成。其优点是热膨胀系数低、导热性好、耐热冲击、抗蠕变性优异等，缺点是碳/碳基复合材料中的孔隙与显微裂纹可明显降低其力学强度和抗氧化性能。碳/碳基复合材料已发展成为核能、航空航天飞行器、民用汽车等行业不可或缺的组成部分，如用于制作高性能飞机和汽车刹车片，如图 12.1 所示。图 12.2 所示为水泥基复合材料，水泥基复合材料的基体主要包括水泥、石膏、菱苦土和水玻璃等，其中研究和应用最多的是纤维增强水泥基增强塑料。与树脂相比，水泥基复合材料的特征为：水泥基体为多孔体系，其孔隙尺寸可由十分之几纳米到数十纳米；纤维与水泥的弹性模量比不大；水泥基材的断裂延伸率较低；水泥基材中含有粉末或颗粒状的物料，与纤维呈点接触，故纤维的掺量受到很大限制；水泥基材呈碱性，对金属纤维可起保护作用，但对大多数矿物纤维不利。

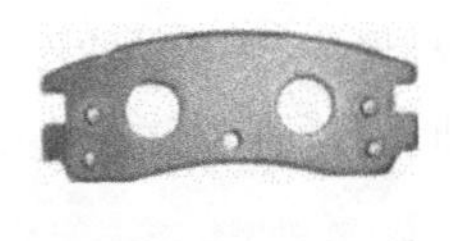

图 12.1 以碳/碳基复合材料制作的高性能飞机与汽车刹车片

图 12.2 水泥基复合材料

尽管相对而言，无机非金属基复合材料目前产量还不大，但陶瓷基复合材料和碳/碳基复合材料是耐高温及高力学性能的首选材料，碳/碳基复合材料也是目前应用的一种耐高温材料，水泥基复合材料则在建筑材料中显示出越来越大的重要性。

12.2.2 按材料作用分类

按材料作用不同可以将复合材料划分为结构复合材料和功能复合材料。结构复合材料可以进一步分为纤维复合材料、夹层复合材料、细粒复合材料、混杂复合材料。功能复合材料是指除机械性能外还提供其他物理性能的复合材料，如导电、超导、半导、磁性、压力、阻尼、吸声、摩擦、吸波、屏蔽、阻燃、隔热等功能复合材料。因此，功能复合材料又分为换能功能复合材料、阻尼功能复合材料、导电导磁功能复合材料、屏蔽功能复合材料、摩擦磨耗功能复合材料等。

12.2.3 按增强纤维种类分类

复合材料中以纤维增强材料应用最广、用量最大，其特点是比重小，比强度和比模量大。例如碳纤维与环氧树脂复合的材料，其比强度和比模量均比钢和铝合金大数倍，还具有优良的化学稳定性和减摩耐磨、自润滑、耐热、耐疲劳、耐蠕变、消声、电绝缘等性能。石墨纤维与树脂复合可得到膨胀系数几乎等于零的材料。纤维增强材料的另一个特点是各向异性,因此可按制件不同部位的强度要求设计纤维的排列。以碳纤维和碳化硅纤维增强的铝基复合材料,在 500 ℃时仍能保持足够的强度和模量。碳化硅纤维与钛复合,不但钛的耐热性提高,还更耐磨损,可用作发动机风扇叶片。碳化硅纤维与陶瓷复合,使用温度可达 1 500 ℃,比超合金涡轮叶片的使用温度(1 100 ℃)高得多。碳纤维增强碳、石墨纤维增强碳或石墨纤维增强石墨构成的耐烧蚀材料,已用于航天器、火箭导弹和原子能反应堆中。非金属基复合材料密度小,用于汽车和飞机中可减轻质量、提高速度、节约能源。用碳纤维和玻璃纤维混合制成的复合材料片弹簧,其刚度和承载能力与质量大 5 倍多的钢片弹簧相当。

按增强纤维种类可以将复合材料划分为玻璃纤维复合材料、碳纤维复合材料、有机纤维复合材料等。

目前用于高性能复合材料的玻璃纤维主要有高强度玻璃纤维、石英玻璃纤维和高硅氧玻璃纤维等。由于高强度玻璃纤维性价比较高,因此增长率也比较快,年增长率达到 10%以上。高强度玻璃纤维复合材料不仅应用在军用产品方面,近年来民用产品也有广泛应用,其可应用于防弹头盔、防弹服、直升飞机机翼、预警机雷达罩、高压压力容器、民用飞机直板、体育用品、耐高温制品以及近期报道的性能优异的轮胎帘子线等。石英玻璃纤维及高硅氧玻璃纤维属于耐高温的玻璃纤维,是比较理想的耐热防火材料,用它们增强酚醛树脂可制成各种结构的耐高温、耐烧蚀的复合材料部件,是大量应用于火箭、导弹的防热材料。

碳纤维复合材料是以碳纤维或碳纤维织物为增强体,以树脂、陶瓷、金属、水泥、碳质或橡胶等为基体所形成的复合材料。碳纤维具有质轻、拉伸强度高、耐磨损、耐腐蚀、抗蠕变、导电性好、导热性好等特色,因此碳纤维复合材料具有强度高、模量高、耐高温等一系列性能。该材料首先在航空航天领域得到广泛应用,近年来在运动器具、体育用品、土木建筑、交通运输、汽车、新能源等领域也广泛应用。

有机纤维复合材料的种类十分丰富,包括芳纶纤维复合材料、超高分子量聚乙烯纤维复合材料等。芳纶纤维是一种新型高科技合成纤维,具有超高强度、高模量和耐高温、耐酸耐碱、质量轻、绝缘、抗老化、生命周期长等优良性能,广泛应用于复合材料、防弹制品、建材、特种防护服装、电子设备等领域。超高分子量聚乙烯纤维的比强度在各种纤维中位居第一,它的抗化学试剂侵蚀性能和抗老化性能尤为优良。它还具有优良的高频声纳透过性和耐海水腐蚀性,许多国家已用它来制造舰艇的高频声纳导流罩,大大提高了舰艇的探雷、扫雷能力。除在军事领域的应用以外,在汽车制造、船舶制造、医疗器械、体育运动器材等领域,超高分子量聚乙烯纤维也有广阔的应用前景。该纤维一经问世就引起了世界许多国家的极大兴趣和重视。

12.3　复合材料在新能源领域的应用

复合材料的研发和应用代表着工业化社会的发展和进步,也成为了衡量技术水平的标准之一。新能源又称非常规能源,是指传统能源之外的各种能源形式,指刚开始开发利用或正在积极研究、有待推广的能源,如太阳能、地热能、风能、海洋能、生物质能和核能等。新能源产业是当今我国迫切需要快速发展的产业,将为新能源大规模开发利用提供坚实的技术支撑和产业基础,而先进复合材料是助力新能源领域快速发展的重要材料。

12.3.1 复合材料在锂电产业中的应用

锂离子电池是一种二次电池(充电电池),它主要依靠锂离子在正极和负极之间的移动来工作。在充放电过程中,Li^+在两个电极之间往返嵌入和脱嵌:充电时,Li^+从正极脱嵌,经过电解质嵌入负极,负极处于富锂状态;放电时则相反。随着太阳能、风能、波浪能和潮汐能等可再生能源产业的飞速发展,有效的能源储存技术成为了近些年的焦点。从 20 世纪 90 年代初期锂离子电池成功商业化应用以来,锂离子电池得到快速发展,不仅在手提电子设备领域占据统治地位,而且最近几年它们的应用已经扩展到插电式混合动力汽车(PHEV)、纯电动汽车(EV)和大规模储能电站。锂离子电池在这些新型领域的大规模应用使其迫切需要提高材料能量密度和倍率性能来巩固自身优势。通过将新型复合电极材料、稳定的复合隔膜、高效的电解液等其他复合材料器件结合起来,可以设计出新型高性能锂离子电池。因此,先进复合材料的使用对锂离子电池产业的发展至关重要。

近年来,不少研究学者加入对锂离子电池复合材料的研究。在复合正极材料领域, Ren 等[1]以 PEG 为有机碳源、分散剂和还原剂,以碳气凝胶为优良的导电网络,采用球磨—喷雾干燥—碳热还原法合成了砂浆状磷酸铁锂/碳复合材料。如图 12.3 所示,聚乙二醇使碳气凝胶能够均匀地包覆初级粒子,限制了初级粒子在合成过程中的过度生长。碳气凝胶提供了三维导电网络,其多孔结构可以吸收更多的电解质。通过用碳气凝胶复合磷酸铁锂一次颗粒,实现了磷酸铁锂材料中高速的电子转移和锂离子传输速率,使得磷酸铁锂材料拥有了出色的倍率性能和可观的循环稳定性能。

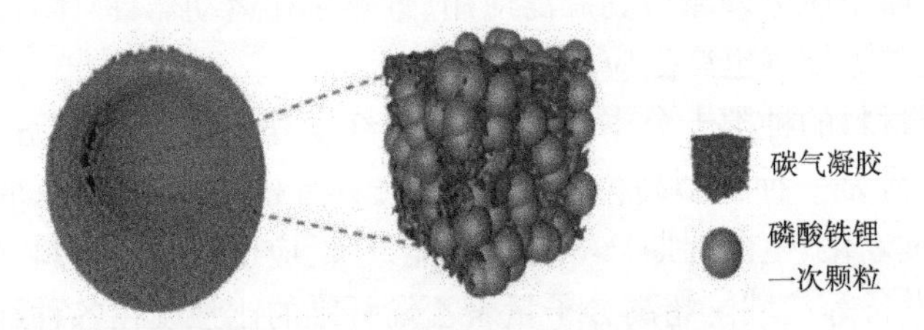

图 12.3 磷酸铁锂/碳复合材料结构原理[1]

Sui 等[2]将具有电化学活性的二硝基苯浸渍到三维交联石墨烯基蜂窝碳的孔隙,形成一种有机-无机复合正极材料,如图 12.4 所示,它不仅提供了大量来自三维石墨烯网络的互连孔高导电框架,而且还克服了有机正极材料的两个典型缺点。纳米孔的优异限制作用以及二硝基苯与石墨烯之间的强相互作用在很大程度上避免了二硝基苯在电解质中的溶解。因此,所获得的有机-无机复合正极材料表现出更好的倍率性能(4*C* 时容量超过 100 mA · h/g,)和循环稳定性(在 0.5*C* 循环 200 次后的容量保持率约为 80%)。

在复合负极材料领域, Jing 等[3]报道了一种二维结构的复合 Nb_2O_5(2D Nb_2O_5-C-rGO)材料,其由还原的氧化石墨烯纳米片上富含氧空位的 T-Nb_2O_5 和碳组成,通过水解路线合成,然后进行热处理。作为锂离子电池负极材料, 2D Nb_2O_5-C-rGO 架构表现出出色的倍率性能(在 100*C* 或 20 A/g 时达到 114 mA · h/g 的容量)和循环稳定性(在 5*C*、1 500 次后容量为 147 mA·h/g，在 50*C* 下循环 5 000 次后的容量为 107 mA·h/g）。基于密度泛函理论（DFT）的计算结果如图 12.5 所示，证明了 2D Nb_2O_5-C-rGO 电极出色的 Li^+存储性能归因于氧化石墨烯纳米片电子网络提高了电子导率，原位形成的晶格氧空位有助于 Nb_2O_5 晶粒内 Li^+的快速迁移，这改变了 Nb 元素 d 能带结构中 Li^+的相互作用。这项研究为基于 Nb_2O_5 的碳质复合电极的能量存储机制提供了研究基础。

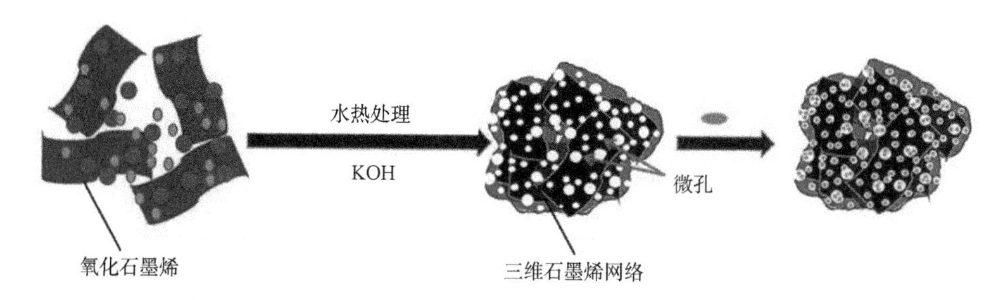

图 12.4　有机-无机复合正极材料[2]

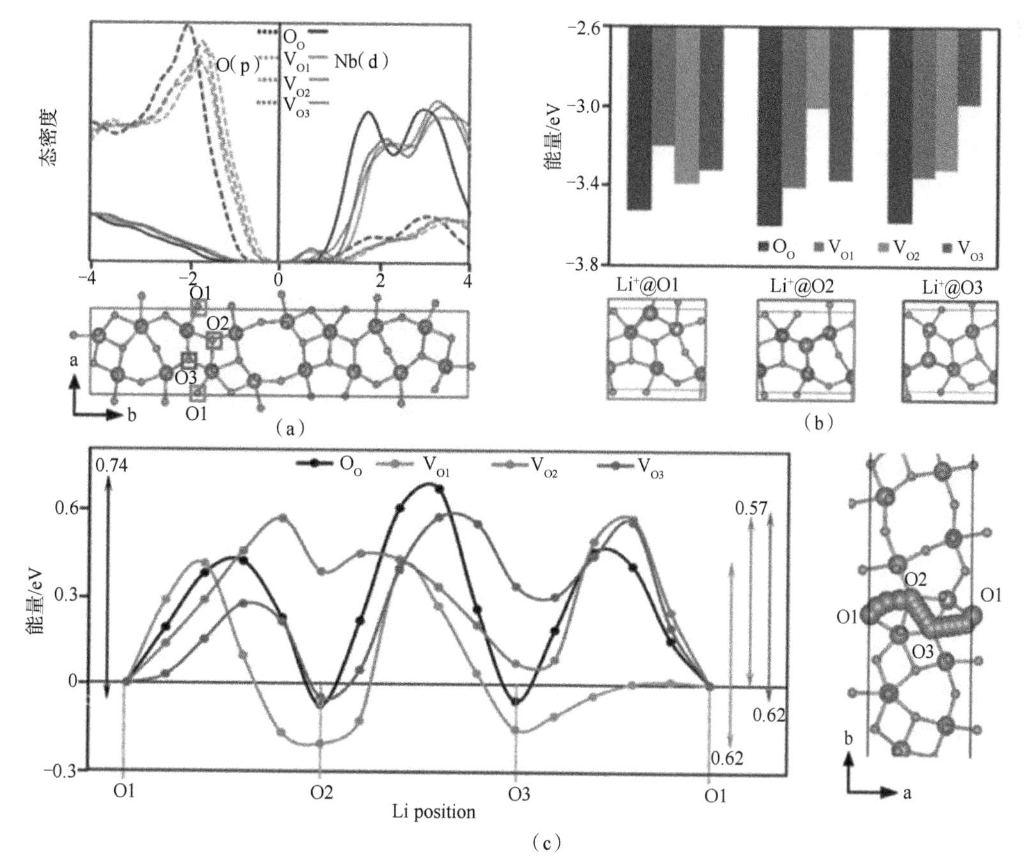

图 12.5　基于密度泛函理论的计算结果[3]

（a）在 O1、O2 和 O3 处具有氧空位的缺陷 Nb_2O_5 的态密度图　（b）分别在 O1、O2 和 O3 位点的锂离子的能量条形图　（c）沿着 *a* 轴（O1↔O2↔O3↔O1）的 Li 扩散能量分布图

Liu 等[4]采用简易喷雾干燥法合成了石墨负载纳米硅的前驱体颗粒，通过在 G@Si 复合前驱体表面快速熔融形成沥青层，并在 1 100 ℃碳化，成功制备了核-壳复合材料（G@Si@C），纳米硅颗粒完全被包覆于碳层中，如图 12.6 所示。所制备的 G@Si@C 复合材料具有优异的电化学性能，初始可逆充电容量为 502.5 mA·h/g，库仑效率为 87.5%，400 次循环后容量保持率为 83.4%。其优异的循环性能归因于碳层抑制了纳米硅体积的变化以及形成了稳定的 SEI 膜。

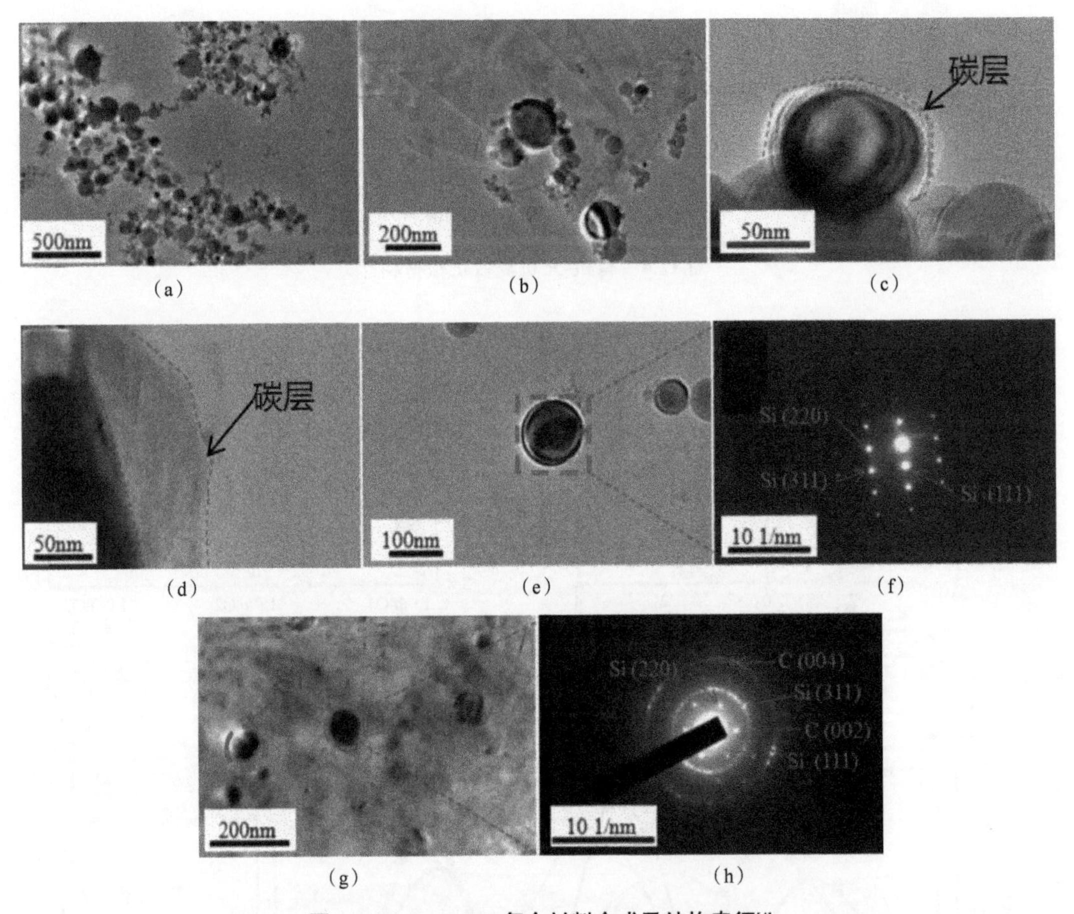

图 12.6 G@Si@C 复合材料合成及结构表征[4]

（a）纳米 Si 的透射电镜图像 （b）G@Si 复合材料的透射电镜图像 （c）、（d）G@Si@C 复合材料的透射电镜图像 （e）、（f）纳米 Si 的选区电子衍射图像 （g）、（h）G@Si@C 的选区电子衍射图像

为了制备高能量密度和高安全性的固态电解质，有学者通过光固化原位聚合的方法制得复合凝胶电解质，将作为电解质骨架的玻璃纤维完全浸入 PEGDA-LiTFSI-SN 凝胶电解质前驱体中，以负压方式渗透 2 h 以确保玻璃纤维被完全浸透，最后紫外线固化 5 min，从而制得复合凝胶电解质，该电解质的离子电导率在室温下达到了 6.56×10^{-4} S/cm。为了提高电解质对锂的稳定性，利用浆料混合搅拌与涂覆干燥的方法，在锂金属表面涂覆了厚度为 10 μm 左右的 PEO 电解质膜，构筑了双层复合电解质。该双层聚合物电解质在室温下的离子电导率达到了 4.27×10^{-4} S/cm，电化学窗口宽度为 5.1 V，以此组装的 $LiFePO_4$/Li 电池在

0.2*C* 倍率下的放电容量达 168 mA·h/g。之后又进一步研究了聚合物基体对凝胶聚合物电解质电化学性能的影响，选取了具有代表性的壳聚糖-海藻酸钠、聚偏二氟乙烯-六氟丙烯无规共聚物（PVDF-HFP）和细菌丝隔膜作为代表，与配置好的丁二腈电解液复合，进行电化学性能的比较。其中，海藻酸钠与壳聚糖两种聚合物在自发形成聚离子复合物的过程中发生共混，提高了聚合物的热稳定性和结构强度。该凝胶电解质不仅可以保持电解液的电化学性质，还可以作为隔膜防止电池内部短路，同时满足柔性电池的要求。最终，壳聚糖-海藻酸钠凝胶聚合物电解质的离子电导率达到了 1.7×10^{-3} S/cm。PVDF-HFP 聚合物具有三维多孔网络且柔韧性非常好，浸入 SN-LiTFSI-LiDFOB-10 V%FEC 电解液和 SN-LiTFSI-LiDFOB-1wt%$LiNO_3$ 电解液中后，PVDF-HFP 凝胶电解质表现出对锂金属较好的稳定性，且离子电导率可达 3.21×10^{-4} S/cm。以此组装的电池表现出了较为出色的循环性能和倍率性能。有学者用多巴胺涂层（PDA）对 $Li_{6.4}La_3Zr_{1.4}Ta_{0.6}O_{12}$（LLZTO）纳米粒子进行表面功能化改性，然后通过氨基和环氧基反应在其表面嫁接 PEO 电解质膜，成功制备了高离子电导率（1.1×10^{-4} S/cm）且不团聚的 PEO/LLZTO 复合固体电解质，这分别是未改性的 LLZTO 和 PEO 电解质离子电导率的 2 倍和 20 倍。如此优异的性能主要是因为 PDA 增强了 PEO 基体与 LLZTO 纳米粒子之间的界面相容性。LLZTO 纳米粒子在 PEO 基体中的均匀分散促进了 PEO/LLZTO 复合固态电解质（CPE）的锂离子转移速率。

隔膜作为锂离子电池的重要部件之一，可以避免正负极接触并促进锂离子在两个电极之间穿梭，其不参与电化学反应，但决定电池的性能和安全性。一方面，隔膜应具备快速转移离子的基本要求，如具有高孔隙率、良好的电解质亲和力和较大的电解质吸收率，使电池获得优异的电化学性能。另一方面，隔膜应该在高温或锂枝晶击穿时保持自身结构的完整性，防止内部短路。因此，开发具有高机械强度和优异的热稳定性的隔膜，对提高大规模应用的锂电池的安全性至关重要。常见的商用锂离子电池隔膜主要是聚乙烯和聚丙烯多孔薄膜，其因具有较好的机械强度、良好的电化学稳定性、均匀的孔隙结构和突出的成本优势，一直主导着锂离子电池市场。但传统的聚烯烃隔膜的熔点低，聚乙烯（PE）为 135 ℃，聚丙烯（PP）为 165 ℃，在高温下的稳定性较差，严重影响电池的安全性，很难满足大功率系统的要求，需要进一步提高其热力学稳定性。使用无机超细粉体涂层或复合改性聚合物是提高隔膜热稳定性的有效方法之一。将具有较高的耐热性和机械强度的无机粉体作为改性剂，可以提高隔膜的机械强度并减小隔膜的热收缩。此外，掺入的无机超细粉体材料与电解质具有良好的亲和力，可以增强电解质的吸收率，从而有助于实现锂离子的均匀分布。超细粉体还可以增加浆料的稳定性，保证隔膜上涂层的均匀性，超细化也能提高与隔膜复合时的相容性。

与聚烯烃隔膜相比，陶瓷复合隔膜具有良好的热稳定性和电解液润湿性，可应用于电动汽车的电源。然而，陶瓷复合隔膜的制备涉及大量有机溶剂，对健康危害很大。Xu 等[5]选择聚丙烯酸锂（PAALi）作为新型黏合剂，采用水性浆料制备 Al_2O_3/PAALi 陶瓷复合隔膜，合成原理如图 12.7 所示。Al_2O_3/PAALi 复合隔膜的生产更加环保，同时也表现出优异的热稳定性。此外，与聚乙烯（PE）隔膜和 Al_2O_3/聚偏二氟乙烯（PVDF）复合隔膜相比，Al_2O_3/PAALi 复合隔膜的锂离子转移数明显提高了 0.41。这可以归因于具有大量羧基（—COOH）官能团的 PAALi 与离子相互作用并促进了阳离子的去溶剂化。因此，使用 Al_2O_3/PAALi 复

合隔膜的 $LiCoO_2$/Li 半电池在 180 次循环后显示出更高的放电容量保持率（88%）和优异的循环稳定性。

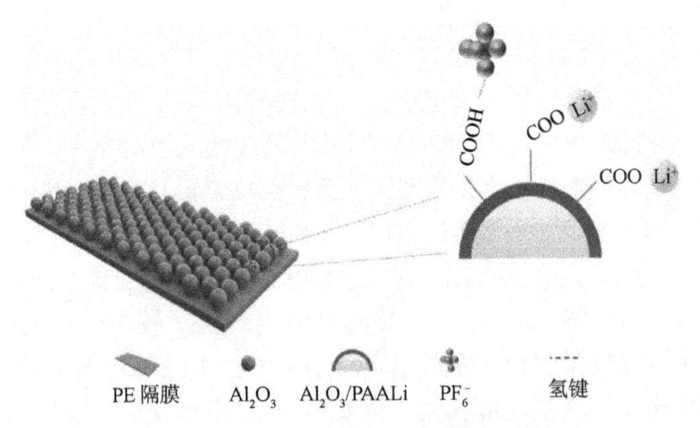

图 12.7 Al_2O_3/PAALi 陶瓷复合隔膜合成原理[5]

为解决隔膜涂层中存在 SiO_2 颗粒分布不均匀的问题，研究人员将 SiO_2 颗粒进行表面改性，如通过在 SiO_2 颗粒表面嫁接官能团或聚合物包覆 SiO_2 颗粒。Fu 等[6]通过将具有核-壳结构的氧化硅-聚膦腈（SiO_2-PZS）纳米颗粒涂覆在 PE 膜两侧，使 PZS 表面的羟基群和氮、氧原子可以与锂离子协调，增强了锂盐的分离效果，从而提高离子电导率和放电能力，在 8*C* 下放电能力可达到 115 mA·h/g。SiO_2 在静电纺丝隔膜改性方面同样展现出不错的前景。Oh 等[7]分别将硫醇改性的 SiO_2 颗粒和聚乙烯吡咯烷酮/聚丙烯腈（PVP/PAN）串联共纺丝所得膜作为支撑层，再在支撑层上串联共纺包裹着多壁碳纳米管（MWCNT）的聚醚酰亚胺（PEI）作为离子/电子导电顶层（见图 12.8），得到的 Janus 型隔膜显著改善了快速充放电反应和高温（60 ℃）循环性能，远远超出了传统聚乙烯隔膜所能达到的性能。

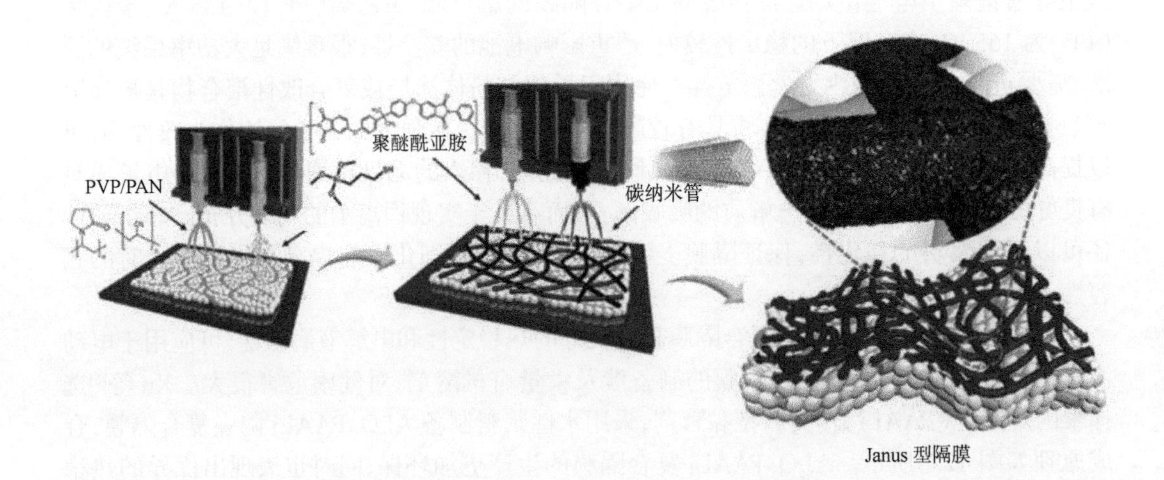

图 12.8 Janus 型隔膜的制造流程[7]

锂离子电池软包装膜是软包锂离子电池的重要组成部分，其通常由外层（保护层）、中间层(阻隔层)和内层(多功能层)组成。内层材料常使用 PP、PE 或改性 PP 等。内层膜需要具备较高的柔韧性与封口强度以及耐电解液等特性。为提高锂离子电池软包装内层膜材料的性能,满足包装要求,具有较高的柔韧性与封口强度以及耐电解液等性能的新型复合软包装膜受到学者的广泛关注。莫少精等[8]通过一种简易的方法制备内层膜材料,采用(3-氨丙基)三乙氧基硅烷(KH550)处理氮化硼(BN),使氮化硼接枝上氨基,增强了 BN 与 PP 的界面作用力,提高材料的拉伸性能和冲击性能,其作用原理如图 12.9 所示。同时采用与电解液化学环境相似的碳酸乙烯酯溶剂对材料的耐电解液性能进行了研究,为锂离子电池软包装内层膜材料的制备提供一定的理论参考。

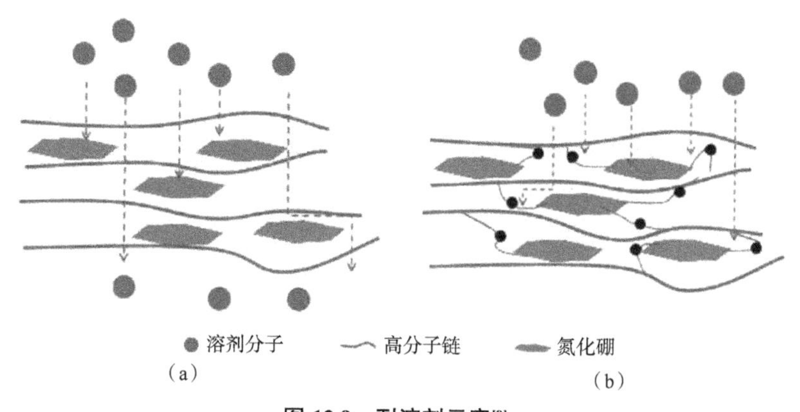

图 12.9　耐溶剂示意[8]

(a)纯 BN 复合材料　(b)KH550-BN 复合材料

12.3.2　复合材料在超级电容器中的应用

超级电容器(Supercapacitor)作为一类介于传统电容器与电池之间的新型能量存储系统,由于具有比容量大、充放电速度快、循环寿命长等特点,在以随机波动为特征的可再生能源、智能分布式电网、新能源汽车、城市轨道交通、运动控制领域中有着广阔的应用前景。根据储能机理的不同可以将超级电容器分为两大类,即双电层电容器(Electrical Double-Layer Capacitor, EDLC)与赝电容器(Pseudo-capacitor),后者根据离子存储行为不同又分欠位沉积型、表面氧化还原层以及插层型。超级电容器由电极材料、集流体、隔膜及电解液组成。电极材料与集流体之间要紧密相连,以减小接触电阻。隔膜具有较高的孔隙率,能够传导离子而阻止电子传导。电解液应该满足电压窗口宽、导电性高的条件。电极材料是实现电荷存储的载体,是决定超级电容器电化学性能的关键因素。要获得高密度、高功率的超级电容器,需针对超级电容器开发出性能优良的电极材料。最常见的电极材料有碳材料、金属氧化物以及导电聚合物三大类。

1)碳材料超级电容器通过双电层储能,常用来制备超级电容器电极的碳材料包括活性炭、碳纳米管、石墨烯、碳气凝胶等,碳材料超级电容器的优势在于具有高的导电性、良好的化学稳定性、大的比表面积,碳资源丰富,成本低,无毒,温度操作区间宽等,影响其储能性能的主要因素是碳材料的比表面积、孔径、孔的形貌和结构。由于仅靠电极与电解液之间的静电吸附来进行储能，故而其比电容值往往都比较低。通过研发复合碳材料电极，可以极大提升超级电容器的性能。Zhou 等[9]采用水热法制备了超薄氧化锰（MnO_2）纳米片/活性炭（AC）复合材料（MnO_2/AC），如图 12.10 所示。AC 电极本身具有出色的电化学性能，在 1 A/g 时的比容量为 89 F/g，在 5 000 次循环后具有 89%的电容保持率。对于 MnO_2/AC 复合材料，其比容量在 1 A/g 时可达到 492.5 F/g，但其循环性能（5 000 次循环后的电容保持率为 78.4%）低于 AC（89%）。

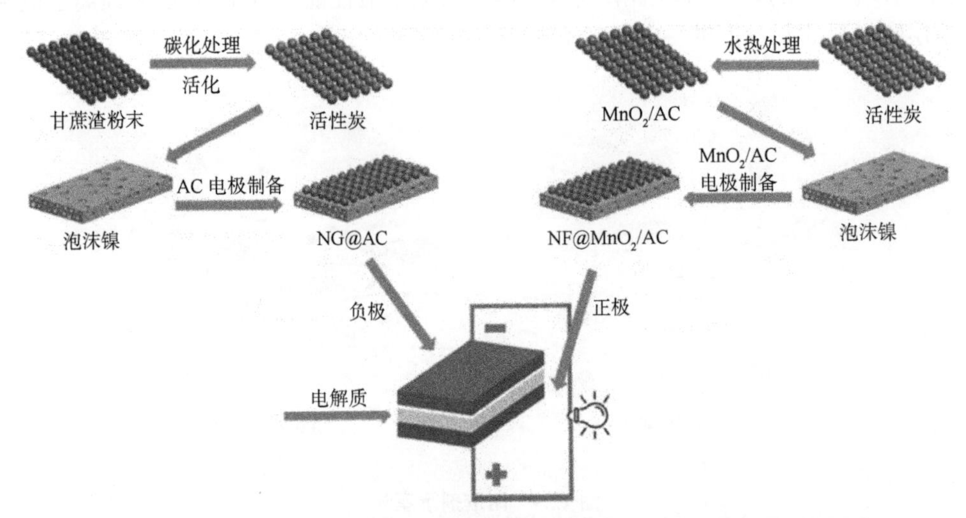

图 12.10 MnO_2/AC//AC 全固态不对称超级电容器（ASC）示意图及其制作工艺[9]

2）金属氧化物超级电容器依靠赝电容储能。其工作原理是基于溶液中的氧化还原反应提供赝电容量，因此可以提供比传统碳材料更高的能量密度。目前常用的金属氧化物电极有 MnO_2、NiO、Co_3O_4、V_2O_5、TiO_2、Nb_2O_5 等。由于金属氧化物电导率较小，且电极材料与电解质溶液接触的机会少，故材料利用率不高，阻碍了电极反应向电极内部深入。通过研发复合金属氧化物电极，可以极大提升其超级电容器的性能。如 Lai 等[10]采用导电碳纳米管网络结构作为支撑结构，并以氧化镍作为超级电容器的主要材料，两者形成协同效应，碳纳米管网络的存在改善了氧化镍的不良电导率，并有利于充电/放电过程中的电子转移，实现了高比容量，在 2 mV/s 的扫描速率下显示出 713.9 F/g 的高比容量。Tang 等[11]利用 $Ni(OH)_2$ 带正电荷和改性超短碳纳米管（SSCNT）上带负电荷的官能团之间的静电相互作用，制备纳米结构的 $Ni(OH)_2$/SSCNT 复合材料。SSCNT 的开口管可以提供丰富的附加传输路径，并且短的轴向尺寸缩短了电极中的电解质离子和电子的传输距离。这完全可以实现集成的 SSCNT 多通道的导电网络结构依附在 $Ni(OH)_2$ 纳米片上，有效防止 $Ni(OH)_2$ 的团聚，以此增大电化学活性表面；进而有利于电极中的电子传输，显著提高电化学性能，这是因为 $Ni(OH)_2$ 有较大的比表面积和较好的多孔导电网络结构，容易与高导电性的 SSCNT 紧密接触，比电容显著增大，如图 12.11 所示。较高的比电容值可以归因于 SSCNTs 的双电层电容和在 $Ni(OH)_2$ 发生的氧化还原电荷转移反应产生的赝电容协同作用。

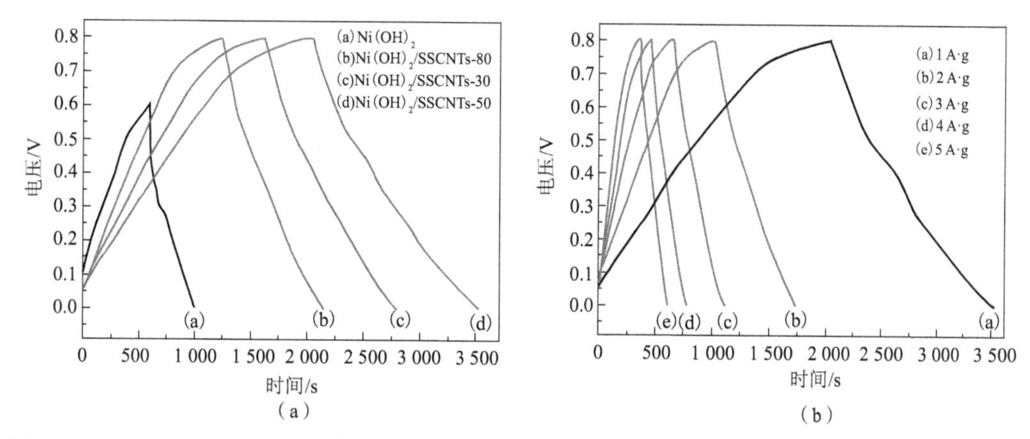

图 12.11　在 1 A/g 下，$Ni(OH)_2$ 和 $Ni(OH)_2$/SSCNT-50 的充放电曲线以及比电容和电流密度的关系[11]

Pang 等[12]利用铜超结构，通过将薄的 MnO_2 纳米薄膜简单地涂覆到高电子导电性的铜超结构上，制备出新型的杂化纳米结构 Cu-MnO_2 复合材料。得益于其独特的结构，作为超级电容器的电极材料，这种复合超级结构在 1.5 A/g 时具有 1 024 F/g 的高比容量，并且在 2 000 次电化学循环后具有约 96%的良好容量保持率。Wu 等[13]用聚苯胺（PANi）通过原位聚合改性的碳纳米管被用于负载 MnO_2 并制备三元复合 MnO_2/PANi-CNT。与纯 MnO_2 和二元复合材料（MnO_2/CNT 和 MnO_2/PANi）相比，MnO_2/PANi-CNT 不仅可以提高复合材料的电导率，而且有序结构有助于缩短离子扩散路径和快速电子化，而且 PANi 改性在碳纳米管表面上，通过使用 PANi 和 MnO_2 之间的共价键可以减少 MnO_2 的团聚。因此，与纯 MnO_2 和二元复合材料相比，所制备的三元复合材料的比电容和循环稳定性大大提高。在 1 A/g 的电流密度下，最大比电容高达 391 F/g，1 000 次循环后电容保持率为 90%。同时，载体的组成在 MnO_2 结构的形成中起着决定性作用。MnO_2/NiCo-LDH 复合材料的比表面积提高，增加了一定的活性位点。

3）导电聚合物超级电容器也靠赝电容进行储能，当电解液中的离子自主移动到高分子主链上时，进行氧化反应；当离子从主链脱离，进入电解质中，进行还原反应。其氧化还原过程在材料的各处都会发生。由于充放电过程不涉及任何结构变换，所以这种循环是高度可逆的。导电高分子材料由于具有高导电性能、宽电压窗口、高储能能力以及高度电化学可逆性，被认为是优良的电池型电极材料。常见的导电高分子包括聚苯胺、聚吡咯和聚噻吩及其衍生物。然而当导电高分子作为电极材料时，在循环过程中聚合物的膨胀和收缩会导致材料发生分解，从而影响循环中的电化学性能。通过研发复合导电高分子材料电极，可以极大提升其超级电容器的性能。Zeng 等[14]用 Ti^{4+}掺杂 Fe_2O_3，然后与聚（3，4-乙烯二氧噻吩）（PEDOT）复合，制成复合电极材料 Ti-Fe_2O_3@PEDOT，无机材料与聚合物材料之间进行协同改性，极大地改善了电容性能。Ti-Fe_2O_3@PEDOT 核壳纳米棒核壳结构为电极材料的电荷传递提供高的电导率，为电化学反应提供大的界面面积，从而为电解液离子的快速传递提供通道，面积电容值在 1 mA/cm^2 充放电流密度下达到 1 150 mF/cm^2，经 30 000 圈充放电循环后仍保持 96%的初始电容。该器件还具有很好的机械柔韧性，在 0°、45° 和 90° 不同的完全角度下，其电化学性能基本保持不变。Zhou 等[15]引入一种简便的电化学共沉积方法，在十二烷基硫酸钠(SDS)存在的条件下将氧化石墨烯(GO)掺入聚(3,4-乙烯二氧噻吩)薄膜中,成功制备了具有独特花瓣形态的PEDOT/SDS-GO复合材料,该材料表现出插层的微观结构。

Ren等[16]通过将自牺牲模板和原位聚合路线相结合,制造出具有增强比电容和循环性能的超级电容器电极材料,分层空心Co_3O_4/PANi纳米笼(Co_3O_4/PANiNCs)。由Co_3O_4/PANiNCs制成的电极在1 A/g的电流密度下显示出1 301 F/g的大比电容,同时还表现出出色的循环稳定性,在2 000次循环后具有90%的电容保持率。此外,成功地使用Co_3O_4/PANiNCs作为正极并使用活性炭作为负极组装了水系不对称超级电容器,组装后的器件在0.8 kW/kg的能量密度下达到41.5 W·h/kg,具有出色的功率,在18.4 W·h/kg时密度为15.9 kW/kg,大大超过了以前报道的最大值。

12.3.3 复合材料在燃料电池中的应用

燃料电池是一种把燃料所具有的化学能直接转换成电能的化学装置,又称电化学发电器。它是继水力发电、热能发电和原子能发电之后的第四种发电技术。由于燃料电池是通过电化学反应把燃料化学能中的吉布斯自由能部分转换成电能的,不受卡诺循环效应的限制,因此效率高;另外,燃料电池用燃料和氧气作为原料,同时没有机械传动部件,故排放出的有害气体极少,使用寿命长。由此可见,从节约能源和保护生态环境的角度来看,燃料电池是最有发展前途的发电技术。燃料电池本质上是一种能量转化装置,它能够等温地把储存在燃料和氧化剂中的化学能直接转化为电能,因而实际过程是氧化还原反应。燃料电池主要由四部分组成,即阳极、阴极、电解质和外部电路。燃料气和氧化气分别由燃料电池的阳极和阴极通入。燃料气在阳极上放出电子,电子经外电路传导到阴极并与氧化气结合生成离子。离子在电场作用下,通过电解质迁移到阳极上,与燃料气反应,构成回路,产生电流。同时,由于本身的电化学反应以及电池的内阻,燃料电池还会产生一定的热量。电池的阴、阳两极除传导电子外,也作为氧化还原反应的催化剂。目前最常用的分类方法是按燃料电池所采用的电解质的类型分类。根据使用电解质种类的不同,燃料电池通常可分为五类:质子交换膜燃料电池(PEMFC)、碱性燃料电池(AFC)、磷酸燃料电池(PAFC)、熔融碳酸盐燃料电池(MCFC)、固体氧化物燃料电池(SOFC)。碱性燃料电池的效率很高,发展非常成熟,但其工作条件要求隔绝CO_2,应用领域主要集中在航天方面。磷酸燃料电池的技术已经非常成熟,其被称为第一代燃料电池,它是最接近商业化的燃料电池,但磷酸燃料电池需要使用贵金属铂作为催化剂,成本较高,且其工作温度不够高,余热利用价值低。熔融碳酸盐燃料电池发展较早,被称为第二代燃料电池。固体氧化物燃料电池的研究则起步较晚,被称为第三代燃料电池。这两种燃料电池工作效率高,被认为最适合实现热电联供,性能良好,但由于工作温度较高,所以对电池材料的要求也较高。质子交换膜燃料电池技术近期发展迅速,采用较薄高分子隔膜作为电解质,具有很高的比功率,而且工作温度较低,特别适合作为便携式电源和新能源汽车车载电源,但目前的主要问题是成本太高。

(1)质子交换膜燃料电池(PEMFC)

质子交换膜燃料电池采用可传导离子的聚合膜作为电解质,所以也叫聚合物电解质燃料电池(PEFC)、同体聚合物燃料电池(SPFC)或固体聚合物电解质燃料电池(SPEFC)。质子交换膜燃料电池中，质子交换膜（PEM）是核心部件，为电池工作提供氢离子通道并隔离两极反应气体。对燃料的阻隔性差是传统 PEM 存在的问题之一，复合改性后的 PEM 对燃料的阻隔性提高、选择性提高，可以极大提升 PEMFC 的使用寿命。如 Wang 等[17]将氨基修饰过的 SiO_2（SiO_2-NH_2），引入磺化聚醚砜（SPES）纳米纤维中，与全氟磺酸型聚合物（Nafion）膜复合制备了 Nafion/SPES/SiO_2 复合膜。Nafion/SPES/SiO_2-3%膜（3%为 SiO_2-NH_2 的质量含量）在 80 ℃时甲醇渗透率较低，为 7.22×10^{-7} cm²/s，质子传导率达 0.23 S/cm。Liu 等[18]制备了具有高强度和高磺酸基表面浓度的磺化二氧化硅涂层聚偏氟乙烯（PVDF）纳米纤维，引入壳聚糖（CS）基质中制备以用于复合质子交换薄膜。复合膜的质子电导率提高到约为纯 CS 膜的 2.8 倍，甲醇渗透率低至 Nafion115 膜的 26%。Zhang 等[19]通过溶液流延法制得了掺有磺化二氧化钛（$STiO_2$）的磺化聚芳醚砜（SPAES）纳米复合质子交换膜。研究结果表明，掺有 2%（质量含量）的 $STiO_2$ 的 SPAES 膜的质子传导率略低于 Nafion117 膜的质子传导率（60 mS/cm），但表现出了更低的甲醇渗透性（2.1×10^{-7} cm²/s）和更好的质子选择性。

Yuan 等[20]合成了具有局部高浓度磺酸基团的磺化聚芳基醚酮砜（SPAEKS），并将不同含量的 TiO_2 掺杂到 SPAEKS 基质中以制备 SPAEKS/TiO_2 复合膜，发现 TiO_2 含量为 3%（质量分数）的复合膜质子传导率接近 Nafion 膜，且甲醇渗透率显著降低。Wang 等[21]设计了基于单链脱氧核糖核酸（DNA）/氧化石墨烯（GO）/Nafion 的高性能质子交换膜（ss-DNA@GO/Nafion），其在 80 ℃和 100%相对湿度（RH）的条件下保持比 Nafion 膜更高的质子传导率（351.8 mS/cm）和更低的甲醇渗透率（1.63×10^{-7} cm²/s）。Zhong 等[22]将含丙烯基的磺化聚醚醚酮（SPEEK）自交联后得到自交联磺化聚醚醚酮（SCSPEEK），再将之与磺酸基官能化的氧化石墨烯（SFGO）相结合，成功构建了复合膜（SCSP/SF）。与原始膜相比，SCSP/SF 膜在 SFGO 含量为 3%（质量分数）时，甲醇的扩散系数最小（约为 1.5×10^{-8} cm²/s），选择性分别比纯 SPEEK 膜和 Nafion 膜高约 6.8 倍、19.3 倍。

（2）碱性燃料电池（AFC）

碱性燃料电池一般以碱性的氢氧化钾溶液为电解质。因运行环境为碱性，故其氧还原反应过电势较低，动力学更快，可以使用更为廉价的银基、钴基、镍基等非铂基金属催化剂，这大大降低了运行成本。此外，相对于质子交换膜燃料电池，碱性阴离子交换膜燃料电池还具有金属催化剂中毒概率低、燃料来源丰富、水管理方便等优势。但目前该领域的研究还不够成熟，缺少兼具高离子电导率和优良化学稳定性的商业化阴离子交换膜。具有优异性能的复合阴离子交换膜是碱性燃料电池研究的关键。Guo 等[23]制备了一种聚环氧氯丙烷（QPECH）和聚四氟乙烯（PTFE）复合而成的碱性膜，其制备过程使用环氧氯丙烷直接和带有两个叔胺基团的功能基团进行反应从而避免了氯甲基化的步骤。电导率在 30~80 ℃时为 $3.60 \sim 6.23 \times 10^{-2}$ S/cm，其还具有优异的耐热稳定性，可在 200 ℃下保持稳定。将 QPECH/PTFE 碱性膜浸没于 1.8 mol/L 的 KOH 溶液中 24 h，其电导率保持稳定，无明显变化。张鑫彪等[24]成功制备了一种由 1-乙烯基咪唑、苯乙烯以及对二乙烯基苯共聚而成的聚合物同 PTFE 复合而成的交联型碱性膜。其方法为将单体加入 PTFE 微孔膜的微孔中进行聚合。与 PTFE 微孔膜复合的方法使其溶胀度有很大程度的降低，从未复合前的 47%下降到 9.5%。将复合膜浸没于 60 ℃、6 mol/L 的 NaOH 溶液中，经过一周时间，其电导率下降为 20%，与复合前的 62%相比有明显提高。Qaisrani 等[25]制备了一种苯并噁嗪基的 PTFE 复合碱性膜。该复合膜的合成路线为苯并噁嗪在 PTFE 微孔膜中进行原位开环聚合。得到复合膜的电导率在 30~80 ℃时为 26~70 mS/cm。其溶胀度相比未复合的同种碱性膜明显下降。该复合膜具有优异的耐碱稳定性，将其浸没于 60 ℃、1 mol/L 的 KOH 溶液中，其电导率下降了 10%。

（3）磷酸燃料电池（PAFC）

磷酸燃料电池以浓磷酸为电解质。复合材料的使用，使得磷酸燃料电池的耐久度得到很大提升。Lu 等[26]采用孔径为 50~400 nm 的 25 μm 厚的聚四氟乙烯（PTFE）薄膜覆盖在玻璃微纤维（GMF）表面以防止磷酸泄漏。这种复合质子交换膜在磷酸燃料电池的工作温度下具有较好的热稳定性和化学稳定性，同时提供了高质子传导率。复合膜的质子传导率（150 ℃时为 0.71 S/cm）远高于报道的磷酸多孔膜（150 ℃时约 0.01 S/cm）。使用含 Pt/C 催化剂复合膜的燃料电池在纯 H_2 和 O_2 供应的条件下，在 140 ℃时的峰值功率密度为 614 mW/cm^2，电流密度为 1 761 mA/cm^2，表现出优异的性能。

（4）熔融碳酸盐燃料电池（MCFC）

熔融碳酸盐燃料电池是由多孔陶瓷阴极、多孔陶瓷电解质隔膜、多孔金属阳极、金属极板构成的燃料电池，其电解质是熔融态碳酸盐。MCFC 的优点在于工作温度较高，反应速度加快；对燃料的纯度要求相对较低，可以对燃料进行电池内重整；不需要贵金属催化剂，成本较低；采用液体电解质，较易操作。不足之处在于，高温条件下液体电解质的管理较困难，长期操作过程中，腐蚀和渗漏现象严重，降低了电池的寿命。为了提高其工作寿命，Lysik 等[27]开发了一种用于 MCFC 的分层复合阴极。由多孔镍制成的基底层和参考 MCFC 阴极被具有确定孔隙率和孔径的多孔银膜覆盖。两层均使用流延法制造，多孔银层能够提高阴极和集电器之间的电子传输速率。由于气体供应中银的存在，氧还原被增强。因此，电池的功率密度提高了 50%。此外，在 1 000 h 的连续工作后没有发现银层的显著降解。

（5）固体氧化物燃料电池（SOFC）

固体氧化物燃料电池以氧离子导体固体氧化物为电解质。其作为第三代燃料电池，以能量转换效率高、燃料适用范围广、对环境友好、全固态等诸多优势而备受关注。双极板（又称连接体）作为固体氧化物燃料电池的重要组成部分之一，在 SOFC 电池堆中起到串并联单体电池并隔绝燃料气体与空气的作用，对电池性能及商用成本有很大影响。不同材料的双极板存在不同的性能问题，主要都集中在导电性能、抗氧化性能、化学稳定性及热膨胀系数是否匹配等方面。Qi 等[28]采用无压渗透的方式制备了 TiC/Hastelloy 复合材料研究 $d_{Ti/C}$（Ti/C 颗粒尺寸）对复合材料抗氧化性能的影响，发现复合材料的氧化性能受 Ti、Ni、Cr 和 O 的扩散控制，与其制备方法无关。这类材料可以通过降低 $d_{Ti/C}$ 促进致密 TiO_2-Cr_2O_3 氧化膜的形成，进而提高抗氧化性能。Alavijeh 等[29]通过本体成型复合工艺制备了环氧/石墨/纳米铜纳米复合双极板。环氧树脂因价格低廉被广泛使用，石墨和纳米铜作为主要和次要添加物分别填充到复合材料中。尽管石墨可以增加导电特性，但对于双极板来说还远远不够；纳米铜的尺寸小，可以很好地分散在聚合物和石墨基体中，增强导电性。添加 5%的纳米铜、17.5%的石墨与环氧树脂制备的双极板，电阻率仅为 1 202 mΩ/cm，弯曲强度达到 40.34 MPa，密度只有 1.329 g/cm^3。刘昱[30]将 E-44 环氧树脂、650 聚酰胺固化剂、邻苯二甲酸酐（HHPA）固化剂与石墨粉在 110 ℃条件下混合均匀，考察了石墨用量、不同固化剂对双极板性能的影响，最终发现使用 HHPA 固化剂、石墨质量分数为 80%、以 PTEF 薄膜为脱模薄膜制备的双极板具有更好的力学性能，且表面比较致密，但在耐热性上，聚酰胺固化剂双极板可耐 250 ℃高温，HHPA 仅有 120 ℃。近年来，诸如此类的复合材料被广泛研究，通过集合几种材料的性能优点，可制备出能够满足 SOFC 双极板恶劣的工作环境要求的材料，这一方向具有广泛应用前景。

12.3.4　复合材料在太阳能电池中的应用

太阳能资源丰富，清洁绿色，分布广泛，地域限制不明显，是很有潜力的可再生能源。如能将太阳能转化为热能、电能、化学能和生物质能，就可解决传统能源紧缺、环境污染等问题。众多研究人员对光电转化，即研制太阳能电池做出了巨大努力，并取得了可喜的成果。太阳能作为一种清洁、无污染且可再生的能源，注定在未来具有很大的应用空间。目前应用最为广泛的太阳能电池有硅基太阳能电池和新型薄膜太阳能电池两种。硅基太阳能电池问世以来，组件成本逐渐降低，光伏性能显著改善，其太阳能电池结构主要包括基片电极、p 型层、p-n 结、n 型层、SiO_2 保护膜、电极。由于半导体导带与禁带间具有适合的禁带宽度，对 Si 这种材料进行不同的掺杂处理，可形成 p-n 结。太阳光照射在 p-n 结上，会形成新的空穴-电子对。在 p-n 结内建电场的作用下，光生空穴流向 p 区，光生电子流向 n 区，接通电路后即产生电流，这就是光生伏特效应，也是太阳能电池的工作原理。硅基太阳能电池的稳定性是所有太阳能电池中最好的，硅基太阳能电池占据市场规模的 90%左右。硅基太阳能电池主要包括单晶硅太阳能电池和多晶硅太阳能电池，其结构大体相似，但是制作单晶硅太阳能电池需要高纯度的硅，成本较高。太阳能电池虽然占据很大的市场份额，但是其材料消耗量大，制作成本较高。降低成本的同时提升光电转换效率是硅基太阳能电池发展的最终目标。近年来，制作多结结构的太阳能电池被认为是改善太阳能电池性能的有效途径。

20 世纪 90 年代，瑞士科学家首次提出了一种新型太阳能电池，它以染料吸收光并给出电荷，纳米半导体多孔膜支撑染料接受电荷并传导电荷，这就是染料敏化太阳能电池（DSC）。这种电池具有原料丰富、成本低、工艺技术相对简单和稳定性高等优点，并且所使用的原料和生产工艺无毒、无污染，部分材料可以充分回收，因此得到了研究者的重视。这种电池主要由纳米多孔半导体薄膜、染料敏化剂、氧化还原电解质、对电极和导电基底等部分组成。受太阳光照射后，染料分子由基态跃迁至激发态；处于激发态的染料分子将电子注入半导体的导带中；电子运动到导电玻璃基底，之后进入外电路。同时，电池内部发生的是氧化态的染料的还原再生反应和电解质的氧化还原反应，之后染料可以继续进行光生电子的产生和循环。纳米多孔半导体薄膜多用 TiO_2、SnO_2 和 ZnO 等材料制作，其中最常见的是纳米 TiO_2。然而 TiO_2 本身禁带宽，产生的电子-空穴对极易复合，寿命短，光响应范围较窄，因此为改善 TiO_2 的光电化学性能，许多研究者开始探索采用纳米复合材料制作多孔薄膜的可能性。有学者利用银纳米线和不同浓度二氧化钛共混形成稳定杂化墨水，将其在玻璃衬底上制备成透明导电薄膜，用于替代染料太阳敏化电池（DSSC）中造价昂贵的掺氟氧化锡（FTO）电极材料。

12.3.5 复合材料在风电产业中的应用

随着世界能源问题日益突出，风力发电因储量巨大、资源可再生和市场广泛而成为一种具有商业化前景的发电方式。风能是一种洁净的可再生能源，利用技术相对成熟，具有安全可靠、单机容量大、建设周期短等优点，而且对环境比较友好，所以被世界各国普遍关注，并在新能源中被选择优先发展。

风力发电机是一种利用风能的装置。风力发电机有水平轴风力发电机和垂直轴风力发电机两类。水平轴风力发电机技术发展得比较快，应用技术也趋于成熟。但是现有的小型水平轴风力发电机有一些缺陷，其转速高，噪声大，而且在运行的过程中容易发生故障，对人产生危险，所以在有人居住或经过的地方是不适宜安装的。和水平轴风力发电机相比，垂直轴风力发电机的开发技术相对较慢一些。垂直轴风力发电机的叶片和发电机对研发技术要求较高，但是现在市场上的小型垂直轴风力发电机因为降低了转速，所以有效地提高了稳定性，同时具有启动风速较低、噪声小（基本听不到噪声）等显著优点，所以相对更适合在接近人类活动的范围内安装，大大提高了风力发电机的使用范围。

风力发电机的叶片作为风电机组的核心部件之一，其大型化和高功率化的发展对复合材料的成型工艺、力学性能和电气性能提出了更高的要求。世界上常见的风力发电机的叶片的材质有：木制及布蒙皮材料、钢梁玻璃纤维蒙皮材料、环氧树脂基纤维增强复合材料、玻璃钢复合材料、碳纤维复合材料。纤维增强复合材料主要由基体和增强纤维两大部分构成。基体通常使用热塑性材料或热固性材料，虽然这种材料的强度和模量都比较低，但由于其拥有良好的黏弹性和弹塑性，应变较大。填充的纤维材料（或晶须）直径较小，一般可在 10 μm 以下，缺陷相对较小且较少，不易腐蚀、损伤及断裂。为了提高叶片的功率，需要增加叶片的长度，相应地，叶片质量也随之增加。因为风力发电机产生的电能，与叶片长度成正比，在叶片长度增加、质量变大的当下，为了实现更好的设计优化，叶片材料的选择就变得尤为重要。传统风力发电机的叶片多使用玻璃纤维材料，这种材料的质量比较大，不适合用于大型叶片。在叶片的强度以及刚度符合相关要求的情况下，开发性能良好、质量偏小的新材料成为了风力发电机叶片材料发展的方向。

环氧树脂基纤维增强复合材料是风力发电机叶片与叶根的主要材料，但其存在材料脆性大、适用期短、渗透性差和固化温度高等问题，从而增大了成型工艺难度，造成资源浪费和制造成本的增加。因此，急需研制一种具有成型工艺性好、适用期长、浸透性好、固化物机械强度高且韧性好等特点的环氧树脂复合材料，以满足大型高功率风力发电机叶片与叶根的应用需求。有学者以双酚 A 型环氧树脂为基体，以 G2019 环氧树脂为改性树脂，以已二醇二缩水甘油醚为稀释剂，复配出高韧性复合型环氧树脂体系，通过拉挤工艺（如图 12.12 所示）制得风力发电机叶片。用高性能环氧树脂基玻璃纤维增强复合材料作为叶片的材料，并对其力学性能和电气性能进行研究。结果表明：所得复合型环氧树脂体系可作为高韧性环氧树脂基体，当 G2019 环氧树脂含量为 30%（质量分数）时，环氧树脂复合体系浇铸体的冲击强度达到 25.1 kJ/m^2，与纯双酚 A 型环氧树脂浇铸体的冲击强度相比提升了 151.5%，交流和直流电气强度分别达到 48 kV/cm 和 65 kV/cm。拉挤成型环氧树脂基玻璃纤维增强复合材料具有优异的力学性能和电气性能，能够满足风电领域的应用需求。

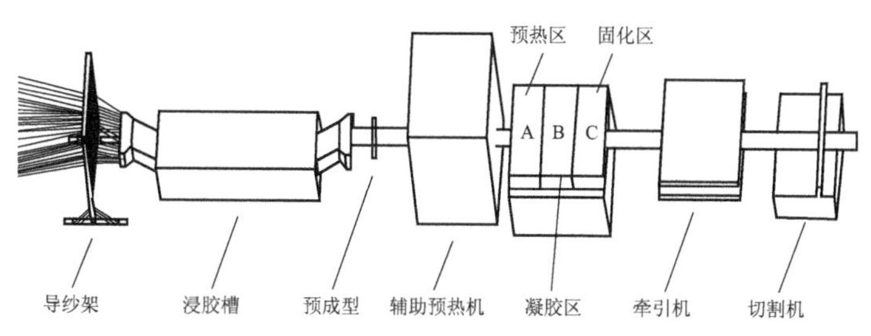

图 12.12　拉挤工艺流程示意图

当风力发电机长度超过 40 m 时,选用碳纤维材料更加经济节约,材料的用量较少,而且质量较轻,便于运输的同时安装成本也较低。通过对比发现,应用碳纤维材料的弹性模量与玻璃纤维相比增加了 2~3 倍,所以碳纤维复合材料具有高弹轻质的优势,碳纤维制造的风力发电机叶片,其质量与玻璃纤维相比,减少了 70%~80%。采用碳纤维复合材料后,风力发电机叶片由碳纤维以及增强纤维构成,这种材料组合可以大大提高叶片强度和刚度,增强叶片的黏弹性以及可塑性,可以使叶片承受较大的荷载,同时材料本身的优势也增强了风力力发电机叶片的抗腐蚀性。

12.3.6　复合材料在核电产业中的应用

核能发电是利用核反应堆中核裂变所释放出的热能来进行发电的方式,与火力发电极其相似——将火力发电使用的电站锅炉以核反应堆和蒸汽发生器来代替,能量由矿物燃料的燃烧能变成了核裂变能。核电的动力堆都是由一回路的冷却剂通过堆心加热,在蒸汽发生器中将热量传给二回路或三回路的水,然后形成蒸汽推动汽轮发电机(沸水堆除外)发电。科学家发现一块铀矿石所释放的射线能量会持续极长的时间,并且精确计算出 1 kg 铀-235 完全释放的能量相当于 2 700 t 的优质煤燃烧释放的能量。1942 年 12 月,意大利物理学家费米团队首次通过可控制的链式反应实现了核能的释放,并且在美国建立了世界上第一个“核反应堆”装置,开启了核能利用的时代。美国在 1952 年建成第一座余热型核电站,随即苏联在 1954 年建成第一座真正意义上的核电站。1987 年,我国的第一座核电站——秦山核电站也成功建成。核能发电不会产生二氧化碳,因此不会加重地球的温室效应,而且也不会排放大量的污染物质到大气中,不会加剧大气污染。目前,核能发电所使用的铀原料,除了利用其进行核能发电之外,尚无其他用处,因此可以保证充足的原料。在核能发电的成本中,燃料费用所占的比例较低,而且核燃料的能量密度比化石燃料高上几百万倍。因此无论是燃料开发成本,还是运输、储存成本都较低。核电的投资成本较大,热污染较严重。核电厂虽然产生的“三废”较少,但是依然会产生高低阶放射性废料,即使所占的体积不大,但是其会发出放射线,故必须慎重处理。而且核电厂的反应器内有大量的放射性物质,一旦发生事故泄漏到环境中,将会对地球生态环境及生物造成巨大的伤害。复合材料在核电发展中发挥着至关重要的作用。

核反应中需要中子吸收剂来降低核反应的功率并保持其平稳反应,此外,核电站投入运行后将产生大量的乏燃料,需要使用中子吸收材料来保证乏燃料处于次临界安全状态并防止放射性物质释放到环境中,确保乏燃料的安全是核电持续发展和维护社会稳定的重要保障。具备较大的热中子及超热中子吸收截面的核素称为中子吸收核素，主要有硼、镉、银、铟、铪、铕、钆、镝等。

此外，复合材料还被用于吸附核废料废水中的某些放射性核素。有学者以聚乙烯醇为表面活性剂，采用原位聚合法制备了聚苯胺/SiO_2复合材料。制备的P_{An}/SiO_2复合材料用于从液体溶液中去除Zr^{4+}、U^{6+}和Mo^{6+}。P_{An}/SiO_2复合材料具有良好的热稳定性，在400 ℃加热时，其饱和容量保持在78.83%左右，当辐照剂量为0~150 kGy时，P_{An}/SiO_2复合材料的饱和容量从191.28 mg/g提高到319.16 mg/g。对几种金属离子的吸附研究表明，P_{An}/SiO_2复合材料对Zr^{4+}、U^{6+}和Mo^{6+}具有明显的选择性，其选择性顺序为$Zr^{4+}>U^{6+}>Mo^{6+}$。

12.3.7 复合材料在天然气产业中的应用

天然气是指天然蕴藏于地层中的烃类和非烃类气体的混合物。在石油地质学中，通常指油田气和气田气。其组成以烃类为主，并含有非烃类气体。天然气蕴藏在地下多孔隙岩层中，包括油田气、气田气、煤层气、泥火山气和生物生成气等，也有少量出于煤层。它是优质燃料和化工原料。天然气的主要用途是用作燃料，可制造炭黑、化学药品和液化石油气，由天然气生产的丙烷、丁烷是现代工业的重要原料。

天然气主要由气态低分子烃和非烃类气体组成，主要由在量甲烷（85%）和少量乙烷（9%）、丙烷（3%）、氮（2%）和丁烷（1%）组成。其主要用作燃料，也用作制造乙醛、乙炔、氨、炭黑、乙醇、甲醛、烃类燃料、氢化油、甲醇、硝酸、合成气和氯乙烯等化学物的原料。天然气常被压缩成液体进行储存和运输。天然气是单纯窒息性气体，浓度高时因置换空气会引起缺氧，会导致人呼吸短促、知觉丧失；严重者可因血氧过低而窒息死亡。高压天然气可导致冻伤。天然气是较为安全的燃气之一，它不含一氧化碳，也比空气轻，一旦泄漏，会立即向上扩散，不易积聚形成爆炸性气体，安全性较其他燃体而言更高。采用天然气作为能源，可减少煤和石油的用量，因而可大大改善环境污染问题，天然气作为一种清洁能源，能减少二氧化硫和粉尘排放量近100%，减少二氧化碳排放量60%，减少氮氧化物排放量50%，并有助于减少酸雨形成，减缓地球温室效应，从根本上改善环境质量。

天然气过滤分离技术作为天然气工程中的关键技术，在天然气产业中具有举足轻重的地位。随着天然气产业的发展，高效天然气过滤分离技术具有越来越广泛的应用前景和良好的经济效益。以高性能天然气过滤技术为目标，针对现有缠绕式滤芯、折叠式滤芯结构的不足，有学者提出了新型复合滤芯结构，并通过实验研究了常见滤材的流通性能，确定了滤芯结构内不同部件的滤材类型，如图12.13所示。新型复合滤芯材料由外层粗纹丝网、中心过滤层以及保护层组成。当外层粗纹丝网滤材选择HLG300不锈钢丝网，保护层选择聚丙烯滤膜，中心过滤层选择四氟滤膜或醋酸纤维滤膜时，滤芯具有较好的过滤精度和流通性能。

天然气中的硫化物是天然气造成空气污染和催化剂中毒的主要原因。因此，为最大限度地减少对环境有毒的物质的形成，高效去除液体燃料或天然气中的硫化物变得非常必要。有学者使用纳米尺寸磁铁矿（NSM）作为种子生长介孔二氧化硅制备了磁铁矿-介孔二氧化硅复合材料。甲基硫醇由于磁铁矿的强分子亲和力而富集在介孔中，然后在磁铁矿上发生表面反应转化为二甲基二硫化物。这种复合材料在甲烷存在下具有很高的去除甲基硫醇的能力，而单纯的介孔二氧化硅或磁铁矿的这种能力很小。由于磁铁矿对硫化物的强分子亲和力与介孔二氧化硅比表面积的协同作用，该复合材料的硫吸附能力比单纯的介孔二氧化硅高 20 倍。

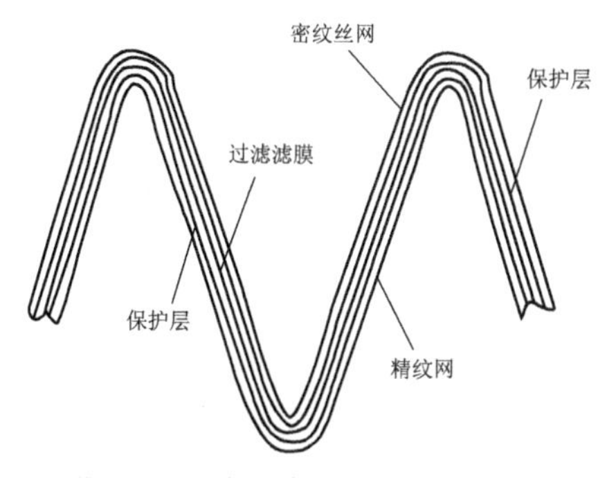

图 12.13　新型复合滤芯结构示意

在天然气的输运过程中，为解决天然气管道易泄漏、腐蚀严重的问题，有学者运用有限元分析技术对天然气管道受力薄弱环节进行模拟失效分析，分析结果表明：管道内壁粗糙程度对耐久性有较大影响。采用有机/无机纳米复合涂层对内壁进行防护，可提高内壁表面结构质量。用纳米粒子的壁虎效应与内壁形成牢固的结合力，可确保涂层无脱落、无剥离；利用纳米粒子的荷叶效应与流体介质产生自洁净效果，可确保内壁无结垢。

此外，天然气中水蒸气的存在，可能会导致管道和设备的腐蚀，甚至会形成冰塞，堵塞管道，影响正常输气。因此需要将天然气中的水分用分离技术分离出来，至今成功应用于商业的膜分离装置多数采用聚合物膜。例如，美国 Air Product 公司生产的聚砜膜，呈中空纤维式，其可以脱除天然气中 95%的水分；美国 Separex 公司生产的醋酸纤维膜，呈螺旋卷式，可以脱除天然气中 97%的水分。中国科学研究院大连化学物理研究所的聚砜和硅橡胶复合膜，呈中空纤维式，其甲烷回收率高于 98%。

参考文献

[1] REN X, LI Z F, CAO J R, et, al. Enhanced rate performance of the mortar-like $LiFePO_4/C$ composites combined with the evenly coated of carbon aerogel[J]. Journal of alloys and compounds, 2021, 867: 158776.

[2] SUI D, XU L Q, ZHANG H T, et, al. A 3D cross-linked graphene-based honeycomb carbon composite with excellent confinement effect of organic cathode material for lithium-ion batteries[J]. Carbon, 2020, 157: 656-662.

[3] JING P P, LIU K T, SOULE L, et al. Engineering the architecture and oxygen deficiency of $T\text{-}Nb_2O_5$-carbon-graphene composite for high-rate lithium-ion batteries[J]. Nano energy, 2021, 89: 106398.

[4] LIU W P, XU H R, QIN H Q, et al. Rapid coating of asphalt to prepare carbon-encapsulated composites of nano-silicon and graphite for lithium battery anodes[J]. Journal of materi-

als science, 2020, 55: 4382-4394.

[5] XU R, SHENG L, GONG H, et al. High-performance Al_2O_3/PAALi composite separator prepared by water-based slurry for high-power density lithium-based battery[J]. Advanced engineering materials, 2021, 23(3): 2001009.

[6] FU W T, XU R J, ZHANG X Q, et al. Enhanced wettability and electrochemical performance of separators for lithium-ion batteries by coating core-shell structured silica-poly (cyclotriphosphazene-co-4, 4'-sulfonyldiphenol) particles[J]. Journal of power sources, 2019, 436: 226839.

[7] OH Y S, JUNG G Y, KIM J H, et al. Janus-faced, dual-conductive/chemically active battery separator membranes[J]. Advanced functional materials, 2016, 26(39): 7074-7083.

[8] 莫少精,任凤梅,王静,等. 锂电池软包装内层膜材料的制备与性能[J]. 包装工程, 2021, 42(21): 127-132.

[9] ZHOU B T, SUI Y W, QI J Q, et al. Synthesis of ultrathin MnO_2 nanosheets/bagasse derived porous carbon composite for supercapacitor with high performance[J]. Journal of electronic materials, 2019,48(5): 3026-3035.

[10] LAI Y H, GUPTA S, HSIAO C H, et al. Multilayered nickel oxide/carbon nanotube composite paper electrodes for asymmetric supercapacitors[J]. Electrochimica acta, 2020, 354: 136744.

[11] TANG L, DUAN F, CHEN M. Multilayer super-short carbon nanotube/nickel hydroxide nanoflakes for enhanced supercapacitor properties [J]. Journal of materials science: materials in electronics, 2017, 28(3): 2325-2334.

[12] PANG H, WANG S, LI G, et al. Cu superstructures fabricated using tree leaves and $CuMnO_2$ superstructures for high performance supercapacitors [J]. Journal of materials chemistry a, 2013, 1(16): 5053-5060.

[13] WU H, LA M, LI J H, et al. Preparation and electrochemical properties of MnO_2/PANI-CNTs composites materials [J]. Composite interfaces, 2019, 26(8): 659-677.

[14] ZENG Y, HAN Y, ZHAO Y, et al. Advanced Ti-doped Fe_2O_3@ PEDOT core/shell anode for high-energy asymmetric supercapacitors[J]. Advanced energy materials, 2015, 5(12): 1402176.

[15] ZHOU H, HAN G, FF D, et al. Petal-shaped poly (3, 4-ethylenedioxythiophene)/sodium dodecyl sulfate-graphene oxide intercalation composites for high-performance electrochemical energy storage[J]. Journal of power sources, 2014, 272: 203-210.

[16] REN X H, FAN H Q, MA J G, et al. Hierarchical Co_3O_4/PANI hollow nanocages: synthesis and application for electrode materials of supercapacitors[J]. Applied surface science, 2018, 441: 194-203.

[17] WANG H, WANG X, FAN T, et al. Fabrication of electrospun sulfonated poly (ether sulfone) nanofibers with amino modified SiO_2 nanosphere for optimization of nanochannels in proton exchange membrane[J]. Solid state ionics, 2020, 349: 115300.

[18] LIU G, TSEN W C, WEN S. Sulfonated silica coated polyvinylidene fluoride electrospun nanofiber-based composite membranes for direct methanol fuel cells[J]. Materials and design, 2020, 193:108806.
[19] ZHANG X, XIA Y, GONG X, et al. Preparation of sulfonated polysulfone/sulfonated titanium dioxide hybrid membranes for DMFC applications[J]. Journal of applied polymer science, 2020, 137(32): 48938.
[20] YUAN C, WANG Y. The preparation of novel sulfonated poly(aryl ether ketone sulfone)/TiO_2 composite membranes with low methanol permeability for direct methanol fuel cells[J]. High performance polymers, 2020, 33(3):326-337.
[21] WANG H, SUN N, ZHANG L, et al. Ordered proton channels constructed from deoxyribonucleic acid-functionalized graphene oxide for proton exchange membranes via electrostatic layer-by-layer deposition[J]. International journal of hydrogen energy, 2020, 45(51): 27772-27778.
[22] ZHONG S, DING C, GAO Y, et al. Sulfonic group-functionalized graphene oxide-filled self-cross-linked sulfonated poly(ether ether ketone) membranes with excellent mechanical property and selectivity[J]. Energy and fuels, 2020, 34(9): 11429-11437.
[23] GUO T Y, QING H Z, CHUN H Z, et al. Quaternized polyepichlorohydrin/PTFE composite anion exchange membranes for direct methanol alkaline fuel cells[J]. Journal of membrane science, 2011, 371: 268-275.
[24] 张鑫彪, 夏子君, 郭晓霞, 等. 碱性阴离子燃料电池用聚(1-乙烯基咪唑-co-苯乙烯-co-对二乙烯基苯)/PTFE 交联复合膜的制备与性能研究[J]. 化工新型材料, 2015, 43(6): 57-59.
[25] QAISRANI N A, MA Y, MA L, et al. Facile and green fabrication of polybenzoxazine-based composite anion-exchange membranes with a self-cross-linked structure[J]. Ionics, 2018, 24(10): 3053-3063.
[26] LU C L, CHANG C P, GUO Y H, et al. High-performance and low-leakage phosphoric acid fuel cell with synergic composite membrane stacking of micro glass microfiber and nano PTFE [J]. Renewable energy, 2019, 34: 982-988.
[27] LYSIK A, CWIEKA K, WEJRZANOWSKI T, et al. Silver coated cathode for molten carbonate fuel cells[J]. International journal of hydrogen energy, 2020, 45(38): 19847-19857.
[28] QI Q, WANG L J, LIU Y, et al. Effect of TiC particles size on the oxidation resistance of TiC/hastelloy composites applied for intermediate temperature solid oxide fuel cell interconnects [J]. Journal of alloys and compounds, 2019, 778: 811-817.
[29] ALAVIJEH M S, KEFAYATI H, GOLIKAND A N, et al. Synthesis and characterization of epoxy/graphite/nano-copper nanocomposite for the fabrication of bipolar plate for PEMFCs [J]. Journal of nanostructure in chemistry, 2019, 9(1): 11-18.
[30] 刘昱. 环氧树脂/石墨复合材料双极板的制备研究 [D]. 武汉:武汉理工大学, 2012.

第 13 章 纳米材料在锂离子电池中的应用

自 20 世纪 80 年代初德国萨尔兰大学 Herbert Gleiter 提出“纳米材料”的概念以来，由于具有多种特殊效应(包括量子尺寸效应、小尺寸效应、宏观量子隧道效应、表面效应等)，纳米材料具备不同于常规块体材料的物理和化学性能，在很多方面具有广泛的潜在应用。纳米材料是由三维空间中至少有一维处于纳米范围(1~100 nm)的纳米颗粒组合而成的固体[1]。纳米材料通常可分为零维(0D)纳米材料，如团簇、纳米颗粒等；一维(1D)纳米材料，如纳米线、纳米棒、纳米管等；二维(2D)纳米材料，如纳米片、纳米带等。由于电极材料为电化学反应提供活性位点，因此锂离子电池的性能在很大程度上取决于电极材料的固有性质，包括结晶度、颗粒尺寸及分布。纳米材料和纳米结构在电极中的应用已成为提高锂离子电池性能的普遍解决方案。

13.1 纳米材料作为锂离子电池电极材料的优缺点

纳米材料用作锂离子电池电极材料最突出的一个优点是能加快锂离子存储的电化学动力学。当假定离子和电子电导率与位置无关时，与电极内电荷载流子传输密切相关的电化学过程的反应速率与电极材料的粒径成反比[2]。具体来说，锂离子电池的电化学反应包括锂离子在电解液与电极材料界面上的转移和锂离子在固态电极内的扩散[3]。

固态材料中的扩散长度(L)与扩散速率和扩散时间相关，基于菲克(Fick)第一定律，锂离子在固体电极材料内的扩散由下式决定：

$$t \propto \frac{L^2}{D}$$

其中，D 为扩散系数；t 为电荷载流子在固态电极材料中扩散所需的时间。基于扩散时间和扩散系数之间的相关性，取决于电极的扩散系数需要足够高，以保证在短时间内完成电化学反应，特别是在制备超高倍率锂离子电池时，降低活化能垒及提高温度可以有效提高扩散速率。

扩散距离的减少可以有效缩短扩散时间，实现锂离子电池优异的倍率性能。常用的方法之一是减小电极材料的颗粒尺寸。因此，将纳米材料和纳米结构引入电极，使得固态扩散长度总体上减少，电极和电解液之间的界面面积增加。当涉及纳米尺度时，随着电极材料表面电荷转移过程的增强，电荷载流子的传输路径相应变短，这有利于制备具有优异倍率性能的锂离子电池。此外，由于纳米尺寸电极的应力和应变降低，锂离子电池的循环稳定性得以改善，从而减少反复循环后产生的裂纹。

在固态电极中使用具有纳米结构的材料也可能会导致一些新问题，包括高制造成本和低振实密度。众所周知，在电极表面形成 SEI 会造成额外的锂消耗，并导致电解质快速分解。由于纳米结构电极的比表面积通常比块状电极大数倍，因此上述不良反应变得更加严重，这对锂离子电池的性能不利。由此可见，含有纳米结构电极的锂离子电池的初始库仑效率、容量和能量密度往往低于块状电极。此外，纳米颗粒的团聚使得颗粒之间和颗粒内部的空体积增加，导致振实密度降低（同时伴随着由于孔隙率的增加导致体积容量降低）。当使用纳米结构电极时，粒子间的高阻抗是限制制备高倍率锂离子电池的另一个常见挑战。表 13.1 总结了将纳米材料和纳米结构应用于锂离子电池的一般优点和缺点。

表 13.1　在锂离子电池中应用纳米材料和纳米结构作为电极的一般优缺点

优缺点	原因	结果
优点	固态电极中的扩散距离缩短，锂离子的扩散得到改善	离子导电性随着极化的减弱和电化学动力学的改善而增强
	纳米材料和纳米结构的大表面积增加了电极与电解液之间的接触面积	增加接触面积会增加活性位点的数量，从而提高电极的比容量
	纳米粒子抑制了锂离子嵌入/脱出过程中的体积变化	在嵌锂/脱锂过程中，电极中产生的应变和应力降低，从而延长锂离子电池的寿命，降低爆炸风险
	一些纳米材料（如碳纳米管、石墨烯片）机械强度高，可能导致缠结	这种纳米材料制成的电极具有更好的抗结构破坏能力
缺点	电极与电解液之间的大接触面积容易引起不良副反应，如电解液中锂离子的额外消耗	过大的接触面积可能导致 SEI 的进一步形成，从而降低初始库仑效率和可逆容量，缩短锂离子电池的寿命
	对于具有纳米结构的电极，增加了不必要的内部空间	高的内部空间导致材料的振实密度降低，从而降低电极的体积能量密度

13.2　纳米材料在锂离子电池电极材料中的应用

制造能够承受快速充电的电池可以缓解一些与高比能量锂离子电池相关的问题，因为快速充电能力将允许电动汽车更频繁、更快速地充电，而无需非常大的电池容量。因此，开发高倍率电极材料已成为当前锂离子电池革命的重要组成部分。在这种背景下，人们致力于合成低维活性材料以改善电极性能，包括零维、一维和二维纳米结构。然而，每类材料都有其自身的优缺点。例如，零维结构（例如纳米颗粒）通常具有较大的表面积，但由于易于聚集，通常表现出较低的热稳定性和电化学稳定性。一维结构（如纳米管和纳米线）在锂离子存储方面表现出独特的结构稳定性，但它们的表面积和密度特性难以在大范围内调控。二维结构（如纳米片）通常具有特定晶面的空间暴露表面，它们的表面积和孔隙率很容易通过增大层间距和使应力引起的层滚动和变形来调控。特别是，具有超小厚度和均匀多孔结构的二维纳米结构是理想的电极材料，因为其具有高稳定性、大的活性表面积和较短的嵌锂/脱锂开放路径。然而，二维纳米结构的受控合成通常比较困难。

13.2.1　零维纳米电极材料

零维纳米电极材料也被称为纳米颗粒电极材料。与块状或微米级颗粒相比，纳米颗粒具有比表面积大、尺寸小、锂离子扩散距离短、电子传输快的优点，并且可以缓解锂化时的表面张力,从而避免颗粒的破碎。

硅基颗粒的尺寸对其在锂化过程中粉化的发生与否有直接影响,硅基负极材料在纳米维度能够更快地释放应力,在周围介质约束下,比较大尺寸的硅负极更不容易产生裂纹,并有效提升了硅基材料的倍率性能和比容量。有文献报道,直径小于 150 nm 的球形硅纳米颗粒有助于缓解材料的粉化现象,在锂化过程中整个颗粒不易发生破裂;当高于这一临界尺寸时,颗粒表面初步形成微裂纹,随着锂化过程膨胀加剧而使颗粒破裂[4]。因此,制备硅纳米颗粒被认为是改善硅电化学性能较为有效的方法之一。商用硅纳米颗粒通常是通过 CVD 工艺从有毒硅烷的高温热解中获得的,这意味着需要较高的生产成本和复杂的工艺条件[5]。为了实现硅基负极的商业化,必须研究简单的制备方法和开发储量丰富、成本低廉的硅源。Tang 等[6]使用埃洛石黏土作为 SiO_2 前驱体,通过酸蚀、压实和镁热还原工艺制备了纯硅纳米颗粒,该方法适用于大规模生产,硅产率可提高到总硅元素的 70%以上。所制备的硅纳米颗粒在 5 A/g 的高电流密度下经 1 000 次循环后仍有 735 mA·h/g 的高容量。Lin 等[7]在熔融 $AlCl_3$ 体系中通过铝热还原高硅沸石制备了晶体硅纳米颗粒,在 250 ℃的低转化温度下可获得 75%的产率,既节省了能源,又可应用于含 SiO_2 的各种原材料(见图 13.1)。该硅纳米颗粒在 3 A/g 下经 1 000 次循环后仍表现出 870 mA·h/g 的高比容量。

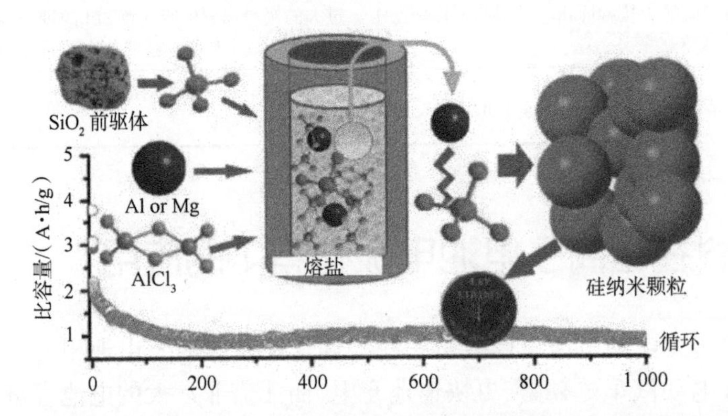

图 13.1 250 ℃下在 $AlCl_3$ 熔盐中制备硅纳米颗粒的示意图及循环曲线[7]

13.2.2 一维纳米电极材料

一维(1D)纳米结构包括纳米线、纳米纤维、纳米带、纳米棒和纳米管等形态,被认为是最有前景的材料之一。因为其径向是纳米尺度的,所以能大幅降低锂离子的传输距离,能够提供高放电容量和高倍率性能。一维纳米材料应用到锂离子电池中可实现快速充放电,对电动汽车的规模化应用有重要意义。此外,由于一维纳米材料很容易形成柔性织物结构,所以可以应用在柔性锂离子电池中。

2007 年, Chan 等[8]最先将在不锈钢衬底上直接生长的硅纳米线作为锂离子电池的负极,其理论充电容量为 4 277 mA·h/g,在 *C*/20 倍率下循环 9 次后仍保持超过 3 000 mA·h/g 的高放电容量,表明一维纳米材料具有良好的储锂性能。硅纳米线直接生长在金属集流体上,确保了与集流体的良好电接触,使所有纳米线都能提供容量。硅纳米线不仅能缩短锂离子扩散距离,而且提供了连续的一维导电通道来促进电荷转移,不同于硅纳米颗粒之间的高界面阻抗。此外，锂化过程中的轴向和径向膨胀可以降低机械应变，纳米线之间足够的空间能容纳体积变化，从而防止颗粒粉碎[9]。Karuppiah 等[10]首先通过溶剂蒸发法在石墨微米片表面沉积 1~2 nm 的金纳米颗粒，然后使用二苯基硅烷作为硅源，在 430 ℃下在金催化剂作用下生长出了均匀的硅纳米纤维，如图 13.2 所示。该一步合成工艺既经济、可规模化，还可在不损失产量的情况下，轻松调节物质负载量和基板类型。当硅含量为 32%时，复合电极能保持良好的机械稳定性和电接触，100 次循环后体积膨胀率仅为 20%。商业振实密度为 1.6 g/cm^3 的硅纳米线复合负极在 2C 电流密度下循环 250 次后的容量保持率高达 87%，物质负载量为 2.7 mg/cm^2 时，C/5 电流密度下循环 100 次后仍保持 1 000 mA·h/g 的可逆容量。

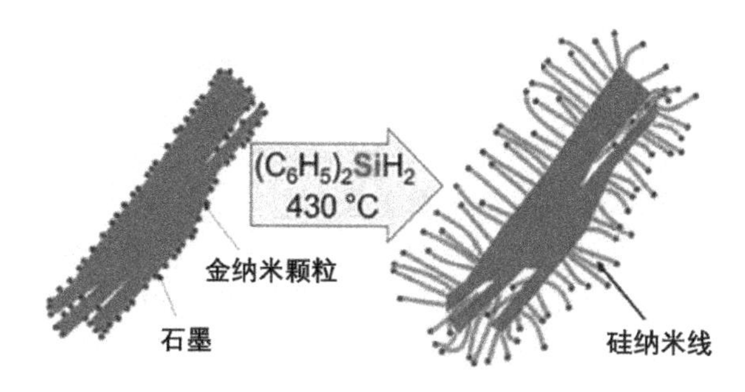

图 13.2　石墨片上生长出硅纳米线[10]

硅纳米管是另一种研究较多的一维纳米材料。硅纳米管较大的表面积促进了其与电解质更充分的接触，增加了界面上的锂离子通量[11]。内部空隙不仅大大减少了应力聚集和拉应力集中，而且还为硅膨胀提供了额外的空间，从而防止颗粒粉碎和轴向尺寸的微小变化。但由于硅纳米管的比表面积比硅纳米线大，因此在内外壁上会生成更多的 SEI，从而大大降低首次库仑效率。在反复锂化/去锂化过程中，硅纳米管内外壁的尺寸变化可能导致 SEI 的破裂和重建，从而降低库仑效率，增厚的 SEI 会阻碍 Li^+的传输，如图 13.3（a）所示。因此，提高硅纳米管和电解质之间的界面稳定性是一个重要方向。崔屹团队设计了一种由 SiO_2 外壳和 Si 内壁构成的双壁硅纳米管（DWSiNT）负极[12]。SiO_2 外壳能允许锂离子通过，以与内部活性硅反应。由于连续的管结构，电解液只接触外表面而不会进入内壁。此外，SiO_2 外壳的机械强度足够大，使得内部硅仅在中间空腔中自由膨胀/收缩而不发生破裂，因此在 SiO_2 表面上形成了稳定而薄的 SEI，如图 13.3（b）所示。得益于这种合理的结构，DWSiNT 负极在 20 A/g 下经过 6 000 次循环后仍有 88%的高容量保持率，且在 40 A/g 的超高电流密度下表现出 900 mA·h/g 的稳定容量，表明其优异的循环稳定性和倍率性能。

此外，多孔一维纳米结构材料将一维材料与多孔材料相结合，从而使材料获得高容量、高倍率性能和长期循环稳定性，该类材料具有许多优点：①较小的晶体尺寸提高了活性材料的利用率，从而提高了比容量；②多孔一维纳米结构提供比无孔材料更大的比表面积，高比表面积确保电解液与电极表面有效接触，促进电极/电解液界面上的电荷转移；③离子扩散距离进一步缩短，因为一维纳米材料中形成的孔隙可有效缩短离子传输距离；④一维纳米结构中的孔通常是连续的，提供了通过电解液到活性材料相互连接的离子扩散路径；⑤多孔一维纳米结构中的空隙能容纳电化学反应引起的体积变化，从而限制了循环过程中的结构退化；⑥多孔一维纳米结构可以组装成互连网络，从而避免使用黏结剂，实现独立灵活的储能应用；⑦多孔一维纳米结构中的孔/中空区域可以作为填充其他材料的主体，实现多功能应用。

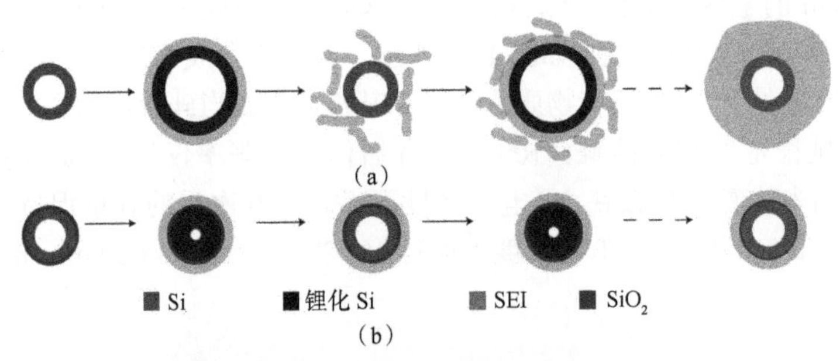

图 13.3 SEI 形成的比较

(a)无外部机械层的硅纳半管 SEI 的形成 (b)DWSiNT 上 SEI 的形成

静电纺丝法是合成复杂一维纳米材料最有效的方法之一。在静电纺丝过程中，前驱体由注射泵通过喷丝头进料。在高压下，前驱体液滴被拉长并变形为圆锥形结构（Taylor 锥），然后带电射流从 Taylor 锥尖端喷出，被持续拉伸以形成纳米纤维/纳米线。静电纺丝技术可以扩展到制造多孔、管状和核/壳一维结构，从而提供大量空隙。迄今为止，已经通过静电纺丝法合成了许多多孔一维纳米线、纳米管、异质纳米线。在制备一维纳米材料时，静电纺丝工艺参数（包括前驱体溶液浓度、聚合物类型、无机组分与聚合物的比例等）和退火参数（包括加热速率、温度、时间和气氛）对最终纳米结构有重要影响。

Niu 等开发了一种新的梯度静电纺丝和受控热解方法，为合成多孔一维纳米材料提供了一种通用方法[13]。图 13.4（a）、（b）为梯度静电纺丝和受控热解的过程。与使用单一聚合物的传统静电纺丝不同，用于梯度静电纺丝的前驱体溶液是用低、中、高分子量聚乙烯醇（PVA）的混合物制备的。在高压下，混合 PVA 分别分离为低、中、高分子量三层。同时，无机材料在三层中均匀分布。由于三种分子量的热解温度不同，因此在不同气氛中进行热处理时生成了多孔纳米管。随着温度的升高，内层低分子量 PVA 首先发生热解和收缩。同时，内层低分子量 PVA 和无机材料向低分子量 PVA 和中分子量 PVA 之间的界面移动。纳米管内径的膨胀是通过中分子量 PVA 的热解实现的。最后，获得了由纳米颗粒组成的介孔纳米管。通过这种梯度静电纺丝方法（图 13.4（c）~（g））合成了各种无机介孔纳米管，包括金属氧化物（CuO、Co_3O_4、SnO_2 和 MnO_2）、多金属氧化物（$LiMn_2O_4$、$LiCoO_2$ 和 $LiNi_{1/3}Co_{1/3}Mn_{1/3}O_4$）以及 $Li_3V_2(PO_4)_3$。此外，通过改变热处理条件，获得了豌豆状纳米管，如图 13.4（h）所示。在此过程中，将纳米线前驱体置于炉中并在空气中预热至 300 ℃。三种分子量的 PVA 分解并迅速向外层传输，而不携带任何无机材料。经过高温退火后，外部 PVA 碳化形成碳纳米管，而内部无机材料在纳米管中心均匀生长。通过这种方法，也成功合成了其他类豌豆状纳米管（如 $LiCoO_2$、$Li_3V_2(PO_4)_3$）。梯度静电纺丝法为扩展各种多孔一维纳米材料的合成提供了一条方便的途径。

液相法在纳米材料的化学合成中起着至关重要的作用。通过改变反应条件（如浓度、pH 值、温度、时间、压力、添加剂等），可获得各种纳米结构。该方法简单、化学条件温和、可扩展性强，可在纳米尺度上控制尺寸和结构。多孔一维纳米材料最常见的液相合成方法有水热/溶剂热法、微乳液法和模板辅助法。

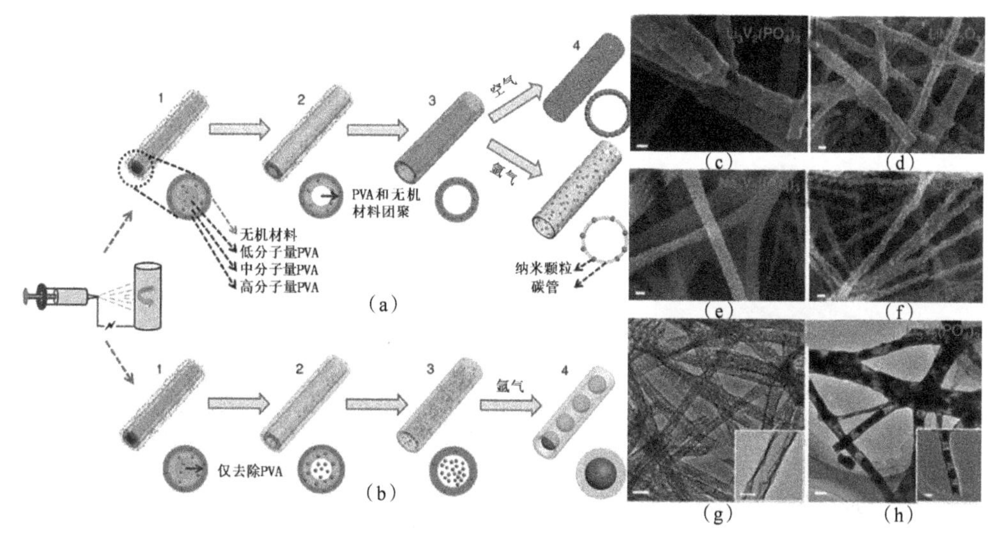

图 13.4　梯度静电纺丝和受控热解

(a)制备介孔纳米管　(b)制备类豌豆状纳米管　(c)~(g)各种介孔纳米管的 SEM 和 TEM 图(标尺为 100 nm)
(h)$Li_3V_2(PO_4)_3$ 豌豆状纳米管的 TEM 图(标尺为 200 nm)

水热/溶剂热法是利用水溶剂、有机-无机混合溶剂或纯有机溶剂合成纳米材料的有效方法。制备一维多孔纳米结构的通用方法是使用水热/溶剂热法制备一维纳米结构前驱体，然后进行退火处理以形成多孔形态。这种方法的主要影响因素是退火温度和气氛，一维前驱体将经历相变、氧化、还原或热解，气体逸出会导致孔隙的形成。Wei 等[14]通过一步水热合成和退火处理，将 $Li_3V_2(PO_4)_3$ 活性纳米晶体嵌入导电介孔纳米线支架中，合成了 $Li_3V_2(PO_4)_3$/C 分级介孔纳米线复合材料。图 13.5 为材料的合成流程及形成机制。首先，在 70 ℃下将 V_2O_5 和草酸($C_2H_2O_4$)溶解在去离子水中制备 VOC_2O_4 溶胶，随后加入 Li_2CO_3 和 $NH_4H_2PO_4$ 混合溶液，形成具有阴离子表面的 $Li_3V_2(PO_4)_3$ 亲水均匀胶体(LEP 胶体)，在库仑力的驱动下，添加的阳离子表面活性剂 CTAB(十六烷基三甲基溴化铵)捕获了阴离子 LVP 胶体，从而改变了溶液中的电荷密度，形成了复合胶束。水热过程中，有机表面活性剂的自组装和 LVP 胶体的水解形成了无机/有机纳米线前驱体。最后，对所制备的纳米线前驱体进行退火以结晶出 $Li_3V_2(PO_4)_3$ 纳米颗粒，有机化合物在退火过程中原位热解成介孔碳支架。最终的分级纳米结构由均匀嵌入导电介孔碳纳米线中的 $Li_3V_2(PO_4)_3$ 纳米颗粒组成。这种新型多孔一维纳米复合材料实现了连续电子传输和离子传输。此外，稳定的介孔纳米结构有效限制了纳米晶体的膨胀，抑制了锂离子反复嵌入引起的结构破坏。通过此种方法制得的 $Li_3V_2(PO_4)_3$/C 介孔纳米线表现出优异的高倍率性能和超长的循环寿命，在 3.0~4.3 V 电压范围内在 5C 倍率下循环 3 000 次后的容量保持率高达 80%。即使在 10C 时，仍能提供 88%的理论容量。如此优异的电化学性能归因于分级介孔纳米线的双连续电子/离子路径、大的电极/电解液接触面积、较低的电荷转移阻抗、长时间循环后的结构稳定性。

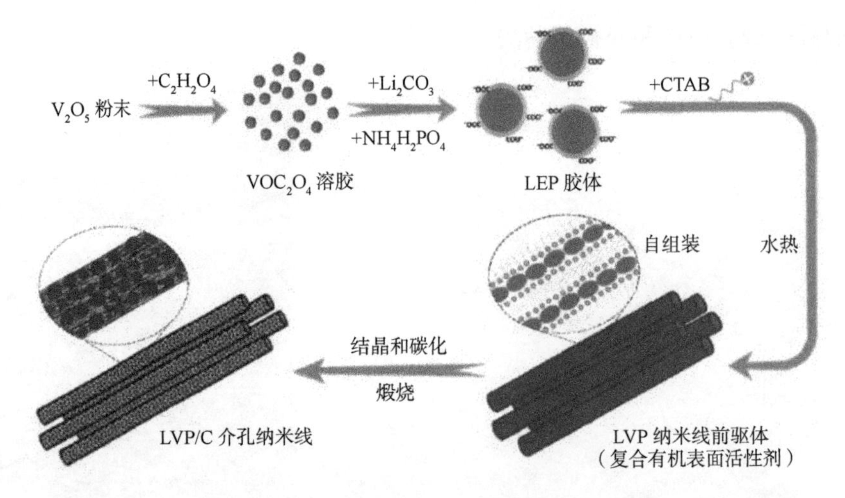

图 13.5 $Li_3V_2(PO_4)_3$/C 分级介孔纳米线复合材料的合成流程及形成机制

微乳液法是一种极具吸引力的纳米材料合成方法，具有节能和易处理的优点。反应过程中，含有反应物的反胶束之间的碰撞导致成核。微乳液法的一个主要优点是可以通过控制反应物浓度、温度、水与表面活性剂的比例及老化时间来控制产物的形貌和孔径。在形成微乳液时，CTAB 是最常见的用于形成反胶束的表面活性剂。Xu 等[15]通过微乳液和随后的退火过程制备了直径约为 200 nm、长度为 3~5 μm、由纳米颗粒组装成的多孔 Co_3O_4 纳米棒，如图 13.6(a)所示。含有 Co^{2+}的反胶束与 $C_2O_4^{2-}$接触导致 CoC_2O_4 核的形成。CTAB 分子吸附到 CoC_2O_4 核表面后，直接生长形成纳米棒。在随后的退火过程中，CO_2 的释放使 CoC_2O_4 纳米棒转变为多孔 Co_3O_4 纳米棒。类似的策略可用于合成钴基二元金属氧化物。Du 等[16]通过微乳液法合成了长度为几微米、直径为 100~300 nm、具有均匀孔分布的多孔 $ZnCo_2O_4$ 纳米线，见图 13.6(b)~(e)。使用相同的合成方法，但替换/调整反应源，也获得了 $NiCo_2O_4$[17]和 $LiCoO_2$[18]多孔纳米线。

模板辅助法是合成纳米材料，特别是一维纳米材料最广泛使用的方法之一。用于合成多孔纳米线的模板有两大类：一类是纳米约束模板，另一类是定向模板。纳米约束模板包括 AAO 膜、PC 膜和介孔模板(如 SBA-15、CMK-3)等。定向模板通常包含 CNF、CNT、无机金属氧化物纳米线、金属纳米线等。Zhang 等[19]通过简单的两步法成功合成了 CNF@MnO 和 CNF@$CoMn_2O_4$ 共轴纳米线材料，大大提高了储锂性能。图 13.7 为 CNF@MnO 共轴纳米线的合成过程。将 CNF 先分散在溶有一定量 $Mn(CH_3COO)_2$ 的乙二醇中，由于 CNF 表面存在大量官能团，会与 Mn^{2+}配位，如图 13.7(a)所示，在随后的回流过程中，乙醇酸锰会优先在 CNF 表面成核和生长，如图 13.7(b)所示，从而形成保形包覆层。CNF 上的 MnO 纳米晶层的强耦合杂化结构可通过在 N_2 保护下简单的退火处理得到，见图 13.7(c)。从图 13.8 可以看出，可获得均匀的大尺寸 CNF@MnO 一维纳米结构。采用该方法还可以使用 $Co(CH_3COO)_2$ 和 $Mn(CH_3COO)_3·4H_2O$ 前驱体制备 CNF@$CoMn_2O_4$ 纳米线。

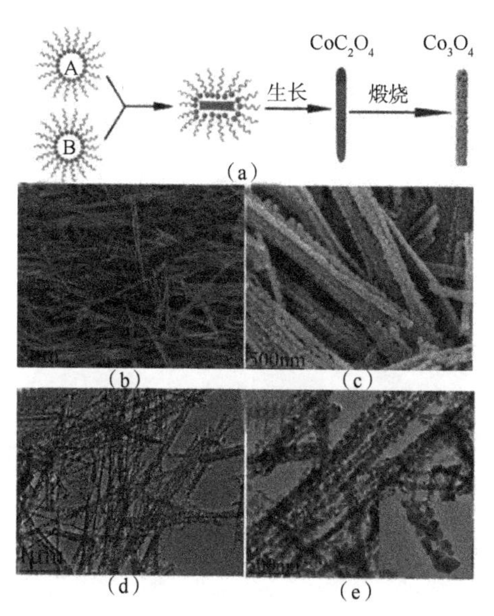

图 13.6　微乳液法合成纳米材料

(a)多孔 Co_3O_4 纳米棒生长机理示意　(b)、(c)$ZnCo_2O_4$ 纳米线的 SEM 图　(d)、(e)$ZnCo_2O_4$ 纳米线的 TEM 图

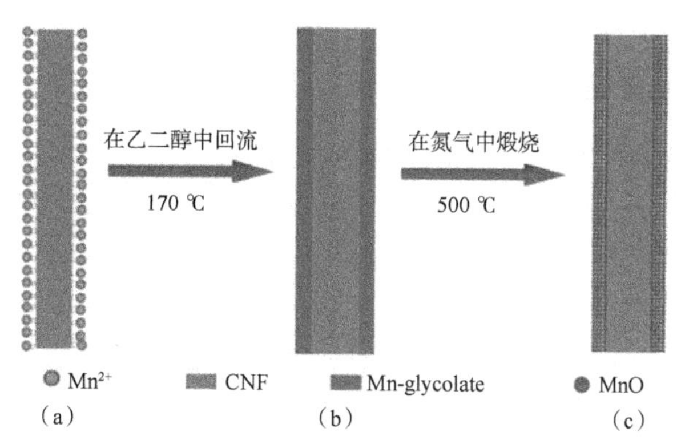

图 13.7　CNF@MnO 共轴纳米线的合成过程

在锂离子电池中，具有更短双连续离子和电子传输路径的多孔一维纳米结构有利于高倍率应用。同时，坚固的多孔结构能容纳较大的体积变化，防止结构坍塌并提高循环寿命。各种不同的多孔一维纳米材料可以克服以下限制：①电极材料的离子和电子导电性差；②由活性材料界面上形成的 SEI 层引起的电极/电解液的界面阻抗；③体积能量密度低。孔隙率和结构的合理设计能使材料实现快速离子扩散和快速电子传输，减少活性材料在电解液中的暴露程度，并使用组装方法增加体积能量密度。

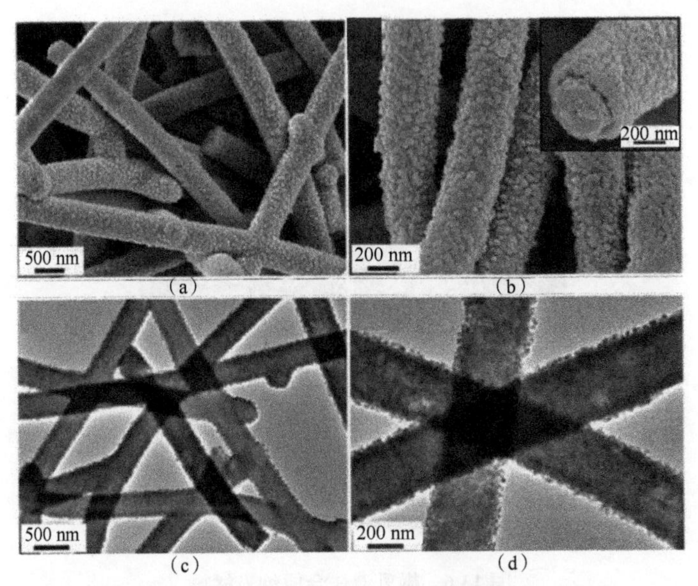

图 13.8 CNF@MnO 纳米线的 SEM 图和 TEM 图

(a)、(b)SEM 图 (c)、(d)TEM 图

13.2.3 二维纳米电极材料

目前,用于锂离子电池中的二维纳米材料主要有以下几类。①石墨烯。由于具有较好的导电性及大的比表面积,石墨烯作为锂离子电池负极材料时能提供较高的比容量、倍率及良好的循环性能。②过渡金属二硫化物(TMD)。其具有类石墨烯层状结构,剥离简单,有助于 Li^+在电极中的扩散,但存在导电性差的问题,在应用中往往结合导电材料来提高电化学性能。③过渡金属氧化物(TMO)。其拥有多种电化学反应活性位点及较短的 Li^+扩散路径,缺点是单独二维纳米片不能堆叠,降低了活性比表面积,但可通过与导电碳材料复合来解决此问题。④ MXenes 材料。其具有低工作电压,金属导电性和窄的扩散层,在锂离子电池中拥有良好的倍率性能,但用作锂离子电池电极时容易引发结构崩塌,所以在应用中常与其他材料复合来提高电化学性能。

尽管二维材料用于锂离子电池有着诸多优势,但直接使用二维纳米材料还面临许多挑战。第一,二维纳米材料的表面惰性会导致较低的界面相容性、较低的电子或离子传导性、较长的扩散路径和较慢的化学反应速率。第二,虽然二维纳米材料具有高的理论比表面积,但在材料加工或器件制造过程中片状纳米材料容易聚集,导致活性位点丧失。第三,大多数金属氧化物或硫化物具有较低的电导率,而且在多次充放电循环后会发生明显的体积变化。因此,在实际应用到锂离子电池中时,会导致较大的不可逆容量、较低的初始库仑效率以及较快的容量衰退。澳大利亚昆士兰科技大学孙子其课题组以及伍伦贡大学窦士学院士总结了二维材料常用的三大调控策略,包括导电基体杂化、边缘或表面功能化、结构优化[20]。其中,导电基体杂化策略可以有效改善电导率以及体积膨胀问题,广泛采用的导电基质有纳米碳、碳纳米管、石墨烯、高分子聚合物以及金属纳米颗粒等;边缘或表面功能化策略主要依靠原子或离子掺杂以及缺陷工程来实现，通过引入或去除一些原子或离子引发电子结构、表面化学活性以及层间距的变化，从而更好地适应锂离子脱出和嵌入行为；结构优化策略主要涉及厚度、尺寸大小、孔径分布以及表面形貌等方面，尤其是多孔结构的引入会极大改善材料的电化学性能。这些策略将为二维材料开拓更广阔的发展和应用空间，并对未来电极材料的探索研究提供一些借鉴。

导电基体杂化策略是最简单、最常见的提高电化学性能的策略之一，常用于金属氧化物和金属硫化物与导电基体之间的杂化。该策略可以充分发挥各种材料的优势以及独特的协同作用。例如，具有较高电导率的石墨烯仅在边缘具有较高的化学活性，而具有较高化学活性的过渡金属氧化物或硫化物的电导率较差，通过杂化的方法将二者结合起来，不仅可以提高电导率，降低内阻，而且有利于提升电化学反应速率。其中，层-层组装的三明治结构（2D-2D）具有显著的几何相容性，可以最大限度地发挥二维纳米片的优势，避免团聚现象，更好地缓冲体积膨胀/收缩带来的张力，而且机械性能优异，可提高锂离子电池的倍率性能和循环稳定性。Li 等[21]先通过使氨水溶液中石墨烯片上的 Ti 前驱体（钛酸丁酯，TBOT）缓慢水解和缩聚，随后在氩气气氛下于 500 ℃热处理合成了均匀的介孔 TiO_2/石墨烯/介孔 TiO_2 的三明治状纳米片（G@mTiO_2），如图 13.9 所示。这些纳米片在石墨烯上形成了连续且一致的覆盖层，覆盖层的厚度仅为 34 nm，比表面积高达 252 m^2/g。这种杂化纳米材料使石墨烯和 TiO_2 纳米晶体之间具有较大的接触面积，并能更有效地利用石墨烯表面进行电子转移和锂存储。用作锂离子电池负极时，这种纳米杂化材料在 20 mA/g 的电流密度下经 100 次循环后的可逆容量仍可达 237 mA·h/g，表现出优异的电化学性能。

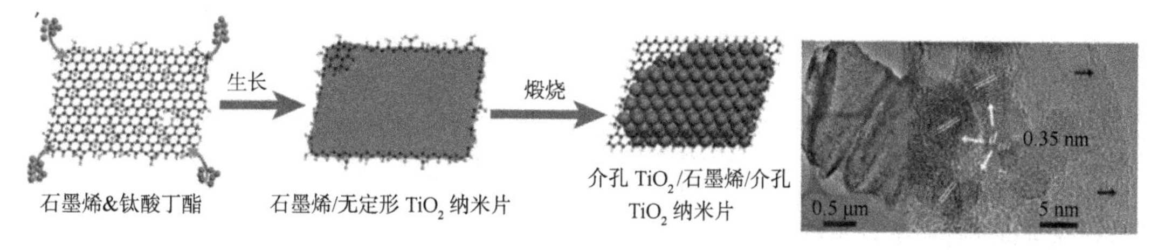

图 13.9　三明治状介孔 TiO_2/石墨烯/介孔 TiO_2 杂化纳米片（G@mTiO_2 纳米片）的合成示意图及 TEM 图

将活性原子或离子掺杂到石墨烯和金属氧化物纳米片中，可以提高其作为锂离子电池电极材料的电化学性能。最典型的是杂原子掺杂石墨烯。为了克服石墨烯骨架的结构限制，将某些杂原子（如氮、氟、氯、溴、硫、磷、硼等）引入石墨烯框架中，可以改变表面吸附能，减少离子扩散阻挡层，从而提高电池性能。此外，由于与杂原子的协同作用，掺杂石墨烯纳米材料往往具有比石墨烯更高的理论容量。

除了杂原子掺杂的石墨烯外，离子掺杂的过渡金属氧化物纳米片也被用作高性能锂离子电池的电极材料。据报道，将某些阳离子（如 K^+、Na^+、Sn^{2+}、V^{4+}等）掺杂或插层到层状过渡金属氧化物中，可提高材料的电子导电性和锂离子扩散速度，从而改善层状过渡金属氧化物的电化学性能[22]。而且，在层状纳米片中引入各种阳离子有助于增加层间距，使离子插入更有效。Lu 等[23]将多种金属离子插入层状 MnO_2 纳米片中得到 3D M_xMnO_2（M=Li、Na、K、Co 和 Mg）正极材料，如图 13.10 所示。电化学测试表明，30 mA/g 电流密度下，LiMO、NaMO、

KMO、MgMO 和 CoMO 的比容量分别为 118 mA·h/g、137 mA·h/g、155 mA·h/g、97 mA·h/g 和 87 mA·h/g。从倍率性能曲线中可以看到，与 LiMO(50%)、NaMO(58%)、MgMO(48%)和 CoMO(45%)相比，KMO 具有最佳的可逆容量保持率(61%)。然而，从循环曲线可以看出，NaMO 电极保持了最好的循环稳定性，在 80 mA/g 的电流强度下循环 500 次后的容量保持率约为 74%。电化学性能的不同与掺杂阳离子的类型有关。与二价阳离子(如 Co^{2+})相比，一价阳离子(如 K^+、Na^+和 Li^+)更有利于提高储锂性能。

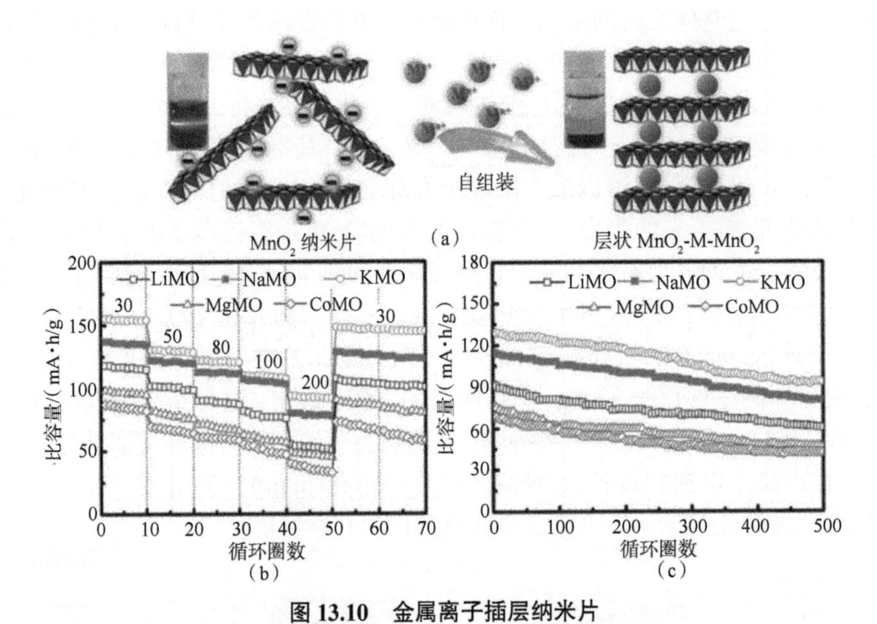

图 13.10 金属离子插层纳米片

(a)阳离子插层 MnO_2 纳米片(M_xMnO_2)的合成示意图

(b)阳离子插层纳米片作为锂离子电池负极材料时的倍率性能曲线 (c)循环性能曲线

将多孔结构引入二维纳米材料可以提供充足的活性位点并促进锂离子的快速扩散。此外，该结构具有足够的缓冲空间，有利于抑制嵌锂/脱锂引发的体积变化。Zhang 等[24]以 $SnCl_2·2H_2O$ 为原料、F127 为软模板，通过溶剂蒸发诱导自组装法，并随后增加热处理过程制备了一种介孔 SnO_2 纳米片，其比表面积为 128.8 m^2/g，孔体积为 0.18 cm^3/g。该结构不仅有利于缓解嵌锂/脱锂过程中电极的体积变化，防止 SnO_2 粉化和结构坍塌，同时也缩短了 Li^+ 和电子的传输距离，增加了活性材料与电解质之间的接触面积。电化学测试结果表明，介孔 SnO_2 纳米片用作锂离子电池的负极材料具有超过 1 000 次的使用寿命以及高而稳定的可逆容量。电化学循环后电极的 TEM 图像揭示了 SnO_2 纳米片优异的循环性能源于二维稳定片状结构和多孔特征的综合作用。

13.2.4 分级结构纳米电极材料

虽然纳米材料能缩短锂离子的扩散距离，增强电子导电性，减轻充放电过程中产生的机械应力，进一步提高倍率性能和循环稳定性，但纳米材料的热力学稳定性较低，无法实际应用，而且其不稳定性不可避免地会在电极生产和反复循环过程中引起团聚，导致容量迅速衰减。此外，电极和电解液之间的高表面反应速率也会导致较差的循环寿命和较大程度的不可逆性。对于这些问题,其中一个解决方法就是合成分级(hierarchical)结构纳米材料。分级结构综合了不同尺寸(微米/纳米)、不同相(层状化合物/尖晶石/钙钛矿/橄榄石)和不同孔径(大孔/介孔/微孔)材料的优点,将它们有序地组装成各种有利的形貌。最近,各种具有分级结构的材料被用于锂离子电池电极。理论计算和实验结果证明,在充放电过程中,不同尺寸、孔径、形貌和相的相互作用和协同效应有助于电化学反应的进行。

如图 13.11 所示,分级纳米结构一般有三种组装结构,即多维自组装结构(Multi-dimensional Self-assembled Structure)、核壳/蛋黄结构(Core-shell/Yolk-shell Structure)和多孔结构(Porous Structure)。多维自组装结构将纳米材料的快速动力学与微米材料的高振实密度结合起来,主要包括两种结构:由纳米颗粒组装而成的微米结构和纳米颗粒嵌入微米尺寸的宿主材料。核壳/蛋黄结构由至少两种材料组成,两种材料各具优势。例如,$Li(Ni_{0.8}Co_{0.1}Mn_{0.1})_{0.8}(Ni_{0.5}Mn_{0.5})_{0.2}O_2$ 具有高度稳定的外壳($LiNi_{0.5}Mn_{0.5}O_2$)和高容量的内核($LiNi_{0.8}Co_{0.1}Mn_{0.1}O_2$)[25]。多孔结构是包含多维孔隙(大孔、介孔和微孔)的材料,其优越性体现在三个方面:微孔可以储存锂离子,介孔提供锂离子传输通道,大孔能缓解锂离子脱出和嵌入过程中材料的体积变化。

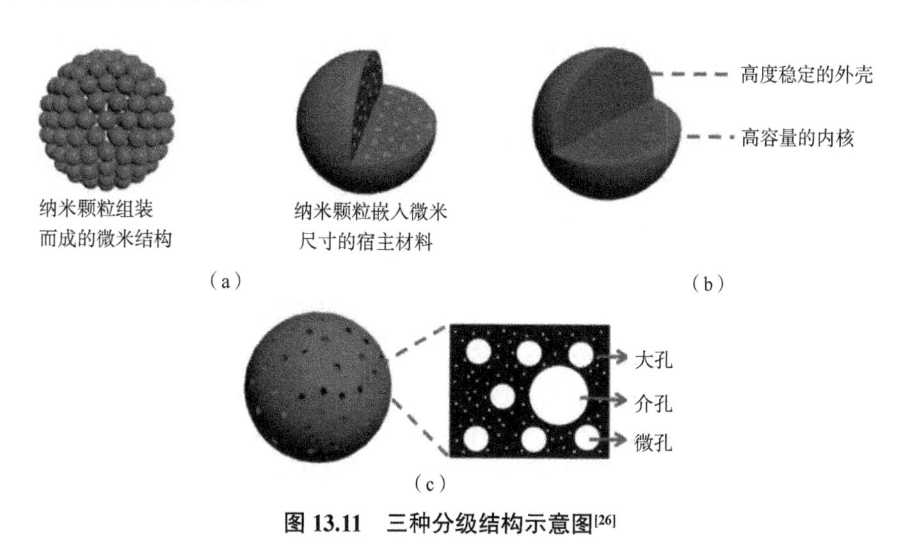

图 13.11　三种分级结构示意图[26]

(a)多维自组装结构　(b)核壳/蛋黄结构　(c)多孔结构

13.3　多维自组装结构

多维自组装结构具有许多突出的特点:①大的比表面积可以确保活性电极材料与电解质之间充分接触,并为氧化还原反应提供更多的活性位点;②缩短了锂离子的扩散路径,显著提高动力学性能;③分级结构可作为缓冲区,以适应嵌锂/脱锂过程中体积的巨大变化。

Sun 等[27]先使用六亚甲基四胺作为沉淀剂,通过溶剂热法制备了碳酸盐前驱体,后经高温锂化制备了由单晶纳米颗粒组装而成的分级多孔杨梅状 $LiNi_{0.5}Mn_{1.5}O_4$ 正极材料,如图 13.12 所示。碳酸盐前驱体分解形成的多孔结构能及时缓解高速充放电过程中的体积变化。材料表现出优异的倍率性能和超长循环稳定性,即使在 30C 的高放电率下,经 1 200 次循环后仍能保持 84%的容量。这种优异的性能归因于分级多孔微/纳米结构，其不仅能加快锂离子的扩散，而且能提供空隙空间，以缓解反复脱锂/嵌锂过程中的体积变化。

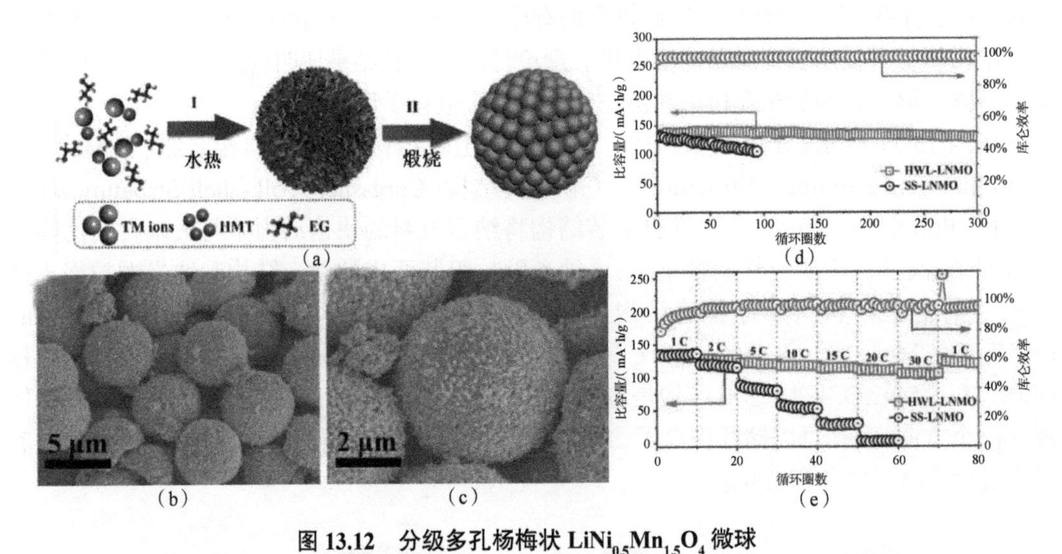

图 13.12　分级多孔杨梅状 $LiNi_{0.5}Mn_{1.5}O_4$ 微球

(a)合成示意图　(b)、(c)SEM 图　(d)、(e)3.5~4.9 V 范围内的倍率曲线和 1C 循环曲线

Wang 等[28]采用氢氧化锂和钛酸丁酯为原料，以 CTAB 为表面活性剂，通过控制溶剂热反应温度和退火时间成功制备了由纳米薄片自组装成的分级 $Li_4Ti_5O_{12}$ 微球，见图 13.13。推测的生成机理为：在溶剂热反应的初始阶段，由于碱性环境下的快速水解和核生长而生成胶体纳米颗粒。随着反应的进行，由于 Ostwald（奥斯特瓦尔德）熟化，形成了表面粗糙的多孔微球。连续的溶解和再结晶导致由小纳米片组成的均匀微球。同时，Ti 组分与 Li 源进行溶剂热锂化，得到层状 $Li_{1.81}H_{0.19}Ti_2O_5 \cdot 2H_2O$。在空气中进行退火处理得到尺寸和形貌均匀的分级 $Li_4Ti_5O_{12}$ 微球。与 $Li_4Ti_5O_{12}$ 纳米材料相比，该结构可在不牺牲纳米尺度优势的情况下，将振实密度提高至 1.32 g/cm^3，进而提高体积能量密度，且表现出超过 51.91 m^2/g 的表面积。在以 $LiNi_{0.5}Mn_{1.5}O_4$ 为正极的全电池中，在 3C 下循环 1 000 次后的容量保持率达到 93.4%，表明该电池具有良好的倍率性能和广阔的商业应用前景。

对于金属负极材料，可将纳米颗粒嵌入微米尺寸的宿主材料中，从而改善纳米金属负极材料所面临的粉碎、电接触损失和颗粒聚集等问题。Zhu 等[29]在氩气气氛下于 650 ℃ 对二价 Sn 配合物 Sn(Salen)进行热解，制备了超小 Sn 纳米粒子（约为 5 nm）嵌入氮掺杂多孔碳网络的自组装材料，如图 13、14 所示，其比表面积高达 286.3 m^2/g。将这种金属负极材料用作锂离子电池负极材料时，0.2 A/g 电流密度下的初始放电容量为 1 014 mA·h/g，200 次循环后仍能保持 722 mA·h/g 的容量；5 A/g 高电流密度下的可逆容量可达 480 mA·h/g。其卓越的电化学性能归功于超小 Sn 纳米粒子、均匀分布和多孔碳网络结构的协同作用，同时解决了 Sn 负极面临的粉碎、电接触损失和颗粒聚集等主要问题。

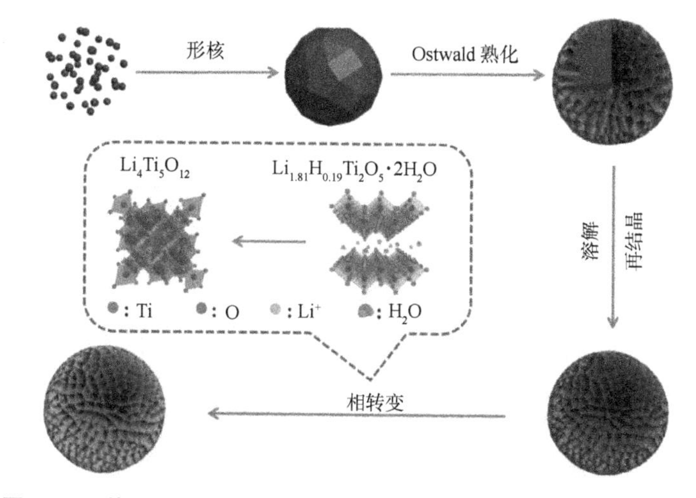

图 13.13　从 Ostwald 熟化到相变的分级 U-LTO-NHMS 微球形成机制

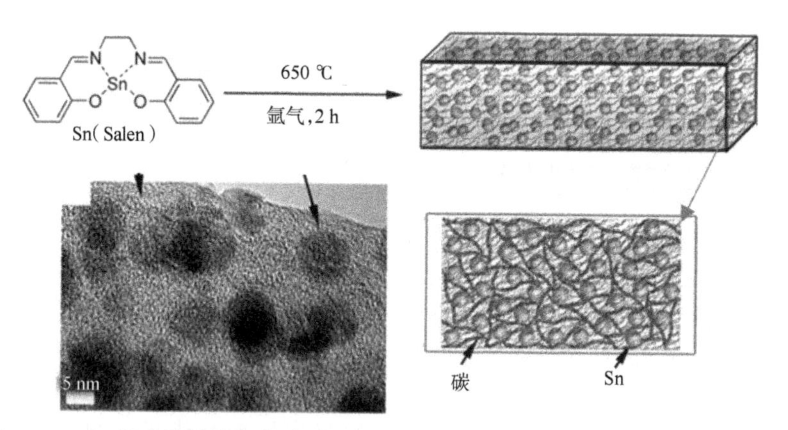

图 13.14　Sn 纳米颗粒嵌入多孔碳网络自组装材料的制备流程原理及 TEM 图

对于硅负极,虽然硅纳米颗粒对材料的倍率性能有利,但其较大的比表面积会导致首次锂化过程中较高的不可逆容量和较低的首次库仑效率。与商用石墨电极的首次库仑效率(90%~94%)相比,纳米硅负极的首次库仑效率仅为 65%~85%,显著降低了全电池的能量密度。此外,与电解液的更多副反应也会导致热不稳定性,容易导致安全问题。若将硅纳米颗粒组装成微米级二次结构不仅可以减少 SEI 膜的生成,还可以将电解液与外部保护层隔离,从而形成稳定的 SEI 膜。Liu 等[30]通过微乳法将大量 Si/C 蛋黄壳纳米颗粒组装成尺寸为 1 μm 的类石榴状二次结构,其 SEI 膜比面积仅为 15 m^2/g,远低于 Si/C 纳米颗粒的 90 m^2/g,如图 13.15 所示。活性材料的一次纳米颗粒可防止脱锂/嵌锂时破裂,而二次微米颗粒可增加振实密度并减少与电解液接触的表面积。自支撑导电碳骨架可阻挡电解液,防止二次颗粒内部形成 SEI 膜,同时促进锂离子在整个颗粒内的传输。每个一次颗粒周围的空隙允许其膨胀而不改变整体形貌,因此二次颗粒外部的 SEI 膜在循环过程中不会破裂,且厚度较薄,可有效提高首次库仑效率。

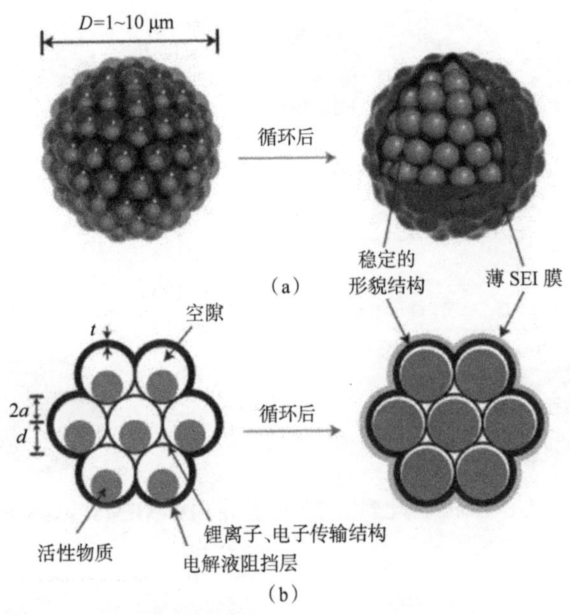

图 13.15 石榴状 Si/C 二次颗粒循环前后

(a)三维图 (b)二维截面图

13.4 核壳/蛋黄壳结构

针对高镍层状正极材料在循环过程中会发生结构转变、锂离子和镍离子在电解液中的溶解以及轻微的锰离子溶解等的问题，可通过具有高热稳定性外壳的核壳结构或浓度梯度材料来提高循环稳定性。Sun 等[25]通过两步共沉淀和随后的固相反应制备了具有 $LiNi_{0.8}Co_{0.1}Mn_{0.1}O_2$ 内核和 $LiNi_{0.5}Mn_{0.5}O_2$ 外壳的 $Li[(Ni_{0.8}Co_{0.1}Mn_{0.1})_{0.8}(Ni_{0.5}Mn_{0.5})_{0.2}]O_2$ 核壳材料。该材料在 500 次循环后仍具有 81%的容量保持率和优异的热稳定性。Manthiram 等[31]设计了一种由富镍 $LiNi_{0.7}Co_{0.15}Mn_{0.15}O_2$ 内核和富锂 $LiMn_{1.2-x}Ni_{0.2}Mn_{0.6}O_2$ 外壳组成的核壳结构材料，其在 2.0~4.5 V 电压范围内、在 C/3 倍率（1C = 200 mA/g）下的放电容量为 190 mA·h/g，100 次循环后的容量保持率高达 98%，放电电压保持率为 97%。材料优异的性能归因于核的结构稳定性和壳的化学稳定性的协同作用，有效解决了因正极表面和有机电解液在较高工作电压下的副反应而引起的阻抗升高和容量衰减问题。后来，为了解决由结构失配而产生的不同应力导致出现大空洞的问题，Sun 等[32]通过两步共沉淀和随后的固相反应设计合成了一种由 $LiNi_{0.8}Co_{0.1}Mn_{0.1}O_2$ 内核、$Li_{0.8-x}Co_{0.1+y}Mn_{0.1+z}O_2$（$0\leqslant x\leqslant 0.34$，$0\leqslant y\leqslant 0.13$，$0\leqslant z\leqslant 0.21$）外壳以及 $LiNi_{0.46}Co_{0.23}Mn_{0.31}O_2$ 表层组成的浓度梯度正极材料。与 $LiNi_{0.8}Co_{0.1}Mn_{0.1}O_2$ 相比，浓度梯度材料表现出相近的首次放电容量，但容量保持率较高（在 1C 下经 500 次循环后为 96.5%）。稍微降低镍含量后，Sun 等制造了一种以 $LiNi_{0.86}Co_{0.1}Mn_{0.04}O_2$ 作为内组分（IC）、$LiNi_{0.7}Co_{0.1}Mn_{0.2}O_2$ 作为外组分（OC）的全浓度梯度（Full Concentration-Gradient，FCG）正极材料[33]。该材料在 0.2C 倍率下的放电容量高达 215 mA·h/g（图 13.16（a）、（b））。与纯 IC 和 OC 材料相比，FCG 材料表现出更好的循环性能（图 13.16（c））。

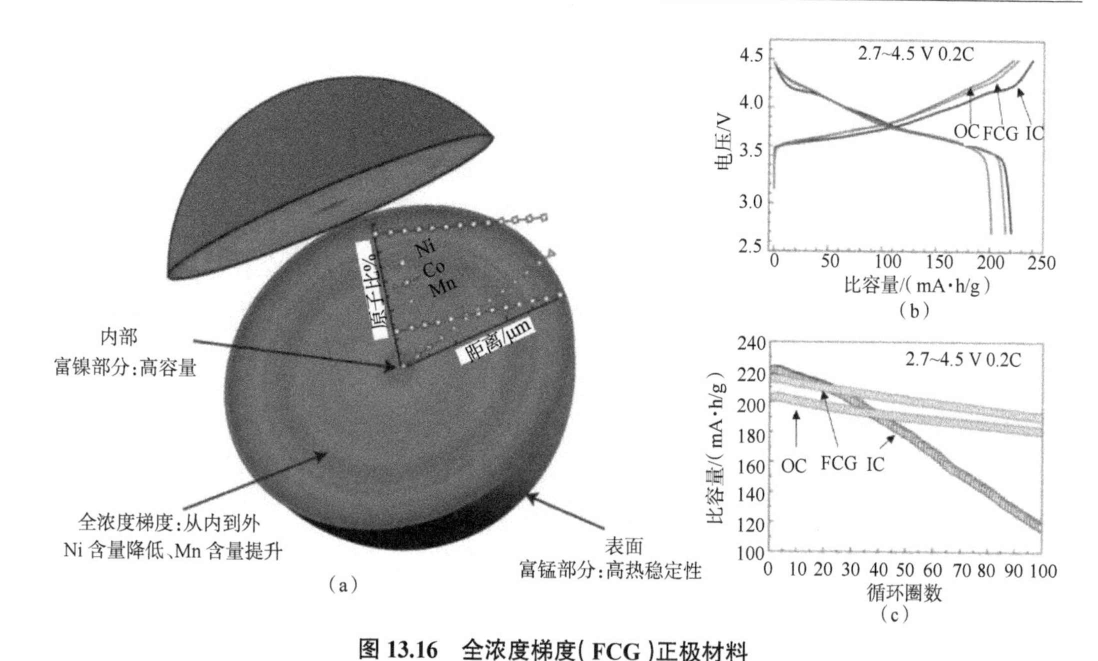

图 13.16　全浓度梯度(FCG)正极材料

(a)示意图　(b)、(c)FCG、IC 和 OC 材料的首次充放电曲线和循环性能曲线

与紧密接触的核壳结构不同,蛋黄壳结构在保护壳内创造了可移动的空间,使负极能够在化学反应期间膨胀而不会破裂或形成枝晶。因此,蛋黄壳纳米结构具有缓冲空间大、表面积大、扩散路径短等优点,有利于改善材料的综合电化学性能。蛋黄壳结构多用于合金型和转化型负极材料,主要为了缓解反复充放电过程中较大的体积变化。

崔屹课题组通过在 Si 上共形包覆 SiO_2 层和聚多巴胺,然后通过氮掺杂碳化和在酸溶液中选择性去除 SiO_2 层,成功制备了具有蛋黄壳纳米结构的 Si@C[34]。图 13.17(a)比较了传统浆料 Si 纳米颗粒电极和 Si@C 蛋黄壳电极。在传统浆料电极的锂化过程中,Si 纳米颗粒的膨胀会破坏电极的微观结构。蛋黄壳纳米结构中的空隙允许 Si 在不破坏碳外壳的情况下膨胀,从而在碳外表面上形成薄而稳定的 SEI 层。此外,Si 的体积变化不会破坏外壳。从图 13.17(c)可以看出,Si@C 蛋黄壳电极在 C/10 下的初始可逆容量为 2 833 mA·h/g,在 1C 下容量稳定在 1 500 mA·h/g。前 300 次循环未观察到容量衰减,1 000 次循环后容量保持率高达 74%。相比之下,未包覆碳壳的纯硅纳米颗粒和 Si@C 核壳结构电极在前 10 次循环容量衰减得非常快。从库仑曲线也能看出在 Si@C 蛋黄壳电极上形成了稳定的 SEI 层。

Wang 等[35]在 SnO_2 纳米颗粒表面包覆 SiO_2 层和酚醛树脂(RF),然后蚀刻 SiO_2 层并碳化 RF,成功合成了均匀的中空 SnO_2@C 蛋黄壳纳米球,如图 13.18(a)所示。图 13.18(b)、(c)也进一步证实了中空 SnO_2@C 蛋黄壳纳米球。通过控制硅和碳的前驱体,可以控制空隙空间的大小和碳壳的厚度。由于碳壳的存在,SnO_2@C 电极的首次充放电容量分别为 2 190 mA·h/g 和 1 236 mA·h/g,远高于纯 SnO_2 电极(图 13.18(d))。虽然 SnO_2@C 的首次库仑效率较低(43%),但蛋黄壳纳米结构的循环性能明显提高,10 次和 100 次循环后的可逆容量分别为 950 mA·h/g 和 630 mA·h/g(图 13.18(e))。纯 SnO_2 电极在循环 70 次后容量接近于零,说明蛋黄壳 SnO_2@C 中的碳壳和空隙对循环有利。

图 13.17 Si@C 蛋黄壳纳米结构

(a)传统浆料 Si 纳米颗粒电极和 Si@C 蛋黄壳电极的比较 (b)SEM 图
(c)0.01~1 V 范围内 1C 倍率下的循环曲线和库仑效率曲线

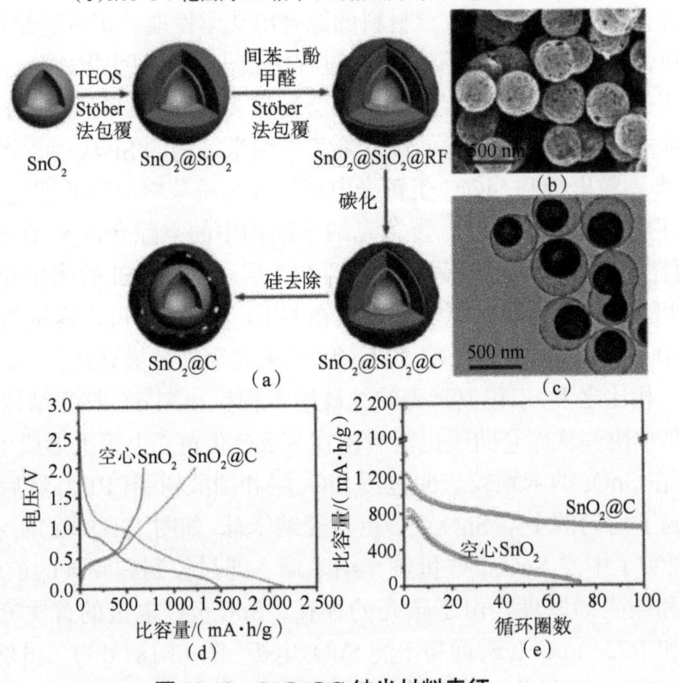

图 13.18 SnO_2@C 纳米材料表征

(a)SnO_2@C 蛋黄壳纳米结构的形成过程 (b)、(c)SnO_2@C 蛋黄壳纳米结构的 SEM 图和 TEM 图
(d)、(e)SnO_2@C 蛋黄壳纳米结构和空心 SnO_2 颗粒电极的首次充放电曲线和循环性能曲线

研究人员在蛋黄壳结构的基础上了制备了多重壳结构纳米材料。Wang 等[36]采用碳质微球(Carbonaceous Microsphere，CMS)作为硬模板成功合成了均匀的多壳层 Co_3O_4 空心微球。通过控制水合金属阳离子的大小和扩散速率以及 CMS 的离子吸收能力，可以精确控制壳的数量和内部结构。用作锂离子电池负极材料时，多壳层 Co_3O_4 空心微球表现出优异的倍率性能和循环性能，30 次循环后容量仍高达 1 615.8 mA·h/g。这主要是由于多孔空心多层结构保证了更多的储锂位置、更短的锂离子扩散距离和足够的空隙空间来缓冲体积膨胀。

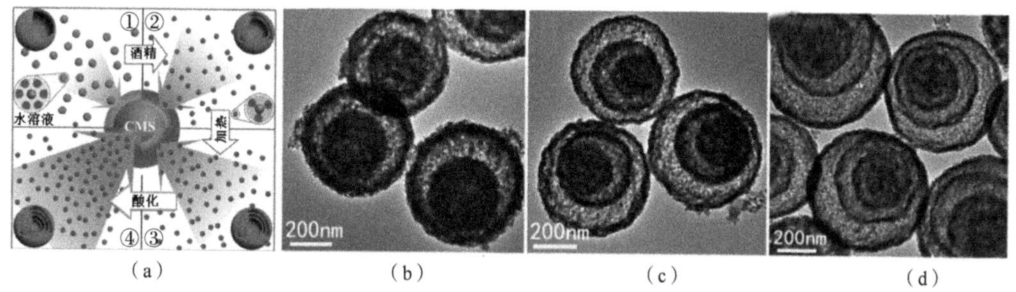

图 13.19　不同吸附条件下多层 Co_3O_4 空心微球的形成机理及 TEM 图

(a)形成机理　(b)~(d)TEM 图

13.5　多孔结构

多孔结构材料作为锂离子电池的电极材料能提供更大的和电解液的接触面积、更短的锂离子传输距离，并且三维的多孔结构能使电解液很轻易地进入电极内部，对材料的倍率性能有利。此外，一次颗粒之间的空隙可以容纳反复脱锂/嵌锂过程中产生的结构应变，对材料的循环性能有利。

南开大学陈军院士团队以多孔 Mn_2O_3 纳米线/棒为模板，通过固相反应制备了由相互连接的纳米颗粒组成的多孔 $LiNi_{0.5}Mn_{1.5}O_4$ 纳米棒(图 13.20(a)、(b))[37]。结合 $P4_332$ 相结构的循环稳定性和多孔纳米材料的快速 Li^+扩散，多孔 $LiNi_{0.5}Mn_{1.5}O_4$ 纳米棒在 5*C* 循环 500 次后的容量保持率高达 91%。与块体材料相比，一维多孔纳米结构能够容纳 Li^+脱的出嵌入过程中晶格变化引起的应变，并保持材料的结构完整性(图 13.20(c))。

制备三维分级多孔硅以改善硅负极的电化学性能也受到广泛关注，并显示出巨大的应用前景。多孔硅中的空隙不仅为硅的巨大体积变化提供了足够的空间，以维持充放电过程中的结构稳定性，还有效降低了锂化过程中产生的内部机械应力，防止结构粉化，从而提高循环稳定性。此外，互相连通的多孔结构还增加了表面积，有利于电解液的充分渗透和锂离子的快速扩散，从而提高材料的倍率性能。但多孔硅也存在如下问题：多孔硅的比表面积越大，活性硅表面与电解质的接触越多，形成的 SEI 膜越多，库仑效率越低。而硅的体积膨胀也会使 SEI 膜变得不稳定，从而进一步降低循环稳定性。表面包覆是稳定 SEI 界面和防止过度副反应的有效途径。此外，在工业电池电极制造过程中，为了提高颗粒之间的电接触，并将电极材料紧密堆积以获得所需的体积容量，压实过程(机械压力高达 80 MPa)是一个不可避免的过程，多孔硅的高孔隙率使其在工业压实过程中表现出低容量和结构脆性。

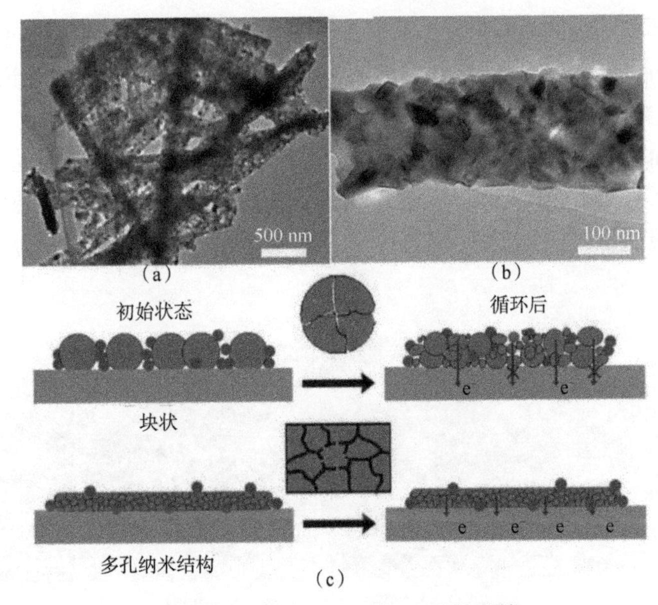

图 13.20　多孔 $LiNi_{0.5}Mn_{1.5}O_4$ 纳米棒

（a）、（b）TEM 图　（c）块体材料和多孔纳米棒在电化学循环过程中的形貌变化和电子传输示意图

镁热还原法是合成锂离子电池负极用多孔硅最常用的方法，在高温下用镁蒸气将 SiO_2 还原为 Si 和 MgO，然后用 HCl 去除 MgO 得到多孔硅。这种简便的方法具有以下优点[38]：①与传统的碳热还原（2 000℃）相比，镁热还原可在更低温度（500~950 ℃）下进行；②通过调节 SiO_2 模板可方便调控多孔硅的形状；③地球上的各种 SiO_2 前驱体廉价、绿色和丰富。崔屹团队在 100 ℃下用 HCl 处理并在空气中于 700 ℃加热，将稻壳制成了约 80 nm 的纯 SiO_2 纳米颗粒，然后通过镁热还原以及随后的 HCl 浸泡获得了多孔硅纳米颗粒（图 13.21）[39]。需要指出的是，稻壳是废弃物，每年全世界产量为 1.2×10^8 t，可以 23%（质量分数）的转化率转化为 SiO_2 纳米颗粒，不仅远远超过负极材料的需求，而且具有成本效益和环境友好性。使用普通聚偏氟乙烯（PVDF）黏结剂的多孔硅纳米颗粒在 2.1 A/g 下经 300 次循环后表现出超过 1 500 mA·h/g 的稳定容量和 86%的容量保持率，100 次循环后仍能获得 99.3%的库仑效率，表明多孔硅纳米颗粒上形成了稳定的 SEI 层。

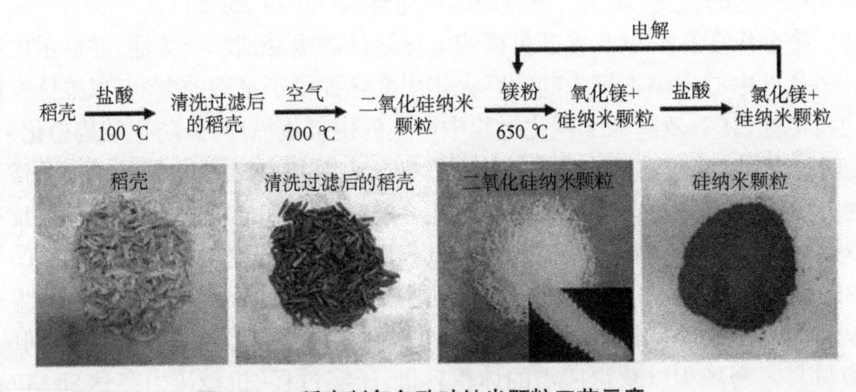

图 13.21　稻壳制备多孔硅纳米颗粒工艺示意

参考文献

[1] GLEITER H. Nanostructured materials：state of the art and perspectives[J]. Nanostructured materials，1995，16：3-14.

[2] JAMNIK J，MAIER J. Nanocrystallinity effects in lithium battery materials aspects of nano-ionics[J]. Physical chemistry chemical physics，2003，5：5215-5220.

[3] SHEN Z，ZHANG W，ZHU G，et al. Design principles of the anode-electrolyte interface for all solid-state lithium metal batteries[J]. Small methods，2020，4：1900592.

[4] LIU X H，ZHONG L，HUANG S，et al. Size-dependent fracture of silicon nanoparticles during lithiation[J]. ACS nano，2012，6(2)：1522-1531.

[5] SUN L，XIE J，JIN Z. Different dimensional nanostructured silicon materials：from synthesis methodology to application in high-energy lithium-ion batteries[J]. Energy technology，2019，7：1900962.

[6] TANG W，GUO X，LIU X，et al. Interconnected silicon nanoparticles originated from halloysite nanotubes through the magnesiothermic reduction：a high-performance anode material for lithium-ion batteries[J]. Applied clay science，2018，162：499-506.

[7] LIN N，HAN Y，ZHOU J，et al. A low temperature molten salt process for aluminothermic reduction of silicon oxides to crystalline Si for Li-ion batteries[J]. Energy and environmental science，2015，8：3187-3191.

[8] CHAN C K，PENG H，LIU G，et al. High-performance lithium battery anodes using silicon nanowires[J]. Nature nanotechnology，2008，3：31-35.

[9] YANG Y，YUAN W，KANG W，et al. A review on silicon nanowire-based anodes for next-generation high-performance lithium-ion batteries from a material-based perspective[J]. Sustainable energy fuels，2020，4：1577-1594.

[10] KARUPPIAH S，KELLER C，KUMAR P，et al. A scalable silicon nanowires-grown-on-graphite composite for high-energy lithium batteries[J]. ACS nano，2020，14(9)：12006-12015.

[11] HA J，PAIK U. Hydrogen treated，cap-opened Si nanotubes array anode for high power lithium ion battery[J]. Journal of power sources，2013，244：463-468.

[12] WU H，CHAN G，CHOI J W，et al. Stable cycling of double-walled silicon nanotube battery anodes through solid-electrolyte interphase control[J]. Nature nanotechnology，2012，7：310-315.

[13] NIU C，MENG J，WANG X，et al. General synthesis of complex nanotubes by gradient electrospinning and controlled pyrolysis[J]. Nature communications，2015，6：7402.

[14] WEI Q，AN Q，CHEN D，et al. One-pot synthesized bicontinuous hierarchical $Li_3V_2(PO_4)_3$/C mesoporous nanowires for high-rate and ultralong-life lithium-ion batteries[J]. Nano letter，2014，14(2)：1042-1048.

[15] XU R, WANG J, LI Q, et al. Porous cobalt oxide (Co_3O_4) nanorods: facile synthesis, optical property and application in lithium-ion batteries[J]. Journal of solid state chemistry, 2009, 182(11): 3177-3182.

[16] DU N, XU Y, ZHANG H, et al. Porous $ZnCo_2O_4$ nanowires synthesis via sacrificial templates: high-performance anode materials of Li-ion batteries[J]. Inorganic chemistry, 2011, 50(8): 3320-3324.

[17] AN C, WANG Y, HUANG Y, et al. Porous $NiCo_2O_4$ nanostructures for high performance supercapacitors via a microemulsion technique[J]. Nano energy, 2014, 10: 125-134.

[18] YADAV G G, DAVID A, ZHU H, et al. Microemulsion-based synthesis and electrochemical evaluation of different nanostructures of $LiCoO_2$ prepared through sacrificial nanowire templates[J]. Nanoscale, 2014, 6: 860-866.

[19] ZHANG G, WU H B, HOSTER H E, et al. Strongly coupled carbon nanofiber-metal oxide coaxial nanocables with enhanced lithium storage properties[J]. Energy and environmental science, 2014, 7: 302-305.

[20] MEI J, ZHANG Y, LIAO T, et al. Strategies for improving the lithium-storage performance of 2D nanomaterials[J]. National science review, 2018, 5: 389-416.

[21] LI W, WANG F, LIU Y, et al. General strategy to synthesize uniform mesoporous TiO_2/graphene/mesoporous TiO_2 sandwich-like nanosheets for highly reversible lithium storage[J]. Nano letter, 2015, 15: 2186-2193.

[22] YUAN Y, ZHAN C, HE K, et al. The influence of large cations on the electrochemical properties of tunnel-structured metal oxides[J]. Nature communications, 2016, 7: 13374.

[23] LU K, HU Z, XIANG Z, et al. Cation intercalation in manganese oxide nanosheets: effects on lithium and sodium storage[J]. Angewandte chemie, 2016, 128: 10604-10608.

[24] ZHANG X, JIANG B, GUO J, et al. Large and stable reversible lithium-ion storages from mesoporous SnO_2 nanosheets with ultralong lifespan over 1000 cycles[J]. Journal of power sources, 2014, 268: 365-371.

[25] SUN Y K, MYUNG S T, KIM M H, et al. Synthesis and characterization of Li[($Ni_0.8Co_{0.1}Mn_{0.1}$)0.8($Ni_{0.5}Mn_{0.5}$)$_{0.2}$]O_2 with the microscale core-shell structure as the positive electrode material for lithium batteries[J]. Journal of the American Chemical Society, 2005, 127(38): 13411-13418.

[26] ZHOU L, KAI Z, ZHE H, et al. Recent developments on and prospects for electrode materials with hierarchical structures for lithium-ion batteries[J]. Advanced Energy Materials, 2018, 8(6):1701415.

[27] SUN W, LI Y, LIU Y, et al. Hierarchical waxberry-like $LiNi_{0.5}Mn_{1.5}O_4$ as an advanced cathode material for lithium-ion batteries with superior rate capability and long-term cyclability[J]. Journal of materials chemistry A, 2018, 6: 14155-14161.

[28] WANG D, LIU H, LI M, et al. Nanosheet-assembled hierarchical $Li_4Ti_5O_{12}$ microspheres for high-volumetric-density and high-rate Li-ion battery anode[J]. Energy storage materials,

2019, 21: 361-371.

[29] ZHU Z, WANG S, DU J, et al. Ultrasmall Sn nanoparticles embedded in nitrogen-doped porous carbon as high-performance anode for lithium-ion batteries[J]. Nano letter, 2013, 14: 153-157.

[30] LIU N, LU Z, ZHAO J, et al. A pomegranate-inspired nanoscale design for large-volume-change lithium battery anodes[J]. Nature nanotechnology, 2014, 9: 187-192.

[31] OH P, OH S M, LI W, et al. High-performance heterostructured cathodes for lithium-ion batteries with a Ni-rich layered oxide core and a Li-rich layered oxide shell[J]. Advanced science, 2016, 3(11): 1600184.

[32] SUN Y K, MYUNG S T, PARK B C, et al. High-energy cathode material for long-life and safe lithium batteries[J]. Nature materials, 2009, 8: 320-324.

[33] SUN Y K, CHEN Z, NOH H J, et al. Nanostructured high-energy cathode materials for advanced lithium batteries[J]. Nature materials, 2012, 11: 942-947.

[34] LIU N, WU H, MCDOWELL M T, et al. A yolk-shell design for stabilized and scalable Li-ion battery alloy anodes[J]. Nano letter, 2012, 12: 3315-3321.

[35] WANG J, LI W, WANG F, et al. Controllable synthesis of SnO_2@C yolk-shell nanospheres as a high-performance anode material for lithium ion batteries[J]. Nanoscale, 2014, 6: 3217-3222.

[36] WANG J, YANG N, TANG H, et al. Accurate control of multishelled Co_3O_4 hollow microspheres as high - performance anode materials in lithium-ion batteries [J]. Angewandte chemie, 2013, 52(25): 6417-6420.

[37] ZHANG X, CHENG F, YANG J, et al. $LiNi_{0.5}Mn_{1.5}O_4$ porous nanorods as high-rate and long-life cathodes for Li-ion batteries[J]. Nano letter, 2013, 13(6): 2822-2825.

[38] ENTWISTLE J, RENNIE A, PATWARDRDHAN S. A review of magnesiothermic reduction of silica to porous silicon for lithium-ion battery applications and beyond[J]. Journal of materials chemistry A, 2018, 6: 18344-18356.

[39] LIU N, HUO K, MCDOWELL M T, et al. Rice husk as a sustainable source of nanostructured silicon for high performance Li-ion battery anodes[J]. Scientific reports, 2013, 3: 1-7.

第14章 石墨烯材料应用

石墨烯是一种以 sp^2 杂化连接的碳原子紧密堆积成单层二维蜂窝状晶格结构的新材料。由于石墨烯特殊的结构,其具有许多其他材料不具备的优异特质,制备方法主要有机械剥离法、氧化还原法、取向附生法、碳化硅外延法、化学气相沉积法等。石墨烯是一种超轻的碳材料,由石墨烯的六元环状结构可计算得到石墨烯的面积密度是 7.7×10^{-4} g/m²;石墨烯具有极大的比表面积,数值高达 2 630 m²/g;石墨烯具有超高的电导率,其所具有的共轭大 π 键结构有助于电子在结构内部自由移动;石墨烯是一种半金属材料,其导带和价带呈圆锥形交叉在一点,完美对称的导带和价带使得电子在石墨烯中传输时有效质量为零;石墨烯还表现出异常的半整数量子霍尔效应。因为这些优异的性质,石墨烯被广泛应用在半导体器件、传感器、新能源材料和催化等诸多领域中。石墨烯具有优异的光学、电学、力学特性,在材料学、微纳加工、能源、生物医学和药物传递等方面具有重要的应用前景,被认为是一种未来革命性的材料。本章从石墨烯材料简介、制备方法以及在新能源领域的应用等方面对石墨烯材料进行介绍。

14.1 石墨烯材料简介

2004年,英国曼彻斯特大学的两位科学家安德烈·盖姆(Andre Geim)和康斯坦丁·诺沃消洛夫(Konstantin Novoselov)发现能用一种非常简单的方法得到越来越薄的石墨薄片。他们从高定向热解石墨中剥离出石墨片,然后将薄片的两面粘在一种特殊的胶带上,撕开胶带,就能把石墨片一分为二。不断地重复这样的操作,薄片会越来越薄,最后,他们得到了仅由一层碳原子构成的薄片,这就是石墨烯。2009年,安德烈·盖姆和康斯坦丁·诺沃肖洛夫在单层和双层石墨烯体系中分别发现了整数量子霍尔效应及常温条件下的量子霍尔效应,他们也因此获得2010年度诺贝尔物理学奖。在发现石墨烯以前,大多数物理学家认为,热力学涨落不允许任何二维晶体在有限温度下存在。所以,石墨烯的发现立即震撼了凝聚体物理学学术界。虽然理论和实验界都认为完美的二维结构无法在非绝对零度稳定存在,但是单层石墨烯却在实验中被制备了出来[1]。

石墨烯内部碳原子的排列方式与石墨单原子层一样以 sp^2 杂化轨道成键,并有如下的特点:碳原子有4个价电子,其中3个价电子生成 sp^2 键,即每个碳原子都贡献一个位于 Pz 轨道上的未成键电子,近邻原子的 Pz 轨道与平面成垂直方向可形成 π 键,新形成的 π 键呈半填满状态。研究证实,石墨烯中碳原子的配位数为3,每2个相邻碳原子间的键长为 1.42×10^{-10} m,键与键之间的夹角为120°,其结构如图14.1所示。除了 σ 键与其他碳原子链接成六角环的蜂窝式层状结构外,每个碳原子垂直于层平面的 Pz 轨道都可以形成贯穿全层的多原子的大 π 键(与苯环类似),因而具有优良的导电和光学性能[2]。

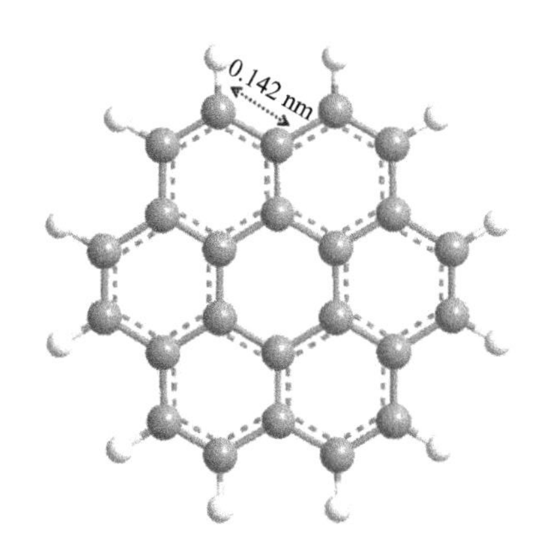

图 14.1　石墨烯结构[2]

14.1.1　力学特性

石墨烯是已知强度最高的材料之一，同时还具有很好的韧性，且可以弯曲，石墨烯的理论杨氏模量达 1.0 TPa，固有的拉伸强度为 130 GPa。而利用氢等离子改性的还原石墨烯也具有非常好的强度，平均模量可达 0.25 TPa。由石墨烯薄片组成的石墨纸拥有很多的孔，因而石墨纸显得很脆，然而，经氧化得到功能化石墨烯，再由功能化石墨烯做成的石墨纸则会异常坚固强韧。

14.1.2　电学特性

石墨烯在室温下的载流子迁移率约为 15 000 $cm^2/(V·s)$，这一数值超过了硅材料的 10 倍，是已知载流子迁移率最高的物质锑化铟（InSb）的 2 倍以上。在某些特定条件如低温下，石墨烯的载流子迁移率甚至可高达 250 000 $cm^2/(V·s)$。与很多材料不一样，石墨烯的电子迁移率受温度变化的影响较小，−223.15~226.85 ℃区间的任何温度下，单层石墨烯的电子迁移率都在 15 000 $cm^2/(V·s)$左右。另外，石墨烯中电子载体和空穴载流子的半整数量子霍尔效应可以通过电场作用改变化学势而被观察到，科学家在室温条件下就观察到了石墨烯的这种量子霍尔效应——石墨烯中的载流子遵循一种特殊的量子隧道效应，在碰到杂质时不会产生背散射，这是石墨烯局域超强导电性以及很高的载流子迁移率的原因。石墨烯中的电子和光子均没有静止质量，他们的速度是和动能没有关系的常数。此外，石墨烯是一种零距离半导体，因为它的传导和价带在狄拉克点相遇。在狄拉克点的六个位置动量空间的边缘布里渊区分为两组等效的三份。相比之下，传统半导体的主要点通常为 Γ，动量为零。

14.1.3　热学特性

石墨烯具有非常好的热传导性能。石墨烯材料一般是晶格振动导热，即声子导热，不过在高温下光子导热将越来越重要。碳原子之间强共价键的存在，使得石墨烯中起决定作用的是声子导热，也就是晶格振动导热。影响声子导热的主要因素是声子的平均自由程，而声子自由程的大小由两个散射过程决定：声子间碰撞引起的声子-声子散射以及声子与边界、晶界、杂质和缺陷等作用引起的缺陷散射。对于一个声子导热介质，存在三种声子碰撞过程，即沿波传播方向的振动、横向振动和面外振动。对于单层二维石墨烯来说，由于是单原子层厚度，在面的上下方向不存在声子散射，声子仅仅在面内传播。然而，由于石墨烯片的尺寸是有限的，因此存在石墨烯片边缘的边界散射。声子大的平均自由程以及大部分热量由低能量声子所传递的性质，使得石墨烯的热导率随石墨烯面内尺寸的增大而提高。此外，声子散射受材料缺陷的影响，热导率随缺陷的增多而降低。纯的无缺陷的单层石墨烯的热导率高达 5 300 W/(m·K)，是目前导热系数最高的碳材料，高于单壁碳纳米管(3 500 W/(m·K))和多壁碳纳米管(3 000 W/(m·K))。当它作为载体时，热导率可达 600 W/(m·K)。此外，石墨烯的弹道热导率可以使单位圆周和长度的碳纳米管的弹道热导率的下限下移。

14.1.4 光学特性

石墨烯具有非常好的光学特性，在较宽波长范围内单层石墨烯的吸收率约为 2.3%，看上去几乎是透明的。在几层石墨烯厚度范围内，厚度每增加一层，吸收率增加 2.3%。大面积的石墨烯薄膜同样具有优异的光学特性，且其光学特性随石墨烯厚度的改变而发生变化。这是因为单层石墨烯具有不寻常的低能电子结构。室温下对双栅极双层石墨烯场效应晶体管施加电压，石墨烯的带隙可在 0~0.25 eV 调整。施加磁场，石墨烯纳米带的光学响应可调谐至太赫兹范围。当入射光的强度超过某一临界值时，石墨烯对其的吸收会达到饱和。这些特性使得石墨烯可以用来做被动锁模激光器。这种独特的吸收可能使饱和时输入光强超过一个阈值，这称为饱和影响，由于环球光学吸收和零带隙，石墨烯在饱和下容易可见强有力的激励近红外地区。由于这种特殊性质，石墨烯在超快光子学领域具有广泛应用。石墨烯/氧化石墨烯层的光学响应可以调谐电。在更密集的激光照明下，石墨烯可能拥有一个非线性相移的光学非线性克尔效应。

14.1.5 化学特性

石墨烯的化学性质与石墨类似，石墨烯可以吸附并脱附各种原子和分子。当这些原子或分子作为给体或受体时可以改变石墨烯载流子的浓度，而石墨烯本身却可以保持很好的导电性。但当吸附其他物质时，如 H^+和 OH^-时，会产生一些衍生物，使石墨烯的导电性变差，但并没有产生新的化合物。因此，可以利用石墨来推测石墨烯的性质。例如石墨烷的生成就是在二维石墨烯的基础上，每个碳原子上多加一个氢原子，从而使石墨烯中 sp^2 杂化的碳原子变成 sp^3 杂化。石墨烯的结构非常稳定，碳碳键仅为 1.42 pm，键角为 120°。石墨烯内部的碳原子之间的连接很柔韧，当施加外力于石墨烯时，碳原子面会弯曲变形，使得碳原子不必重新排列来适应外力，从而保持结构稳定。这种稳定的晶格结构使石墨烯具有优秀的导热性。另外，石墨烯中的电子在轨道中移动时，不会因晶格缺陷或引入外来原子而发生散射。由于原子间作用力十分强，在常温下，即使周围碳原子发生挤撞，石墨烯内部电子受到的干扰也非常小。同时，石墨烯有芳香性，具有芳烃的性质。

14.2　石墨烯材料的制备方法

随着研究的深入,石墨烯的制备方法日益增多。这些方法除生产规模和生产原理不同外,所生产的石墨烯的性质也有所差异。制备石墨烯的方法可以分为两大类:①自下而上的生长法(Bottom-Up),②自上而下的制备法(Top-Down)。石墨烯的生产方式如图 14.2 所示。下面简要介绍几种。

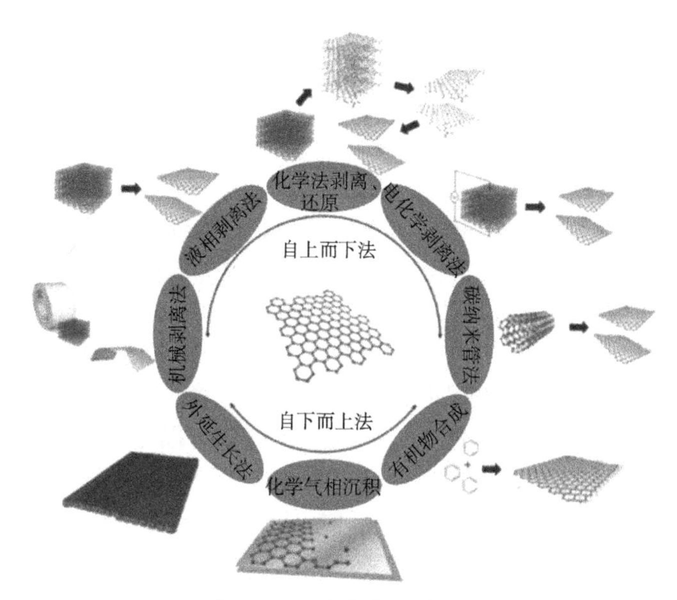

图 14.2　石墨烯的生产方式

14.2.1　机械剥离法

机械剥离法是利用物体与石墨烯之间的摩擦和相对运动,得到石墨烯薄层材料的方法。这种方法操作简单,得到的石墨烯通常保持着完整的晶体结构。2004 年,英国两位科学家使用透明胶带对天然石墨进行层层剥离以取得石墨烯,这一方法即为机械剥离法。虽然这种方法可以制备石墨烯,但是这一方法存在很多随机性,制备获得的石墨烯的厚度和片径大小都不可控,并且效率极低,很难用于制备品质稳定的石墨烯以进行进一步应用研究。球磨法为最常用的机械剥离法, Deng 等[3]采用湿式行星球磨法,以 N-甲基吡咯烷酮(NMP)作为分散溶剂成功制备了单层石墨烯,其研究结果表明,随着球磨时间的增加,石墨烯的片层迅速减小。Gunasekaran 等[4]以草酸为溶剂采用球磨法成功制备了单层石墨烯,并将其应用到甲酸燃料电池中,表现出了良好的电催化性能。

14.2.2　氧化还原法

氧化还原法使用硫酸、硝酸等酸性试剂及高锰酸钾、双氧水等氧化剂将天然石墨氧化,增大石墨层的间距,在石墨层与层之间插入氧化物,制得氧化石墨(Graphite Oxide)。然后将反应物进行水洗，并对洗净后的固体进行低温干燥，制得氧化石墨粉体。通过物理剥离、高温膨胀等方法对氧化石墨粉体进行剥离，制得氧化石墨烯。最后通过化学法将氧化石墨烯还原，得到石墨烯。这种方法操作简单，产量高，但是产品质量较低；另外，氧化还原法使用硫酸、硝酸等强酸，存在较大的危险性，又必须使用大量的水进行清洗，会带来较大的环境污染。

使用氧化还原法制备的石墨烯，含有较丰富的含氧官能团，易于改性。但由于在对氧化石墨烯进行还原时，较难控制还原后石墨烯的氧含量，同时氧化石墨烯在阳光照射、运输时车厢内高温等外界条件影响下会不断地还原，因此氧化还原法生产的石墨烯各批产品的品质往往不一致，难以控制品质。该方法可从氧化和还原两方面进行改进和创新。Shin 等[5]采用的制备方法是诸多深度氧化法中制备效率最高、环境负担相对较小的一种氧化方法，但产生的氮氧化物与废液对环境存在二次污染。Staudenmaier[6]使用氯酸钾在浓硫酸和浓硝酸的共混体系中氧化石墨。结果表明，随着反应时间的增加，石墨层状结构上的含氧基团不断增多，氧化程度也随之提高。陈骥[7]基于 Shin 制备方法，通过取消硝酸钠的方法，制备得到更低缺陷程度的石墨烯，产率仅为 4.2%。基于对石墨烯的应用需求，该研究组在中温氧化过程中加入水作为绿色氧化剂，成功制备了内部富环氧/羟基生长取向的氧化石墨烯。从整个制备路线来看，多步还原法有利于减少苛刻的反应条件和氧化石墨烯的缺陷。Eda 等[8]采用联肼水蒸气预还原和 200 ℃低温退火的方法，成功制备了电导率较高的氧化石墨烯，避免了退火过程对晶格的损伤。为了进一步提高还原效果，可以考虑在真空、惰性或还原性气氛中退火。Khanra 等[9]采用酵母作为还原剂对氧化石墨烯进行还原处理。结果表明，酵母中的部分官能团可与氧化石墨烯的环氧基反应，从而提高了石墨烯在水溶液中的分散性。Yeh 等[10]使用还原法研究过程中，在氮气气氛中，出现含氧和含氮官能团的 P-N 化学体系修复空位缺陷。

14.2.3 液相剥离法

液相剥离法将石墨置于水或有机溶剂中形成浓度较低的分散体，加热破坏石墨层间的范德华力，使溶液分子得以进入，可制取到石墨烯溶液。该方法的关键在于找到表面张力与单位面积石墨烯片层之间的范德华力相匹配的溶剂，越匹配的溶剂，石墨烯在其中剥离所需要的剥离能越小。以 N−甲基吡咯烷酮（NMP）为例，液相剥离法的原理如图 14.3 所示。常用的溶剂有 1，3-二甲基-2-咪唑啉酮、N-甲基吡咯烷酮、丁内酯（GBL）、二甲基乙酰胺（DMA）和苯甲酸苄酯，其中以苯甲酸苄酯效果最佳，剥离能几乎为零。与氧化还原法相比，这种方法操作简单，制得的石墨烯缺陷少，能够较好地保持石墨烯良好的特性。但是，该方法需要使用有毒有害的有机溶剂，且制得的石墨烯不易从有机溶剂中提纯出来。分别以 NMP、DMA 以及 GBL 为溶剂，制备石墨分散液，经超声波分散，制备单层石墨烯材料，研究表明，剥离的最佳溶剂表面张力为 40~50 N/m，该条件下石墨烯较为完整，且制备量可达 8.0%。该方法基于液相体系，采用超声波、溶剂热等方法进行剥离，但在处理石墨烯片层时容易致其破碎，且粒径小，其石墨烯材料的产量较低，并且厚度较高，在工业上无法实现规模化量产。液相剥离法的技术创新主要体现在溶剂种类和剥离机械两个方面。

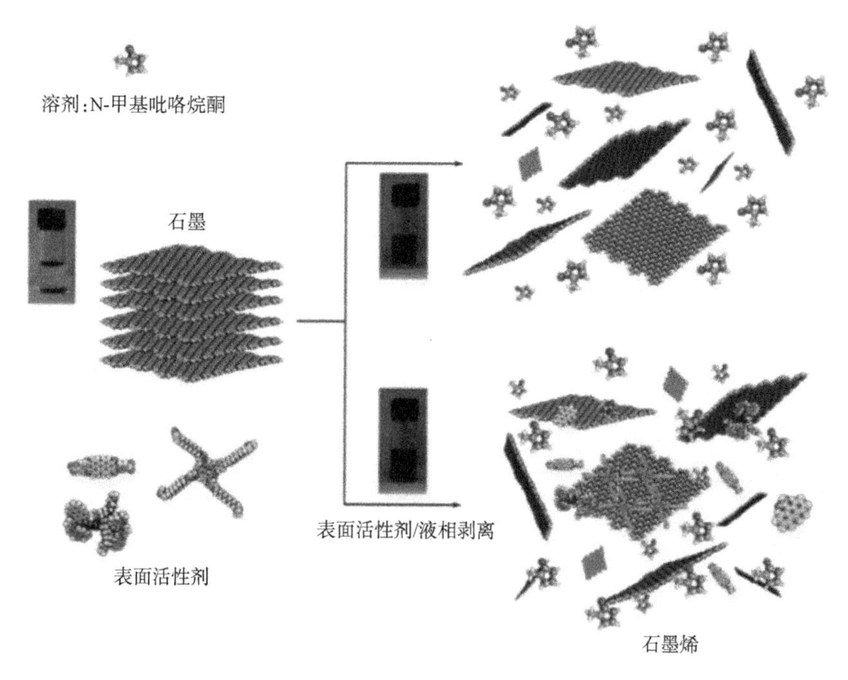

图 14.3　液相剥离法制备石墨烯材料

（1）溶剂种类的创新

Wang 等[11]的研究结果表明，当靠近溶剂时，有利于缩短超声处理时间，避免石墨烯片层的破损。Hernandez 等[12]比对了 NMP、DMA、γ-羟 GBL 等溶剂，发现 NMP 的表面能最贴合、缺陷最低、产率最高。Lin 等[13]首先将碳酸氢铵插入石墨中形成石墨前驱体，这样剥离所得的石墨烯不但层数比较少，而且操作简单，节省时间。Boland 等[14]以 NMP 为有机溶剂制备出单层和多层石墨烯，经超声处理和离心处理后，实现了石墨烯的稳定分散。Hamilton 等[15]在邻二氯苯（ODCB）中通过剥离石墨的方法制备了石墨烯，该方法以热膨胀石墨的分散为碳源，利用 ODCB 的 π-π 键的堆积特性，将 ODCB 插入石墨烯中，从石墨中剥离石墨烯。

（2）剥离机械的创新

在流体力学研究的基础上，开发了几种新型的剥离设备，有效地提高了液相剥离法的产率。Paton 等[16]使用多功能剪切混合器（L5M 型）对石墨烯进行剥离，比较了不同直径转子的分离效果。研究表明，直径为 22 μm 的最佳转子组制备出 300~800 nm 级石墨烯片，有效地解决了超声处理制备石墨烯粒径差的问题。Yuan 等[17]运用超声辅助的方法，通过超声波作用，使得石墨层间有微米级别的泡沫增长和破裂，产生强烈的冲击力，促进石墨的剥离。Chen 等[18]将石墨溶液体系置于具有一定倾角的快速旋转管中离心，制备出 7~10 μm 的石墨烯。

14.2.4　电化学剥离法

电化学剥离法是将含有石墨的物质作为工作电极，对其进行循环伏安测试，当对测试系统施以正电压时，石墨电极会被氧化，电解液中带负电荷的离子会在石墨内部发生插层反应，当对系统施以负电压时石墨会发生剥离，在某些助剂的帮助下生成石墨烯，其原理如图14.4 所示。与其他合成方法相比，电化学剥离法的反应条件更温和，反应过程无污染，并且反应速度快。但是在电化学反应过程中极难控制所得石墨烯的层数和尺寸，并且会引入一定量的含氧基团破坏石墨烯的共轭 π 键结构。Subrahmanyam 等[19]采用电化学剥离法直接制备出具有功能化的石墨烯材料单层。在此过程中，离子溶液类型、浓度等因素会对石墨烯性能产生影响。该方法的不足之处在于仅可用于制备多层石墨烯。电化学剥离法的技术创新主要体现在电解质的改进和电化学剥离条件的改进。

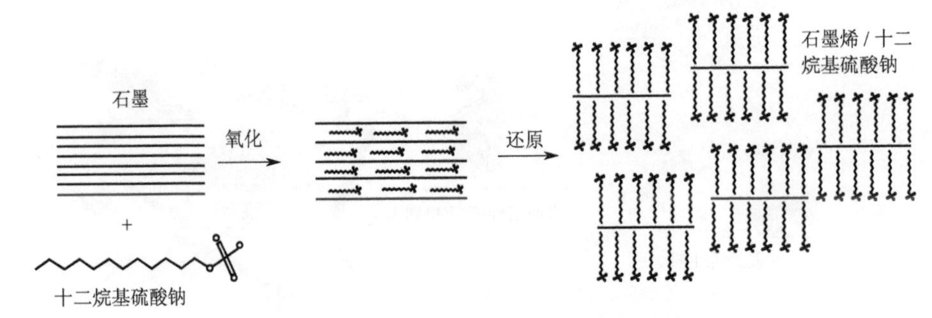

图 14.4　电化学剥离法制备石墨烯示意

（1）电解质的改进

对于阳极剥离法的改进，研究人员通过合理制备阴阳离子体系和引入表面活性剂来改善石墨烯的质量、加工性能和环境问题。Alanyalioglu 等[20]以十二烷基硫酸钠为电解质，这时 π 共轭体系得以恢复，产物体系的悬浮液在 8 个月内没有沉淀。同时利用磺酸盐体系分散与插层的协同效应，提高了材料的加工性能。对于阴极剥离法的改进，研究主要集中在选择具有良好电化学窗口性能的电解液上。

（2）电化学剥离条件的改进

准确控制电化学剥离条件有利于提高石墨烯的导电性，并能实现一步法制备。以硫酸为电解液，通过改变电解液的浓度可以优化剥离效果。结果表明，当硫酸电解液的浓度为 0.1 mol/L 时，总收率可达到 60%，该方法为石墨烯的均匀表面改性研究提供了前驱体。

14.2.5　化学气相沉积法

化学气相沉积法（CVD）是使用含碳有机气体为原料进行气相沉积制得石墨烯薄膜的方法，这是生产石墨烯薄膜最有效的方法。这种方法制备的石墨烯具有面积大和质量高的特点，但现阶段成本较高，工艺条件还需进一步完善。由于石墨烯薄膜的厚度很薄，因此大面积的石墨烯薄膜无法单独使用，必须附着在宏观器件（例如触摸屏、加热器件等）中才有使用价值。传统的 CVD 工艺复杂，石墨烯的层数难以控制，成本较高。CVD 法的技术创新主要体现在基底材料和 CVD 多步修复法的创新。

（1）基底材料的创新

传统的方法以铂、钯、钴等单晶稀有金属材料为衬底，其缺点是成本高、厚度大。有研究发现，基底晶体结构必须与石墨烯具有接近的堆积方式与晶格参数，相比于铂、铱等稀有金属,采用低成本的铜与镍更佳。其中铜的溶碳量更低,而镍更容易因烃浓度而影响厚度。

(2)CVD 多步修复法的创新

在石墨烯的多步制备方法中,CVD 法也可以作为石墨烯前驱体的修复方法。以乙烯为碳源,在 500 ℃时石墨烯的电导率提高 3 500 倍,在相对温和的反应条件下修复了氧化石墨烯的永久性缺陷。随着电导率的增加,无序碳和缺陷的数量也会增加,所以进一步增加 sp^2 碳簇之间的连通是有待研究的重点。

14.2.6　碳化硅外延法

碳化硅(SiC)外延法是通过在超高真空的高温环境下,使硅原子升华脱离材料,剩下的碳原子通过自组形式重构,从而得到基于 SiC 衬底的石墨烯的方法。这种方法可以获得高质量的石墨烯,但是这种方法对设备要求较高。SiC 外延法主要通过加热单晶 6H-SiC 脱除 Si,在单晶(001)面上分解出石墨烯,其主要过程是将氧离子刻蚀的 6H-SiC 在高真空下用电子轰击加热去除氧化物,再将样品加热至 1 300 ℃左右形成极薄的石墨层。石墨烯的层厚主要由加热温度决定。有研究发现,在单晶 SiC 基底上经真空石墨化可获得超薄外延石墨烯,该方法能得到单一结构的石墨烯。将 SiC 置于 1 300 ℃和 1.33×10^{-10} Pa 高真空条件下,将 SiC 薄膜中的硅原子蒸发出来,可生成连续的石墨烯薄膜。研究发现,这种方法制备的石墨烯薄膜厚度仅为 1~2 个碳原子层,制备出的石墨烯薄膜遵循狄拉克方程,具有高的载流子迁移率,但没有表现出量子霍尔效应,且石墨烯表面的电子性质受 SiC 衬底的影响很大。研究发现:不同退火时间的样品在 SiC 衍射条纹的外侧都出现了石墨烯的衍射条纹;外延石墨烯的厚度随退火时间的增加而增大,且样品孔洞减少、表面更加平整。SiC 外延法可获得单层(或多层)、大面积的石墨烯,但是制备条件苛刻,需要高温和超高真空,且 SiC 材料昂贵,这些因素限制了该方法的大规模推广应用。

14.2.7　取向附生法

取向附生法是利用生长基质原子结构“种”出石墨烯,首先让碳原子在 1 150 ℃下渗入钌,然后冷却,冷却到 850 ℃后,之前吸收的大量碳原子就会浮到钌表面,最终镜片形状的单层碳原子会长成完整的一层石墨烯。第一层覆盖后,第二层开始生长。底层的石墨烯会与钌产生强烈的相互作用,第二层后就几乎与钌完全分离,只剩下弱电耦合。但采用这种方法生产的石墨烯薄片往往厚度不均匀,且石墨烯和基质之间的黏合会影响碳层的特性。

综上所述,石墨烯的多种合成方法各有优缺点,制备的石墨烯性质也各有差异。现在较为常用的三种方法分别是机械剥离法、化学气相沉积法和氧化还原法。虽然机械剥离法能生产出高性能的石墨烯产品,但是其产率较低,并且生产过程成本较高,无法大规模生产。氧化还原法所制备的石墨烯产量较高,利于大规模生产,反应的中间产物具有含氧官能团,利于合成多种石墨烯复合材料,但是合成出的石墨烯缺陷较多,导电性差,无法充分体现出石墨烯优异的电化学性能。化学气相沉积法制备的石墨烯产量较高,连续性好,石墨烯性能得以发挥,但是对基底要求较高,后续处理较为复杂,并且反应过程需要高温。因此,对石墨烯合成方法的选择需要由实际反应要求来确定。石墨烯生产工艺的发展极大程度上推动了石墨烯在现实生活中的应用。现阶段的石墨烯生产工艺仍需不断改良,以达到制备出工业级高性能石墨烯的目的。

14.3 石墨烯材料在新能源领域的应用

14.3.1 石墨烯材料在锂电产业中的应用

锂离子电池行业快速发展的主要原因是锂离子电池高的能量密度和循环性能是其他储能设备不可比拟的,近期的环境保护问题与能源需求进一步刺激了锂离子电池行业的大规模发展。锂离子电池是极具潜力的能量存储器件,广泛应用于便携式电子设备。为了大幅提升锂离子电池的电化学性能,近几年研究者们将纳米科技引入电池材料领域。通过对材料结构的纳米化和分散,不仅使现有材料的性能得到了显著提升,并且引入了新的电极材料。如今,电极材料结构的纳米化已经成为电池材料发展的主要方向。其优势在于:①纳米材料的小尺寸和大比表面积,能有效增大电极材料与电解液之间的接触面积;②电极材料的纳米化,有效减少了锂离子在电极内部的传输路径。由此可知,电极材料的纳米化使锂离子电池拥有了更佳的电化学性能。纳米材料石墨烯的高电导率和大比表面积,使其成为极具潜力的锂离子电池电极材料。石墨烯基电极材料能够有效提升锂离子的存储量和扩散速率,从而显著提高锂离子电池的比容量和能量密度。

(1)石墨烯材料在锂离子电池负极中的应用

石墨是最常用的锂离子电池负极材料,通过将锂离子嵌入其层间来储能。但是,由于石墨堆叠的层状结构,锂离子仅能与 sp^2 杂化的碳六元环相互作用形成 LiC_6,由此计算出石墨的理论比容量为 372 mA·h/g。理论上,石墨烯可以在其片层两侧同时存储锂离子,由此可知其理论比容量为 740 mA·h/g。进一步的研究表明,锂可能以 Li_2 共价分子的形式嵌入无序碳材料形成 LiC_2,以此种储锂机制计算得到的石墨烯理论比容量为 1 116 mA·h/g。由此可见,石墨烯的锂离子存储量要远高于石墨,作为锂离子电池负极材料极具发展潜力。

现阶段,石墨烯基锂离子电池负极材料可以分为以下几类:①石墨烯或杂原子掺杂的石墨烯;②石墨烯与其他碳类材料的复合材料;③石墨烯与其他无机物的复合材料。石墨烯基锂离子电池性能的提升归功于石墨烯材料较大的层间距(约为 0.4 nm)和较多的活性位点。石墨烯中的缺陷位和边缘碳链均能提高电池存储锂离子的能力。为证明这一结论,以不同的还原法还原电子束制备的氧化石墨烯,检测产物的电化学性能。Manthiram 等[21]使用 KOH 对石墨烯进行活化处理,对活化的石墨烯进行充放电循环测试,测试电流为 0.5C,经历 70 圈循环后比容量仍然能够保持在 600 mA·h/g 以上。以 3D 多孔石墨烯材料作为锂离子电池的负极,其结构中存在大量的垂直于石墨烯平面的离子扩散孔道,这些孔道有助于提升锂离子的传输速度从而使锂离子电池的大倍率充放电性能显著提升。例如,以激光还原法制得的 3D 多孔石墨烯作为负极,以 14.8 A/g 的电流密度进行充放电循环测试,电池循环超过 1 000 圈后仍然能释放出 156 mA·h/g 的稳定比容量,其功率密度高达 10 kW/kg。除此以外,向石墨烯中掺杂原子(例如硼、氮和磷等),均能提高石墨烯电子结构的无序度,从而达到提升锂离子电池电化学性能的目的。向石墨烯材料中掺杂 0.88 %(原子百分数,后同)的硼和 3.06 %的氮,对材料进行电化学性能测试,测试电流密度为 50 mA/g,其对应的充放电比容量分别为 1 549 mA·h/g 和 1 043 mA·h/g。将电流密度提升至 25 A/g,锂离子电池仍然能保持相对较高的比容量(235 mA · h/g 和 199 mA · h/g)。Jiang 课题组[22]通过氮掺杂石墨烯,在 100 mA/g 的电流密度下对其进行测试,首圈放电容量高达 2 716 mA · h/g,经历 50 圈充放电循环后,容量仍保持在 1 376 mA·h/g。Wei 等[23]将 CNT 和石墨烯进行复合,随后将得到的 3D 复合材料进行氮掺杂,测试材料的电化学性能,电流密度为 1*C* 时,经过 80 圈循环后,比容量仍然保持在 880 mA·h/g;即使电流密度增加到 5*C*,其容量仍然保持在 770 mA·h/g。

石墨烯与无机材料复合后也能大幅度提升电极的电化学性能,这是由于石墨烯的加入抑制了电化学活性物质在充放电循环过程中所发生的体积和结构变化。例如,硅、锗和锡等活性材料均具有较高的理论比容量,但是这些材料在充放电循环过程中会发生高达 400% 的体积变化,严重影响了其作为电极材料的循环稳定性。以热还原石墨烯和硅纳米颗粒制得 Si/Graphene 复合材料,对其进行充放电循环测试,测试电流密度为 1 A/g 时,其可逆比容量为 3 200 mA · h/g;增大电流密度至 8 A/g,其可逆比容量仍能维持在 1 100 mA · h/g。观察其容量保持率,在 150 圈充放电过程中,每圈的容量降幅仅为 0.14%(1 A/g)和 0.34%(8 A/g)。Han 等[24]制得多孔硅纳米线和石墨烯复合材料,由于硅纳米线的多孔结构和石墨烯的高电导率,电极在经历 20 圈充放电循环后容量仅从 2 347 mA·h/g 降低到 2 041 mA·h/g,显示出复合材料优异的电化学性能。还原石墨烯和碳包覆的锗纳米颗粒复合,对产物进行测试,电流密度为 50 mA/g 时,50 次充放电循环后,电极的可逆比容量为 940 mA·h/g。而在相同条件下,碳包覆的锗纳米颗粒比容量仅为 490 mA·h/g。锡和石墨烯复合而成的 3D 复合材料的首圈放电/充电显示出极高的比容量,分别为 1 250 mA·h/g 和 810 mA·h/g,电流密度为 55 mA/g 时,经历 100 圈充放电循环后,比容量仍然稳定在 508 mA·h/g。Qin 等[25]将石墨烯、Fe 纳米颗粒和 CNT 进行复合,制备的 3D 复合材料具有优异的电化学性能,即使经历长周期循环,比容量仍能保持在 1 024 mA · h/g。石墨烯对过渡金属氧化物电极的电化学性能也有显著的提升效果。例如对于石墨烯与 Fe_2O_3 的复合材料,石墨烯作为 Fe_2O_3 纳米颗粒导电基底材料大大提升了电极的电化学性能,电极能够展现出 1 355 mA·h/g 的比容量。对于石墨烯包裹 Co_3O_4 纳米颗粒,石墨烯在增加导电性的同时,也能够抑制纳米颗粒的团聚并容纳其在嵌锂/脱锂过程中发生的体积变化。

(2)石墨烯材料在锂离子电池正极中的应用

石墨烯作为锂离子电池的正极材料也具有良好的应用前景。虽然无法直接提升现有正极材料的储锂量,但是石墨烯能够提高电极的导电率和抑制活性材料的团聚。石墨烯的高电导率、高机械性能和大比表面积能够有效提升正极材料的倍率性能和循环稳定性。例如,$LiFePO_4$/graphene 复合材料,其石墨烯含量为 1.5%(质量分数),电流密度为 0.2 C 时,材料首圈放电容量为 160 mA · h/g,即使在高倍率 10 C 的情况下,仍能展现出 109 mA · h/g 的高比容量。Dai 等[26]通过在石墨烯片层上生长 $LiMn_{1-x}Fe_xPO_4$ 纳米棒来提升正极材料的电化学性能,电流密度为 0.5 C,经历 100 圈充放电循环后电池的比容量大于 140 mA·h/g,充放电过程中仅有 1.9%的容量衰减。当电流密度为 100 C 时,电池比容量仍然高达 65 mA·h/g。石墨烯与 $LiMn_{1-x}Fe_xPO_4$ 之间的紧密接触不仅增加了电极内部的电子传输速度,并且有助于锂离子沿着纳米棒的(010)晶面快速扩散。不仅如此,此种方法还可用以指导制备不同的电极材料，例如橄榄石结构的磷酸盐和尖晶石结构的 $LiMn_2O_4$ 等。

14.3.2 石墨烯材料在超级电容器中的应用

按照储能机理的不同，超级电容器能被划分为两大类，即双电层电容器和赝电容器，如图 14.5 所示。

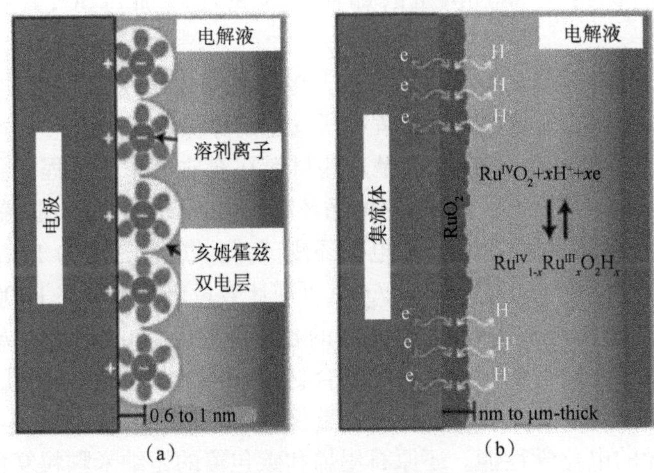

(a) (b)

图 14.5 超级电容器的储能机理图

(a)双电层电容器 (b)赝电容器

双电层电容器的能量存储机理是通过电解液中的离子或者偶极子在电极表面定向排列而产生双电层电容，这个过程依赖于电极材料的比表面积；而赝电容器则是由电极的活性物质与电解液中的电解质发生快速可逆的法拉第氧化还原反应产生赝电容。

(1)双电层电容器

在双电层电容器中，电极的活性物质通常具有电化学稳定性。能量的存储是通过电解液中的离子或偶极子在电极表面形成双电层电容来实现的，无法拉第过程。因此，双电层电容器比容量的大小直接正比于电极材料可形成双电层电容的表面积。因此，材料的高有效面积即意味着其具有高的理论容量。石墨烯的比表面积为 2 630 m²/g，这个数值是石墨片比表面积的 100 倍，是单壁碳纳米管所测结果的 2 倍。按照比表面积计算，其对应的比容量应为 550 F/g，由此可知石墨烯是提高超级电容器比容量的理想材料。但是，实际上却并非如此，利用单层石墨烯测试的时候发现电荷在单片层石墨烯上的存储趋向量子化，导致在石墨烯片层两边同时存储的电荷总量很小，大多数电荷仅存储在石墨烯的一面。制备方法也会对石墨烯容量产生影响，不论是化学法、电化学法，还是热还原氧化石墨烯法，都会在石墨烯材料上引入缺陷从而导致容量下降。除此以外，石墨烯层与层之间易自发堆叠，这个堆叠过程在电极的制备和循环过程中均会发生，大大减少了石墨烯可以用于存储电荷的表面积。例如，石墨烯的平均比表面积为 300~1 000 m²/g，对应的比容量仅为 100~270 F/g(水系电解液)和 70~120 F/g(有机电解液)。为消除这些不良因素的影响，研究者们提出了大量的解决方案。一种方案是在石墨烯片层之间加入支撑材料，例如碳纳米管、水或离子液体、介孔碳球或树脂类材料等，随后化学活化以得到多孔结构，从而达到增加材料比容量的目的。例如,CNT/石墨烯复合材料在 10 mV/s 的电流密度下能展示出 653.7 μF/cm^2 的比容量,远高于同等条件下单一石墨烯的比容量 99.6 μF/cm^2。另一种方案是通过表面改性的方法使石墨烯形成三维多孔结构。研究表明,在石墨烯表面形成纵横交联的褶皱,能够使其比容量上升到 211 F/g。以 KOH 活化微波法制备氧化石墨,会制备出一个高度卷曲的 n 元碳环(n=5~8)多孔材料,测量的比表面积为 3 100 m^2/g,这些卷曲的石墨烯壁能够阻止石墨烯在循环过程中重新堆叠,此种材料展现出的比容量为 166 F/g(水系电解液)和 200 F/g(有机电解液)。研究表明,经过 KOH 活化后的石墨烯表面会生成大量小于 0.7 nm 的微孔并且带有含氧基团(能够增加电解液的浸润),两者共同对容量有重要影响。表面活性剂有助于石墨烯的分散,因此其对石墨烯基超级电容器的容量也有重要影响。石墨烯的重新堆叠也可以通过优化电极的制备过程来降低,例如,将石墨烯片层垂直生长在集流体的平面上,这样能够促进离子的浸入提高比容量。石墨烯基材料的比容量是由其量子效应和电极/电解液界面容量共同决定的。虽然增加石墨烯基材料的比表面积对电极容量的提升有所帮助,但是高比表面积并不意味着高容量。而且,大的比表面积会使电解液大量浸入孔结构,增加设备的质量和体积,使其设备的容量降低。通过蒸干石墨烯水凝胶能够获得堆积密度高的石墨烯材料(1.58 g/cm^3),其体积比容量能达到 167 F/cm^3(有机电解液)。利用石墨烯之间的毛细作用也能增加石墨烯的堆积密度(1.25 g/cm^3),体积比容量能够达到 206 F/cm^3(离子液体)。双电层电容的能量密度取决于工作电压的平方和电容的比容量的乘积。因此,另外一个增加超级电容器比容量的方法是增加工作电压。对高电压窗口石墨烯基超级电容器的研究也取得了不错的成果,现阶段超级电容器的工作电压能够增加到 3.5 V(离子液体),并且能在-50 ~200 ℃的温度范围内工作。

(2)赝电容器

赝电容器通过电解质与电极中的电化学活性材料,例如含氧官能团、导电高分子或者过渡金属氧化物等,发生快速可逆的法拉第氧化还原反应来储能,赝电容器展现出的比容量要远高于双电层电容器的比容量。但是,由于受到活性物质导电性的影响,赝电容器的循环寿命和功率密度要低于双电层电容器。石墨烯的加入能够改善电极的导电性,从而提高赝电容器的比容量。赝电容器的性能取决于活性材料的法拉第氧化还原反应。石墨烯的加入能够提升材料的电荷传输能力进而促进氧化还原反应。近年来,大量的过渡金属氧化物/石墨烯复合材料被用于赝电容器。石墨烯可以作为纳米电化学活性材料的导电基底,而过渡金属氧化物与石墨烯复合的过程也会大大提高复合材料的比表面积。因此,通过石墨烯基底与活性物质的协同作用,能够大幅度提升赝电容器的容量。通常石墨烯与过渡金属氧化物的复合有以下两种方式。①过渡金属氧化物纳米颗粒直接与石墨烯复合。例如,Zhu 等以氨丙基三甲氧基硅烷(ATPMS)改性后的 MnO_2 与石墨烯复合,制得 MnO_2/rGO 复合材料,其比容量高达 210 F/g。②通过化学方法在石墨烯或导电高分子/石墨烯表面沉积过渡金属氧化物。例如,$KMnO_4$ 和 $MnCl_2$ 在石墨烯表面直接反应得到 MnO_2/石墨烯复合材料,其比容量达 200 F/g。将石墨烯浸入 $KMnO_4$ 溶液,$KMnO_4$ 直接与石墨烯上的碳反应生成的 MnO_2/rGO 复合材料,其比容量可达 250 F/g。以同样的方法在 3D 石墨烯上沉积 MnO_2,得到的复合材料的比容量可达 389 F/g。除了这些方法,还有其他手段被用来提升石墨烯基材料的比容量。用杂原子掺杂石墨烯就是一种有效提升比容量的方法,例如用氮、硫或者硼掺杂石墨烯。虽然已有大量的文献报道以氮原子掺杂石墨烯能够有效提高石墨烯材料的比容量,但是比容量的提升机理仍不太明确,推测比容量的提升有可能是受到了量子效应的影响(量子效应与石墨烯电子结构的变化密切相关)。硼掺杂石墨烯,即在石墨烯上引入缺电子原子,同样能够提高石墨烯的比容量。硫掺杂石墨烯,石墨烯的比容量同样有所提升,有研究表明比容量的提升可能是由位于微孔结构中的硫引起的,这些硫原子改变了石墨烯表面的电子结构并且有效抑制了水分子在石墨烯表面的吸附。

14.3.3 石墨烯材料在燃料电池中的应用

(1)石墨烯作为催化剂载体

现如今,碳材料是被广泛使用的燃料电池催化剂载体。石墨烯由于独特的结构和新颖的性质引起了研究者的密切关注,尽管石墨烯在碳材料中属于相对较新的成员,但是其优异的性能(例如表面积大、导电性强、机械强度大和化学稳定性好)使其成为燃料电池催化剂的理想载体。而且,石墨烯表面的缺陷位和官能团能够固定金属催化剂使其结构稳定,增加催化剂的使用寿命。

①石墨烯基的铂系催化剂。铂系催化剂虽然价格高昂,但是由于高催化活性,其仍是燃料电池系统中应用最为广泛的一类复合催化剂。众所周知,催化剂的催化活性取决于活性物质的尺寸、形貌、分布状态和与基底之间的相互作用。研究表明,当在石墨烯片层表面沉积铂系纳米材料时,纳米颗粒与石墨烯之间具有较强的相互作用,并且大比表面积的石墨烯有助于纳米颗粒在其表面分散。例如,通过氧化还原法制得的石墨烯具有含氧官能团,这些官能团有助于金属纳米颗粒固定在石墨烯表面,并且由于金属纳米颗粒与石墨烯基底之间的强相互作用,能够显著提升催化剂的稳定性。而且,石墨烯的高导电性能够急剧提升石墨烯基催化剂的催化活性。与单一的铂系催化剂相比,石墨烯基的铂系催化剂具有更高的催化活性和使用寿命。②石墨烯基的非铂系金属催化剂。铂系催化剂虽然具有优异的催化性能,但是高昂的价格严重限制了其在商业化燃料电池中的大规模应用。为了降低催化剂成本,许多研究转向于研究非贵金属催化剂。研究表明,当石墨烯作为非贵金属催化剂的载体时,石墨烯与金属催化剂之间的距离、费米能级的差异,使得金属与石墨烯之间有电荷传递。这个电荷传递的过程有助于提高石墨烯基金属催化剂的催化活性。

(2)石墨烯作为催化剂

石墨烯不仅被用作催化剂的载体材料以提高催化活性,甚至能被用作催化剂来代替传统使用的金属催化剂,从而降低催化剂的成本。金属基复合催化剂虽然具有优异的催化性能,但是其价格高昂、不耐酸碱腐蚀等的缺陷严重限制了此种催化剂的大规模使用。杂原子掺杂石墨烯这一类非金属催化剂完美解决了上述问题,此种催化剂主要作用于燃料电池的氧还原反应(ORR)。研究表明,杂原子掺杂的石墨烯对 ORR 过程具有较高的电催化活性。这可能是由于杂原子能够作为吸附氧气的活性位点提高催化剂对氧气的吸附能力,并且杂原子的存在能够引起石墨烯中电子的重新分布,有助于 O—O 键的断裂,从而提高催化剂对 ORR 的活性。在过去的几年里,石墨烯基燃料电池催化剂不断发展与进步,虽然离现实应用还有很大一段距离,但是随着研究工作的进一步开展,石墨烯基催化剂必定能够加速燃料电池实现大规模化应用的进程。

14.3.4　石墨烯材料在太阳能电池中的应用

（1）太阳能电池简介

太阳能电池，又称光伏电池，是通过光伏效应将太阳能转化为电能的装置。自 1954 年贝尔实验室研发出第一个太阳能电池以来，太阳能电池领域已经有了长足发展。贝尔实验室最早研发的太阳能电池是硅 p-n 结太阳能电池，现如今，太阳能电池已经发展出多种不同的种类，最具代表性的就是以铟锡氧化物（ITO）和氟掺杂氧化锡（FTO）为薄膜材料的太阳能电池。但是，铟是稀缺资源，成本过高。除了价格，ITO 自身的性质也严重影响太阳能电池的大规模应用。因此，研究者致力于开发轻质、低成本、高光电转化效率的新型太阳能电池来取代传统太阳能电池。石墨烯作为新兴材料，由于机械性能高、比表面积大和电导率高，在太阳能电池中具有巨大的应用潜力。研究表明，石墨烯在太阳能电池中的应用，主要可以分为以下三类：太阳能电池透光电极材料、太阳能电池受体材料、太阳能电池光敏剂材料。图 14.6 所示为石墨烯在染料敏化太阳能电池中的应用示意。

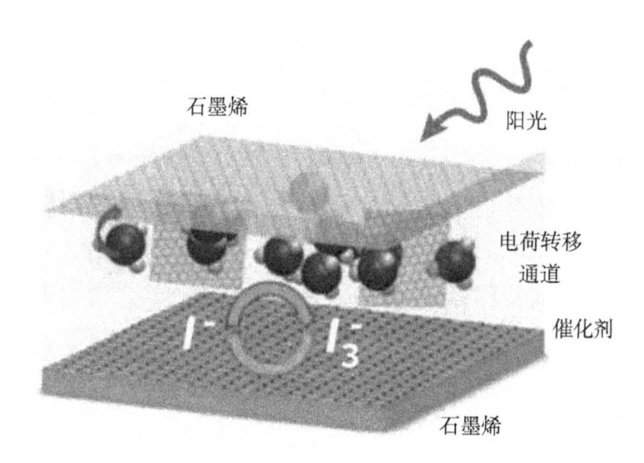

图 14.6　石墨烯在染料敏化太阳能电池中的应用示意

（2）透光电极材料

对透光电极材料的具体要求取决于太阳能电池的种类。通常来讲，一个高效的光敏材料应该具备以下几个条件：低的面电阻（<10 Ω/sq）、高的透光率（>90%）、光化学稳定和可在大波长范围内吸收光。现阶段，太阳能电池常用的透光电极材料是 ITO 和 FTO。但是，如上文所述，ITO 和 FTO 成本高，材料具有脆性，并且对红外光波的透射率较低。通常为保持大波长范围的透过率，需要载流子密度维持在较低的范围内。但是电导率与载流子密度和载流子的迁移率的乘积成正比，当载流子密度低到一定程度，物质的电导率会受到影响。在已知的材料中，石墨烯几乎是唯一可以避免上述问题的材料。因为石墨烯具有极高的载流子迁移率，即使载流子的密度很低，材料的电导率仍然可以得到保障。尽管现在还未达到同时具备低面电阻和高透光率的目标，但是石墨烯基透光电极已经在多种太阳能电池系统中得到了应用，例如无机、有机、无机/有机杂化和染料敏化太阳能电池系统。随着研究的进展，石墨烯终将有希望取代 ITO 和 FTO 成为商用太阳能电池的透光电极材料。通过掺杂石墨烯，Song 课题组已经成功制得面电阻约为 30 Ω/sq 和透光率约为 90%的透光电极材料[27]。

以双(三氟甲磺酰基)-酰胺掺杂石墨烯的透光电极材料与n型硅材料组装成肖特基结的太阳能电池,光电转换效率能达到8.6%。

(3)太阳能电池光敏材料

不同类型的太阳能电池对光敏材料的要求各不相同。总体来说,一个好的光敏材料必须具备以下几个特征:可在大波长范围内吸收光的能力、高的载流子传输速度和化学稳定性等。研究表明,能作为太阳能电池光敏剂的石墨烯基材料有:石墨烯量子点、化学法合成的石墨烯基产物以及有机分子、共轭聚合物、稀土元素和无机半导体等材料化学改性后的石墨烯等。在染料敏化太阳能电池(DSSCs)中,光阳极材料大多采用的是10~15 μm厚的纳米TiO_2颗粒多孔层,其可限制载流子复合,提高光电子传输速度。并且由于石墨烯极大的比表面积,其引入还可以促使电极吸收更多的染料分子以增加集光率,从而产生更多的光电子。例如,由9 μm厚的氧化锌与石墨烯(约为1.2%)制备而成的光电极,光电效率能够达到5.86%,这个数值远高于使用相同厚度光电极的染料敏化太阳能电池的效率。石墨烯的存在不仅能够提升光子的传输速度,而且还能有效增加集光率,大大提升了DSSCs的光电转换效率。现阶段,常被用作DSSCs感光剂的是过渡金属配合物和有机染料,虽然这些材料具有良好的性能,但是金属配合物的制备过程复杂(其中包括耗时长且价格昂贵的层析纯化过程),而有机染料吸收能量的波长范围窄且电导率低。相比之下,石墨烯改性后的材料具有更大的应用潜力。由于过渡金属硫化物具有较高的吸光能力、可见光区域的带隙和化学稳定性,因此由石墨烯改性过的过渡金属硫化物也是极具潜力的光敏材料。例如二硫化钨/石墨烯复合物可在光伏电池中应用,其态密度存在范霍夫奇点使得材料能够吸收更多光子,生成更多的电子-空穴对,促使外量子效率(光生电子-空穴对数/入射光子数)达到约33%。另外金属颗粒与石墨烯的复合材料也能作为光敏材料,石墨烯的加入能够将材料的集光能力提升一个数量级,从而使复合材料具有作为光敏材料的潜力。

(4)太阳能电池受体材料

石墨烯基材料作为太阳能电池受体主要应用于异质结光伏电池。原理是光激发电子给体材料产生电子-空穴对,电子-空穴对会在给体材料与受体材料的界面分离从而形成电流。电子给体材料的主要作用是产生电子-空穴对,而电子受体材料主要用于收集和传输电子。现如今最常使用的电子给体材料是聚3-己基噻吩(P3HT)和聚3-辛基噻吩(P3OT);最常用的电子受体是6,6-苯基C61丁酸甲酯(PCBM),但是PCBM作为电子受体材料具有诸多缺陷。石墨烯作为新型的碳材料,具有优异的电化学性质,特别是高的离子迁移率使其成为电子受体的理想材料。石墨烯高的离子迁移率能够有效抑制载流子的复合,使载流子传递到电极的效率大大提升。

石墨烯基电子受体材料同样对钙钛矿太阳能电池具有重要作用。现阶段,在钙钛矿太阳能电池中最常用的是高温烧结的n型二氧化钛,但是高温烧结过程会提升生产成本,并且阻碍其对应柔性基底材料的应用。若是能在不影响钙钛矿太阳能电池性能的情况下去除烧结过程,则会大大提高电池的实用性。使少层石墨烯片(FLG)与TiO_2纳米颗粒相互作用,可制得TiO_2/FLG复合材料,其可作为电子受体材料在钙钛矿结构太阳能电池中进行应用。由于TiO_2/FLG复合材料具有优异的电荷收集能力,因此所对应电池的光电转换效率能够达到15.6%,远高于纯的TiO_2(效率为10%)。

14.3.5　石墨烯材料在风电产业中的应用

在内陆或海洋的恶劣环境中使用风力发电机组,需要涂覆涂层对叶片进行保护。我国的海洋环境根据季节不同有所差别,夏季海洋环境湿度大,温度高,易生长霉菌等各类生物,紫外线辐射较高;冬季海洋环境昼夜温差较大,湿冷,易结冰,会受到雨蚀、冰雹的侵蚀。海上风电叶片涂料主要为聚氨酯体系,需要有较好的防腐能力以及具备耐高低温、耐盐雾、耐湿热、耐霉菌、耐老化等性能。石墨烯材料是近年来的研究热点,石墨烯材料具有一定的防腐能力,在富锌防腐底漆中添加石墨烯提升防腐性能已经被证实并应用。姜清淮等[28]在环氧改性聚氨酯体系的海上风电叶片底漆的基础,分别添加不同比例的石墨烯或使用石墨烯部分代替体系中的防锈颜料,研究两种情况下底漆的各项性能。结果表明:石墨烯对底漆的耐酸性、耐盐雾性有显著影响。将石墨烯添加至现有的涂层体系中时,底漆的耐酸性和耐盐雾性随着石墨烯用量的增加呈现先提高后降低的趋势;当使用石墨烯部分替代防锈颜料时,漆膜的耐盐雾性、耐酸性明显下降。石墨烯在防腐底漆的使用中,与现有的涂层体系相匹配效果更好,适量添加石墨烯可改善底漆的防腐性能。相反,石墨烯部分替代防锈颜料会降低涂层的性能。

风力涡轮机的能量转换效率有限,根据贝茨极限理论,在理想情况下,涡轮发电机可以将 59.3%的风能转换为机械能。涡轮发电机所发出的电能中,有相当多的一部分用于冷却和加热系统:①主要降低齿轮箱和发电机中的温度,以减少其部件损坏;②叶片除冰。风力涡轮机的大小和位置不同,存在不同的冷却系统。最小的风力涡轮机没有任何冷却系统,但大型涡轮机需要空对空系统。然而,对流式空气冷却系统不能为目前市场上最强大的风力涡轮机提供足够的冷却速率。此外,海上风力涡轮机不能使用空对空冷却系统,因为存在腐蚀性环境,可能会损坏机舱内部零件,对于这种情况,液体冷却系统比空气系统更合适、更有效。水是最好的传热流体之一,因为它具有高导热性和低黏度,但在低温应用中存在问题。因此,在温度可能低于水的冰点的发动机或空调的大多数实际应用中,使用了以乙二醇为主的不同工作液。然而,这些流体的热性能比水差,这可能进一步影响整个工艺效率。后来纳米流体的概念被引入,纳米流体由工作流体中的纳米颗粒悬浮液组成,提供了更高的导热性,从而克服了与更高粒径相关的问题,展现出提高整体传热性能的良好可能性。从那时起,在纳米流体、氧化铜、氮化物、氧化铝、碳同素异形体(如石墨烯纳米管、石墨烯纳米片等)中对几种不同材料的颗粒进行了测试。石墨烯纳米流体由于颗粒的高导热性而被认为极具前途,其热导率比水高 1 000 倍。

14.3.6　石墨烯材料在核电产业中的应用

核能作为一种高效的清洁能源,在未来能源结构中占有不可替代的地位。为确保核能可持续发展,通常需要对乏燃料进行后处理,以回收有用的核素,提高铀、钚等资源的利用率,同时保证对放射性废物的合理处置。在乏燃料后处理中,不可避免会产生大量的放射性废液。为避免给人类健康及环境带来危害,通常需要对放射性废液进行合理处理与处置。其中,蒸发浓缩占有重要地位,其主要用于减少放射性废液体积、保证硝酸和水的循环复用安全以及提高金属离子浓度,具有净化系数高、灵活性大等优点。但是该法在处理过程中,可能存在“红油”爆炸的风险;同时该法能量消耗大,热转化效率低,设备腐蚀严重。石墨烯具有低密度、大比表面积、良好的化学稳定性及辐照稳定性,在放射性废液处理领域展现出广阔的应用前景。

对于核电站,不管是室外沿海的高盐雾环境,还是室内高辐照剂量的放射性污染环境,都需要采用更长使用时间、防腐性能更好的涂层对钢结构进行保护。关于经济性,通过近些年的发展,石墨烯涂料产品的制备过程已经有了很大程度的改良,目前已比最初阶段大幅降低了成本,包括石墨烯的制备、石墨烯的分散剂和分散手段的开发等。因此,将石墨烯涂料用于核电站是大势所趋。目前,核电站室外钢结构常用的环氧富锌涂层可保证在盐雾2 000 h时间内的腐蚀防护效果,其设计寿命为10年,由于后续机型核电站的使用期更长,维修成本也会相对较高,因此,需要研究可在长期盐雾条件下保持较高附着力和表面状态的先进腐蚀防护涂层。研究表明,在富锌底漆中加入石墨烯后,该涂层在经历超过4 000 h的划痕盐雾试验后,涂膜仍具有阴极保护能力。因此可以确定,石墨烯的加入可以大幅增强富锌底漆的防腐性能,如用于核电站室外钢结构,可以延长室外涂层的使用寿命,减少维护次数,降低成本。在室内钢结构用环氧涂层体系中加入石墨烯后,不仅可以增强防腐效果,还可以增强涂层的耐辐照性能。主要原因如下:有机化合物在受到核辐射时,会产生加速自由基诱发过程,主要表现为聚合物发生交联而变脆开裂,并且大剂量的辐照还会引起聚合物中化学键的断裂而降解聚合物。

14.3.7 石墨烯材料在天然气产业中的应用

天然气是理想的车用清洁燃料。车用天然气目前主要采取压缩天然气(CNG)和液化天然气(LNG)两种储存形式,同时由于在安全、经济性方面具有的潜在优势,吸附式天然气(ANG)也一直受到重视,在近期的MOVE计划中,美国能源部也重新设立了ANG系统应用的技术标准(常温、储存系统压力低于3.5 MPa,系统的能量密度为12 MJ/kg和9.2 MJ/L)。然而, ANG的工程应用一直面临高效吸附剂开发这一核心技术难题。从研究历程来看,在ANG工程应用背景的温度和压力下,主要组分甲烷处于超临界温度区域,而超临界温度气体吸附以微孔内单分子层为特征,ANG吸附剂的研发主要集中于具有较大比表面积和微孔容积的常规碳基材料-活性炭、金属有机骨架(MOFs)及新型碳基材料-石墨烯。石墨烯由于理论上单层的比表面积可以达到2 630m^2/g,碳原子按照sp^2杂化构成了二维蜂窝状结构的层状分布。

天然气输送主管道多为埋地管道,埋地管道基材为管线钢,管道外壁采用3PE涂层防护,长期服役于土壤腐蚀环境,土壤腐蚀性相对较弱,一般5年以上才挖地进行腐蚀评估。而天然气输气站和分输阀室的输气管道长期处于大气腐蚀环境,当低温天然气流经管道时,管道表面温度远低于环境温度,空气中的水蒸气会在管道外壁凝露形成水膜,在夏季和秋季尤为明显。在滨海地区和化工区,大气中的腐蚀介质(如氯离子和酸性气体)也会凝露在水膜中,加速管道涂层的腐蚀失效。因此,滨海地区分输阀室的凝露环境对天然气管道的长期有效防腐带来较大挑战。通过对滨海地区天然气阀室管道外壁的腐蚀调研,结合天然气管道带气施工的特殊要求,中国科学院宁波材料所设计了新型石墨烯改性重防腐涂料体,具体包括环氧石墨烯带锈涂装底漆、环氧石墨烯阻隔中间漆和聚氨酯耐候面漆,可以实现在水喷砂后进行防腐涂装。其中环氧石墨烯带锈涂装底漆的主要功能是提高底漆的湿附着力，并具有铁锈转化功能，可以在低表面处理下进行防腐施工；环氧石墨烯阻隔中间漆主要利用二维层状石墨烯的阻隔水汽功能，添加 0.5%（质量分数）的石墨烯可以有效增加环氧涂层的致密性和柔韧性，减缓水分子在漆膜内部的渗透速率，采用新型石墨烯改性重防腐涂料对天然气分输阀室的管道外壁进行涂装，24 个月后，认为石墨烯改性重防腐涂料体系对管道外壁的整体防腐效果良好，漆膜没有出现腐蚀、起泡和开裂现象，如图 14.7 所示。

图 14.7　新型石墨烯改性重防腐涂料对天然气管道外壁的保护效果

石墨烯有望在诸多应用领域中成为新一代器件，为了探寻石墨烯更广阔的应用领域，还需继续寻求更为优异的石墨烯制备工艺，使其得到更好的应用。石墨烯虽然从合成和证实存在到今天只有短短十几年的时间，但是已成为现今学者研究的热点。其优异的光学、电学、力学、热学性质促使研究人员不断对其进行深入研究，随着石墨烯的制备方法不断被开发，石墨烯必将在不久的将来被更广泛地应用到各领域中。石墨烯产业化还处于初期阶段，一些应用还不足以体现出石墨烯的多种“理想”性能，而世界上很多科研人员正在探索“杀手锏级”的应用，未来在检测及认证方面需要面对太多挑战，有待在手段及方法上不断创新。

参考文献

[1] 来常伟，孙莹，杨洪，等. 通过“点击化学”对石墨烯和氧化石墨烯进行功能化改性 [J]. 化学学报，2013，71（9）：1201-1224.

[2] 龙威，黄荣华. 石墨烯的化学奥秘及研究进展 [J]. 洛阳理工学院学报（自然科学版），2012，22（1）：1-4.

[3] DENG S，QI X D，ZHU Y L，et al. A facile way to large-scale production of few-layered graphene via planetary ball mill[J]. Chinese Journal of Polymer Science，2016，34（10）：1270-1280.

[4] GUNASEKARAN R，KALIDOSS J，DAS S K，et al. Shear-force-dominated dual-drive planetary ball milling for the scalable production of graphene and its electrocatalytic application with Pd nanostructures [J]. RSC advances，2016，6（24）：20067-20073.

[5] SHIN Y R，JUNG S M，JEON I Y，et al. The oxidation mechanism of highly ordered pyrolytic graphite in a nitric acid/sulfuric acid mixture[J]. Carbon，2013（52）：493-498.

[6] STAUDENMAIER L. Verfahren zur darstellung der graphitsäure [J]. Berichte der deutschen Chemischen Gesellschaft, 1898, 31(2): 1481-1487.

[7] 陈骥. 氧化石墨烯的制备及结构控制 [D]. 北京：清华大学，2016.

[8] EDA G, FANCHINI G, CHOW M. Large-area ultrathin films of reduced graphene oxide as a transparent and flexible electronic material[J]. Nature nanotechnology, 2008, 3(5): 270-274.

[9] KHANRA P, KUILA T, KIM N H, et al. Simultaneous bio-functionalization and reduction of graphene oxide by baker's yeast[J]. Chemical Engineering Journal, 2012(183): 526-533.

[10] YEH T F, CHEN S J, YEH C S, et al. Tuning the electronic structure of graphite oxide through ammonia treatment for photocatalytic generation of H_2 and O_2 from water splitting [J]. Journal of physical chemistry C, 2013, 117(13): 6516-6524.

[11] WANG S R, ZHANG Y, ABIDI N, et al. Wettability and surface free energy of graphene films [J]. Langmuir, 2009, 25(18): 11078-11081.

[12] HERNANDEZ Y, NICOLOSI V, LOTY A M, et al. High-yield production of graphene by liquid-phase exfoliation of graphite[J]. Nature nanotechnology, 2008(3): 563-568.

[13] LIN J X, HUANG Y J, WANG S, et al. Microwave-assisted rapid exfoliation of graphite into graphene by using ammonium bicarbonate as the intercalation agent[J]. Industrial and engineering chemistry research, 2017, 56(33): 9341-9346.

[14] BOLAND C S, KHAN U, BACKES C, et al. Sensitive, high-strain, high-rate bodily motion sensors based on graphene-rubber composites[J]. ACS nano, 2014, 8(9): 8819-8830.

[15] HAMILTON C E, LOMEDA J R, SUN Z, et al. High-yield organic dispersions of unfunctionalized graphene[J]. Nano letters, 2009(9): 3460-3462.

[16] PATON K R, VARRLA E, BACKES C, et al. Scalable production of large quantities of defect-free few-layer graphene by shear exfoliation in liquids[J]. Nature materials, 2014, 13(6): 624-630.

[17] YUAN X, WANG Y, WANG J, et al. Calcined graphene/MgAl-layered double hydroxides for enhanced Cr(Ⅵ) removal [J]. Chemical engineering journal, 2013, 221: 204-213.

[18] CHEN X, DOBSON J F, RASTON C L. Vortex fluidic exfoliation of graphite and boron nitride [J]. Chemical communications, 2012, 48(31): 3703-3705.

[19] SUBRAHMANYAM K S, PANCHAKARLA L S, GOVINDARAJ A, et al. Simple method of preparing graphene flakes by an arc-discharge method[J]. Journal of physical chemistry C, 2009, 113(11): 4257-4259.

[20] ALANYALIOGLU M, SEGURA J J, ORO-SOLE J, et al. The synthesis of graphene sheets with controlled thickness and order using surfactant-assisted electrochemical processes[J]. Carbon, 2012, 50(1): 142-152.

[21] PAN D, WANG S, ZHAO B, et al. Li storage properties of disordered graphene nanosheets[J]. Chemistry of materials, 2009, 21(14): 3136-3142.

[22] JIANG Z, JIANG Z J, TIAN X, et al. Nitrogen-doped graphene hollow microspheres as an efficient electrode material for lithium ion batteries[J]. Electrochimica acta, 2014, 146: 455-463.

[23] YOO E, KIM J, HOSONO E, et al. Large reversible Li storage of graphene nanosheet families for use in rechargeable lithium ion batteries[J]. Nano letters, 2008, 8(8): 2277-2282.

[24] ZHAO X, HAYNER C M, KUNG M C, et al. In-plane vacancy-enabled high-power si-graphene composite electrode for lithium-ion batteries[J]. Advanced energy materials, 2011, 1(6): 1079-1084.

[25] QIN J, HE C, ZHAO N, et al. Graphene networks anchored with Sn@Graphene as lithium ion battery anode[J]. ACS nano, 2014, 8(2): 1728-1738.

[26] DING Y, JIANG Y, XU F, et al. Preparation of nano-structured $LiFePO_4$/graphene composites by co-precipitation method[J]. Electrochemistry Communications, 2010, 12(1): 10-13.

[27] BAE S, KIM H, LEE Y, et al. 30 inch roll-based production of high-quality graphene films for flexible transparent electrodes[J]. Nature nanotechnology, 2010, 5(8): 574-578.

[28] 姜清淮，芦树平，李志士，等. 石墨烯对海上风电叶片底漆的性能影响研究[J]. 涂料工业，2019，49(2)：7-13.

第 15 章 新能源材料学的未来发展

15.1 新能源发展的未来趋势

15.1.1 我国的新能源发展策略

21 世纪,我国面临着经济增长和环境恶化的双重压力。在此背景下,2020 年 9 月 22 日,国家主席习近平在第七十五届联合国大会上宣布,中国力争 2030 年前二氧化碳排放达到峰值,努力争取 2060 年前实现碳中和目标。这是中国政府对国际社会做出的庄严承诺,标志着人类命运共同体概念的贯彻实施。2021 年 5 月 26 日,碳达峰碳中和工作领导小组第一次全体会议在北京召开。2021 年 10 月 24 日,中共中央、国务院印发《关于完整准确全面贯彻新发展理念做好碳达峰碳中和工作的意见》(简称《意见》)。作为碳达峰碳中和"1+N"政策体系中的"1",《意见》为碳达峰碳中和这项重大工作进行系统谋划、总体部署。2021 年 10 月,《关于完整准确全面贯彻新发展理念做好碳达峰碳中和工作的意见》以及《2030 年前碳达峰行动方案》这两个重要文件的相继出台,共同构建了中国碳达峰碳中和"1+N"政策体系的顶层设计,而重点领域和行业的配套政策也将围绕以上意见及方案陆续出台。这标志着我国形成了以清洁能源为载体的碳达峰碳中和理论和行动纲领实施的开始。

推动实现碳达峰、碳中和具有重大战略意义。一是对我国长期高质量发展有重要意义,有助于我国经济以更加可持续、对社会和环境更加友好的方式实现长期、稳健增长,从而兼顾长期目标和短期目标。二是意味着我国经济增长方式和增长动能将发生巨大变化,同时有助于克服能源进口依赖。三是体现了我国推动构建人类命运共同体的责任担当,有助于进一步提升国际影响力。

2022 年 6 月 1 日,国家发展改革委、国家能源局等九部门联合印发《"十四五"可再生能源发展规划》(简称《规划》),明确到 2025 年,可再生能源年发电量达到 3.3 万亿 kW·h 左右。"十四五"时期,可再生能源发电量增量在全社会用电量增量中的占比超过 50%,风电和太阳能发电量实现翻倍。《规划》提出,到 2025 年,可再生能源消费总量达到 10 亿 t 标准煤左右,占一次能源消费的 18%左右;全国可再生能源电力总量和非水电消纳责任权重分别达到 33%和 18%左右,利用率保持在合理水平;太阳能热利用、地热能供暖、生物质供热、生物质燃料等非电利用规模达到 6 000 万 t 标准煤以上。

目前中国可再生能源实现跨越式发展,装机规模已突破 10 亿 kW 大关,占全国发电总装机容量的比重超过 40%。其中,水电、风电、光伏发电、生物质发电装机规模分别连续 17 年、12 年、7 年和 4 年稳居全球首位,光伏发电、风电等产业链的国际竞争优势凸显,为构建煤、油、气、核、新能源、可再生能源多轮驱动的能源供应体系,保障能源安全可靠供应奠定坚实基础。《规划》强调,“十四五”时期可再生能源发展将坚持集中式与分布式并举、陆上与海上并举、就地消纳与外送消纳并举、单品种开发与多品种互补并举、单一场景与综合场景并举。《规划》提出,以区域布局优化发展、以重大基地支撑发展、以示范工程引领发展、以行动计划落实发展,围绕可再生能源发展与生态文明建设、新型城镇化、乡村振兴、新基建、新技术等深度融合。《规划》重点部署了九大行动,包括城镇屋顶光伏行动、“光伏+”综合利用行动、千乡万村驭风行动、千家万户沐光行动、新能源电站升级改造行动、抽水蓄能资源调查行动、可再生能源规模化供热行动、乡村能源站行动和农村电网巩固提升行动。

15.1.2　新能源产业的发展预期

我国人口众多,市场广大。以新能源技术中的锂离子电池为例, 2022 年工业和信息化部白皮书显示,我国连续五年成为全球最大的锂离子电池消费市场。2021 年,全球锂离子电池市场规模达到 545 GW·h,其中,中国的规模超过了半壁江山。截至 2021 年底,中国动力电池产能约占全球的 70%,世界 10 大锂电池厂家当中,中国占据 6 席。以下对市场进行列举说明。

(1)电动汽车

2021 年,工业和信息化部发布了《新能源汽车产业发展规划(2021—2035 年)》,明确到 2035 年,“纯电动汽车成为新销售车辆的主流,公共领域用车全面电动化”。以我国目前年产 3 000 万辆汽车的情况计算,新能源汽车的产量将达到年产 1 500 万辆;以每辆车 50 kW·h 电力计算,合计电池需求量将达到 750 GW·h;电池价格如果以 1 元/(W·h)计算,电池直接产值将达到 7 500 亿元;衍生的相关领域产值将突破 5 万亿元。

(2)通信基站

截至 2022 年 8 月底,我国有通信基站约 1 035 万个,5G 基站占 17.9%。我国法律规定,通信基站必须配备储能电池,以备在市电断电的时候提供应急电力。一般基站至少需要配备 48 V、500 A·h 的储能系统。按照每五年更新一次计算,每年电信行业需要更新 200 万个基站,储能电池需求量达到 50 GW·h。过去基站采用的是铅酸电池,从 2010 年开始逐步转向采用磷酸铁锂电池。2020 年, 5G 基站对磷酸铁锂离子电池的需求量将达 10 GW·h; 2025 年,对磷酸铁锂离子电池的需求量将达 155.4 GW·h。

(3)电动自行车

目前,我国电动自行车的保有量约为 3.5 亿辆,每年新增约 4 000 万辆。由于我国已经实行了新的国标,要求车辆的质量控制在一定范围内,客观上为锂电池的应用打开了大门。最近的过渡期已经邻近,很多地方政府出台了限制传统铅酸车的政策,客观促进了锂电自行车的发展。如果每年新增的 4 000 万辆车,以及每年有更换电池需求的 6 000 万辆车都采用锂电池,每年将有 1 亿组的锂电池需求量。以单组锂电池 0.5 kW·h 电力计算,每年锂电池的需求量约为 50 GW·h,电池直接产值将达到 500 亿元。

(4)电动三轮车

我国是电动三轮车的制造、销售大国。2021 年,我国三轮摩托车产销达到近五年以来的最好水平,全行业三轮摩托车产销分别为 234.77 万辆和 234.01 万辆,同比增长 5.76%和 5.21%。内销稳中有升,三轮摩托车在老百姓生活中的有益补充作用得到了社会的认可,以三轮摩托车作为乡村运载货物和出行代步工具的人数逐渐增多。同时,我国三轮摩托车外贸业务蓬勃发展,我国三轮摩托车出口全年保持了高景气运行。

(5)储能电站

储能电站领域应该是新能源技术最大的市场。2021 年,我国总体社会发电量为 8 万亿度(8 000 TW·h)。按照我国新能源发展规划,到 2060 年,完全实现碳中和,清洁能源的比例将超过 80%。而清洁能源,如风力发电、太阳能发电按规定需要配备 10%的储能能力以调节和平衡电网功率输出。即使以 2021 年的发电量计算,也需要 6 400 亿度(640 TW·h)的储能装置。以此计算,平均到每天的发电量需要的装机容量为 1.75 TW·h,这将是一个万亿级别的市场规模。

随着我国经济的持续发展,工业和民用用电需求将越来越大。未来不仅需要储能技术,也对开发新的能源渠道提出了新的要求。但是目前还看不到具有颠覆性的新能源技术出现的迹象。核能和聚变类能源在近年尚不能成为主流。随着国际局势的动荡,保障传统能源的供应也变得十分棘手。能源的供应已经成为世界范围内的需求。因此,如何利用好传统能源和目前的清洁能源技术,改善人民的生活和促进世界经济的进步,是摆在当前最迫切的任务。

15.1.3 我国新能源发展面对的挑战

我国发电量、用电量、劳动力数量、港口货物吞吐量多年保持世界第一,并且经济指标还在以较高的增长率逐年递增。随着产业规模的扩大,对能源的需求也会持续增加。

目前我国使用的主要能源是化石能源,正处于向清洁能源转化的关键节点。我国已有的优势是:具有健全的产业链,拥有世界上最大的市场,拥有众多的技术积累。同时,还有众多吃苦耐劳的劳动力人口。因此,面对能源需求的挑战采取的是在发展中看问题,前进中找机会的模式。目前,我国新能源发展面对的挑战主要有以下几个方面。

(1)技术挑战

我国经历了二十余年的高速发展,特别是新能源产业基本实现了“弯道超车”,在太阳能、风力发电、锂离子电池、电动汽车方面的技术达到了世界领先的技术水平。目前我国上述产业基本代表了国际上的最新技术水平。更可贵的是,目前我国依旧存在着激烈的市场竞争,技术进步没有停滞,研发机构和生产厂家不断提高对自己的要求,持续实现技术的迭代更新。虽然我国在基础科学领域还存在一些不足(例如缺乏标志性、突破性的重大理论成果),但是在新能源产业方面已经进入了世界第一梯队。目前的技术挑战主要是学术和理论积累还不足,对一些前沿科学的认识还缺乏前瞻性的判断力。

(2)资源挑战

就新能源产业来说,我国资源方面的压力较大。如锂离子电池所用的金属锂、钴、镍,都是我国贫乏的资源。目前,金属锂主要依赖澳大利亚的锂辉石矿和南美的盐湖锂,钴依赖于刚果的矿石,镍依赖于印尼的红土镍矿。虽然我国和其他国家都在开发新的能源体系,例如燃料电池、钠离子电池、水性离子电池等,但短期内还看不到大规模应用的希望。我国一些资源对国外的依赖还将长期存在。在新能源产业扩张式增长的情况下,通过回收尚不能完全解决资源问题。因此,目前的资源挑战是我国新能源产业面对的最大问题。

（3）人才挑战

我国拥有世界最大的教育系统，但是由于能源是新兴学科，尚缺乏系统的教育理论，从业人员基本依赖于后续培养。因此，我国新能源教育、研发和技术方面的人才还明显不足，与我国迅速发展的新能源产业不匹配。例如，2 年内磷酸铁锂材料产业发展规模扩大了 10 倍，预计后续还有 10 倍的增长空间，而从事相关行业、具有理论和实际生产经验的人才储备明显不足。好在国家已经注意到问题所在，众多的新能源专业纷纷建立。预计几年后人才短缺的现象将逐渐缓解。

（4）国际环境挑战

目前，国际形势持续动荡，这对我国的众多发展领域提出了挑战。我国对国际能源的依赖性比较强，特别是原油的对外依存度达 80%，这对我国的能源安全造成了严重的威胁。随着我国新能源产业的发展，以锂、钴、镍资源为代表的“涨价潮”严重制约了我国新能源产业的进一步发展。

如何利用我国的国际影响力应对国际环境的变局，获得一个稳定的周边环境，是摆在我国面前的一个难题。我国必须抓紧时间，靠先进的新能源技术引领国际能源布局和走势。我国的高铁和电动汽车就是先进技术引领的成功范例。只有依靠先进的技术而不是资源立足，才能有效应对未来国际环境的挑战。

15.2　新能源材料学的发展模式

15.2.1　新能源技术的研发与进步

应该说，从来没有过社会对新能源产业的需要像今天这么迫切。2022 年，世界范围出现了众多的极端干旱、高温、洪水等灾害，这些灾害与人类活动造成的温室效应密切相关。因此，如何在地球有限的负载条件下，利用新能源技术降低碳排放，是越来越亟待解决的问题。

新能源技术的重大突破的核心在于材料学的重大突破。例如，2019 年的诺贝尔化学奖，授予了研究锂离子电池核心材料的 3 位学者。材料学可以说是现代工程技术的基石。没有材料学的重大进步，就无法实现新能源技术的重大突破。新能源技术的重大突破往往都是依赖于材料理论、制备和应用技术的突破实现的。

近年来，我国在新能源领域实现了巨大的技术进步。例如光伏组件已经将成本从 8~10 元/W 降低到了 2 元/W 左右，这使光伏具有了和常规能源发电相竞争的成本优势。锂离子电池最高已经实现 300 W·h/kg 的比能量，磷酸铁锂电池也实现了 210 W·h/kg 的比能量。从售价看，锂电池在 2021—2022 年达到了 1 元/W·h 的市场价格。这些成本的剧降，离不开材料制备工艺的进步、生产规模的扩大、自动化程度的提高，特别是技术水平的提升。

从目前的发展趋势看，继续提高技术性能，降低成本，是今后新能源产业的发力点所在。以光伏发电为例，继续提升太阳能电池的转换效率，利用钙钛矿电池、染料敏化太阳能电池、铸造硅电池降低成本，都是行业里的热点产业方向。对于锂离子电池，继续提高其比能量，并适当发展钠离子电池、燃料电池、固态电池等技术提高性价比，也是被资本看重的方向。

15.2.2 新能源人才培养工程

百年大计，树人第一。要发展我国的新能源产业，必须大力培养新能源行业的人才，建立起新能源产业人才培养工程体系。在培养和教育过程中，让学生们树立对所学专业的信心，了解国内外的最新知识和产业背景，并掌握相关的基础知识。国家已经充分认识到新能源人才培养工程的重要性。

2012年，新能源材料与器件专业正式出现在《普通高等学校本科专业目录》中。新能源材料与器件是一门普通高等学校本科专业，属材料类专业，基本修业年限为四年，授予工学学士学位。新能源材料与器件专业培养适应国家新能源战略需求，要求学生掌握新能源材料与工程领域的基本理论和知识，具有新能源材料与器件的设计、制造与应用能力，并成为有较强实践能力和良好发展潜力的复合型高级专门人才。学生主要学习能量转换与存储材料及其器件设计等基本理论知识，掌握新能源材料的制备方法及表征手段，掌握相关器件的基本原理、组装技术和评价方法，在重点学习光电转换及器件、纳米材料、电池结构及设计等专业知识，系统掌握专业领域技术理论的基础上，具备较强的研发能力、创新意识、组织管理能力和较高的综合素质。

开设新能源材料与器材专业的学校有北京工业大学、天津理工大学、内蒙古工业大学、吉林农业大学、南京大学、盐城师范学院、中南林业科技大学、西安理工大学、青海师范大学、扬州大学、重庆人文科技学院、沈阳航空航天大学等。

15.2.3 新能源产业的可持续发展模式

新能源产业一定要保持可持续发展模式。保持可持续发展的模式需要有以下几个条件。

（1）技术持续进步

持续的技术进步是促使新能源技术和产业不断向前发展的内在动力。目前的“新能源”也会过时，未来一定会有“更新的能源”出现。从这一角度看，研发新的原理，催生前瞻性新技术，使技术走在产业的前面，从而促进产业的持续进步，是今后新能源发展的必要条件。

（2）不断有社会的需求出现

新能源技术的出现，一定有其强烈的社会需求。例如，因为担心气候发生灾难性的变化，人们开始达成“碳中和”的共识，认识到要逐步减少碳排放，避免温室气体浓度的升高。随着电化学研究的深入，氢能逐渐被人们认识到其潜在的巨大价值，因此判断其有可能成为21世纪后半叶的主要能源。社会配套的制氢储氢技术也日臻成熟，形成了社会对氢能产业的共识。电动汽车要求轻量化和1 000 km的续航，催生了超高比能量电池体系（≥500 W·h/kg）的研究和技术目标。因此，社会需求才是新能源产业需求的直接动力。

（3）要有充足的资源

从传统产业看，汽车是一个综合性产业，几乎涉及人类所有的工业体系。而从广义上说，新能源产业是比汽车行业大得多的产业领域，不仅涉及更多的产业领域，甚至会改变人类的行动、思考方式。这不仅需要有充足的原料资源，而且需要更多的产业链资源。实行新能源产业的可持续发展,也会深刻影响到众多的产业链,并促使产业链形成变革,形成更多的资源条件。我国的稀土加工、锂加工产业就是典型的利用充足资源发展的代表。目前,我国上述两个行业已经形成了重要的国际影响力,并形成了我国自己的资源优势。这个影响和促进过程是正向反馈的。可喜的是,我国在新能源领域已经牢牢占据了制造业这个龙头,相信今后的时代,应该是催生我国众多新能源资源的最好时期。

(4)要有充足的人力资源

发展新能源,实现新能源产业的可持续发展,不仅需要很长的产业链,而且要有充足的人力资源。我国的新能源产业规模即将达到万亿级别,如果按照我国 2021 年 8.1 万元/人的人均 GDP 计算,从业人数将达到 1 000 万人以上。这是一个巨大的人力资源需求量,也只有在人口大国才有大规模发展这一产业的人口红利。我国不仅在世界上率先打开了新能源产业、应用的大门,而且经过了二十余年的发展,在光伏、风电、锂电池、电动汽车、储能技术、关键材料和装备等产业培养了众多的经营人才、研发人员和技术骨干,形成了覆盖整个产业链的人力资源。这也是我国实现新能源可持续发展的最宝贵资源。

(5)要有社会对其的统一认识

要发展新能源,一定要社会对其重要性和作用有统一认识。针对一些错误看法,如否定新能源技术革命、否定新技术替代作用、甚至否定“地球变暖”,一定要注意甄别,要有坚定的信念、长期周密的计划和切实可行的措施,去实施新能源的可持续发展目标。人类社会就是在不断否定旧的产业、旧的看法的过程中发展起来的。

(6)要有稳定的社会经济环境

新能源是对传统能源的替代,一定要在稳定的社会经济环境下才能得到发展。深受冻馁之苦、饥寒交迫的人群无法从事新能源产业的变革。我国也是改革开放 40 年以后,有了充足的物质基础以及相对稳定的国内外环境后,才能考虑能源系统、产业的升级换代。今后我国要实行新能源产业的可持续发展,维持国内外政治经济形势的稳定至关重要。

15.3　对新能源材料学发展的预期

15.3.1　新能源材料的理论发展

新能源材料的概念是很宽泛的,不仅包含结构材料、功能材料,也包含特种材料、未来材料,甚至未知材料。新能源材料涉及的学科广泛,新能源材料学科实际是多个学科组成的交叉学科。多个学科的交叉融合,才形成了新能源材料学科。

新能源材料的理论发展,有别于其他传统学科的发展模式。这是一个被社会需求催生出来的一个新的学科方向,偏重于应用研究。近年来,量子力学、量子化学、纳米技术、能带理论、光子学、信息学、拓扑结构学、计算材料学等学科都在新能源材料学科上得到体现,也促使新能源材料学向更深的方向发展。

从 2019 年诺贝尔化学奖授予锂离子电池研究团队可以看出,锂离子电池的产业发展,实际是理论的创新,突破了围绕锂离子电池的关键问题:首次将可脱嵌锂离子的过渡金属氧化物作为含锂正极引入锂离子电池体系;摆脱了金属锂而采用碳作为负极,提出了锂离子插层技术。可见其创新点都是材料学理论的创新,也是多学科的融合。从我国新能源产业的发展考虑,率先发展新能源材料的理论体系,是引领产业发展的关键。

15.3.2 新能源材料的应用技术实现路径

作为新能源材料的重要方面,实现产业化转化才是最终目的。从目前我国的体制来看,采用产学研结合的方式实现新能源材料的应用是最可行的道路。我国相关政策很明确,技术创新的主体在企业。因此,涉及产业应用的学科和技术,必须要有企业的参与和配合。企业需要投入资金,将技术转化为可以实现经济价值的产品和工程,因此必须成为链条的主动一端,发挥其主导作用。而"学"是科研单位参与的一方,一般指大学和科研院所。主要作用是从机理上阐述技术的作用理论,明确其作用机理,总结并形成针对行业普遍性技术的相关理论体系。而"研"实际是几方的结合性工作,投入的资源,从理论到实验室小试再转化为工业化生产,需要进行放大效应克服、关键装备研制和改造、核心工艺参数确定、应用端输出等环节的研发,才能将设想转化为产品。

目前一些大型企业都建有自己的研究中心或者研究院,可以在内部实现以上模式的合作。例如我国的华为公司、比亚迪、宁德时代等,都建有几千人乃至上万人的研究中心,从事从机理到产品的整个环节研究。但是,一般的中型企业和小型企业需要通过社会资源实现产学研模式的合作。在一些地区,企业申报研发平台,争取一些政府的资源,需要通过这种合作模式来进行。特别是对新能源材料产业来说,更需要紧跟产业和学术前沿的步伐,这样才能实现产品不过时,技术不落后。因此,建议从事新能源材料和产业的企业一定要走产学研结合的路线进行后续发展。

15.3.3 新能源材料学的科技进步特征

(1)巨大的引领作用

作为新能源产业的核心一环,新能源材料学是最关键,也是最基础的支撑学科。新能源材料理论的突破将对新能源产业起到巨大的引领作用。新能源技术和产业的发展也证明了这条路线的合理性和正确性。新型低成本的多晶硅制备技术的出现,大幅度降低了太阳能电池的造价,提高了发电效率。锂离子电池是因为过渡金属氧化物锂盐和插层结构石墨负极的材料学发现,才成为深入日常生活的能源源泉。玻璃钢结构的超轻高强度材料的出现,使得百米长的叶片制造成为可能,这使我国和世界风能产业得到了巨大的发展。可见,材料学的突破能够为新能源产业起到巨大的引领作用。

(2)巨大的经济效益

新能源材料产业具有巨大的经济效益和经济价值。以锂离子电池为例,20 年前锂离子电池刚刚起步,每年的产值不过几亿元。在 2021 年,锂离子电池已经达到了 324 GW·h,年产业规模达到 5 000 多亿人民币。而其配套的材料产业、设备产业、测试仪器产业、加工产业,合计产值突破万亿。其应用带动的下游产业,例如电动汽车、储能电站等,更是可以实现几倍产业规模的放大。新的能源技术的出现,会带来巨大的经济效益,催生许多新的产业群,甚至会改变社会和人类的生活模式。2022 年,随着世界经济危机的出现,很多行业都陷入了停滞不前的状态,而新能源产业一枝独秀,投资、兼并、收购络绎不绝。新的时代催生的众多新技术,带来了新的巨大商机。当然,新能源技术的出现,不可避免地会冲击一些传统行业,例如铅酸电池、燃油车、火力发电、煤炭生产等行业就存在着较重的危机感。为此,需要积极考虑经济转型。因为新技术的出现和大规模实施是不可逆转的趋势,企图靠政策或其他手段维护传统产业的地位是不可行的。

（3）巨大的社会效益

新能源的发展具有巨大的社会效益,体现在以下三个方面。第一,新能源的实施有助于减少传统化石能源的消耗,改变全球整体性能源结构,有助于抑制气候恶化,为人类创造一个更好、更舒适的家园。从抑制全球性气候恶化角度来看,这项工作是功在当代、利在千秋的一个伟大工程。第二,新能源材料和应用技术的发展,将大幅改变整个社会产业结构,新创造很多就业方向,为更多的劳动力提高高层次的工作和生活预期。第三,新能源的出现会有效减轻社会的整体性产业污染,例如会淘汰传统的铅酸电池等落后产能,减少重金属（如铅、汞、镉等）的污染。卫生和健康是人类进入 21 世纪以来最关心的话题。要保持一个清洁的环境,为我们的子孙后代留下一个绿水青山的生态圈,使我们的整个地球在未来的几百年甚至几千年里维持一个良好的整体循环,特别是资源循环,新能源产业是一个不可或缺的载体。因此从社会效益的角度看,新能源产业的发展具有重大的历史性意义。

（4）整体性的社会工作

新能源产业的技术迭代是一个整体性的社会工作,不仅需要对其有准确的判断和正确的认识,而且需要整个社会都投入足够的热情和精力,去建设完全颠覆传统认识的新能源体系。因此这个这项工作需要取得社会性共识。

为此,社会的资源要向这一新的领域倾斜,包括法律法规、政策制度等,都要逐渐适应新能源发展。在整个社会资源的调配上,包括人力资源、财政资源、政策资源等,都需要有良好的匹配度。既要保持社会的整体稳定,又要保证新能源产业体系的发展处在正确的轨道上。变革一定是一个逐渐变化的过程,而不是突然加速和突然刹车,那样会造成整体社会性的配合脱节。这方面,我国也有过教训。例如在电动汽车的发展路线上,曾经片面强调高比能量,补贴政策过度向高比能量电池倾斜,造成了诸多如安全、环保、骗补等问题,也使一些有着显著竞争优势的企业销声匿迹。因此,要用系统论的观点看新能源产业。新能源材料及技术产业是一项承先启后的工作。它既连接着社会现状,又连接着整个社会的未来,为人类社会将来的发展做着技术上的铺垫和准备。因此整个体系需要社会有一个完整、系统的规划方案,还要有一个长期的目标和循序渐进的具体实施方案。我国提出的碳达峰碳中和的中长期规划,有节点,有目标,有计划,有方案,为今后世界的发展绘制了一个美好的蓝图,做了一个标准的模范样本。这也是时代的大潮,值得科研工作者、产业从业人员积极投身其中,为人类的美好明天奋斗。